Welt(t)raum

Die Welt zu sehn im Korn aus Sand
Das Firmament im Blumenbunde
Unendlichkeit halt' in der Hand
Und Ewigkeit in einer Stunde.

~ William BLAKE[1]

Bengt V. Früchtenicht

Welt(t)raum

Mit 13 Farbbildern
Mit 29 Schwarz-Weiß-Illustrationen

Bibliografische Information der Deutschen Nationalbibliothek:
Die Deutsche Nationalbibliothek verzeichnet diese Publikation in der Deutschen Nationalbibliografie; detaillierte bibliografische Daten sind im Internet unter http://dnb.dnb.de abrufbar.

Impressum:
© 2017 Bengt V. Früchtenicht
www.bfruechtenicht.net
E-Mail: kontakt@bfruechtenicht.net

Text, Illustrationen und Layout: Bengt V. Früchtenicht
Foto auf Frontcover: NASA/Alex Gerst
Foto auf Rückcover: NASA/Scott Kelly
Sonstige Covergestaltung: Bengt V. Früchtenicht
Sonstige Bilder: s. jew. Vermerk

Herstellung und Verlag: BoD – Books on Demand, Norderstedt

ISBN: 978-3-7448-3593-0

Inhalt

Vorwort

»Den Weltraum erzählen.« So lässt sich die ursprüngliche Idee, aus der dieses Buch entstanden ist, wohl auf den Punkt bringen. Sie kam mir im Januar 2016 spontan und impulsiv und brachte mich dazu, sogleich mit diesem Sachbuch zu beginnen.

Um einer Erzählung über den Weltraum folgen zu können, benötigt der Rezipient einen gedanklichen Zugang. Wer sich einfach nur den Sternenhimmel oder Bilder des Hubble-Teleskops anschaut, wird vielleicht verstummen und offenen Mundes staunen – doch dieses gedankenlose Staunen ist keine gute Voraussetzung für ein Buch, das ja an das Medium der Sprache und der Gedanken gebunden ist.

Der gängigste Zugang erfolgt heute über die Naturwissenschaft – die Physik und Astronomie. Da ich selbst Physiker bin, nimmt dieser notgedrungen einen großen Platz in diesem Buch ein, etwa die Hälfte. Darin enthalten sind zunächst die allgemein-physikalischen Grundlagen der Newtonschen Gravitationstheorie, der modernen Physik (Relativitätstheorie, Quantenphysik und noch Ambitionierteres), ein wenig Thermodynamik; im speziell-astronomischen Gebiet geht es dann um Sterne, Galaxien, Galaxienhaufen und schließlich um das Universum als Ganzes, den Kosmos.

Der physikalische Zugang festigt das Verständnis und erweitert die Vorstellungskraft. Er stellt gleichsam einen stabilen Rahmen dar – und um diesen Rahmen nicht zu sprengen werde ich Sie, lieber Leser, auch mit mathematischen Formeln verschonen –, aber was man auch tut: er bleibt ein bloßer Rahmen, der allein niemals zu einer bildhaften Erzählung werden kann.

Gefüllt wird der Rahmen also über weitere Zugänge: Der Physik am nächsten ist noch der wissenschaftshistorische, welcher die Entwicklung unseres kosmologischen Weltbilds berücksichtigt. Anfangen werden wir dabei nicht erst im ausgehenden Mittelalter, auch nicht in der Antike, sondern bereits in der Steinzeit.

Seitdem sind einige Jahre vergangen, und der Mensch hat sich gewandelt. Wenn er sich biologisch gesehen nicht gewandelt haben sollte, so hat er doch wenigstens seine Welt verwandelt und denkt und verhält sich in dieser anders, als es damals der Fall war.

Das eröffnet philosophische Fragen: Wie verhalten sich Mensch und Natur, Welt und auch Weltraum zueinander? Ist der Mensch dem Universum gegenüber gleichgültig? Lässt sich diese Frage heute überhaupt noch verneinen? Gibt es einen Gott, einen transzendenten Geist, ein »Göttliches«? Was ist der Kosmos?

Weltraum und Weltbild hängen eng miteinander zusammen. Zum Weltbild wiederum gehört das Verständnis des Menschen, das Menschenbild: ist er mutierter Primat oder Krone der Schöpfung – oder von beidem etwas? Kann die Naturwissenschaft die gesamte Wirklichkeit abbilden oder nur einen Teilausschnitt von ihr? Für den letzteren Fall: Wo liegt die Grenze der empirischen Forschung, welche sie prinzipiell nicht überschreiten kann, ja, niemals können wird?

Im Lauf der Diskussion werde ich diesbezüglich dafür plädieren, dass sich das Bewusstsein niemals auf Gehirnaktivität reduzieren lassen wird. Doch dabei wird es nicht bleiben: Wir werden sehen, dass der immaterielle Geist nicht bloß passiv den Erscheinungen der Welt unterworfen ist, sondern mit ihnen interagiert. Derartige Erkenntnisse können die Richtung, die unsere Erzählung nimmt, beeinflussen, denn sie betreffen unser grundlegendes Gefühl des In-der-Welt-Seins und damit auch das, was wir im Weltraum erblicken, wenn wir nach oben sehen; dieser stellt, wie wir noch sehen werden, stets eine hervorragende Projektionsfläche für menschliche Sehnsüchte dar.

Abgerundet wird die Erzählung als solche aber erst von dem ästhetischen Zugang, der darum bemüht ist, zu beschreiben, wie die Erscheinungen des Weltalls auf uns wirken und was sie in uns auslösen. Der »Welttraum« ist dabei niemals zu verstehen in dem Sinn, dass die Welt nur eine Illusion wäre. In erster Linie bietet sich dieses Wortspiel an, um zwischen der nüchtern-naturwissenschaftlichen und der schwärmerisch-ästhetischen Perspektive zu unterscheiden. Doch wer sich Realist nennt und gedanklich in den Weltraum begibt, der muss sich schließlich auch die Frage gefallen lassen, wie realistisch ihm dieses Universum, in dem fast nichts – und andererseits alles Mögliche – zu sein scheint, wirklich noch erscheinen kann. Selbst, wer sämtliche Ergebnisse der Physik in Frage stellt, wird nicht leugnen können, dass der Nachthimmel nun einmal dunkel ist.

Der Text ist grob in drei Teile gegliedert, welche jedoch aufeinander aufbauen. Teil I ist in erster Linie historisch und philosophisch. Er bildet vor allem für die philosophischen Überlegungen das Fundament. Teil II ist, bis auf das letzte Kapitel, physikalisch. Das letzte Kapitel setzt sich dann eben mit jener »Grenze der Wissenschaft« auseinander, von der ich eben sprach – hierbei spielt das menschliche Bewusstsein eine wesentliche Rolle. Teil III springt thematisch endgültig in den Weltraum. Das erste Kapitel gliedert sich dabei noch an das Ende des zweiten Teils an. Anschließend werden die Größenskalen immer größer – von den Sternen bis hin zum gesamten Universum – und die Schilderung wechselweise physikalisch und ästhetisch, bis das Thema Paralleluniversen schließlich wieder philosophische Fragen aufwerfen wird. Das letzte Kapitel stellt in erster Linie ein Fazit dieses facettenreichen Buchs dar.

Ich entschied mich für das Wagnis, die Illustrationen per Hand anzufertigen, um ihnen einen lebendig-spielerischen Charakter zu verleihen. Dieser erschien mir im Rahmen dieses Buchs passender als die Verwendung eleganter, aber steril und leblos wirkender Vektorgrafiken.

Schon jetzt verstehe ich mich als Autor, der mit seinen Werken wächst. Da ich Physik, aber nicht Philosophie studiert habe, gibt es für mich vor allem in Bezug auf letztere noch viel zu lernen. Bei Fragen, Anregungen und Kritik freue ich mich auf Ihre Nachricht an: *kontakt@bfruechtenicht.net*

Oldenburg, 23.05.2017

I

Stochern im Dunkeln

Sonnenaufgänge werden heute oft nur als »schön« oder »romantisch« beschrieben. Für die ersten Menschen, welche sich mit der Sonne bewusst auseinandersetzten, muss es sich dagegen um ein alltägliches, aber dennoch großes Wunder gehandelt haben. Es erscheint nur verständlich, wenn unser Stern mit einem göttlichen Wesen assoziiert wurde, scheint er doch heller als alles andere und ist essenziell für das Leben auf der Erde. Wir spüren seine Wärme direkt, wenn wir aus dem Schatten treten und seine Strahlen auf unsere Haut treffen. Wie ein Gott erscheint uns die Sonne gleichzeitig unerreichbar fern und so nah, dass kein Haar mehr dazwischen passt. Heute wissen wir, dass es sich bei der Sonne um einen Feuerball handelt, welcher um ein Vielfaches größer ist als unser Planet. Sie ist vielleicht kein göttliches Wunder mehr, aber noch immer ein Naturphänomen, und es ist doch faszinierend, wie eng unser Leben und Schicksal mit diesem Feuerball in Millionen Kilometern Entfernung verflochten ist.

Bild: NASA/Ben Smegelsky (zugeschnitten)

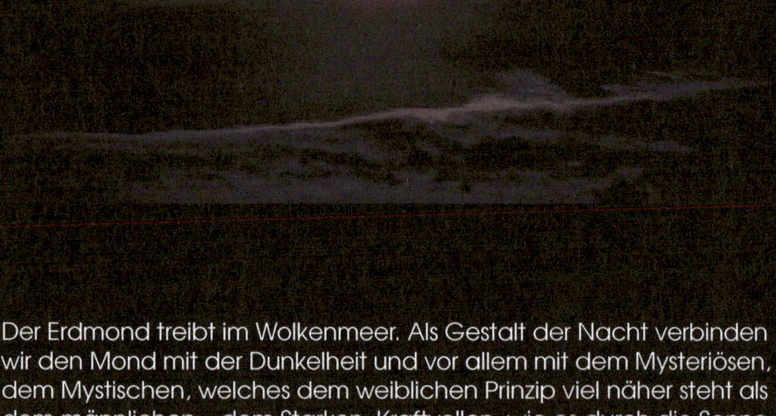

Der Erdmond treibt im Wolkenmeer. Als Gestalt der Nacht verbinden wir den Mond mit der Dunkelheit und vor allem mit dem Mysteriösen, dem Mystischen, welches dem weiblichen Prinzip viel näher steht als dem männlichen – dem Starken, Kraftvollen, wie es durch die Sonne gegeben ist. Insofern überrascht es eigentlich, dass »der« Mond in der deutschen Sprache maskulin und »die« Sonne feminin ist (im Französischen beispielsweise ist es umgekehrt – »le soleil« und »la lune«).

Bild: Anders Jildén

Auf der Südhalbkugel lässt sich die Milchstraße deutlich besser am Himmel erblicken als auf der Nordhalbkugel, weil man dort in Richtung ihres Zentrums schaut, welches hier zwischen den Kakteen hell aufleuchtet. Dagegen blicken wir auf der Nordhalbkugel nach außen. Die dunklen Bereiche sind riesige Staubwolken. Sie blockieren das Licht der hinter ihnen liegenden Sterne wie Wolken in der Erdatmosphäre das Licht der Sonne. Sich vorzustellen, dass so ziemlich alle Sterne am Nachthimmel Teil der Milchstraße sind, ist schwindelerregend – denn es bedeutet, dass die Milchstraße so massiv groß ist, dass diese einzelnen, weit voneinander entfernt aufglimmenden Lichtpunkte zu einem kontinuierlichen Leuchten verschmelzen können. Fairerweise ist hier das Zugeständnis zu machen, dass auch einige der Wolken leuchten. Als eine gewaltige, unüberbrückbare Kluft erscheint die Milchstraße trotzdem.

Bild: »skeeze«

1.

Außenschau und Innenschau

Wir träumen von Reisen durch das Weltall – ist denn das Weltall nicht in uns? Die Tiefen unseres Geistes kennen wir nicht – nach innen geht der geheimnisvolle Weg. In uns, oder nirgends ist die Ewigkeit mit ihren Welten – die Vergangenheit und Zukunft. Die Außenwelt ist die Schattenwelt – sie wirft ihren Schatten in das Lichtreich. Jetzt scheints uns freilich innerlich so dunkel, einsam, gestaltlos – aber wie ganz anders wird es uns dünken – wenn diese Verfinsterung vorbei, und der Schattenkörper hinweggerückt ist. Wir werden mehr genießen als je, denn unser Geist hat entbehrt.

~ NOVALIS: *Blütenstaub*[2]

Über unseren Häuptern eröffnet sich in einer sternenklaren Nacht die Tiefe einer ungeheuren Weite. In dieser Weite leuchten viele weißliche Punkte. Sie ist erfüllt von Leuchten, doch das ändert nichts an der Tatsache, dass all diese Punkte weiter voneinander entfernt sind, als wir jemals in unserem Leben reisen werden. Allesamt bedeuten sie nur ein kurzes Aufblitzen in einer gewaltigen Leere.

Viele Menschen sagen, dass sie sich diese ungeheuerliche, diese gigantische Weite nicht vorstellen können. Dass man vor dieser Aufgabe zurückschreckt, ist nur nachvollziehbar. Im Gegensatz zu jeder irdischen Weite besitzt diese Weite keinen erkennbaren Horizont, den man mit den eigenen fünf Sinnen wahrnehmen könnte. Anscheinend spiegelt eine pauschale Ablehnung dieser Aufgabe ein Gefühl der Trennung wider: ein Gefühl des Getrenntseins von der Leere und Weite des Alls. Dies hat wohl damit zu tun, dass wir mit unseren Augen zwar das Licht von dutzenden von Lichtjahren entfernten Sternen empfangen können, aber kaum Bezüge herstellen können zu Dingen, die wir benutzen oder berühren können, die für uns von praktischem Nutzen sind, sofern wir uns nicht aktiv mit Astronomie, Astrologie oder ähnlichem auseinandersetzen. Außerdem fühlen wir stets den festen Boden unter unseren Füßen oder zumindest das Band der Gravitation, über welches wir mit der Erde unzertrennlich verbunden sind. Es fällt schwer, sich dieses wegzudenken, und unseren Heimatplaneten gleich mit. In diesem Fall gäbe es nicht viel, das noch übrig bliebe.

So sind die Sterne – bei schlechtem Wetter jenseits der Wolkendecke – immer da, Nacht für Nacht, und kaum jemand kümmert sich um sie, es sei denn vielleicht, er befindet sich in romantischer Stimmung an einem Lagerfeuer oder übernachtet unter freiem Himmel. Die Sterne tun nicht viel für uns. Sie bringen heutzutage, wo die Navigation nach Sternen lange durch den Kompass und jüngst durchs GPS ersetzt wurde, wenig unmittelbaren Nutzen. Als Kalender oder Uhr haben sie ebenso ausgedient. Sie sind einfach nur da, und um sie schätzen zu lernen, reicht es nicht, nur nach draußen zu blicken – man muss auch Innenschau betreiben. Nur, wer es schätzt, die Ruhe in sich selbst zu suchen, wird der ewigen Ruhe des Sternenhimmels nachhaltig etwas abgewinnen können.

Schnell zeigt sich dann, dass die himmlische Ruhe jene Ruhe einer toten Wüste aus Gas und Gestein ist, denn Vorstellungen über uns bergende Sphären, wie sie bis zu Kopernikus, Newton und Galilei üblich waren, gibt sich heute niemand mehr hin. Dennoch liegt in dieser Wüste, die vielmehr primordiales Chaos denn beseelter Kosmos zu sein scheint, der Ursprung unseres Seins und damit der ständige Beweis, dass aus dem Tod das Leben entsteht. Denjenigen, der auf diese Weise ins Weltall blickt, wird vielleicht die Ahnung rühren, dass er von der tödlichen Weite dort oben nicht getrennt, sondern allgegenwärtig von ihr umgeben ist, dass er, auf einem kleinen blauen Planeten sein Leben lebend, tief eingebettet ist in die Weite der Schöpfung. Wer auf diese Weise ins Weltall blickt, schaut auch hinein in sich selbst.

Manche Menschen wollen gar nicht erst versuchen, sich diese interstellare (von Stern zu Stern) oder intergalaktische (von Galaxie zu Galaxie) Weite vorzustellen – oder gar die noch weiteren *Voids*, Wüsten des Weltraums, abstrakt anmutende Räume schier unendlicher Weite, in denen der Himmel so leer und schwarz ist wie nirgendwo sonst –, weil sie ihnen Angst macht. In diesem unseren Weltbild, in welchem der heimatliche Kosmos längst verlorengegangen ist, erscheint auch das nur allzu verständlich. Wenn es Ihnen, lieber Leser, ähnlich geht, dann möchte ich mich für die obige Verwendung von Wörtern wie »ungeheuerlich« und »gigantisch« entschuldigen. Sie klingen, als ob Sie gleich einem Monster gegenübertreten müssten, das gleichzeitig riesengroß wäre.

Agoraphobie, die Angst vor weiten Plätzen, ist den Meisten vermutlich ein Begriff. Weniger bekannt ist die *Apeirophobie*, abgleitet vom Begriff *Apeiron* (von altgriechisch τὸ ἄπειρον, »das Unbegrenzte«), die Angst vor der Unendlichkeit sowohl im physischen, als auch im spiritu-

ellen, im kosmischen Sinn[3]: das unbehagliche Gefühl beim Gedanken
an die Ewigkeit; der Schwindel erregende Strudel der Verwirrung, zu
dem unsere Existenz zu werden scheint, wenn wir im falschen Moment
über sie nachsinnen. Dieses Gefühl befällt jeden irgendwann mal –
ohne dass es sich dabei gleich um eine psychiatrische Phobie handeln
muss – und auch Astronomen und Philosophen bleiben davon nicht
verschont. Als zu Zeiten des Astronoms Johannes Kepler (1571-1630)
die Frage im Raum stand, ob das Weltall unendlich und die Sonne
nur ein Stern wie jeder andere sei, gestand dieser, dass er »einen
dunklen Schauder« empfinde bei dem Gedanken, sich »in diesem
unermesslichen All umherirrend zu finden«[4].

Von dieser Weite, wie sie uns die moderne Astronomie vermittelt,
sind wir tagein, tagaus umgeben – ob wir es wollen oder nicht. Sie
beginnt direkt vor unserer Haustür, man kann sie nachts durchs
Fenster sehen, und sie ist somit all-täglich wie ein nächtlicher Traum,
oder wie die Erde, mit der wir ununterbrochen in Kontakt stehen.
Insbesondere lässt sich daraus schlussfolgern, dass sie uns nicht plötzlich etwas antun wird, wie sie ja schon unser ganzes Leben friedlich
über uns schwebte, egal, ob wir uns jemals um sie geschert haben
oder nicht. Das Unangenehme, welches bei dem Sinnieren über diese
Dinge an die Oberfläche tritt, kommt weder vom Himmel über uns
noch aus der Ewigkeit, sondern stets aus den Tiefen unseres eigenen
Inneren, und wenn es erscheint, ist das ein Akt der Befreiung, auf den
einzulassen sich lohnt. Was wir in der Weite des Alls suchen, können
wir – im übertragenen Sinn – in uns selbst entdecken, wobei wir
hier vorsichtig sein müssen, aber diesen Aspekt werden wir noch zur
Genüge beleuchten. Zunächst fangen wir harmloser an und betrachten
kurz die Frage, inwiefern wir die Weite des Alls auch im profanen, im
ganz und gar physikalischen Sinn »in uns«, sprich in unserem Körper
finden können.

Im Jahr 1905, lange bevor er als Mitbegründer der sogenannten
»Deutschen Physik« mit Hitler persönlich bekannt war[5], beschrieb
Philipp Lenard das Atom als »leer wie das Weltall«[6]. Damit gab er
seinem Erstaunen über die Entdeckung Ausdruck, dass der allergröß-
te Teil der in einem Atom befindlichen Masse, der Kern, in seiner
Ausdehnung viel kleiner ist als der Durchmesser des gesamten Atoms,
welches sich aus ebendiesem Kern und einer weitaus größeren Hülle zusammensetzt, in der aber lediglich ein paar leichte, flüchtige
Elektronen herumschwirren.

Zum allergrößten Teil besteht Materie also aus leerem Raum, aus
Energie und aus den Kräften, die sie zusammenhalten. Die Atomkerne

sind in diesem Raum verteilt wie die Sterne am Himmelszelt, in einer quantitativ geringeren, ihrem unermesslichen Wesen nach aber vergleichbaren Leere. Ein Atomkern treibt dieser Vorstellung zufolge einsam durch den Raum wie ein Stern, umkreist lediglich von ein paar Elektronen, Planeten gleich.

Dass ich, der demzufolge hauptsächlich aus nichts besteht, nicht einfach mit dem Stuhl verschmelze, auf dem ich sitze, dass dieser Stuhl nicht einfach durch den Fußboden fällt, anschließend in die Erde sinkt und ich mir schließlich, am glutheißen Erdkern angelangt, das Gesäß ansenge, das liegt vor allem an den Elektronen in der Atomhülle, die noch viel kleiner und leichter sind als der Kern, die einem Material aber seine Beschaffenheit geben, indem sie in gegenseitiger Wechselwirkung für einen mikroskopischen, aber unüberwindlichen Abstoßungseffekt sorgen. Wenn es diese Abstoßung nicht gäbe, dann würden Sie, lieber Leser, wie ein Geist durch Wände gehen können, sofern die Wand noch nicht in sich zusammengefallen wäre und sich, wie Sie auch, bereits in Richtung Erdkern verabschiedet hätte. Auch Sie bestehen also vor allem aus Leere, aus Weite und Energie, wie alles andere auch.

Mit seiner Kult gewordenen Formel $E = mc^2$ (eigentlich: $E_0 = mc^2$) hat Albert Einstein erstmals gezeigt, dass Masse, in der Formel als m notiert, letzten Endes eine Form von Energie ist, genauer gesagt die »Ruheenergie«, E_0.[7] c ist in der Formel die Lichtgeschwindigkeit. Diese Energie ist äußerst kondensiert. Spürbar wird sie zum Beispiel bei der Explosion einer Atombombe, wo sie schlagartig in eine sublimere Form übergeht, oder in den Kernfusionsprozessen im Inneren eines Sterns, welche auch unserer Sonne die Kraft geben, unseren Planeten zu erleuchten und ihm die lebensnotwendige Wärme zu spenden.

Später hat die Quantenmechanik zudem gezeigt, dass sich Atome und andere Teilchen verhalten können wie Wellen auf dem Wasser, die sich, je nachdem, wie sie aufeinander zu laufen, einerseits gegenseitig verstärken, andererseits aber auch auslöschen können. Dieses Phänomen wird allgemein als *Interferenz* bezeichnet. So kann aufgrund dieses *Welle-Teilchen-Dualismus* in einem geschickten Versuchsaufbau auch Materie plötzlich verschwinden. In der Forschung hat sich in dem Bestreben, diese Eigenschaft bei möglichst großen Molekülen nachzuweisen, unter manchen Arbeitsgruppen ein regelrechter Sport entwickelt.[8]

Neben den eben genannten Aspekten lieferten Relativitätstheorie und Quantenphysik noch bahnbrechendere Erkenntnisse, aber zunächst halten wir fest: Materie ist somit Energie, besitzt zudem einen wandelbaren, fast alchemistisch wirkenden Charakter, der sie in Wechselwirkung mit anderen Teilchen erscheinen und verschwinden lässt, und unter diesem Gesichtspunkt gibt es in der Welt überhaupt nichts Anderes außer Leere, Weite und besagter Energie, die mittels einer Vielzahl von Wechselwirkungen das bunte Farbenspiel erzeugen, welches wir unseren Kosmos nennen. So ähnlich lauten auch manche Aussagen aus »esoterischer« Richtung; wie gesagt wollen wir diese Begriffe zunächst nur profan-physikalisch verstehen.

Dass wir diese Leere nicht sehen können, dass also überhaupt etwas sichtbar ist und nicht einfach alles unsichtbar, liegt daran, dass Photonen, Lichtteilchen, mit Elektronen wechselwirken können, wobei sie verschluckt, ausgesandt oder reflektiert werden, und daran, dass unser Gehirn das Licht, welches auf die Netzhaut in unseren Augen trifft, eben so verarbeitet, wie es sich in Millionen und Abermillionen Jahren der Evolution als hilfreich für unser Überleben erwiesen hat. Ähnliches gilt für unsere übrigen Sinne, vor allem den Tastsinn (der physiologisch nicht als *ein* Tastsinn existiert, sondern sich aus vielen taktilen »Untersinnen« zusammensetzt[9]), welcher uns von der Weite zwischen zwei Atomkernen nicht viel spüren lässt, insbesondere bei harten Materialien wie Stahl und Diamant, oder auch bei einem schmerzvollen Bauchklatscher vom Dreimeterbrett. Dennoch sollte nun klar sein, dass es zumindest langfristig, im Gesamtbild, vor der Weite und Leere gar kein Entkommen gibt, dass sie uns allgegenwärtig umgibt, dass sie in uns ist und es schon immer war. Gleichzeitig tut sie uns nichts an, genauso wenig, wie sie all unseren Vorfahren etwas angetan hat, genauso wenig, wie hinter Ihrem Rücken, lieber Leser, gleich ein riesenhaftes Monster erscheinen wird. Wir werden weder in den Erdkern fallen noch ins Weltall gesogen, weil die physikalischen Gesetze sind, wie sie schon immer waren, seit Anbeginn der Zeit. Ohne die gleichen Naturgesetze, die das Universum in all seiner Pracht geschaffen haben, könnten wir nicht existieren. Ohne sie hätten wir uns nicht entwickeln können, wie wir heute sind, und würden uns nicht so entwickeln, wie wir es zu jedem Zeitpunkt der Gegenwart unaufhörlich tun.

Als Gegebenheiten, die dem materiellen Geschehen übergeordnet sind, sind die Naturgesetze selbst immateriell und somit geistiger Art, denn bloße Materie kann weder denken noch ausrechnen, wie sie sich zu verhalten hat. Der Glaube an die Existenz universeller Naturgesetze ist folglich der Glaube an einen transzendenten Geist, welcher der Welt ihre Gestalt gibt – ein Umstand, der nur allzu gern übersehen wird, und auf den wir noch öfters zurückkommen werden.

2.

Der Mensch und das All

Der Mond stand als scharf umrissene Sichel am kristallklaren Himmel. Die Sterne schienen mit solch vehementer, konzentrierter Macht, dass es abwegig schien, die Nacht dunkel zu nennen. Die See lag still da, gebadet in ein scheues, leichtfüßiges Licht, ein Ballett aus Schwarz und Silber, das rund um mich wogte bis ins Unendliche. Unermesslich schien der Himmel über und der Ozean unter mir. Halb war ich fasziniert gebannt, halb vor Schrecken starr. Ich fühlte mich wie der heilige Markandeya, der dem schlafenden Vishnu aus dem Munde fiel und so das ganze Universum bis in die kleinste Kleinigkeit erblickte. Beinahe wäre der Heilige vor Schrecken gestorben, doch im letzten Augenblick erwachte Vishnu und holte ihn zurück in seinen Mund.

~ Yann MARTEL: *Schiffbruch mit Tiger*[10]

So ziemlich alles, was wir über das Weltall wissen, entstammt den Forschungsergebnissen von Wissenschaftlern, ihren altertümlichen Vorgängern und vielleicht dem einen oder anderen Hobby-Astronomen. Hätten wir diese Informationen nicht, wären uns aus unserer alltäglichen Erfahrung nur Sonne, Mond und Sterne – eventuell unterteilt in Planeten und Fixsterne – bekannt und vielleicht der seiden schimmernde Ausschnitt der Milchstraße, welchen wir bei hinreichend klarem Himmel von der Erde aus sehen können. Dazu kämen Polarlichter und Sternschnuppen, welche zwar durch Gegebenheiten des Weltraums ausgelöst werden, letzten Endes jedoch irdische Phänomene darstellen, und vielleicht noch einige andere Erscheinungen.

Bei alledem wüssten wir jedoch nichts von der Größe der anderen Planeten, würden nicht ahnen, dass die Sonne nicht um uns kreist, sondern wir um sie. Vor allem aber würden wir die unvorstellbare Größe des Universums massiv unterschätzen. Dass sämtliche Himmelskörper sich weit entfernt von uns befinden, könnten wir vielleicht noch anhand dessen erahnen, dass sie sich nicht zu bewegen schienen, egal, wie schnell wir selbst unterwegs wären – aber unterschätzen würden wir das Weltall trotzdem.

Befänden wir uns auf einem technologischen Stand, der dem vor einigen tausend Jahren entspräche, dann würden wir unsere höchste Geschwindigkeit vermutlich auf dem Rücken eines Pferdes erreichen und könnten aufgrund eines sich laufend verändernden Blickwinkels wohl die Bäume im Wald vorbeiziehen sehen, nicht aber die untergehende Sonne, die zwischen ihnen hervorblitzen und dabei vergleichsweise statisch wirken würde. Während die Bäume nur so vorbei rasten, begleitet vom Geklapper der Hufe, würde die Sonne uns ihr Licht stets vom gleichen Ort aus leuchten – einmal abgesehen von ihrem langsamen Untergang Richtung Horizont. Das Gleiche träfe dabei auf große, jedoch in erreichbarer Ferne befindliche Objekte zu, wie zum Beispiel einen Gebirgskamm, sodass wir ohne fortgeschrittene mathematische Berechnungen lediglich zu dem Schluss fähig wären, dass die Himmelskörper noch weiter entfernt liegen müssen, weiter als der Horizont, vielleicht auch weiter noch als das Ende der Welt, und höher als der höchste Berg, höher wohl, als ein Vogel fliegen kann.

Jede dabei erdachte Entfernung bliebe im Vergleich zur realen Situation aber noch immer eine maßlose Untertreibung, denn nie kämen wir auf die Idee, dass – aus der Distanz betrachtet – diese unsere Erde nur ein Staubkorn ist in einem gigantischen Universum, getrieben von Gezeiten, welche um ein Vielfaches mächtiger sind als alles Irdische, mächtiger womöglich, als wir es auch den potentesten unserer Gottheiten je zugetraut hätten.

Damals waren aber auch wir noch nicht so mächtig, wie wir heute zu sein scheinen: Überall greift heute der Mensch ein, überall kontrolliert er, überall leitet er, führt oder bildet sich zumindest ein, es zu tun. In Europa muss man schon lange suchen, um an einen Ort zu gelangen, an welchem der Mensch noch nicht seine Spur hinterlassen hat. Wie subtil, wie vergänglich, wie rar gesät sind da die Spuren anderer Tiere? Heute haben wir wenigstens theoretisch die Möglichkeit einer globalen nuklearen Katastrophe. Wir selbst sind so mächtig geworden wie die einstigen Götter des Altertums, dabei jedoch nur allzu sterblich geblieben, und um das Ausmaß der Schöpfung wieder schätzen zu lernen, müssen wir mit Sicherheit genauer hinschauen, als es früher der Fall war – oder aber einen Blick in den Weltraum werfen und uns vergegenwärtigen, dass das Universum uns nichts schuldet, sondern dass wir selbst es sind, die für unser Schicksal die volle Verantwortung tragen. Das mag etwas abgedroschen klingen, ist jedoch ein Fakt, welcher umso greifbarer wird, je weiter der Mensch technologisch voranschreitet, je fataler die Folgen von Fehlentscheidungen sich auswirken können. Mit möglichen Weltuntergangsszenarien möchte ich mich an dieser Stelle jedoch nicht zu eingehend auseinandersetzen; sie gehören nur bedingt in dieses Buch, denn es soll zunächst auf einer persönlicheren Ebene wirken.

Das unbeschriebene Blatt

Wann aber wurde der Mensch zum Menschen? Zu welchem Zeitpunkt der Evolution hörte er auf, einfach nur Tier zu sein? An welchem Tag brach er aus dem Kreislauf der Natur heraus, um sich schließlich, wie es scheint, mehr und mehr gegen sie zu wenden?

Den dieser Entwicklung zu Grunde liegenden Prozess bezeichnet man, zumindest in biologischer und soziologischer Hinsicht, als *Hominisation*. Heute lässt sich kaum mehr bestreiten, dass Mensch und Natur – der gewöhnlichen Auffassung des Begriffs »Natur« gemäß – zwei unterschiedliche Dinge sind, während das offensichtlich nicht immer der Fall gewesen sein kann. Die Natur ist älter als der Mensch und wer nicht gerade die Evolution bezweifelt, kann nicht leugnen, dass wir einst ein Teil von ihr waren.

Doch eines Tages aßen Adam und Eva, getrieben von ihrer menschlichen Neugier, verführt von der Schlange, den Apfel vom Baum der Erkenntnis von Gut und Böse. Daraufhin wurden sie aus dem Garten Eden, aus dem paradiesischen, jedoch indifferenten Einssein mit der Natur verstoßen.[11] Hiermit bezahlten sie den Preis für die Erkenntnis ihrer selbst als selbstbestimmte Menschen, die sich nun, gebunden an die Vergänglichkeit ihres Fleisches, der Natur und ihrem Schöpfer gegenüberstehend sehen und sich auf eigene Faust behaupten müssen – das Erwachen des menschlichen Intellekts.

> Menschwerdung beginnt dort, wo sich der von Naturzwängen befreite Mensch durch die Offenheit seines Geistes als Individuum erfährt, das in seinem Wesen radikal von allem anderen getrennt ist.[12]

Die Steinzeit ist insofern spannend, als sich in ihr ebendieser Wandel vollzog, als der Mensch vom Tier schied. In ihr wurde die Flamme des menschlichen Geistes entfacht und nahm nach und nach Besitz von der Welt, bis sie zu einem lodernden Feuer wurde, welches den Menschen an die Spitze, auf den Thron der Nahrungskette setzte, mit Zepter, Krone und allem, was dazugehört.

Für unseren zivilisierten, aber zweifelsohne auch konditionierten Verstand ist es vielleicht möglich, einzelne Aspekte der Hominisation intellektuell nachzuvollziehen. So gilt beispielsweise noch vor der Entdeckung des Werkzeugs der aufrechte Gang als ein wesentliches Element: Abgesehen von der offensichtlichen Möglichkeit, die Hände für andere Tätigkeiten, vor allem eben Werkzeuge, benutzen zu können, machte dieser es durch eine resultierende Einengung des Geburtskanals notwendig, dass die Gehirnentwicklung im Leben eines

Menschen im Vergleich zu anderen Tieren eher verzögert stattfindet (wenngleich alle Gehirnzellen in einem unentwickelten Stadium bereits vor der Geburt vorhanden sind). Damit die Geburt eines Menschen überhaupt möglich blieb, musste ein wesentlicher Teil auf die postnatale Zeit verschoben werden.[13] Durch diesen Umstand bleibt dem Menschen jedoch mehr Zeit, von seiner Umwelt zu lernen, weniger auf die Vorprogrammierung durch Instinkte angewiesen zu sein.[14] Andererseits wächst er langsamer und ist als unbeschriebenes Blatt zunächst schutzbedürftiger.[15]

Alle unsere Anschauungen jedoch einmal fallen zu lassen und die Welt zu betrachten, wie ein Tier es tut, instinktiv eben, das fällt uns nicht so leicht. Automatisch verpacken wir unsere Gedanken in Worte, und wenn wir diesen Worten Gehör schenken, ist der Versuch bereits gescheitert, denn als der Mensch noch Tier war, gab es keine Sprache. Wie dachten wir aber, bevor es die Sprache gab?

> Für Wissenschaftler, die sich mit diesen Fragestellungen beschäftigen, ist heute das größte Problem zumeist die eigene Modernität, die eigene moderne Denkstruktur... Unser heutiges Wissen verbaut uns in gewisser Hinsicht den freien Blick auf die Denkstrukturen früherer Menschheitsepochen. Wir sehen häufig den Wald vor lauter Bäumen nicht.[16]

Wenn ein Hund freudig ins Auto seines Besitzers springt, dann fragt er sich nicht, wie das Auto funktioniert. Er kennt nicht einmal das Funktionsprinzip des Rads, sondern ist zufrieden damit, einfach nur mitfahren zu dürfen, auch ohne das Reiseziel zu kennen. Es ist anzunehmen, dass die entferntesten unserer Vorfahren einen ähnlichen Blick auf die Welt pflegten. Der Mensch saß nicht immer auf seinem Thron, von wo aus er dann alle anderen Geschöpfe dominierte. Auf dem Weg dorthin verbrachte er zunächst Hunderttausende von Jahren damit, sich in der Wildnis zurechtzufinden, sich in ihr zu behaupten, und war mit dieser Beschäftigung wohl gänzlich ausgebucht. Dabei stellte er einen Teil dieser Wildnis dar, und genau wie er sich selbst als organisches Lebewesen zu erleben begann, erlebte er die Welt um sich herum: als Organismus, in welchem alles miteinander zusammenhängt, verwoben ist, sodass sich die Frage nach dem kausalen Ursprung einzelner Phänomene noch gar nicht ergab.[17]

»Das Fühlen und Denken unserer Vorfahren war stark räumlich geprägt.«[18] Durch den aufrechten Gang gewann für den Menschen eine zusätzliche räumliche Dimension an Bedeutung, nämlich die der Höhe. Der Mensch konnte sämtliche seiner Gliedmaßen verwenden, um sich zu bücken, zu strecken, zu hocken oder sich schlafen zu legen.

Insbesondere seine Arme besaßen dabei eine große Bewegungsfreiheit. Ähnlich komplizierte Raumverhältnisse fanden nur Baumbewohner beim Klettern vor.[19]

Während diese Raumwahrnehmung unserer heutigen entspricht, war das Zeitgefühl des Menschen damals noch von einer völlig anderen Art als heute. In seinem Essay *Bætyl: Eine kurze Geschichte der Astronomie in der Steinzeit* (2008) erklärt Theo Köppen, dass die Zeit sozusagen im Raum eingebettet gewesen sei. Anstelle der abstrakten Vorstellung, die wir heute von einer Zeitspanne haben, hätten die Menschen der Steinzeit lediglich über die eigenen Strapazen des Weges von einem Ort zum anderen sinniert, ohne sich nach der Dauer desselben zu fragen.[20] Wie sehr wir auch heute noch den Lauf der Zeit mit der Bewegung durch eine räumliche Dimension assoziieren, spiegelt sich in Begriffen wie »Zeitraum«, »Zeitspanne« oder auch »Zeitfenster« wider. Ein Fenster ist schließlich auch eine Öffnung, durch die wir hindurchsehen und den Raum um uns erblicken können.

Der Zeitbegriff, den unsere Vorfahren nach und nach entwickelten, war zunächst nicht von geradlinigen Verläufen, sondern von zyklischen Mustern geprägt. Diese ließen sich in der Natur in eindrucksvoller Manier finden. Allen voran steht hier der Wechsel von Tag und Nacht, welcher sich stets in einem hohen Tempo vollzog und nicht nur radikale Auswirkungen auf die Erscheinung der Welt, sondern auch auf das Erlebnis des eigenen Körpers und Bewusstseins hatte, nämlich das der Müdigkeit, des Schlafes, des mysteriösen Traumes und schließlich des Erwachens.[21] Mit geringerer, aber dennoch deutlich beobachtbarer Bedeutung folgten diesem kosmischen Zyklus der der Jahreszeiten und die Mondphasen.

In einem zyklischen Erleben der Zeit befindet sich die Gegenwart nicht eingepfercht irgendwo zwischen Vergangenheit und Zukunft, zwischen Anfang und Ende, wie wir sie heute wahrnehmen. Stattdessen ist jeder Tag eine Wiederholung des vorherigen und eine Vorhersage des folgenden, sodass es außer der Gegenwart gar keine andere Zeitform gibt (und somit eigentlich auch keine Gegenwart, sondern bloß Zeitlosigkeit). Vergangenheit und Zukunft existieren nur in unseren Köpfen und erfordern bereits ein hohes Maß an Abstraktion. Für die Steinzeitmenschen hingegen war alles zeitlose Gegenwart.

Heute ist unumstritten, dass die Astronomie die erste wissenschaftliche Disziplin darstellte. Anscheinend hat der Sternenhimmel die vorgeschichtlichen Menschen zu intellektuellen Höchstleistungen inspiriert. Dieser Inspiration lag einerseits mit Sicherheit die Projektion einer anderen Welt, eines Jenseits, eines Himmels in ebendiesen zu Grunde. Andererseits gibt es kaum eine andere Erscheinung in der Natur, welche so konstant, so universell ist und sich – mit ausreichend Geduld – so leicht in Zahlen fassen lässt. So hat das Jahr 365 Tage, der Mondzyklus ungefähr 30, und so weiter. Die Zahlen und Zahlensysteme entstammen wohl dem Handel, fanden in der Astronomie aber ihre erste wissenschaftliche Anwendung.[22]

Auch für mich als Autor dieses Buchs eignet sich das Weltall hervorragend als Projektionsfläche. Andernfalls würde ich es nicht schreiben. Was für eine derartige Projektion jedoch notwendig ist, ist die intellektuelle Trennung von Himmel und Erde, und die Frage ist, wann der Mensch, welcher die Welt bis dahin als Einheit erlebte, sich zu diesem Schritt genötigt sah.

Während Religionshistoriker oftmals argumentieren, dass der sakrale, ehrfurchtgebietende Charakter des Himmels ausschlaggebend für diese Teilung der Welt gewesen sei, weist Köppen darauf hin, dass auch vor allem das Wasser, die Bäume und die Berge auf eine ähnliche Weise verehrt wurden und dieser Umstand allein nicht für den vorgenommenen, in gewisser Hinsicht ja auch schmerzvollen Prozess der Teilung verantwortlich gemacht werden könne.

Das Gleiche treffe auf das ebenso häufig bemühte Argument zu, dass die Steinzeitmenschen die Bedeutung des Himmels (das heißt seiner saisonabhängigen Erscheinung) für den Ackerbau erkannten und ihn fortan genauer studierten.[23] Gerade durch den Umstand, dass dieser Himmel systematisch mit der irdischen Welt wechselwirkt, müsste er schließlich eher mit ihr verbunden zu sein scheinen als von ihr getrennt.

Stattdessen, so Köppen, biete sich eine geschlossenere Theorie an: Vom Himmel stürzende Meteoriten wurden beobachtet und für Zeichen aus einer anderen Welt gehalten. Da sie von oben gekommen waren, mussten sie vom Himmel stammen, und somit musste der Himmel mehr sein, als das bloße Auge zu sehen vermochte: eine eigene Welt, nicht weniger substanziell als die irdische, wie durch die steinharten Meteoriten schließlich bewiesen war.[24] Gleichzeitig schien dieser Himmel, wenigstens für irdische Geschöpfe, unerreichbar zu sein. Dies ist ein Gedanke, welcher wirklich Sehnsucht zu wecken vermag. Der Mensch wird sich in seiner Begrenztheit, in seiner Endlichkeit bewusst. Diese metaphysische Erkenntnis hatte zweifelsohne eine Auswirkung auf das magische, animistische Denken unserer Vorfahren.

Sowohl Meteoriten als auch Sternschnuppen zählen zu den *Meteoroiden*. Was beide unterscheidet, ist lediglich der Umstand, dass erstere die Erdoberfläche erreichen, bevor sie gänzlich verglühen, und letztere nicht. Meteoroide sind dabei einfache Materieklumpen, bestehend beispielsweise aus Gestein oder Eisen, welche durchs All schwebten, bevor sie mit der Erdatmosphäre in Kontakt traten. Die Luftreibung (umgangssprachlich als »Fahrtwind« bekannt), welche im Weltraum nicht vorhanden ist, bremst den Meteoroiden ab, begleitet von einem strahlenden Leuchten der ionisierten Luft und einer Menge Lärm. Meteoroiden wiederum zählen zu den *Meteoren*, ein Begriff, welcher noch viele weitere Himmelserscheinungen einschließt, zum Beispiel die des Wetters, wie Wolken, Blitze und Regen – daher auch der Begriff *Meteorologie*, welcher umgangssprachlich ja meist mit »Wetterkunde« gleichgesetzt wird.

Einen wichtigen Faktor für das Schicksal eines Meteoroids stellt seine Größe dar. Als deren untere Grenze ist heute ein Durchmesser von zehn Mikrometern festgelegt, was einem hundertstel Millimeter entspricht – zu klein, um für das bloße Auge sichtbar zu sein. Nach oben hin ist die Skala offen, wobei ab einem Durchmesser von mehreren Metern oftmals von einem *Asteroiden* gesprochen wird. Im Gegensatz zu Meteoroiden heißen Asteroiden bereits Asteroiden, wenn sie friedlich und unerkannt durchs All schweben, zum Beispiel im Asteroidengürtel des Sonnensystems. Der 70 Kilometer große Morokweng-Krater in Südafrika rührt vom Einschlag eines Asteroiden in der Größenordnung mehrerer Kilometer her.[25] Die Größe der Gesteinsbrocken aus dem All kann also massiv variieren.

An dieser Stelle sei noch gesagt, dass im Gegensatz zu den vorher genannten Erscheinungen ein *Komet* nicht mit der Erde in Kontakt steht – wenngleich sein berühmter Schweif im All Partikel auf der Erdumlaufbahn hinterlassen kann, die später als Meteoroiden enden –, sondern frei durch den Weltraum fliegt, oftmals auf einer Umlaufbahn um die Sonne. Sein Leuchten entsteht entsprechend nicht durch Luftreibung in der Erdatmosphäre, sondern durch seine Nähe zur Sonne, welche ihn einerseits erhitzt und andererseits mit elektrisch geladenen Teilchen, dem *Sonnenwind*, bombardiert.

Bei einem Meteoriten bleibt trotz des Verglühens am Ende noch genug Materie übrig, um auf der Erde für einen Einschlag zu sorgen, welcher entsprechend eindrucksvoll ausfallen kann. Im Vergleich mit einer Sternschnuppe, wie jeder sie kennt, ist das Leuchten am Himmel weitaus ausgedehnter, dauert länger und ist oft hell genug, um selbst tagsüber unübersehbar zu sein. Dieses Leuchten ist begleitet von Rauchwolken und einer Geräuschentwicklung, die Donnergrollen, Explosion und Feuerwerk gleichzeitig zu sein scheint. Eine solche Erscheinung ist eindrucksvoll und unheimlich, und das umso mehr, wenn sie auf der Erde Zerstörung anrichtet. Diese Zerstörung kann verheerende Folgen haben. Das Aussterben der Dinosaurier wurde durch den Einschlag eines Asteroiden vielleicht nicht eingeleitet, aber zumindest beschleunigt.

Anhand von Berichten Dritter schildert Rolf Bühler den Einschlag eines Meteoriten durch das Dach eines Tempels:

> Am 19. Mai des Jahres 861 ereignete sich Außergewöhnliches in der Gegend des Shinto-Tempels Suga Jinja, nahe der westjapanischen Stadt Nogata auf Kyushu: Die Nacht wurde plötzlich hell erleuchtet. Eine fürchterliche Explosion zerriss die Stille. Durch das Dach des im 7. Jahrhundert erbauten Heiligtums sauste ein schwarzes Etwas und bohrte sich in den Tempelboden. Dorfbewohner, die sich am nächsten Morgen angsterfüllt im Tempel umsahen, entdeckten auf dem Grund des Loches einen merkwürdigen faustgroßen schwarzen Brocken... / Obwohl sein irdisches Alter durch physikalische Methoden nicht ermittelt werden konnte, schließen die Bearbeiter... daß der Stein mit hoher Wahrscheinlichkeit tatsächlich vor mehr als 1100 Jahren in den Tempelboden schlug.[26]

Bei einer solchen Geschichte scheint es fast unausweichlich, dass dem eingeschlagenen Meteoriten eine transzendente Bedeutung zugeschrieben wird. Aber auch auf zahlreiche Meteoriten, die nicht direkt in Tempel stürzten, trifft dies zu. In Europa wurden Meteoriten in jungsteinzeitlichen Grabanlagen entdeckt. Der bekannteste Fall dürfte jedoch der »Schwarze Stein« an der *Kaaba* in Mekka, dem wichtigsten Wallfahrtsort des Islams, sein. Allerdings ist sein Ursprung bisher nicht endgültig geklärt, da Wissenschaftlern Untersuchungen bisher verwehrt wurden. Diese müssen ihre Vermutungen anhand weniger Fotos und religiöser Aussagen aufstellen, welche unter anderem besagen, dass der Stein vom Himmel gekommen sei und weiß gewesen sei, bevor er sich – symbolisch für die Sünden der Menschen – verfärbt habe. Möglich scheint vor diesem Hintergrund auch, dass der Stein selbst kein Meteorit ist, jedoch durch die Wucht eines Meteoriteneinschlags aus irdischem Material entstand.[27] Für die Muslime ist die Kaaba das Haus Gottes, für welches es den Begriff »Bätyl« gibt. Dieser lässt sich auf die Stadt *Bethel* (von hebräisch Bet-El, »Haus Gottes«) zurückführen, in deren Nähe Abraham in der Bibel einen Altar baute.[28] Der Begriff hat sich für derartige Götzensteine auch in der Wissenschaft durchgesetzt.[29]

Natürlich schlugen schon immer Meteoriten auf der Erde ein. Aber für die geringe Wahrscheinlichkeit, einen solchen Einschlag direkt zu beobachten, spielt auch die Bevölkerungsdichte der Menschheit eine große Rolle: Je mehr Menschen es gibt, desto größer ist die Wahrscheinlichkeit, einen Meteoriteneinschlag zu sehen. Die Bevölkerungsdichte war bekanntermaßen deutlich geringer als heutzutage, wo es normal geworden ist, dass übereinander gestapelte Mietwohnungen so platzsparend wie möglich in quaderförmige Bereiche unterteilt werden. Es ist jedoch nicht zu vernachlässigen, dass es auch in der Steinzeit zu rapiden Wachstumsphasen kam, die eng mit dem landwirtschaftlichen Fortschritt verknüpft waren. Dieser erschloss dem Menschen, welcher lange Zeit als Jäger und Sammler unterwegs war, zusätzliche Lebensmittel und effizientere Methoden. Viehzucht und schließlich Ackerbau wurden erst innerhalb der letzten zehntausend Jahre etabliert.[30]

Abgesehen davon spielt hier wieder das Abstraktionsvermögen eine Rolle. Der logische Schluss, dass ein gefallener Stein vom Himmel kommen muss, ist kein trivialer. Wenn wir heute etwas auf dem Boden einschlagen sehen, schauen wir, nachdem wir uns besonnen haben, automatisch nach oben, um zu überprüfen, ob uns noch mehr Objekte entgegenkommen könnten, oder um einen möglichen Ursprung auszumachen. Ein Tier jedoch kommt nicht auf diese Idee; es untersucht bestenfalls das gefallene Objekt. Diesem abstrakten Schluss liegt auch Wissen über das Wesen der Schwerkraft zu Grunde, welches sich unsere Vorfahren möglicherweise durch Jagdmethoden erarbeitet hatten. Neben der Verwendung von ballistischen Waffen wie Speer, Pfeil und Bogen etc. gruben sie auch Fallen, in die sie Tiere jagten, um sie schließlich von oben mit Steinen zu bewerfen und auf diese Weise zu töten.[31] Von welch zornigem Gott muss also ein Stein stammen, der vom Himmel aus auf uns Menschen geworfen wird!

War das Phänomen von Tag und Nacht noch durch einen fließenden Übergang gekennzeichnet und außerdem mit der ständigen Erfahrung des eigenen Körpers verbunden, weckte die Trennung von Himmel und Erde Sehnsüchte nach dem unbegreiflichen Höheren, das da über uns schwebt. Man könnte hier spekulieren, dass die Trennung von Himmel und Erde ein so prägendes, eventuell auch traumatisierendes Ereignis war, dass Menschen fortan mit weiteren Prozessen radikaler, dualistischer Trennung begannen. Wenn der Mensch sich von Anderem getrennt erlebt, dann erfährt er erstmalig das Gefühl von Mangel. Erst aus einem Gefühl von Mangel heraus kann sich eine große Sehnsucht und, damit einhergehend, auch ein Bedürfnis nach Macht entwickeln. So lässt sich vermuten, dass die Suche nach einem »Platz an der Sonne« steilere soziale Hierarchien beim Menschen erst entstehen ließ. Zwar darf an dieser Stelle nicht vergessen werden, dass es auch bei Tieren soziale Ordnungen gibt, von flachen, sozial bedingten Hierarchien bei Wolfsrudeln bis hin zu steilen, biologisch bedingten bei den Bienenvölkern. Man geht jedoch davon aus, dass bei vielen Gruppen von Jägern und Sammlern noch Gleichberechtigung herrschte.[32]

Gleichzeitig stellt die Trennung von Himmel und Erde für den Menschen einen wesentlichen Schritt in der Entdeckung seiner eigenen Endlichkeit dar (die sicher schon mit der Entdeckung des Werkzeugs begonnen hatte). Auf diese Weise facht sie seine Fähigkeit zum abstrakten Denken an, denn Abstraktion setzt die Fähigkeit voraus, Dinge als Einzeldinge und somit als endlich wahrzunehmen. Auf dieser Grundlage kann dann gedanklich ein entsprechend begrenztes Modell von ihnen entworfen werden, eine *Idee*, wie Platon (428-348 v. Chr.) sagte, wobei dieser den Prozess allerdings umgekehrt sah.

In seiner »Ideenlehre« behauptete Platon, dass die rein geistige, nur in unserer Vorstellung enthaltene Idee eines Dinges dessen physischem Sein vorausgehe. Das bedeutet, dass die Vorstellung, die wir von einer Kuh haben, schon vor der Kuh selbst existierte, ja, jede real existierende Kuh ist, salopp gesprochen, nur ein »Abklatsch« der Idee, da jede Kuh vergänglich, veränderlich und individuell ist (keine Kuh ist einer anderen identisch), unsere Idee von ihr jedoch absolut und allgemein.

Diesem Denken liegt vielleicht noch die bereits beschriebene archaische Empfindung zu Grunde, dass die Welt ein organisches Ganzes sei, welches sich nicht einfach so in Teile zerlegen lässt. Die Teile, die Einzeldinge, besitzen in der Welt keine echte Wirklichkeit, sondern sind auf Erfahrungswerten basierende Erfindungen. Nur in unserem Geist sind sie »wirklich« wirklich – als abstrakte Ideen – und insofern sind die Einzeldinge, wenn wir sie in der Welt erkennen, tatsächlich nur Spiegelungen, ja, Projektionen unseres eigenen Geistes. Nimmt man zudem an, dass die physische Welt an sich zunächst ein gänzlich formloses Geschehen ist (eben jenes »organische Ganze«) und dass es erst unser Geist ist, der die konkreten Formen aus ihr »aussticht« wie ein Keksausstecher Kekse aus einem zuvor undifferenzierten Plätzchenteig, gewinnt Platons Ideenlehre auf beeindruckende Weise an Substanz. Der Keksausstecher ist dabei die Idee, während der vergängliche Keks, welcher niemals genau der perfekten Form des Keksausstechers gleicht, das physisch manifestierte Einzelding darstellt. Aus heutiger Sicht muss aber zumindest der Plätzchenteig als physische Welt, als physische »Gesamtheit« vorausgesetzt werden. Ohne Teig kann die Keksform keinen Keks erzeugen.

Abstraktion bedeutet immer Grenzziehung. Um ein Ding als Einzelding erkennen zu können, muss eine Grenze gezogen werden zwischen dem, was es ist, und dem, was es nicht ist. Der Nachteil im abstrakten Denken liegt freilich darin, dass eine Fragmentierung der Welt als Objekt schnell eine Fragmentierung des sie erfahrenden Subjektes, des Menschen selbst zur Folge haben kann. (Tatsächlich beginnt diese Fragmentierung schon mit der Wahrnehmung der Welt als Objekt, da das Subjekt sie bereits auf diese Weise von sich abspaltet.)

Man könnte noch einwenden, dass es unwahrscheinlich sei, dass ein einzelner Schritt für eine ganze Denkstruktur eine so große Folge gehabt haben könnte, und dass es sich vielmehr um einen fließenden Übergang handeln müsse. Das eine schließt das andere jedoch nicht aus, da ein Trauma nicht zeitlich unmittelbar wirken muss, sondern seine Wirkung auch mit zeitlichem Abstand zunehmen kann. Es kann sein, dass ein solches Trauma nur langsam in das kollektive Unbewusste einsickert, dass es Zeit braucht, bisherige Auffassungen der Welt umzupolen, da die neue Information erst eingeordnet werden muss, indem sie auf Bisheriges bezogen wird. So könnte die Trennung von Himmel und Erde durch einzelne Ereignisse ausgelöst worden sein, ohne dass diese ihre Wirkung von heute auf morgen entfalteten.

Die These, dass Meteoriteneinschläge die Auslöser dieser Änderung im Denken und in der Wahrnehmung unserer Vorfahren waren, ist zunächst Spekulation, welche ich nur unzureichend belegen kann. Möglicherweise gilt sie auch für einige Kulturen und für andere nicht, und möglicherweise entfaltete sie ihre Wirkung erst zusammen mit anderen Ereignissen. Aber sie ist immerhin eine These, die erklärt, wie es zu dieser Trennung gekommen sein könnte, ohne behaupten zu müssen, dass diese Änderung, dieser radikale Schritt, dem Menschen schlicht immanent sei. Hierbei geht es letztendlich um die Natur des Menschen, um die Frage, inwiefern sich nicht nur das abstrakte Denkvermögen, sondern auch die Sehnsucht, der seelische Hunger, der Drang nach Erkenntnis, aber auch das oftmals pathologische Bedürfnis nach Macht in seinem Kern befinden. In jedem dieser Fälle handelt es sich auf die eine oder andere Art um den Versuch, gen Himmel empor zu steigen, nicht mehr an die Erde gebunden zu sein, nicht mehr unter der eigenen Endlichkeit leiden zu müssen. Es geht darum, ob die intellektuelle Fähigkeit zur Abstraktion *prinzipiell* eine seelische Spaltung des abstrahierenden Wesens bedeutet, oder ob Abstraktion (ohne Verlust ihrer Effizienz) auch schonender auf eine mildere, vorsichtig differenzierende Weise geübt werden könnte.

In ihrer symbolischen Bedeutung kann die Trennung von Himmel und Erde schlussendlich gleichgesetzt werden mit dem Sündenfall aus der Bibel, auf welchen ich oben nicht umsonst hinwies. Auf eine ähnlich symbolische Weise möchte ich sie im Kontext dieses Buchs verstanden wissen: als die Urspaltung des Menschen, den Beginn der Entfremdung des Menschen von sich selbst, nicht nur von der äußeren, sondern auch von seiner inneren Natur, und gerade darin als einen wichtigen Schritt in seiner Menschwerdung, als endgültiges Entfachen der lodernden Flamme seines Geistes. Es ist möglich, dass hierfür noch ganz andere Dinge eine Rolle gespielt haben. Vielleicht verliert der Mensch schon dadurch den Kontakt zur Erde (zum Subjekt), dass er auf zwei Beinen läuft. Er hat den Kopf in den Wolken. Er gerät leichter aus der Balance.

Ein sehr ästhetischer Aspekt der Meteoriten-These besteht noch darin, dass die Erkenntnis der Kleinheit der Erde gegenüber dem Himmel auch heute noch uneingeschränkt gilt – dies wird vermutlich immer der Fall sein – und als solche sicher eine psychologische Wirkung besitzt. Der Unterschied zur Auffassung aus der Steinzeit besteht lediglich darin, dass der Himmel, aus welchem die Steine herab bröckeln, kein von Göttern bevölkertes Jenseits mehr ist, sondern ein von Naturgewalten erfüllter Weltraum.

Im Science Fiction-Klassiker *2001: A Space Odyssey* (1968) ist es ein mysteriöser, von Außerirdischen gesandter Quader, ein pechschwarzer, glatt geschliffener »Monolith«, welcher die Menschenaffen zur Erfindung des Werkzeugs beziehungsweise der Waffe inspiriert. Möglicherweise könnte eine vergleichbare (wenngleich intentionslose) Manifestation des Himmels auf der Erde tatsächlich eine solche Wirkung erzeugt haben.

Mit der mit Viehzucht und Ackerbau verbundenen Sesshaftigkeit des Menschen wurde ihm die Möglichkeit eröffnet, den täglichen Verlauf der Sonne im Wandel der Jahreszeiten zu dekodieren. Als Nomade war ihm dies nur eingeschränkt möglich gewesen, da aufgrund der Kugelgestalt der Erde ihr genauer Verlauf vom Breitengrad abhängig ist. Für fruchtbare Beobachtungen muss dieser jedoch über Jahre hinweg konstant bleiben.

In dem Bestreben, die geringen Änderungen des Sonnenstandes präzise nachzuvollziehen, entwickelten die Babylonier schließlich die

Einteilung des Kreises in 360 Grad, passend zu der ungefähren Anzahl der Tage eines Jahres, die natürlich auch erst entschlüsselt werden musste. Diese Skalierung öffnete das Tor zu weiteren Skalen. Beispielsweise ließ sich der lichte Tag – gemeint ist der Zeitraum, während dessen die Sonne am Himmel steht – am Mittag, dem Zeitpunkt des höchsten Sonnenstandes, zeitlich und räumlich in zwei gleich große Hälften teilen: Zeitlich, weil die bis zum Sonnenuntergang verbleibende Zeit dann noch genau so lang sein würde wie die seit dem Sonnenaufgang bereits vergangene; räumlich, weil die nachmittägliche Bahn der Sonne am Himmel sich stets als Spiegelbild der vormittäglichen erweisen würde. Man erkannte dabei nicht nur, dass mittags die Schattenlänge minimal ist, sondern auch, dass dann alle Schatten in eine Himmelsrichtung zeigen, die unabhängig von der Jahreszeit konstant bleibt, nämlich nach Norden (da die Sonne mittags von Süden aus scheint). So wurde die Nord-Süd-Achse entdeckt. Die Ost-West-Achse konnte dann schlicht durch eine 90°-Drehung derselben definiert werden. Die so vorgenommene Entdeckung der Himmelsrichtungen stellte nicht nur eine gewaltige Orientierungshilfe, sondern auch die Grundlage für das erste Koordinatensystem dar, welches als *kartesisches Koordinatensystem* auch heute noch das wohl meistgenutzte ist.[33]

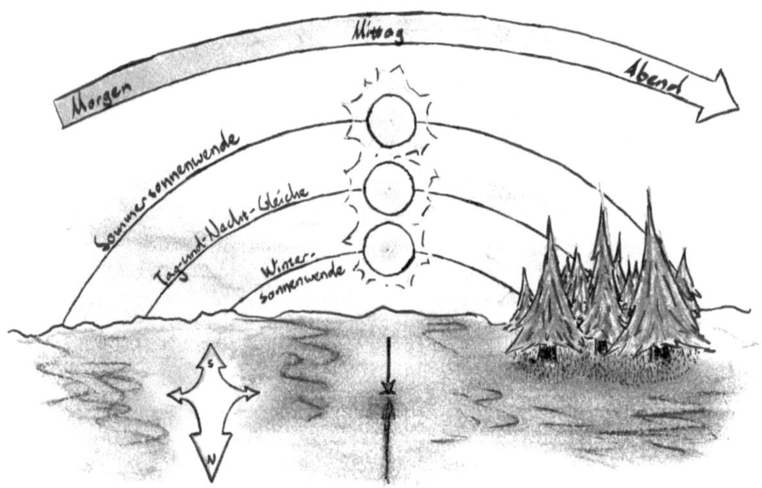

In den Kreisgrabenanlagen, welche im fünften Jahrtausend v. Chr. errichtet wurden und über ganz Europa verteilt liegen, werden astronomische Bezüge vermutet. Oftmals sind Eingänge anhand der Sonnenwendepunkte ausgerichtet, also in Richtung der Positionen, an welchen die Sonne an den entsprechenden Tagen den Horizont zu berühren scheint. Bei den Kreisgrabenanlagen handelt es sich um grabenförmige Aushöhlungen des Bodens, welche erst im letzten Jahrhundert durch die Luftbildarchäologie entdeckt werden konnten. Diese ebene Bauweise legt den Schluss nahe, dass es nicht wirklich darum ging, mittels eines Monuments Macht und Fortschrittlichkeit zu demonstrieren.

> Es scheint eher so, dass unsere Vorfahren ein Zeichen für Betrachter von oben in die Erde gekratzt haben, frei nach dem Motto: wir wissen, dass dort oben im Himmel noch eine Welt ist, und wer auch immer dort lebt, soll sehen, wo wir sind...[34]

Lange bekannt sind die Steindenkmäler mancher Megalithkulturen, wie zum Beispiel Stonehenge. Die Aufstellung großer Findlinge in der Jungsteinzeit und später in der Bronzezeit ist oftmals nach präziser, mathematischer Vorschrift erfolgt.

> Wenn es auch von diesen Zeiten keine schriftliche Überlieferung gibt, so vermögen doch die Steine zu sprechen. Es ist eine stumme und doch eindringliche Sprache, die der Astronom wohl versteht, und die ihm zu sagen vermag, welch geschickte Beobachtungen die Priesterastronomen etwa über ihre Steinkreise hinweg mit ihren steinernen Ziellinien oder Visiereinrichtungen vollbrachten.[35]

Es gibt neben Sonne und Mond jedoch viele Sterne am Himmel, und bei ebenfalls vielen Steinen ist es schnell möglich, dass mehr in die Steine hineingelesen wird, als tatsächlich der Intention ihrer Erbauer entspricht. Bei der bronzenen *Himmelsscheibe von Nebra*, auf welcher die Gestirne aus Gold appliziert sind, ist die astronomische Bedeutung allerdings über jeden Zweifel erhaben.

Zwar sind Bauwerke mit astronomischer Bedeutung nicht auf allen Teilen der Erde zu finden. Dennoch ist anzunehmen, dass der menschliche Geist überall eine ähnliche Entwicklung erfuhr: der Mensch nahm seine Umwelt immer differenzierter war und entwickelte langsam seine Fähigkeit zu Vernunft und Analyse. So nahm die Geschichte ihren Lauf. Natürlich geschah dies nicht überall zum gleichen Zeitpunkt und war auch kein linearer Prozess. Noch heute leben vor allem in den Tiefen des Dschungels Naturvölker, welche sich damit zufrieden geben, mittels Subsistenzwirtschaft im Einklang mit der Natur zu leben, ohne von Ideen wie Fortschritt, Wohlstand oder wirtschaftlichem Wachstum geprägt zu sein. Dass eine solche Entwicklung zeitversetzt stattfindet, spielt absolut keine Rolle, solange die verschiedenen Völker nicht miteinander in Kontakt treten. Vor der Existenz moderner Transport- sowie Kommunikationsmöglichkeiten und einer allgemein geringeren Bevölkerungsdichte waren die Völker deutlich stärker voneinander abgeschnitten, als es heute, in Zeiten der Globalisierung, der Fall ist.

Nach den Sternen navigieren

»Alles dreht sich… irgendwie.« So oder so ähnlich könnte die hilflose Antwort eines Passanten auf der Straße ausfallen, wenn man ihn oder sie nach der Bewegung des Sternenhimmels fragt. In mancher Hinsicht ist das astronomische Geschehen tatsächlich vergleichbar mit einem Fahrgeschäft auf der Kirmes, aber um die folgenden Abschnitte nachvollziehbarer zu gestalten, ist hier ein Einschub sinnvoll, welcher diese Frage kompetenter beantwortet. An das Vorherige gliedert er sich insofern an, als hier wieder vor allem zwei Dinge eine Rolle spielen: die Drehung der Erde um sich selbst, welche den Zyklus von Tag und Nacht erzeugt, und das Kreisen der Erde um die Sonne, welches die Jahreszeiten und sämtliche saisonalen Abhängigkeiten zur Folge hat.

Zunächst einmal benötigen wir zur Beschreibung der Sternpositionen am Himmel ein passendes Koordinatensystem. Hier kommt uns der Umstand zugute, dass die Entfernungen sämtlicher Himmelskörper so groß sind, dass sie für unser Auge gleich weit entfernt zu sein scheinen. Es ist nicht dafür konstruiert, in solcher Entfernung noch Unterschiede erkennen zu können. Für die Sterne gilt dies erst recht. Da trifft es sich, dass eine Kugel gerade definiert ist als die Menge aller Punkte, welche gleich weit von einem weiteren Punkt, nämlich ihrem Mittelpunkt, entfernt liegen. Dieser immer gleiche Abstand heißt bekanntermaßen *Radius*, und die Punkte bilden auf diese Weise eine geschlossene Oberfläche.

Wir können uns um uns herum also eine *Himmelskugel* denken, in deren Mittelpunkt wir uns befinden. Auf dieser positionieren wir die Sterne so, dass die Kugel für uns aussieht wie der echte Sternenhimmel, dass sie sozusagen eine optische Täuschung erzeugt, die nur von unserem Betrachtungspunkt aus funktioniert. Man könnte sagen, dass die Sterne auf der Himmelskugel Projektionen des echten Sternenhimmels auf unsere Kugel seien. So, wie bei einem Schattenspiel das dreidimensionale Geschehen auf eine zweidimensionale Fläche, nämlich die Leinwand, projiziert wird, werden die im dreidimensionalen Raum verteilten Sterne auf unsere ebenfalls zweidimensionale

Kugeloberfläche projiziert. Die Dimension der Tiefe beziehungsweise der Entfernung geht dabei verloren.

»Zweidimensional« bedeutet hier, dass jeder Ort auf der Kugel sich bereits durch die Angabe von zwei passend gewählten Koordinaten bestimmen lässt, sodass eine dritte Koordinate, deren Notwendigkeit das Ganze eben *drei*dimensional machen würde, überflüssig wird. Im Fall der Himmelskugel handelt es sich dabei um zwei Winkelangaben, welche analog zum Längen- und Breitengrad auf der Erdoberfläche funktionieren. Auch Längen- und Breitengrad werden in Form von Winkeln angegeben, und an ihrer erfolgreichen Verwendung wird offensichtlich, dass sie zur Positionierung auf der Erdkugel ausreichen. Die Oberfläche einer Kugel ist also ein zweidimensionaler Raum, eingebettet in einen dreidimensionalen Raum. Mit unserer Himmelskugel verfahren wir ganz analog zur Erdkugel.

Das so gewählte Koordinatensystem heißt *Äquatorsystem*. Wenn man auch noch die Entfernung der Sterne berücksichtigen möchte und somit wieder eine dreidimensionale Situation vorfindet, kann man zusätzlich zu den beiden Winkelangaben, welche bereits die Richtung anzeigen, nun einfach die Entfernung als dritte Koordinate verwenden. So kann jeder Punkt im Weltall eindeutig und sinnvoll beschrieben werden.

Entfernungen interessieren uns an dieser Stelle jedoch noch nicht. Der Radius der Himmelskugel ist entsprechend nicht genau festgelegt. Allerdings ist er sehr groß, viel größer als der Radius der Erde, welche ja auch näherungsweise eine Kugel ist. Indem der Radius ausreichend groß gewählt wird, wird sicher gestellt, dass das Erscheinungsbild der Himmelskugel von allen Orten auf der Erde aus gleich ist, dass die Bewegung um ein paar tausend Kilometer auf der Erde also keine merkliche Rolle mehr spielt, dass die optische Täuschung nun also überall auf der Erde funktioniert. In diesem Fall – den man, im Gegensatz zum *topozentrischen* (den Beobachter umgebenden) als *geozentrischen* Fall bezeichnet – kann auch der Mittelpunkt der Erde als Mittelpunkt der Himmelskugel festgelegt werden, ohne dass dies erkennbare Auswirkungen auf die Erscheinung des Sternenhimmels hat. In der Abbildung ist der Radius der Himmelskugel im Vergleich zum Erdradius stark verkleinert dargestellt. Idealerweise denkt man sich die Erde als Punkt, was jedoch nur zutreffend ist, wenn es um die weit entfernten Sterne geht. Der Mond beispielsweise wäre hierfür bereits zu nah an der Erde.

In Wahrheit sieht der Sternenhimmel nicht von jedem Standort auf der Erde aus gleich aus. Das liegt jedoch nicht an der Himmelsku-

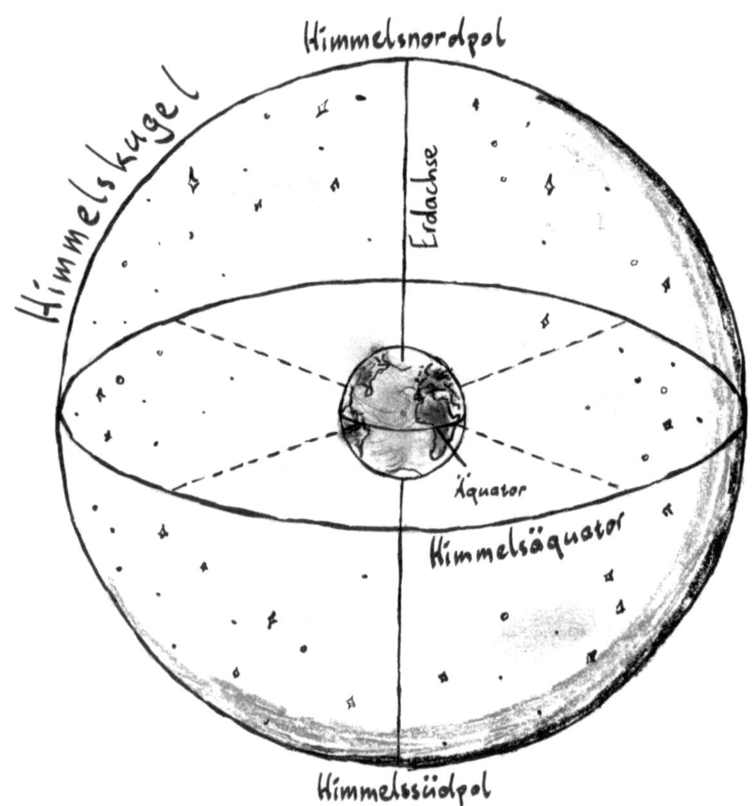

gel, sondern ausschließlich daran, dass unser eigener Planet uns den Blick versperrt. Um wieder auf die Analogie mit dem Schattentheater zurückzukommen: Es ist, als ob sich ein Kleiderschrank von Mann direkt vor uns setzen würde und wir nun nur noch die Hälfte sehen könnten – das Schattenspiel selbst würde sich dadurch aber in keiner Weise ändern. Auf der Erde wird uns vom Boden, auf dem wir stehen, der Blick tatsächlich derart versperrt, dass wir ziemlich genau eine Hälfte der Kugel sehen können, deren Schnittfläche immer vom Beobachtungsort abhängig ist. Diese halbe Himmelskugel ist in sämtlichen Himmelsrichtungen begrenzt durch den irdischen Horizont.

Der geographische Nord- und Südpol sind die Schnittpunkte der Erdoberfläche mit der Erdachse, der Rotationsachse der Erde. Die an anderen Orten gelegenen magnetischen Pole hängen mit dem Erdmagnetfeld zusammen, welches beispielsweise für die Entstehung von

Polarlichtern essenziell ist und als Abschirmung gegen den Sonnenwind unsere Atmosphäre stabilisiert, für die Astronomie sonst jedoch keine Bewandtnis besitzt. Verlängert man die Rotationsachse der Erde in beide Richtungen so weit, dass sie die fiktive Himmelskugel schneidet, erhält man so den Himmelsnord- und den Himmelssüdpol. Eine Eigenschaft der Himmelspole ist, dass dort befindliche Sterne, beobachtet man sie von der Erde aus, nachts an Ort und Stelle bleiben. Alle anderen Sterne drehen sich scheinbar um sie, was aber wieder nicht an einer Drehung der Himmelskugel liegt, sondern an der Drehung der Erde um sich selbst.[36]

Sehr dicht am Himmelsnordpol befindet sich der *Polarstern* (Polaris/α Ursae Minoris). Durch diese Position bewegt er sich über Nacht nicht beziehungsweise nur sehr gering, während sich der restliche Sternenhimmel um den Himmelsnordpol zu drehen scheint. Auf der Erde kann er zur Orientierung nach Norden dienen. Das heißt, dass ein Beobachter, der in Richtung Polarstern schaut, immer auch nach Norden blickt. Je nach Breitengrad, auf welchem sich der Beobachter befindet, steht der Polarstern unterschiedlich hoch über dem Horizont. Von der Südhalbkugel aus kann er nicht gesehen werden, da er dann von der Erdkugel verdeckt wird, sich also unterhalb des Horizonts befindet.

Analog zum Polarstern auf der Nordhalbkugel kann auf der Südhalbkugel das *Kreuz des Südens* (Crux) als Orientierungshilfe dienen. Es befindet sich in der Nähe des Himmelssüdpols und kann somit nur von der Südhalbkugel aus gesehen werden. Ein weiterer Unterschied zum Polarstern besteht darin, dass es kein einzelner Stern ist, sondern ein kleines Bild, bestehend aus vier Sternen. Außerdem befindet es sich nicht direkt am Pol (wo sich überhaupt kein auffälliger Stern befindet), kann jedoch verwendet werden, um diesen zuverlässig anzuvisieren. Als treuer Diener der europäischen Seefahrer in der Kolonialzeit ist es auf der Flagge einiger südlicher Staaten zu sehen.

Die Himmelspole wurden durch eine Verlängerung der Erdachse bis zur Himmelskugel konstruiert. Auf vergleichbare Weise lässt sich auch der irdische Äquator bis zur Himmelskugel erweitern. Der dadurch entstandene Kreis wird – bar jeglicher Kreativität, dafür systematisch und anschaulich – als *Himmelsäquator* bezeichnet.

Ein Beobachter, welcher sich am Nordpol befindet, erblickt erstens den Polarstern senkrecht über sich – wenn dem nicht so wäre, hätten wir hier ein Paradoxon, da man sich am Nordpol nicht weiter nach Norden orientieren kann – und sieht zweitens exakt die nördliche Hemisphäre der Himmelskugel, welche auch als *Nordhimmel* bezeichnet wird. Der Horizont ist dabei identisch mit dem Himmelsäquator. Ein Beobachter am Südpol sieht den *Südhimmel.* So, wie der irdische Äquator die Erde in Nord- und Südhalbkugel unterteilt, teilt der Himmelsäquator die Himmelskugel in Nordhimmel und Südhimmel.

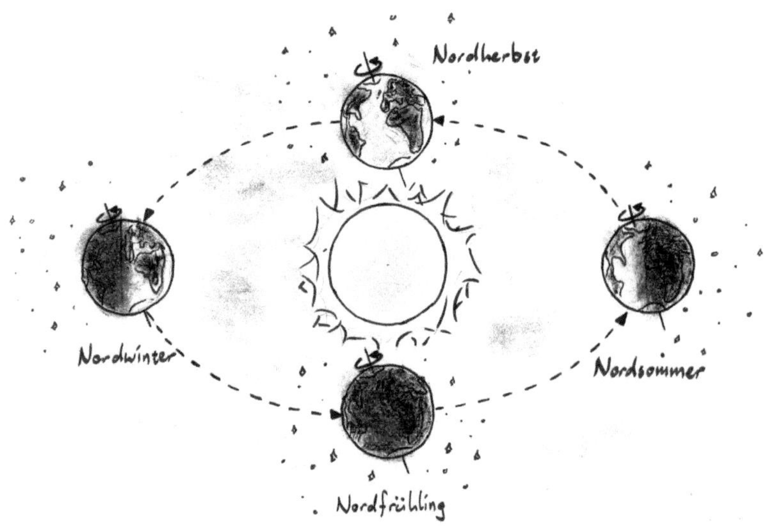

Kommen wir zur Bewegung der Erde um die Sonne. Eine scheinbare Drehung des Sternenhimmels erfolgt nicht nur im Tages-, sondern auch im Jahreszyklus. Während die Jahreszeiten allein durch die Schrägstellung der Erdachse entstehen, trifft dies auf die saisonalen Unterschiede des Sternenhimmels nicht vollständig zu. Sie wären größtenteils auch dann noch vorhanden, wenn die Erdachse senkrecht auf ihrer Bahn um die Sonne stünde.

Wenn man sich das Geschehen wie in der Abbildung vom Nordhimmel aus anschaut, sieht man, wie die Erde sich um sich selbst entgegen dem Uhrzeigersinn dreht und die Sonne in gleicher Richtung umkreist. Da das *siderische Jahr*, welches Schaltjahre berücksichtigt, etwa 365, 25 Tage hat, legt die Erde jeden Tag einen entsprechenden Bruchteil auf ihrer Kreisbahn zurück. Dieser Bruchteil entspricht einem Winkel von ungefähr einem Grad, da ein ganzer Kreis schließlich 360 Grad enthält. Als Folge dieser Verschiebung scheint, wie in der Abbildung zu sehen, die Sonne aus verschiedenen Richtungen auf die Erde. Selbstverständlich ist auf der Seite der Erde, welche der Sonne zugewandt ist, Tag, und auf der anderen Seite Nacht. Nur in der Nacht lassen sich aber die Sterne beobachten, da sie sonst vom Sonnenlicht, vor allem vom blauen Himmel, überstrahlt werden. Die Himmelskugel bleibt also wieder konstant. In diesem Fall ist es die Sonne, welche innerhalb eines Jahres jeden Tag einen anderen Teil des Sternenhimmels überstrahlt, sodass wir nachts eine scheinbare schrittweise Drehung des Sternenhimmels beobachten können, wobei die tägliche Schrittweite etwa 1 Grad beträgt.[37] Nach einem Kalenderjahr mit 365 Tagen hat sich die Erde 365 Mal um sich selbst gedreht und einmal die Sonne umkreist, weshalb der Sternenhimmel in dieser Zeit 366 scheinbare Drehungen vollbracht hat.

Die Ebene, in welcher sich die Erdumlaufbahn um die Sonne befindet, wird *Ekliptik* genannt. Von der Erde aus gesehen ist die Ekliptik entsprechend der bogenförmige Bereich, in welchem die Sonne am Himmel zu sehen ist. Da sich das gesamte Sonnensystem ungefähr in dieser Ebene befindet (was mit dessen Entstehungsgeschichte zusammenhängt), liegen auch die Planeten innerhalb der Ekliptik.

Die etwa 20 Grad breite Bande, welche auf der Himmelskugel die Ekliptik begrenzt, wird als *Tierkreis* bezeichnet. Die im Tierkreis enthaltenen Sternbilder heißen entsprechend *Tierkreiszeichen* und sind die zwölf üblichen astrologischen Sternzeichen, mit welchen wir unter anderem bestimmte Zeiträume im Jahr assoziieren. Das aktuelle Sternzeichen ist am irdischen Nachthimmel nicht zu sehen, sondern befindet sich hinter der Sonne, wird von ihr also verdeckt und überstrahlt. Insgesamt wird der Himmel heute in 88 Sternbilder unterteilt.

Abgesehen von der Drehung der Erde um sich selbst und ihrer Kreisbahn um die Sonne kommt es durch sehr langsame Richtungsänderungen der Erdachse zu weiteren scheinbaren Änderungen des Sternenhimmels. Diese lassen sich mit den Wackelbewegungen eines herkömmlichen Kreisels vergleichen, welcher zusätzlich zur Drehung um die eigene Achse immer auch andere zyklische Bewegungen ausführt. Hierbei ist vor allem die *Präzession* stark ausgeprägt, welche mit einer Periodendauer von rund 26 000 Jahren vergleichsweise langsam vonstattengeht, aber beispielsweise zur Folge hat, dass sich in der Antike der Polarstern noch nicht am Himmelsnordpol befand und auch in wenigen tausend Jahren für die nächtliche Orientierung wieder nutzlos sein wird. Eine weitere Folge ist, dass heute die Sterne der Tierkreiszeichen im Vergleich zur Zeit ihrer Vermessung in der Antike verschoben sind. So wurden die Tierkreiszeichen vor Jahrtausenden mit festen Zeiträumen im Kalender assoziiert, welche heute aber keine astronomische Gültigkeit mehr besitzen. Abgesehen von der Stellung der Erdachse verändert sich auch der Sternenhimmel selbst; die Fixsterne sind, wie wir heute wissen, keineswegs »fix«, sondern fliegen frei durch den Raum. Bis hier merkliche Änderungen eintreten, wird es allerdings noch etwas länger dauern.

3.
Kosmologie im Spiegel kultureller Vielfalt

Philosophie ist ein Kulturprodukt; eine jede Kultur bringt Philoso-phie hervor, mag diese auch im Poetischen oder Mythologischen wurzeln... Philosophische Fragestellungen kennen keine geogra-phischen, kulturellen oder anderen traditionellen Begrenzungen. Kulturalität und Interkulturalität der Philosophie gehen Hand in Hand.

~ Ram Adhar MALL: *Indische Philosophie*[38]

Kosmologie ist heute vor allem eine Teildisziplin der Astrophysik. Von der restlichen Astrophysik unterscheidet sie sich insofern, als die Astrophysik verschiedene Untersuchungsgegenstände besitzt, zum Beispiel Sterne, und von diesen jeweils mehrere, welche miteinan-der verglichen werden können. Die Kosmologie dagegen beschäftigt sich mit dem Aufbau des Universums als Ganzes und kennt nur ein Universum (beziehungsweise eine Vielzahl von Paralleluniversen in einem »Multiversum«, wie heutige Spekulationen mitunter erwägen). Experimente werden natürlich trotzdem durchgeführt; von Teilchen-beschleunigern bis hin zu Teleskopen finden verschiedene Geräte ihren Einsatz, die das Universum zwar nicht von außen untersuchen können, dafür aber von innen.

Früher gab es derartige Geräte noch nicht; bis zur Formulierung der allgemeinen Relativitätstheorie war die Bestimmung der Grenzen von Raum und Zeit Aufgabe der Philosophie. Der Begriff »Kosmos« stammt aus dem Griechischen (κόσμος) und bedeutet »Ordnung«. Im Rahmen der griechischen Mythologie beschreibt die von Hesiod (ca. 700-? v. Chr.) verfasste *Theogonie* die Entstehung der Welt. Die Welt ist dort der Kosmos, das Weltgefüge, in welchem sich die Dinge befinden. Der Kosmos wird aus dem Chaos (χάος) erschaffen[39], dem primordialen Zustand der Unordnung, welcher am Anfang allen Seins steht und ursprünglich wohl die Bedeutung von »Kluft« hatte. Diese lässt sich unter dem Namen »Ginnungagap« auch im germanischen Schöpfungsmythos finden. Die Weltordnung steigt aus der Kluft empor.

Kosmologie ist als Lehre vom Kosmos das, was man aus ihr macht. Wenn man vom »Kosmos« spricht, meint man schnell mehr als die bloß räumlichen Dimensionen des Alls. In diesem Begriff schwingen transzendente Obertöne mit – wenn nicht das, so vermittelt er doch wenigstens eine Art von Schönheit, die wir in unserem Weltgefüge erkennen und die über die pathosfreie Nüchternheit der Physik auch heute noch hinausgeht.

So ist es möglich, mit der Kosmologie eben jene Teilaspekte des gesamten Kosmos zu beschreiben, für die man sich interessiert oder denen man die größte Bedeutung zuschreibt. Hierbei sind nicht nur naturwissenschaftliche, sondern auch metaphysische Modelle möglich. Sämtliche Metaphysik ist letzten Endes auch Kosmologie, denn der Geist, sofern er eigenständig existiert, *fügt der Materie mindestens eine eigene Dimension hinzu*, die keineswegs im mathematischen Sinn verstanden werden darf, in der – andersherum gedacht – aber gerade die Mathematik als geistige Entität existiert.

Zudem lassen sich bestechende Analogien zwischen dem Weltraum und dem Bewusstsein, dem äußeren und dem inneren Raum finden, weshalb es sich lohnt, mit dem einen auch gleich das andere unter die Lupe zu nehmen. Tatsächlich ist das ein wesentlicher Aspekt dieses Buchs. Es gibt zwar nur *einen* Kosmos – das ist eines seiner Merkmale –, aber jeder Mensch kennt im Grunde auch nur sein eigenes Bewusstsein, ist sein eigener kleiner Mikrokosmos mit seinen eigenen Gesetzmäßigkeiten; jedenfalls will es unserem heutigen Profanbewusstsein so scheinen. Der Quantenphysiker Erwin Schrödinger schrieb im Nachwort zu seinem Buch *Was ist Leben?* (1944): »[W]ir müssen uns an die unmittelbare Erfahrung halten, daß das Bewußtsein ein Singular ist, dessen Plural wir nicht kennen«[40].

Ich unterscheide übrigens nicht streng zwischen Philosophie und Religion, beziehungsweise den theoretischen Grundlagen der Religion. Natürlich ist Philosophie etwas anderes als Religion, aber eine scharfe Grenze zwischen den beiden halte ich für eine Illusion, welche von Seiten der Philosophen darauf beruht, dass sie die potenzielle Subjektivität oder Relativität ihrer Axiome nicht erkennen (sondern diese unkritisch für objektiv, absolut oder »allgemein« halten) und von Seiten der Religionsanhänger auf einem krampfhaften Festhalten am sogenannten »Glauben«, welches nur nötig ist, wenn das Göttliche nicht jeden Moment von innen, aus der eigenen Seele heraus erfahren werden kann. Ideologien und Herdenmentalitäten können beide schnell erzeugen – in der Religion sind sie bekannt, in der Philosophie handelt es sich dann um »-Ismen« wie den Marxismus-Leninismus.

Während in der westlichen Philosophie meistens das Wundern oder Staunen über die Welt als Ausgangsmotivation für die Philosophie zitiert wird, geht es in der fernöstlichen Philosophie vielmehr um das Leiden des Menschen, womit sie der Religion schon viel näher steht und wodurch der fließende Übergang deutlich wird. Während die westliche Philosophie vor allem Fragen stellt, ist die östliche darum bemüht, möglichst praxisnahe Antworten zu liefern. Während die westliche möglichst allgemeine Wahrheiten erarbeiten will, will die östliche auf den Menschen wirken, will ihn ansprechen und verändern. Inwiefern sie einer abstrakt-theoretischen intellektuellen Prüfung standhält ist dann eher sekundär, wird die Intuition doch ohnehin für wertvoller gehalten als der Intellekt.

Wir haben anhand unserer steinzeitlichen Vorfahren bereits gesehen, dass der Mensch zum Menschen wurde, indem er sich als solcher erkannte. Durch diese Erkenntnis wurde die Fähigkeit zur Unterscheidung zwischen der inneren und der äußeren Welt geschaffen. Das Aufteilen von oder Differenzieren zwischen verschiedenen Dingen scheint ein Leitmotiv der Menschwerdung zu sein. Von einer ursprünglichen Einheit ausgehend führt der Weg in Richtung einer immer größeren Vielheit. Der Grat zwischen der hilfreichen Differenzierung verschiedener Erscheinungen und einer pathologischen Spaltung der Welt (und des eigenen Selbst) ist dabei schmal.

Die Nachzeichnung dieses Wegs möchte ich in diesem Kapitel anhand ausgewählter kultureller Beispiele fortführen. Wir beginnen mit der *Traumzeit* der Aborigines und begeben uns anschließend zur *Nichtdualität* der indischen »Advaita«-Lehre, welche schon früh das Problem des Bewusstseins adressierte. Von dieser ist es nur ein kleiner Schritt zur Polarität, welche die chinesischen Taoisten in den Erscheinungen der Welt sahen. Die beiden letztgenannten Abschnitte müssten auf dem Weg von Einheit zu Vielheit eigentlich umgekehrt erfolgen; meiner Meinung nach macht diese Reihenfolge aus didaktischer und argumentativer Sicht aber mehr Sinn. Im anschließenden Kapitel werfen wir einen Blick auf unsere eigene abendländische Kultur und betrachten diese in Relation zum Vorherigen – den Lesern, denen die erwähnten Begriffe altbekannt sind, bleibt noch mitzuteilen, dass ich mich zwar Stereotypen bediene, aber eine kulturpessimistische Betrachtungsweise, die alles Fernöstliche oder gar Steinzeitliche heiligt und alles Abendländische ablehnt, zu vermeiden suche. Ohne den abendländischen Hintergrund wäre ich gar nicht imstande, so zu denken und zu schreiben.

Ich bin weder Anthropologe noch Historiker, Kultur- oder Religionswissenschaftler, noch bin ich ausgebildeter Philosoph. Natürlich erfolgen meine Schilderungen nach bestem Wissen und Gewissen, doch als Physiker kann ich nicht den Anspruch erheben, die diskutierten Kulturen und Weltanschauungen vollkommen korrekt darzustellen, oder überhaupt alle Facetten des derzeitigen Wissensstandes zu berücksichtigen. Für diese Aufgabe verweise ich auf die zahlreich aufgeführten Quellen, was für das vorherige Kapitel genauso gilt. Mein Vorhaben ist es vielmehr, Sie als Leser mit fremden Weltanschauungen zu konfrontieren, für die, wenn man so will, die realen Kulturen als lebender Beweis dafür zu sehen sind, dass diese Ideen in einer Gesellschaft funktionieren und gedeihen können. Ziel ist hier keine möglichst objektive Wissensvermittlung, sondern eine Sensibilisierung des eigenen Geistes – ein Ausrichten der Gedanken auf Daseinsfragen wie das Ausrichten eines Teleskops auf den nächtlichen Sternenhimmel.

Die erträumte Welt

Die Ureinwohner Australiens werden im deutschsprachigen Raum als *Aborigines* bezeichnet. Im Englischen bedeutet dieser Begriff schlicht »Ureinwohner«, ohne explizit einen geographischen Bezug zu liefern, findet in Form von »Aboriginal« jedoch ebenso Verwendung. Dafür tragen einzelne der hunderten Stämme eigene Namen, die *Pitjantjatjare* und die *Arrernte* beispielsweise stellen die heute noch größten Stämme dar. Diese zahlreichen Stämme, die oft auch ihre eigene Sprache sprechen, sind in Anschauungen und Lebensweise natürlich nicht als homogen zu erachten, und meine folgende Darstellung ist bestenfalls eine kleine Übersicht über im Groben gemeinsame Wesenszüge, welche für dieses Buch von Relevanz sind und entsprechend geeicht wurden.

Als Europäer assoziiert man mit den Aborigines dunkelhäutige, oftmals mit weißer Farbe bemalte Menschen, aber vor allem den brummenden Klang des Didgeridoos und den Bumerang, wobei letzterer auch in völlig anderen Teilen der Welt Verwendung fand. Durch Handlungen der europäischen Kolonisten dezimiert existieren die Aborigines wie angedeutet auch heute noch. Inwiefern ihr heutiges Leben noch mit dem vergleichbar ist, welches sie vor der Ankunft der Europäer über Zehntausende von Jahren führten, werde ich nicht weiter diskutieren. Um ein Minimum an Solidarität mit den Ureinwohnern zu zeigen, werde ich diesen Abschnitt jedoch im Präsens verfassen anstatt in der Vergangenheitsform, welche ja suggerieren würde, dass diese Kulturen bereits ausgestorben wären.

Im Mittelpunkt der Lebenswelt der Aborigines steht ein ominöses Etwas: die *Traumzeit*. Sie selbst verwenden im Englischen die Begriffe »dreamtime« oder auch schlicht »dreaming«, um den eigentlich zeitlosen Charakter der Traumzeit (oder eben des Träumens) zu betonen. Diese sind wiederum vereinheitlichte Übersetzungen aus den zahlreichen Sprachen der Aborigines.[41]

Die Traumzeit stellt für die Aborigines ein oberstes kosmologisches Prinzip dar. Dabei enthält sie nicht nur die Kosmogenese, den Schöpfungsakt, aus welchem die Welt hervorging, sondern dient gleichzeitig als fortwährende Quelle einer ethisch-moralischen Ordnung »mit dem Ziel, das Leben der Erde zu erhalten«[42]. Die Traumzeit hat dabei zunächst nicht viel mit dem nächtlichen Traum gemeinsam. Es handelt sich nicht um eine Illusion, die mit einem Erwachen endet, sondern um das Wirken von Urgeistern, auf welches die Erscheinung der gesamten Welt zurückgeführt wird. Diese sollen sie nicht nur aus einem wellenlosen Ozean oder einer flachen Einöde heraus erschaffen haben, sondern zudem anschließend erstarrt sein. So wurden sie, die Urgeister, selbst zu Bestandteilen dieser Welt, zu »Tieren, Sternen, Felsformationen und anderen Objekten«[43]. Auf diese Weise leben die Urgeister auch in der Gegenwart weiter, und um viele Orte ranken sich entsprechende Mythen und Legenden, welche oftmals eine bestimmte Moral vermitteln. So wird die Landschaft zu einem bunten Buch voller Fabeln. Hierin ähnelt die Mythologie der Aborigines wohl den mythisch-animistischen Vorstellungen sämtlicher Völker in entsprechenden Zeitaltern, nur scheint dieser Aspekt bei den Aborigines besonders stark ausgeprägt zu sein, was vermutlich mit ihrer langen Geschichte zusammenhängt. Was die Traumzeit mit dem klassischen Traum verbindet, ist die Verwobenheit der Dinge, der Umstand, dass im Universum alles seinen Platz und seine Bedeutung hat.

Aus diesen Vorstellungen der Traumzeit entstanden die Traumpfade, spirituelle Wanderungen, die festgelegten Wegen folgen und oftmals verehrte Stätten oder schlicht einprägsame Orte enthalten. Diese werden traditionell in Gesangsform überliefert. Hier könnte man an das didaktische Konzept der »Eselsbrücke« denken, aber während dies auf einer oberflächlichen Ebene sicherlich zutrifft, geht in diesem Verständnis der mythische Charakter völlig verloren. Stets hat der Gesang auch eine ritualistische Bedeutung.

Die Länge der Traumpfade kann variieren von einem Spaziergang über wenige Kilometer bis hin zu Wanderungen über den gesamten

Kontinent. Ihr Lied dient den Aborigines dabei als Karte. Die Information ist dabei nicht nur im Text enthalten, sondern auch in Klang und Melodie. Dass die Aborigines sich so zurechtfinden können, ist beachtlich und zeugt von einer ausgeprägten Sensitivität.[44]

Es wird gemutmaßt, dass Menschen einen bisher unentdeckten Sinn für Magnetfelder besitzen könnten, mit welchem man sich mithilfe des Erdmagnetfeldes ohne weitere Orientierungsmöglichkeiten zurechtfinden könnte. Zugvögel und viele andere Lebewesen besitzen hierfür ein geeignetes Organ – das beweist die grundsätzliche biologische Machbarkeit –, jedoch konnte diese Fähigkeit beim Menschen noch nicht mit ausreichender Sicherheit nachgewiesen werden.[45] Die Aborigines wären möglicherweise geeignete Probanden, um hierüber weitere Erkenntnisse zu erlangen.

Ein konkreter Mythos beziehungsweise ein Symbol, welches in vielen australischen Kulturen zu finden ist, ist die *Regenbogenschlange*. Einerseits soll diese Schlange in bestimmten Wasserlöchern leben, andererseits wird sie mit dem Regenbogen am Himmel assoziiert oder sogar identifiziert. »Somit ist sie ein Symbol für Wasser und Leben, manchmal auch ein Wesen der Vorfahren.«[46] Die Regenbogenschlange spielt in der Schöpfung, oder eher in der *Formung* der Welt, die im Glauben der Aborigines schließlich nicht, wie wir es sonst gewohnt sind, aus dem Nichts entstand, eine wichtige Rolle. Sie soll zwei Schwestern verschluckt und anschließend wieder erbrochen haben. Dieser Vorgang findet sich in einem männlichen Initiationsritus wieder, in welchem der Heranwachsende vor seiner weiblichen Verwandtschaft versteckt (geschluckt) wird und später wiederkehrt (erbrochen wird) – dann nicht mehr als Jugendlicher, sondern als erwachsener Mann. Symbolisch wird er auch als Tod mit anschließender Wiedergeburt aufgefasst.[47]

Die Vorfahren der Aborigines besiedelten den australischen Kontinent vermutlich vor über 50 000 Jahren.[48] Vor ähnlich langer Zeit ist auch Europa besiedelt worden. Die Aborigines blieben jedoch bis in die Gegenwart Jäger und Sammler und werden zum Teil als noch jungsteinzeitliche Kultur eingestuft.[49] Keine andere Kultur auf der Erde hat eine so kontinuierliche Geschichte. Das ist insofern erstaunlich, als mindestens durch Kontakte mit technologisch fortgeschritteneren Indonesiern, welche vereinzelt (dafür aber intensiv) stattfanden, eine Inspirationsquelle zum Beenden des Nomadendaseins vorhanden war. Ein möglicher Grund dafür, dass die Aborigines trotzdem nie sesshaft wurden, ist die schwere Vorhersagbarkeit von Regengüssen in

Australien, welche den Ackerbau stark erschwert hätte. Es wird allerdings auch spekuliert, dass sie den Fortschritt, man möchte sagen die Zivilisation von vornherein ablehnten, weil sie schlichtweg zufrieden mit ihrem Leben waren und sich so sehr als Teil der Natur erlebten, dass sie keinen Sinn darin sahen, sie sich zu unterwerfen.[50]

Die Aborigines beschäftigten sich nicht viel mit Technik, hatten als Nomaden dafür aber genug Freizeit, um beispielsweise den kreativen Ausdruck durch Kunst und Musik fest zu etablieren. Diese Freizeitbeschäftigungen, dazu zahlreiche Rituale und Zeremonien, waren dabei mehr als nur Müßiggang. Sie waren und sind spirituelle Praxis im Sinn der Traumzeit.

Die Lücken, die die fehlende Beschäftigung mit Technologie hinterließ, wurden gefüllt durch eine reiche Religion und ein komplexes soziales Umfeld.[51] In diesem steht die eigene Sippe im Mittelpunkt, wobei diese nicht nur als Ganzes wichtig ist, sondern für jedes einzelne Verwandtschaftsverhältnis ausgeprägte Umgangsnormen gelten.[52] Zusätzlich zur Blutsverwandtschaft spielen Totems – religiöse Symbole, mit denen sich bestimmte Gruppen identifizieren – neben ihrer primären Bedeutung auch eine Rolle im sozialen Gefüge, im Sinn einer spirituellen Verwandtschaft, welcher keine Blutsverwandtschaft zu Grunde liegen muss.[53] Dabei sind die Aborigines von ihrem Glauben so sehr durchdrungen, dass dieser in vielen Stämmen kaum einer äußeren – und falls doch, schwer erkennbaren – hierarchischen Struktur bedarf in dem Sinn, dass die Stellung des Einzelnen eine Prädisposition aufgrund der Stellung seiner Eltern erführe.[54] Ein Umfeld außerhalb der Religion existiert gar nicht erst, da diese für die Aborigines bereits alles umschließt.[55]

Harold Montzka argumentiert, dass es – wie weiter oben bereits gemutmaßt – die erlebte Trennung von Himmel und Erde sei, welche in den Völkern der Erde auch für Trennungen auf der sozialen Ebene, eben für soziale Hierarchien sorge. Mit dieser Meinung kehre er die weit verbreitete Meinung um, dass die soziale Ordnung die Religion bedinge, welche dann als metaphysische Rechtfertigung erscheine. Seiner Ansicht nach geschehe es genau andersherum: Das Erleben der Welt, welches in religiösen Vorstellungen seinen Ausdruck findet, erzeugt die soziale Ordnung. Er sieht in den Kosmologien vieler Aborigine-Stämme zwar Hierarchien in Bezug auf die religiöse Initiierung, welche die spirituelle Reife repräsentieren solle.[56] Für uns ist jedoch der dennoch vorhandene Trend zur Einheit in der Traumzeit der Aborigines deutlich erkennbar, wenigstens im Vergleich zu unserer eigenen Kultur, welcher beispielsweise der Gedanke der Subsistenzwirtschaft völlig fremd ist.

Dieser Zusammenhang ist nicht die berühmte Frage nach der Henne und dem Ei, sondern besitzt eine große Relevanz für die bereits angesprochene Frage, inwiefern es dem Menschen immanent ist, die Welt von einer paradiesischen, unbegrenzten Einheit her aufzuteilen in eine schmerzende, aus begrenzten Einzelteilen zusammengesetzte Vielheit. Folgt die Religion – welche an dieser Stelle vereinfachend gleichgesetzt wird mit dem Erleben der Welt, also dem Lebensgefühl – der sozialen Struktur, ist dieser Schritt dem menschlichen Geist immanent. Folgt die soziale Struktur jedoch dem Erleben der Welt, lässt sich diese schmerzvolle Trennung als kollektives Trauma auffassen, welches bis in unsere heutige Zeit tradiert wird, von welchem wir also selbst betroffen sind. Möglicherweise bedingt sich aber auch beides gegenseitig und es handelt sich um den Werdegang der Menschheit, welcher in dem, was den Menschen ausmacht, so stark verwurzelt ist, dass er gar nicht anders vonstattengehen könnte.

Die Aborigines betreiben keine Wissenschaft. Bei der Verwendung des Wortes »Astronomie« sollte nicht vergessen werden, dass die Aborigines dergleichen nicht kennen. Auch wenn sie mit der Traumzeit eine Art Schöpfungsgeschichte besitzen, erblicken sie diese Traumzeit stets jenseits von Raum und Zeit, und es ist anzunehmen, dass ihre Zeitwahrnehmung ebenfalls eher zyklischer Natur ist. Eine animistische Sicht auf den Himmel lässt sich trotzdem finden.

Ähnlich der mythologischen Assoziierung von Landmarken ist bei den Aborigines auch der Sternenhimmel durchtränkt von kosmologischer, aber auch schlichtweg nützlicher Bedeutung – nicht nur Bedeutung, sondern echter Information. Die Aborigines haben kein abstraktes Konzept eines Kalenders, auch nicht in den Sternen, lesen aus ihnen aber trotzdem ab, wann es welche Früchte zu pflücken und welche Tiere zu jagen gilt. Gleichermaßen werden sie stets an die moralische Ordnung der Traumzeit erinnert. In ihrem niemals schriftlich, immer nur mündlich überlieferten Sternenkatalog finden sich hunderte Objekte, die sie noch je nach Farbe in rote, weiße, blaue und gelbe Sterne unterteilen. Eine Unterscheidung zwischen Sommerhimmel und Winterhimmel lässt sich ebenso finden. Manche Legenden sind dabei nur Männern zugänglich, andere nur Frauen, und auch hier wird noch je nach Reife unterschieden.

Es wird vermutet, dass die Aborigines – obwohl es ihnen bei ihren langen Wanderungen entlang der Traumpfade sicher zugute käme –

die Sterne nicht zur nächtlichen Navigation verwenden.[57] Das Kreuz des Südens kennen sie dennoch. In den vier Sternen, welche an die vier Endpunkte eines christlichen Kreuzes erinnern, sehen jene, die im Landesinnern wohnen, den Abdruck einer Adlerklaue. Für diejenigen, die an der Küste leben, handelt es sich hierbei um einen Stachelrochen, welcher von einem Hai gejagt wird.[58]

Nichtdualität

Indien ist ein großes Land. Flächenmäßig fast halb so groß wie Australien, aber durch feste Regenzeiten deutlich besser zu besiedeln, bietet es vielen Menschen eine Heimat. Heute zählt Indien weit über eine Milliarde Einwohner, nicht weniger als 50 mal so viel wie Australien und fast doppelt so viel wie Europa. Diese Einwohner sammeln sich vor allem in großen Ballungszentren; die Landflucht ist gewaltig. Aufgrund der Größe Indiens ist der Hinduismus ebenso vielfältig wie die Religionen der Aborigines. Aufgrund dieser Heterogenität ziehen Indologen es auch vor, anstelle eines geschlossenen Hinduismus von »hinduistischen Traditionen« zu sprechen und so von vornherein die vorhandene Pluralität zu vermitteln.[59] Zwar gibt es auch im Christentum verschiedene Strömungen; diese berufen sich aber dennoch allesamt auf das gleiche Buch, nämlich die Bibel, und auf den selben Erlöser, nämlich Jesus Christus. Diese Voraussetzung ist in den hinduistischen Traditionen nicht gegeben. Bezogen auf den Vergleich mit anderen Religionen sieht Alex Michaels sich zu folgendem Statement veranlasst:

> Jedenfalls haben Judentum, Christentum und Islam in geschichtlicher und religiöser Hinsicht mehr gemeinsam als etwa Religionen indischer Stammesgruppen und Brahmanismus oder der Reformhinduismus in den Großstädten... Sicher ist es übertrieben, den Hinduismus als Trugbild darzustellen, aber *den* Hinduismus gibt es allenfalls als Habitus und sozioreligiöses Sinnsystem mit wechselnden Positionen.[60]

Auch für die Hindus selbst existiert kein Hinduismus in *dem* Sinn; hierbei handelt es sich um eine Bezeichnung, die ursprünglich auf die westlich des Flusses Indus lebenden Perser zurückgeht, welche sie für jenes Volk auf der anderen Seite verwendeten. Es handelt sich somit eher um ein volksgebundenes »Hindutum«, ein Begriff, welcher derzeit allerdings auch von nationalistischen Strömungen missbraucht wird, vor allem für die Diskriminierung von Muslimen.[61]

Ein Schöpfungsmythos der Hindus sieht am Anfang, vor dem eigentlichen Beginn der Welt, nichts als undurchdringbare, dichte, schwere Dunkelheit. Das einzige dort vorhandene Element ist *Akasha*, ein Äther[62], welcher den Raum füllt, obwohl er selbst keine Dimension besitzt. Zu diesem Zeitpunkt gibt es weder das Existente noch das Nichtexistente, weder die Luft noch den Himmel jenseits von ihr. Am Anfang ist nichts außer Dunkelheit, die eingehüllt wird von noch mehr Dunkelheit.[63]

Aus diesem undifferenzierten Nichts erscheint, getrieben von einer Regung von Sehnsucht, eine Woge, eine Welle. Nach und nach kommen weitere hinzu, bis sie im ständigen Wechselspiel miteinander kraftvoller werden, immer mehr Energie erzeugen und so das Nichts fluten. Als sich auf diese Weise ein Ozean gebildet hat, entsteht ein goldenes Ei, das Ei des Schöpfergottes *Brahma*[64], welches sich festigt und in der Flut schwimmt, noch immer umgeben von völliger Finsternis – das Ei als Symbol für die Einheit allen Seins und als Keim der Welt, die aus ihm entstehen wird.

Nun tritt *Indra*, der Gott der Flut, auf den Plan und nimmt ebenso eine schöpferische Position ein: er teilt das Ei in zwei Hälften. Die obere Hälfte, bestehend aus Gold, wird zum Himmel, die untere, bestehend aus Silber, zur Erde.[65] Da die Erde in dem unzähmbaren Wasser taumelt wie ein Lotusblatt, fixiert er sie. Er begibt sich in das Zentrum der Welt, hebt das Firmament an und erstarrt zur Weltachse, zum Weltenberg *Meru*, auf welchem er fortan wohnt. Der Berg Meru wird so zum Zentrum des Universums.

Mit dieser Teilung von Himmel und Erde sind alle weiteren Dichotomien vorherbestimmt, und Sonne, Mond und Sterne füllen den Raum zwischen ihnen, welcher gehalten wird vom Äther, Akasha.[66] Die Sonne, so die astronomische Vorstellung, kreist nicht um die scheibenförmige Erde, sondern nimmt nachts den gleichen Weg zurück, den sie tagsüber kam. Unsichtbar ist sie dabei lediglich dadurch, dass sie eine leuchtende und eine matte Seite besitzt, von denen sie tagsüber erstere, nachts jedoch letztere der Erde zuwendet.[67]

Der Berg Meru ist unfassbar hoch. Die Gipfel des Himalaya stellen lediglich einige seiner südlichen Ausläufer dar. Entsprechend befindet er sich, von Indien aus gesehen, im Norden. Wie der Himmel besteht er aus Gold. Von Kopf bis Fuß durchmisst er 84 000 *Yojanas* – das sind, je nach Überlieferung beziehungsweise Umrechnung, bis zu 1 200 000 Kilometer, was mehr als der dreifachen Distanz zwischen Erde und Mond entspricht. Wollte man ihn besteigen, hätte man auf der Höhe des Mondes allenfalls das Basislager erreicht. Und genauso weit ragt Meru auch in die Tiefe, hinein in die Unterwelt, in die tiefsten Schichten der Erde.

Himmel und Erde sind zweigeteilt, jedoch bilden sie zusammen mit der Atmosphäre zwischen ihnen oftmals eine Dreiheit. Jede einzelne dieser Schichten ist laut dem *Rigveda*, einer der ältesten hinduistischen Schriften, wieder dreigeteilt. Die Erde besitzt somit zwei Unterwelten; die Menschen leben auf der dritten, obersten Ebene. Darüber, was sich in den Unterwelten befindet, sind nicht viele Details angegeben. Bekannt wird in späteren Texten, dass dort die *Asuras* leben, gefallene Götter, welche Ähnlichkeit mit den griechischen Titanen haben. Während die Götter im Himmel das Licht symbolisieren, stehen sie für die Dunkelheit, stellen Schattenwesen dar, sind deswegen aber nicht unbedingt als bösartig zu erachten.[68]

In der hinduistischen Vorstellung gibt es trotz des Glaubens an Karma und Reinkarnation wohl auch Himmel und Hölle, ähnlich dem christlichen Sinne. Diese sind dann als Zwischenwelten aufzufassen, in welchen die Seelen Verstorbener wandeln, bevor sie auf Erden reinkarnieren und ein Leben in ihrer entsprechenden Kaste, der von Geburt an festgelegten sozialen Schicht, führen.[69] Was die Hölle betrifft, fehlt im Rigveda aber auch die Angabe eines physischen Ortes, weshalb die Assoziation mit der Unterwelt hier spekulativ wäre. Die Atmosphäre – hier wieder zwei- statt dreiteilig, aufgrund der Pluralität der Mythen ist die Angelegenheit oftmals konfus[70] – besteht aus dem unteren Teil, welcher die astronomischen Himmelskörper enthält und dem oberen, welcher dem metaphysischen Himmel bereits näher ist und wieder Felsen, Berge und Flüsse enthält.

Im Himmel selbst befinden sich Götter und Urgeister.[71] Die Höhe des Himmels soll tausend Tagesreisen mit dem Pferd oder der Höhe von tausend übereinander gestapelten Kühen (welche in Indien bekanntermaßen heilig sind) entsprechen.[72] Diese Entfernungen, von denen die erste deutlich größer ist als die zweite, stehen jedoch in keinem Verhältnis zur buchstäblich astronomischen Höhe des Meru, welcher – mathematisch gesehen – bis weit in den Himmel reichen oder ihn sogar überragen müsste. Eine Zahl, die seiner Höhe schon eher gerecht wird, ist der Durchmesser des Ur-Eis, welcher gleichzeitig auch der Durchmesser der scheibenförmigen Erde ist: dieser beträgt 500 Millionen Yojanas, was in etwa dem maximalen Abstand entspricht, den der Zwergplanet *Pluto* auf seiner Bahn um die Sonne einnimmt. Laut dieser Vorstellung ist die scheibenförmige Erde also so groß, dass die Umlaufbahnen sämtlicher Planeten des Sonnensystems auf ihr Platz fänden; demzufolge muss ihre Oberfläche etwa 200

Milliarden mal so groß sein wie der heute bekannte, »tatsächliche« Wert. Sorgen, über den Rand der scheibenförmigen Erde zu fallen, muss sich der Hindu folglich keine machen – wenigstens in seiner derzeitigen Inkarnation wird er ihn nie erreichen können, weil die Reise in jedem Fall länger dauern würde als sein Leben.

Während die vedische Wissenschaft bemerkenswerte Leistungen vollbracht hat, zu denen in der Mathematik die Erfindung der Null zählt, wirkt diese Kosmologie auf den westlichen Menschen wie Kraut und Rüben. Dieser Eindruck verstärkt sich, je tiefer man in die Materie eindringt – beispielsweise, wenn dann von ringförmigen, konzentrischen Ozeanen die Rede ist, die anstelle von Wasser wahlweise aus Zuckerrohrsaft, Wein, Butterschmalz, Molke oder Milch bestehen.[73] Die Idee der Weltachse, der *axis mundi*, ist jedoch nicht unüblich; in der germanischen Mythologie beispielsweise findet sie in Form der Weltesche »Yggdrasil« oder der Donareiche ihren Ausdruck.

Die gigantischen Zahlen aus dem hinduistischen Mythos setzen sich in den Zeitvorstellungen fort. Während für die irdischen Menschen ein Tag eben ein gewöhnlicher Tag ist, gekennzeichnet durch den Wechsel von Tag und Nacht, erleben die Seelen der Verstorbenen einen Mondzyklus als einen Tag, also ungefähr einen Monat. Für die Götter dagegen ist ein irdisches Jahr nur wie ein einziger Tag, und hier fängt das Spiel erst an.

Ein »Weltenalter«, genannt *Mahayuga*, setzt sich aus vier Zeitaltern zusammen und dauert insgesamt 12 000 Götter*jahre*. Der Schöpfergott Brahma ist jedoch noch deutlich behäbiger; erst tausend solcher Mahayugas bilden einen Brahma*tag*. Die Brahmanacht wird dieses Mal ausgeklammert und muss noch hinzuaddiert werden. Sie dauert genau so lang wie der Brahmatag.[74]

Jeder Tag im Leben des Brahma beginnt mit der Erschaffung einer neuen Welt. Nach einer geruhsamen Nacht erwacht Brahma zunächst. Er erschafft den Akasha und materialisiert die übrigen Elemente Luft, Feuer, Wasser und schließlich Erde allein durch seine Gedanken. Der oben beschriebene Schöpfungsmythos nimmt seinen Lauf: Brahma erschafft die Götter, die Urgeister und die Menschen. Die Welt entfaltet sich. Der Gott Vishnu wirkt als Bewahrer der Welt und Shiva am Ende des Tages als ihr Zerstörer, der alles verbrennt, bis die Erde kahl ist »wie der Rücken einer Schildkröte«. Schließlich löst sich die gesamte Schöpfung in Brahma auf, und dieser legt sich zur Ruhe, um am nächsten Tag ein neues Werk zu verrichten. Brahma wird hundert Jahre alt werden. Nach dieser Zeit geht die Welt vermeintlich endgültig unter.[75]

> Die Grobmaterie wird wieder zur feinstofflichen Urmaterie, bei
> der die Konstituenten im Äquilibrium stehen, bis sie – entweder
> von selbst oder durch einen göttlichen Anstoß – erschüttert
> werden und der Kreislauf von Weltentstehung und -vergehen...
> sich fortsetzt.[76]

In Menschenjahre umgerechnet wird Brahmas Leben insgesamt genau
311 Billionen und 40 Milliarden Jahre dauern, was etwa dem Zwan-
zigtausendfachen des heute angenommenen Alters des Universums
entspricht. Diese Schätzung fällt wieder enorm aus.

Kurioserweise ist aber in einem aus dem 14. Jahrhundert stam-
menden Kommentar des Rigveda die Lichtgeschwindigkeit mit 4 404
Yojanas pro Nimesha sehr genau angegeben[77] – sofern man die passende Definition der Zeiteinheit *Nimesha* verwendet. Ein Nimesha
gilt zunächst als »Dauer eines Augenzwinkerns« und kann in dieser
Hinsicht wohl verglichen werden mit der europäischen »Elle«, welche
ja auch eine »Armlänge« ist, sich also an somatischen, das heißt
biologisch-körperlichen Gegebenheiten orientiert. Genau wie bei uns
in Stunden, Minuten, Sekunden etc. wird der Tag in geschachtelte
Abschnitte eingeteilt. Die Einheit »Nimesha« kommt in verschiedenen
solcher Einteilungen vor und kann somit variieren. In einer passenden
Einteilung entspricht ein *Nimesha* exakt einer $16/75$-Sekunde. Umgerechnet in SI-Einheiten, das heutige internationale Einheitensystem,
ergibt das für die Lichtgeschwindigkeit eine Zahl, die um weniger
als ein Prozent vom tatsächlichen Wert von 299 792 Kilometern pro
Sekunde abweicht.

Zur damaligen Zeit war der Rigveda bereits mindestens 2 000 Jahre
alt, der Wert der Lichtgeschwindigkeit der westlichen Wissenschaft
aber dennoch nicht bekannt. Hierzulande, also in Europa, unternahm
Galileo Galilei (1564-1641) im 17. Jahrhundert einen der ersten Versuche, sie zu messen, scheiterte jedoch daran, dass er sie unterschätzte –
das Licht war für seinen Versuchsaufbau schlichtweg zu schnell unterwegs.[78] Im Hinblick auf die sonst sehr spekulativen Zahlen ist dieser
Treffer wohl als Zufall zu erachten. Bemerkenswert ist er trotzdem
– denn das ist er bereits durch die Idee, dem Licht überhaupt eine
zahlenmäßig erfassbare Geschwindigkeit zuzuordnen.

Die gigantischen Zahlen und Verschachtelungen der hinduistischen
Kosmologie sind möglicherweise bedingt durch die Pluralität der
verschiedenen Anschauungen. Der Hinduismus ist quasi mit dieser
Pluralität groß geworden, und im Hinblick auf die friedliche Koexistenz, die die verschiedenen Richtungen auch heute pflegen, ist
anzunehmen, dass es sich um eine Aggregation mehrerer Kosmologien

handelt. Was fremd war, wurde nicht unterdrückt, sondern inkludiert, was bei den Zahlen im Rahmen einer hierarchischen Schachtelung geschah, wie sie oben am Beispiel von Menschen-, Toten-, Götter- und Brahmatagen ersichtlich wurde. Dies macht auch die blühende Fantasie ein Stück plausibler.[79]

Mit der Beschreibung des Makrokosmos ist aber noch nicht alles gesagt. Die *Upanishaden*, welche sich bereits in philosophischere Gefilde vorwagen, betrachten auch den Mikrokosmos Mensch und vergleichen ihn mit einer Stadt. Im Herzen dieser Stadt, welches dem Herzen des Menschen entspricht, befindet sich ein Haus in Form eines Lotus. Dort »gibt es einen kleinen Raum... Das, was in diesem Raum existiert, soll erkannt werden...«[80].

Jenes, was erkannt werden soll, ist unmessbar klein in seiner Ausdehnung. Es ist das Geheimnis des Kosmos. Irgendwie ist der gesamte Kosmos bereits in diesem kleinen Ort im Herzen enthalten.[81]

Das Motiv von Blume und Raum im eigenen Herzen hat auch der bekannte Jugendbuchautor Michael Ende (1929-1995) in seinem märchenhaften Roman *Momo* verwendet. Die gleichnamige Protagonistin, ein kleines Mädchen mit der besonderen Fähigkeit, zuzuhören und Menschen allein durch ihre Ausstrahlung zur Selbsterkenntnis zu verhelfen, wird hier von einer Schildkröte durch die Stadt geführt, an einen geheimen Ort, welcher sich nur mit Langsamkeit, eben im Tempo einer Schildkröte erreichen lässt. Ein geheimnisvoller betagter Mann namens Secundus Minutius Hora bringt sie von dort aus in ihr eigenes Herz, wo sie »unter einer gewaltigen, vollkommen runden Kuppel... [steht], die ihr so groß [scheint] ...wie das ganze Himmelsgewölbe«[82].

Dort entdeckt Momo zunächst eine einzigartige Blume von majestätischer Schönheit, welche vergeht, verwelkt und, rhythmisch synchronisiert mit einem weit schwingenden Pendel, durch eine neue, ebenfalls einzigartige und sogar noch schönere »Stundenblume« ersetzt wird. Dieser Kreislauf wiederholt sich im Anschluss wieder und wieder.

Hiermit soll wohl die Schönheit und vor allem die Kostbarkeit des Augenblicks, der Gegenwart symbolisiert werden. Vergänglichkeit wird dabei als vorherbestimmter, unumgänglicher Prozess dargestellt. Das Pendel ist die Zeit selbst, welche auf diese Weise mit einem viel natürlicheren, viel kosmischeren Charakter vermittelt wird, als wenn Ende anstelle des Pendels eine tickende Uhr gesetzt hätte. Während es hier also vornehmlich um die Zeit geht, ist Momos Herz dennoch

»so groß wie das ganze Himmelsgewölbe«. Ein Drang zur »Überschreitung«, zur Transzendenz, wird zudem in den immer schöner wirkenden Blumen offenbar.

Der metaphysische, innere Raum wird, ausgehend vom oben eingeführten Begriff Akasha, im Hinduismus als *Chidakasha* bezeichnet. Der äußere, physische Raum heißt *Bhutakasha*. Chidakasha liegt dabei tiefer als die Ebene der Gedanken und Gefühle (welcher manchmal ein dritter Raum namens *Chittakasha* zugewiesen wird). Er ist der Raum, in dem diese erst auftreten können. Somit ist er das Bewusstsein selbst.

Der Buddhismus entstammt dem Hinduismus, und entsprechend beschäftigt sich auch die hinduistische Philosophie viel mit Innenschau. Dabei bedient sie sich nicht nur des Intellekts, sondern auch der Intuition. Sie begegnet scheinbaren Paradoxa, welche sich jedoch im Metaphysischen, in der intuitiven Erfahrung auflösen. Diese wird bewusst über den Verstand gestellt, da dessen Grenzen überschritten werden sollen.[83] Auch die Persönlichkeit, das Ich des Philosophierenden spielt eine Rolle, denn dieser begibt sich auf einen individuellen Weg. Wie weiter oben bereits angedeutet, stellt sie ein Mittelding zwischen Philosophie und Religion im klassisch westlichen Verständnis dar, weshalb sie westlichen Theologen oft zu philosophisch erscheint, Philosophen aber zu religiös.[84] Hieran sehen wir, dass im westlichen Denken eine Spaltung vorliegt, nämlich die von Intellekt und Intuition, von Wissen und Glauben, welche in Indien so nicht vorhanden zu sein scheint.[85] (Dieser Schluss wird sich allerdings noch als voreilig erweisen.) Freilich bedeutet die Abwesenheit dieser Spaltung nicht, dass keine Differenzierung stattfände, denn »[a]uch wenn das indische philosophische Denken das soteriologische Ziel von Erlösung, Befreiung… nie aus den Augen verliert, bewahrt das analytische, reflexive Denken seine Unabhängigkeit«[86].

So wird der Schöpfergott Brahma zu einem abstrakten Begriff, nämlich zur unvergänglichen, unveränderlichen Weltseele *Brahman*, welche nicht mehr personifiziert wird und schon gar nicht ein Geschlecht besitzt. Brahman zeichnet sich durch die Eigenschaft aus, dass es gänzlich eigenschaftslos, gestaltlos und für den Verstand unerkennbar ist. Als solches ist es der der Welt innewohnende Urgrund selbst. Brahman lässt sich, so wird behauptet, nicht mit Worten beschreiben.

Die indische Philosophie ist vielschichtig und hat, genau wie die Religion, viele Gesichter hervorgebracht. Ein wichtiger Zweig, der mittlerweile auch im Westen Anklang gefunden hat, ist der des *Advaita-Vedanta*, welcher auf den Gelehrten Shankara (vmtl. 788-820) zurückgeht. »Advaita« bedeutet »Nichtdualität«; »Vedanta« ist das übergeordnete philosophische System, welches sich auf die *Veden* bezieht, elementare Schriften, zu denen auch der bereits oben erwähnte Rigveda zählt.

Die Lehre des Advaita beschäftigt sich mit dem Verhältnis des ewigen, zeitlosen Selbst eines Menschen, *Atman*, zur Weltseele Brahman. Atman hängt etymologisch (also sprachgeschichtlich) mit dem deutschen Wort »Atem« zusammen, wobei die biologische Bedeutung natürlich zunächst metaphorisch zu verstehen ist. Hierin ähnelt er dem »Odem« aus der Bibel, dem *spiritus*, dem Lebenshauch. Es ist zu beachten, dass Atman verstanden wird als der Urgrund des Individuums, das sich selbst in der Welt erfährt – gleichzeitig geht er über dieses hinaus. Er liegt deutlich tiefer als das, was man als Seele beschreiben könnte, denn er befindet sich jenseits aller persönlichen Eigenschaften und Verfärbungen, er ist unveränderlich und für alles Weltliche unerreichbar. Ebenso ist Atman neutral und greift nicht in den Lauf der Dinge ein. Shankara nannte ihn unter anderem »Zeuge und Beobachter«[87]. Atman ist das, was unser gesamtes Leben lang da gewesen und gleich geblieben ist – letztere Qualität trifft auf die Persönlichkeit nicht zu, weil sie sich sehr wohl ändert, wenn auch nur subtil, und auf die Seele nicht, weil sie den Gesetzen des *Karma* unterworfen ist, weil sie im Lauf des Lebens Verfärbungen erhält und sich am Ende für ihre Sünden verantworten muss. Atman ist somit die beständige Erfahrung an und für sich, da allein diese unveränderlich bleibt. Erwin Schrödinger, selbst Befürworter dieser Philosophie, schrieb in diesem Zusammenhang:

> Bei näherem Zusehen wird es sich meines Erachtens herausstellen, daß es [das eigene Ich] etwas mehr ist, als nur eine Anhäufung einzelner Gegebenheiten (Erfahrungen und Erinnerungen), nämlich sozusagen die Leinwand, auf welcher diese festgehalten sind. Und man wird bei eingehender Selbstprüfung gewahr werden, daß das, was man wirklich unter dem »Ich« versteht, eben jener Grundstoff ist, auf dem sie gesamthaft aufgetragen sind. Es kann geschehen, daß man in ein fernes Land verschlagen wird und alle Freunde aus den Augen verliert und fast vergißt; man wird neue Freunde gewinnen und sein Leben mit diesen ebenso intensiv teilen wie zuvor mit den alten. Die Erinnerung an das frühere Leben verliert im neuen Leben immer mehr an Bedeutung. Man mag dazu kommen, vom »Jüngling, der ich war«, in der dritten Person

zu sprechen, und wahrscheinlich steht einem der Held des Romans, den man gerade liest, näher, jedenfalls scheint er einem viel lebendiger und vertrauter. Und doch liegt kein Bruch, kein Todesfall dazwischen.[88]

Das Einzige, was in meiner Wahrnehmung konstant geblieben ist, ist die beständige Erfahrung, zu sein. Mehr ist es nicht. In jedem Moment offenbart sich das Sein in einer anderen Gestalt. Diese Gestalt ist vergänglich wie die Stundenblumen in dem Märchen *Momo*. Der Urgrund dieses Seins ist aber das, was sich unterhalb seiner Gestalt befindet, unterhalb seines Inhalts. Dieser Urgrund ist, objektiv betrachtet, nicht viel, und er ist nichts, was sich mit Worten hinreichend beschreiben ließe. Wenn wir unser alltägliches Ego auflösen, indem wir es auf diese Weise hinterfragen, dann bleibt auch kein Ich mehr, um von ihm zu sprechen. Dann lösen sich sogar Subjekt und Objekt auf. Ich kann nicht einmal mehr sagen, dass »etwas« ist, denn das wäre bereits eine Objektivierung des Seienden, welche aber das Vorhandensein eines erkennenden Subjekts voraussetzt, um sich von diesem Etwas distanzieren zu können.

Der Kern der Lehre besteht in der Aussage, dass Atman mit Brahman identisch sei – daher der Begriff »Nichtdualität«, Advaita. Zwischen Atman, dem »individuellen Sein« und Brahman, dem »universellen Sein«[89], existiere vielmehr ein polares anstelle eines dualen Verhältnisses. Es geht also *nicht* um eine All-Einheit (*unio mystica*), auf welche diese Lehre und ähnliche oftmals reduziert werden, vor allem dann, wenn mal wieder jenes zweischneidige Wörtchen fällt, welches da »Erleuchtung« lautet. C. G. Jung schrieb hierzu:

> Identität... ermöglicht kein Bewußtsein, nur die Trennung, die Loslösung und das leidensvolle In-Gegensatz-Gestelltsein, kann Bewußtsein und Erkenntnis erzeugen. Die indische Introspektion hat diesen psychologischen Sachverhalt schon früh erkannt und darum das Subjekt des Erkennens mit dem Subjekt der Existenz überhaupt in eines gesetzt. Gemäß der vorzugsweise introvertierten Haltung des indischen Denkens hat das Objekt sogar das Attribut absoluter Wirklichkeit verloren und ist öfters zum bloßen Schein geworden. Die griechisch-westliche Geisteshaltung konnte sich von der Überzeugung der absoluten Weltexistenz nicht befreien. Dies geschah aber auf Kosten der kosmischen Bedeutung des Selbst. Es fällt auch heute noch dem westlichen Menschen schwer, die psychologische Notwendigkeit eines transzendenten Subjekts des Erkennens als eines Gegenpoles des empirischen Universums einzusehen, obschon die Annahme der Existenz eines der Welt gegenübergestellten

> Selbst, zum mindesten als eines Spiegelungspunktes, logisch
> unerläßlich ist.[90]

Wir sehnen uns nach Atman, nach der Rückkehr in den Kern unseres
Seins, wie wir uns nach der Gebärmutter sehnen, nach unserem
pränatalen Lebensabschnitt, in welchem wir still und unwissend und
in Embryohaltung in einem warmen, wohligen Sein schwebten. In
diesem Zustand erlebten wir uns noch nicht getrennt von Brahman,
da es keinen Grund gab, zwischen »Ich« und »Welt« zu unterscheiden.
Wir kannten die Abstraktion noch nicht, mittels welcher wir dieses
Paradies verloren. Nach der Gebärmutter sehnen wir uns selten
bewusst, aber diese Sehnsucht ähnelt verdächtig der Sehnsucht nach
einem friedvollen, gedankenlosen oder gedankenverlorenen Zustand,
welchen wir uns, vor der Welt verschlossen, im Badezimmer unter
der heißen Dusche erhoffen oder nachts im Schlafzimmer, sicher
eingekuschelt in die wohlig-warme Bettdecke – vielleicht hängt neben
dem psychologischen ja sogar das biologische Bedürfnis nach Schlaf
mit ihr zusammen. Auch das Eintauchen in die Fantasiewelten von
Büchern, Filmen und Videospielen ähnelt einem solchen Zustand;
sogar die Ekstase, welche sich mancher von einer exzessiven Zeit im
Nachtclub oder auch vom Sex erhofft, tut es.

Die Liste lässt sich verlängern um den übermäßigen kulinarischen
Genuss, bis hin zum Drogenkonsum. Die Sehnsucht nach dem Atman-
Bewusstsein ist es, welche es uns erschwert, morgens aus dem Bett
zu kommen und der Welt zu begegnen – weil wir uns dann wieder,
unserem eingefahrenen Habitus entsprechend, als getrennt von der
Welt erleben müssen. Im Schlaf, insbesondere im erholsamen, traum-
losen Schlaf, sind wir dagegen ganz eins mit Brahman. Auch, wenn
wir uns nach der Unschuld unserer Kindheit sehnen, sehnen wir uns
in Wahrheit einfach nur nach Brahman.

Das völlige Aufgehen in Brahman – das muss noch gesagt werden –
erreichen wir im Tod, der in einem Reinkarnationsglauben allerdings
auch nicht weniger temporär ist als eine vorübergehende Ohnmacht
und deswegen nur eine ebenso temporäre Erlösung darstellt.

Brahman gilt im Advaita-Vedanta nicht als alldurchdringendes
»Prinzip«, wie man es sich beispielsweise in der Physik bei der Suche
nach der Weltformel oder in der Metaphysik der westlichen Vernunft-
philosophie erhofft (oder erhofft hatte). Brahman ist keine Weltformel,
weder im physischen noch im metaphysischen Sinn, da dies bereits ein
zu abstraktes Konzept wäre, welches seiner unmittelbaren Erfahrung
im Weg stünde. Alle Dinge entstehen aus Brahman, es ist der Quell
allen Seins, aber hat nicht unbedingt mit ihrer konkreten Erschei-

nungsform zu tun. Noch weniger ist es durch sie bedingt. Die äußere Welt ist demzufolge eine Art Illusion, welche als *Maya* bezeichnet wird[91] – und wie sie im obigen Zitat von C. G. Jung angekündigt wurde.

Maya beginnt nicht erst außerhalb des eigenen Körpers, sondern schließt diesen mit ein, inklusive der sinnlichen Wahrnehmung, der Gedanken, Gefühle und allem, was sich noch auf der Bühne des Bewusstseins abspielen mag, wie soeben erörtert wurde. Als Illusion ist Maya weniger real als Brahman. Da sie andererseits dennoch erfahren wird, lässt sie sich nicht einfach als »unwirklich« bezeichnen. Tatsächlich ist es nicht möglich, sie in Kategorien von »unwirklich« und »real« einzuordnen.[92] Es lässt sich jedoch sagen, dass sie und alles, was sie enthält, in höchstem Maße relativ sind, während Brahman als absolut (von lateinisch *absolutus*, »losgelöst«) erachtet wird. Illusionär wird Maya vor allem dann, wenn sich mein Verstand mit Einzelteilen von Maya (wie eben meinen Gedanken oder Gefühlen) identifiziert und ich vor lauter Identifikation vergesse, dass ich in Wahrheit eins mit dem gesamten Sein bin, mit Brahman.

Nun sollte es für jeden »spirituellen Sucher«, dessen seelische Reinigung nicht in einer Gehirnwäsche endete, unschwer zu erkennen sein, dass diese Umgangsweise mit der wandelbaren Welt der Erscheinungen eine bedenkliche Richtung nimmt. Dies gilt zumindest für die Art und Weise, wie wir die altorientalische Lehre mit unserem zeitgenössischen westlichen Denken zwangsläufig rezipieren.

Problematisch wird Advaita sicherlich, wenn die angepriesene Konzeptlosigkeit – die ja durch die »Unaussprechlichkeit« von Brahman festgelegt wurde – selbst als striktes Konzept übernommen wird. Ein bodenloser Abgrund tut sich auf, wenn man Brahman als einen infinitesimal, das heißt unendlich kleinen Punkt sieht, an dem nichts ist und in dem gleichzeitig alles enthalten sein soll, wie es im Lotus des eigenen Herzens der Fall war. Man selbst steht am Rand, fürchtet sich und wundert sich. Es stellt sich die Frage, inwiefern sich die permanente Gewissheit der Identität von Atman und Brahman sowie der relative Charakter von Maya im eigenen Leben überhaupt äußern soll, was sie eigentlich bedeuten soll. Ein ständiges Verhaftetsein diesen Begriffen gegenüber jedenfalls scheint nirgendwo anders hinzuführen als in eine tiefe Depression.

Was will ich überhaupt mit diesem ganzen Kram? Wenn ich mir vorstelle, dieses Gerede als meine alleinige Lebensphilosophie zu übernehmen, dann erscheint mir diese angepriesene Nichtdualität schließlich wie ein einziges langweiliges Grau – wie ein kahler, trostloser Raum, in welchem ich mich eingeschlossen habe und in dem ich nun zu ersticken drohe. So ein Dreck! Das ist definitiv keine Erleuchtung, sondern eher eine Art Lobotomie, ein chirurgischer Eingriff in meine Persönlichkeit, der einen rücksichtslos harten Schnitt zieht zwischen meinem höheren Selbst und meinem gefürchteten Ego, über welches mir erzählt wird, dass es mir als Teil von Maya nur ein Klotz am Bein sei. Es ist, böse formuliert, die »Endlösung der Ego-Frage«.

In der englischsprachigen Neu-Spiritualität wird hier auch von »*spiritual bypassing*« gesprochen. Ich lege einen Bypass, gebe lediglich vor, mich mit irgendwelchen höheren Dimensionen zu verbinden, indem ich mir diese fleißig zusammenfantasiere oder von irgendwelchen Gurus ohne Hinterfragen als angeblich spirituelle Erfahrungen übernehme – die nicht *ich* gemacht habe, sondern jemand anders. Ich mache keine echte Erfahrung, sondern baue mir ein Luftschloss, welches ich dazu nutze, meinen eigentlichen Problemen zu entkommen.

So finden wir auch in der Advaita-Philosophie die Tendenz zu einer Spaltung vor, welche weitgehend als repräsentativ für das fernöstliche Denken gelten kann. Der Physiker David Bohm (1917-1992) schrieb, dass (grob und allgemein gesagt) im westlichen Denken eine Betonung des Messbaren, des Materiellen feststellbar sei, im östlichen dagegen eine Betonung des Unermesslichen, Immateriellen, welche jedoch einhergehe mit der Reduzierung der Welt auf eine Illusion, die keinen wirklichen Wert besitze.[93] Beidem liegt wohl wieder die erworbene seelische Spaltung des einmal ganz, aber undifferenziert gewesenen Menschentiers zu Grunde.

Kann uns vielleicht doch eine genauere Betrachtung von Maya in Richtung Brahman führen, oder wenigstens den Weg weisen? Dies würde auch bedeuten, dass schlichte, altmodische Lebenserfahrung endlich ihre rechtmäßige Bedeutung erhielte. Auch die Natur, das Wunder des Lebens und der gesamten Schöpfung könnten dann entsprechend gewürdigt werden[94]; der eigene Körper, der Tempel, der meinen Geist hält, sowieso. Klingt das nicht versöhnlich? *Wie hast du's mit Maya?* Das ist zweifelsohne die »Gretchenfrage« des Advaita-Vedanta.

Polarität des Seins

Der aus China stammende Taoismus kennt einen Begriff, welcher Ähnlichkeit mit Brahman besitzt: das *Tao*. Anders als Brahman ist das Tao aber nicht gänzlich vor den Sinnen verborgen, sondern findet sich in der Welt wieder, vor allem im Werdegang der Dinge und in den Beziehungen zwischen ihnen. Diese werden wie Maya häufig als traumartige Gebilde gesehen[95], jedoch horcht der Taoist ihnen dennoch nach, und zwar bis in alle Tiefe. Er erfreut sich an ihnen. So kann man dem Taoisten weniger den Vorwurf machen, sich in einem Elfenbeinturm verstecken zu wollen. Der Taoismus bleibt menschlich.

Das Tao ist nicht nur Urgrund, Quelle allen Seins, sondern auch das Grundprinzip, nach welchem sich die Vorgänge im Universum richten. Ein wichtiger Grundsatz lautet, dass das Tao, welches sich aussprechen lässt, nicht das wahre Tao sei.[96] Ebenso wie Brahman lässt sich auch das Tao nicht einfach »denken«. Es übersteigt den Intellekt und ist nur der intuitiven Erfahrung zugänglich. Was ist das für ein Grundprinzip, welches sich nicht aussprechen lässt?

> »Nichtsein« nenne ich den Anfang von Himmel und Erde.
> »Sein« nenne ich die Mutter der Einzelwesen.
> Darum führt die Richtung auf das Nichtsein
> zum Schauen des wunderbaren Wesens,
> die Richtung auf das Sein
> zum Schauen der räumlichen Begrenztheiten.
> Beides ist eins dem Ursprung nach
> und nur verschieden durch den Namen.
> In seiner Einheit heißt es das Geheimnis.
> Des Geheimnisses noch tieferes Geheimnis
> ist das Tor, durch das alle Wunder hervortreten.[97]

Als »Mutter der Einzelwesen« kann das »Sein« hier im Grunde als ein oberstes Naturgesetz beziehungsweise -prinzip aufgefasst werden[98]; in dieser Hinsicht sieht es der Traumzeit der Aborigines ähnlich. In der Welt existiert aber nichts außer der üblichen »räumlichen Begrenztheiten«, weshalb man in ihr allein nicht das »wunderbare Wesen« finden wird. Dieses lässt sich nur erfühlen, »schauen«; es befindet sich im »Nichtsein«, sozusagen in »Brahman minus Maya«. Dennoch, so geheimnisvoll es auch scheinen mag, sind Sein und Nichtsein eins, sie unterscheiden sich »nur durch den Namen«, das heißt durch die Gestalt, in welcher wir sie erkennen, ob intuitiv oder sinnlich. Alles entstammt dem gleichen Ursprung, dem »Tor, durch das alle Wunder hervortreten«. Dieses ist freilich ein »noch tieferes Geheimnis« – das Tao selbst in all seiner Unergründlichkeit.

Tao wird oft mit »Weg« übersetzt, aber dieser Begriff birgt in unserer Sprache die Gefahr, ihn für einen starren, vorgefertigten Weg zu halten, womöglich noch mit einem klar definierten Ziel. Nichts läge dem Tao ferner. Es ist keine geebnete Straße, sondern vielmehr ein verschlungener, mäandrierender Pfad, jener Weg, von welchem im beliebten Spruch »Der Weg ist das Ziel« die Rede ist. Alle Stagnation – nicht auf wirtschaftlicher Ebene, sondern als ein Verhaftetsein den vergänglichen, relativen Erscheinungen der Welt, Maya gegenüber – wartet nur darauf, vom Tao aufgelöst, notfalls aufgebrochen zu werden. Das Tao fließt. Es plätschert. Es strömt.[99] Es tost. Das Tao bringt den Wandel, den Wandel der Zeit, den ewigen Wandel, welcher in einem vergänglichen Universum die einzige Konstante darstellt. Abgesehen von »Weg« sind gängige Übersetzungen sonst »Sinn«, »Vorsehung«, »Logos« oder »Gott«, wobei letzterer hier im denkbar weitesten Sinn verstanden werden muss.[100]

Das obige, poetische Zitat ist dem *Tao Te King* entnommen, einem Buch, welches von Laotse (6. Jh. v. Chr.) verfasst worden sein soll. Dessen Historizität wird allerdings angezweifelt. Nichtsdestotrotz stellt der Tao Te King eines der Hauptwerke des Taoismus dar. Ein weiteres wichtiges Werk ist *Das wahre Buch vom südlichen Blütenland* von Dschuang Dsi (ca. 365-290 v. Chr.). Dschuang Dsi soll schon zu Lebzeiten Ruhm erlangt haben und mit Angeboten für wichtige Ämter überhäuft worden sein. Um seine Unabhängigkeit zu wahren lehnte er sämtliche dieser Angebote jedoch ab und führte ein bescheidenes Leben.[101] Laotse soll sich da nicht anders verhalten haben, weshalb es nicht verwunderlich scheinen braucht, dass über ihn nur wenige, zum Teil widersprüchliche Informationen vorhanden sind.

> Ist das Werk vollbracht, dann sich zurückziehen:
> das ist des Himmels SINN.[102]

Ein unabhängiges Indiz für die Historizität Laotses liegt im Aufbau des Tao Te King selbst: Er ist stilistisch absolut einheitlich und von einem konsequent gleichmäßigen Rhythmus getragen, der in seiner Geschlossenheit darauf hindeutet, dass es sich kaum um eine lose Zusammenstellung von Sprichwörtern handelt.[103] Letzten Endes spielt diese Frage für uns aber keine große Rolle, da der Taoismus ja keinen Offenbarungsglauben, sondern eine Weisheitslehre darstellt. Der Einfachheit halber werde ich davon ausgehen, dass Laotse gelebt hat.

Der Taoismus lehrt den Menschen zunächst, sich an der Natur zu
orientieren, an ihrem Wesen und ihrem Wirken. Eben dadurch soll
der Mensch zurück zu seiner eigenen, inneren Natur finden. Er soll
werden wie die Natur, wie das Tao selbst. Da Extreme gemieden
werden und der Weg des geringsten Widerstandes hier eine große Rolle
spielt, ist er meistens gelassen, ruhig, subtil in seinen Handlungen,
die deswegen sogar als *Wu Wei*, als »Nichthandeln« (oder »Wirken
ohne Handeln«) bezeichnet werden[104] – kann beizeiten aber auch zur
Naturgewalt anschwellen, speziell zu der des Wassers, welches durch
steten Tropfen noch jeden Stein gehöhlt hat.[105] Wu Wei bedeutet,
flexibel zu bleiben, anschmiegsam, sich in seinem Handeln spontan
nach den unvorhersagbaren Strömungen des Tao zu richten, anstatt
fortlaufend und starr auf ganz bestimmte Früchte seines Tuns aus
zu sein. Für diesen Weg ist es notwendig, die Welt in ihrer Ganzheit
zu betrachten[106] und alle künstlichen Konstrukte fallen zu lassen
beziehungsweise sich klar zu machen, dass diese eben nichts weiter als
Konstrukte sind, welche die Schau der Ganzheit oftmals stören oder
verhindern. Diese reichen hin bis zur Moral, weshalb Laotse schreibt:

> Himmel und Erde sind nicht gütig.
> Ihnen sind die Menschen wie stroherne Opferhunde.
> Der Berufene ist nicht gütig.
> Ihm sind die Menschen wie stroherne Opferhunde.[107]

Das Wort »gütig« leitet sich von »gut« ab, und Laotse nimmt hier eine Position ein, die sich eindeutig jenseits von Gut und Böse, jenseits
der Moral befindet. Seine Aussage wirkt zunächst radikal; sie ist es
auch, aber auf einer anderen Ebene, als man zunächst annehmen mag.
Laotse meint hiermit nämlich nicht, dass Menschenopfer gemacht
werden sollten. Himmel und Erde haben schließlich keinen menschlichen Willen und somit auch kein Bedürfnis nach Opfern, in welchem
Sinn auch immer; der »Berufene« betrachtet die Dinge schlicht aus
ihrer Perspektive. Die »strohernen Opferhunde« zeichnen sich somit
vor allem durch ihre Vergänglichkeit aus. Sie werden geschaffen und
erhalten im Ritual ihre fünf Minuten Ruhm, während sie zu Asche
verbrennen. Schließlich aber werden sie vergessen. Dschuang Dsi geht
hier noch weiter, indem er sogar die »Liebe zum Leben« hinterfragt:

> Wie kann ich wissen, dass die Liebe zum Leben nicht Betörung
> ist? Wie kann ich wissen, dass der, der den Tod hasst, nicht
> jenem Knaben gleicht, der sich verirrt hatte und nicht wusste,
> dass er auf dem Weg nach Hause war?[108]

Sicher erfreut der Taoist sich am Leben, welches ja fortlaufend vom
Tao hervorgebracht wird, in welchem sich das Wirken des Tao in all

seiner Mannigfaltigkeit offenbart. Dass er sich daran erfreut, bedeutet jedoch nicht, dass er es inbrünstig liebte, was nämlich ein anhaftendes, festhaltendes – wie Dschuang Dsi schreibt: »betörendes« – Moment mit sich brächte. Sentimentale Liebe zum Leben erzeugt Furcht vor dem Tod. Furcht vor dem Tod ist jedoch auch Furcht vor dem Leben, da der Tod in Wahrheit einen wesentlichen Teil des Lebens darstellt. Sie ist Furcht vor dem Wandel der Zeit, welchen die eigene Vergänglichkeit stets mit sich bringt – schlussendlich ist sie Furcht vor dem Tao. Diese ist hier nicht wie »Gottesfurcht« positiv zu verstehen, sondern als kläglicher Versuch, das Tao zu verdrängen, zu unterdrücken, welcher natürlich zum Scheitern verurteilt ist. Das Tao ist immer da, ob man möchte oder nicht, und Widerstand dagegen ist somit zwecklos.[109] Gleichzeitig ist das Tao so universell, dass das Abweichen von ihm gar nicht erst möglich ist. Jede scheinbare Abweichung vom Weg des Tao ist in Wirklichkeit dennoch das bloß mäandrierende Tao selbst.

Im Namen der »Liebe« wurden schon viele Verbrechen verübt. Zu leicht ist es, Liebe zu heucheln oder misszuverstehen. Selbst die Liebe, die sich für uneigennützig oder bedingungslos hält, kann irren – vielleicht ja *gerade* sie. Das Paradebeispiel hierfür dürfte die Inquisition sein, welche aus dem christlichen Ideal der Nächstenliebe heraus genau diesen Nächsten foltern und verbrennen ließ, weil man der Meinung war, damit seine Seele erretten zu können. Diese Handlung verstanden die Verantwortlichen als durchweg selbstlos und gut (»gut gemeint«), fühlten sich in Bezug auf die Ketzer schlimmstenfalls besorgt.[110] Moral birgt immer die Gefahr der Doppelmoral. Derartigen Irrungen und Wirrungen entgeht der Taoist, indem er erkennt, dass die Erscheinung einer Entität auch immer die Erscheinung ihres Gegensatzes bedingt.

> Wenn auf Erden alle das Schöne als schön erkennen,
> so ist dadurch schon das Häßliche gesetzt.
> Wenn auf Erden alle das Gute als gut erkennen,
> so ist dadurch schon das Nichtgute gesetzt.
> Denn Sein und Nichtsein erzeugen einander.
> Schwer und Leicht vollenden einander.
> Lang und kurz gestalten einander.
> Hoch und tief verkehren einander...
> Also auch der Berufene:
> Er verweilt im Wirken ohne Handeln.
> Er übt Belehrung ohne Reden.
> Alle Wesen treten hervor,
> und er verweigert sich ihnen nicht.[111]

So wird Einseitigkeit vermieden. Alles erhält seinen artgerechten Raum, seine Zeit, seine Bühne und sein Rampenlicht, ohne dass es überbetont oder unterdrückt beziehungsweise verdrängt werden muss. Der Taoismus geht sogar so weit, dass er in jeder Sache von vornherein den Keim ihres Gegenstücks sieht. Es existiert schlichtweg kein Gut ohne Böse, kein Glück ohne Schmerz, kein Reichtum ohne Armut. Denn die Begriffe ergeben erst in Relation zueinander überhaupt Sinn. Der Versuch, die Schattenseite zu unterdrücken, resultiert demzufolge in einem Ungleichgewicht. Es ist dann, als würde ein großes Pendel ausgelenkt, welches früher oder später einmal mit voller Wucht, unaufhaltsam zurückschwingen muss. Es ist klüger, stattdessen das Gleichgewicht zu wahren und alles so zu nehmen, wie es kommt. Der Mensch erntet, was er sät.

Dieses allgemeine Wirkungsprinzip wird als *Polarität* bezeichnet, und es passt besser zu einer zyklischen Weltauffassung als zu unserer linearen, welche dazu neigt, einen Weg der Menschheit vom Dunkel zum Licht zu zeichnen. Es lässt den Taoisten skeptisch gegenüber dem Fortschrittsglauben werden, dem Versuch, sich mithilfe der gewaltsamen Eroberung der Welt einen »Platz an der Sonne« sichern zu können, den Schatten ganz und gar auszumerzen. Im Namen des Fortschritts und des Lebens wurden ohne Frage zahlreiche technologische und auch kulturelle Fortschritte gemacht – doch diese haben auch den Plastikmüll mit sich gebracht, den Smog über den Städten, die Ölkatastrophen, sämtliche Massenvernichtungswaffen *und alles andere, womit der Mensch sich einmal selbst zerstören könnte.* Wie auch immer man zu Technik und Fortschritt stehen mag: Wer die Schattenseite dieser Entwicklung leugnet, ist ein Heuchler – und der, der sämtliche Schuld an ihr Anderen (Politiker, Manager etc.) in die Schuhe schieben möchte, ist es erst recht. Der Wunsch, die Welt zu erobern ist eine Veräußerlichung des eigentlichen inneren Wunsches, sich selbst zu erobern, indem man sich selbst erkennt – als Teil dieser Welt, welcher denselben Gesetzen unterworfen ist wie alles andere.[112]

Beachtenswert ist, dass Laotse diese Einstellung schon vor über zweitausend Jahren besaß, als die Aus- und Nebenwirkungen des Fortschritts bei Weitem noch nicht im heutigen Maße vorhanden waren. Dies deutet darauf hin, dass blinder Fortschritts- und Wachstumsglaube tatsächlich der Versuch ist, eine innere Leere zu füllen, die sich im Gegensatz zur Annexion der Natur durch den Menschen seit dem Altertum eben nicht geändert hat. Somit war sie auch vor zweitausend Jahren schon sichtbar, nicht erst anhand ihrer Wirkung, sondern anhand ihrer Ursache.

> Die Welt erobern und behandeln wollen,
> ich habe erlebt, daß das mißlingt.
> Die Welt ist ein geistiges Ding,
> das man nicht behandeln darf.
> Wer sie behandelt, verdirbt sie,
> wer sie festhalten will, verliert sie.
> Die Dinge gehen bald voran, bald folgen sie,
> bald hauchen sie warm, bald blasen sie kalt,
> bald sind sie stark, bald sind sie dünn,
> bald schwimmen sie oben, bald stürzen sie.
> Darum meidet der Berufene
> das Zusehr, das Zuviel, das Zugroß.[113]

Dieser Satz steht im krassen Gegensatz zum »Machet euch die Erde untertan« aus der Bibel (Gen 1, 28), welches Gott zu den ersten Menschen sagte, nachdem er sie geschaffen hatte – eine Aussage, die hinsichtlich ihrer Auslegung reichlich und hitzig diskutiert wird. Während einige sie zusätzlich dramatisieren, relativieren sie andere, indem sie auf Ungenauigkeiten in der Übersetzung[114], auf den Entstehungskontext[115] und auf weitere (allerdings weniger prominente) Textstellen[116] hinweisen, die den Menschen in respektvoller Weise mit den Tieren vergleichen.

Die Pole der genannten Polarität tragen die Namen *Yin* und *Yang*. Jeder hat diese Begriffe schonmal gehört und in Form des *Taijitu*, des Symbols, mit welchem diese üblicherweise dargestellt werden, gesehen. Das Taijitu ist nicht nur ein religiöses Symbol, sondern vor allem die schematische Darstellung eines Sachverhalts. Die dunkle Seite stellt dabei Yin dar, die helle Yang. Das Taijitu ist jedoch noch verhältnismäßig jung, ursprünglich wurde Yang schlicht als durchgängiger Strich, Yin als in der Mitte geteilter Strich gezeichnet. Zum ersten Mal sind Yin und Yang im *I Ching*, dem »Buch der Wandlungen« belegt, welches auf das zweite oder dritte Jahrtausend v. Chr. zurückgeht. Dennoch wurde es – im Gegensatz zur Polarität – weder von Laotse noch von Dschuang Dsi erwähnt, weshalb diese Datierung nicht sicher ist.[117]
Yin und Yang sind wie die beiden Seiten einer Medaille oder Münze: Das eine kann ohne das andere nicht existieren. Im I Ching, welches als Orakel fungiert, repräsentiert bei sechsmaligen Münzwürfen die oben liegende Seite tatsächlich den jeweiligen Pol. Zu jeder möglichen Kombination von Kopf und Zahl gehört dabei ein Text, welcher die verschlüsselte Antwort auf eine vorher gestellte Frage enthält.[118]

Im Allgemeinen stellen Yin und Yang Gegensatzpaare von Dingen oder Eigenschaften dar. Wie vorher schon erwähnt, werden Gegensätze im Taoismus grundsätzlich als komplementär erachtet. Das Tao wird in seinem Wirken immer wieder für den Ausgleich der Gegensätze sorgen; Einseitigkeit ist unmöglich, denn die Gegensätze bedingen einander. Somit sind sie allesamt als wertneutral zu erachten.

Mit Yang assoziiert man klassisch Attribute wie *männlich, heiß, hart, hell, aktiv*, mit Yin entsprechend solche wie *weiblich, kühl, weich, dunkel, passiv*. Die Charakteristiken von Yin und Yang lassen sich endlos weiter führen, bis hin zu Details wie Mahlzeiten, wo sich »mild« und »würzig« gegenüberstehen und – erraten Sie's? – die kühle Milde mit Yin, die feurige Würze mit Yang assoziiert wird.[119] Yin und Yang lassen sich aber auch auf abstrakte Begriffe ausweiten. Die einzige Bedingung ist, dass es sich um ein komplementäres Paar handelt (die Komplementarität setzt eine Beziehung zwischen den beiden dann schon voraus). Im Fall von Raum und Zeit beispielsweise würden die Taoisten den ausgedehnten, unmittelbar erfahrbaren Raum sicher mit Yang assoziieren und die mysteriösere, schwer greifbare Zeit mit Yin.

Es handelt sich jedoch nie um absolute Werte, alles ist relativ. Herbst und Frühling stellen komplementäre Pole dar, aber auch Winter und Sommer. Zwischen Winter und Sommer ist die polare Spannung aufgrund des höheren Temperaturunterschieds und des unterschiedlicheren Erscheinungsbilds größer. In diesem Fall, so könnte man sagen, wird die Polarität »von ihrem Zentrum aus gedehnt«. Aber auch das Zentrum kann verschoben werden. Der Vater stellt in der Beziehung zu seinem Sohn immer den Yang-Pol dar. Wird dieser Sohn nun selbst irgendwann Vater, ist er seinem Sohn gegenüber natürlich ebenfalls Yang zuzuordnen. In der ersten Beziehung befindet sich das Zentrum zwischen dem ersten Vater, der nun Großvater ist, und seinem Sohn, in der zweiten dagegen zwischen Sohn und Enkel. Somit spielt die individuelle Beziehung stets eine wesentliche Rolle.

Im Vergleich mit Advaita-Vedanta, wie wir es kennengelernt haben, geht der Taoismus eher induktiv vor. Advaita arbeitet deduktiv. Dort wird zuerst die theoretische These aufgestellt, dass Atman mit Brahman identisch sei. Da dieses nichtduale Bewusstsein nur intuitiv erfahren werden könne, diese Erfahrung aber nicht *ab initio* in Gänze vorhanden sei, wird sie als Ziel gesetzt. Auf dieser allgemeinen Grundlage werden weitere taktische Schritte erwogen, Praktiken, mit denen man sich dem Ziel näherzubringen erhofft. Neben der Meditation ist heutzutage eine sehr beliebte Form das *Satsang*, ein Zusammensein mehrerer Menschen, welche gemeinsam über spirituelle Themen kontemplieren und dabei hoffen, die gewünschte Erfahrung durch die passende Umgebung zu erlangen, oftmals angeleitet durch einen selbst- oder von jemand anderem ernannten »Meister«, über den zu hoffen bleibt, dass er keine Leiche mehr im Keller hat. Dieses Vorgehen vom Allgemeinen zum Speziellen ist ein deduktives Verfahren.

Durch seine Poesie präsentiert sich der Taoismus dagegen in einer Offenheit, mit welcher er sich dem Neuling anschmiegt, indem dieser ihn seiner Persönlichkeit gemäß interpretieren kann. Ihm werden in erster Linie Ratschläge mitgegeben. Über Erleuchtung wird wenig gesprochen, da das ständige Gerede über sie ihre natürliche Entfaltung verhindert. Der Taoist übergibt sich vertrauensvoll dem Wirken des Tao; seine spirituelle Erfahrung ist zu einem großen Teil das Leben selbst. Erst im Lauf der Zeit wird er induktiv alle Facetten des Taos kennen lernen.

> Der Weg durch das Sein zum Sinn führt... durch die Anerkennung der Gegensätze in der Welt der Erscheinung hindurch. Je freier man vom Wahn des Begehrens ist, desto freier wird man vom eigenen Ich. Dann schaut man die Welt nicht mehr gepeitscht von Furcht und Hoffnung, sondern rein als Objekt.[120]

Die Objekthaftigkeit trifft dabei natürlich auch auf das eigene Ich zu. Das mag auf den ersten Blick nach pathologischer Selbstverleugnung klingen, genau wie bei Advaita-Vedanta, es ist aber vielmehr gemeint in dem Sinn, dass man sich dem Wirken des Tao übergibt, ähnlich wie ein Christ, der sich vertrauensvoll in die Hände Gottes begibt. C. G. Jung unterschied zwischen dem Ich und dem »Selbst«, welches die Gesamtheit von bewusstem Ich und Unbewusstem darstelle. Der Prozess des persönlichen Wachstums, welches zu großen Teilen darin bestehe, unbewusste Teile bewusst zu machen, wurde von ihm als »Individuation« bezeichnet. Diese könne nie vollständig geschehen, es sei jedoch möglich, sich über das Verhältnis zwischen Ich und Selbst klar zu werden. Er schrieb:

> Das Ich ist der einzige Inhalt des Selbst, den wir kennen. Das
> individuierte Ich empfindet sich als Objekt eines unbekannten
> und übergeordneten Subjektes.[121]

Obwohl er die Welt als Objekt ansieht, erkennt der Taoist in ihr
das Wirken des Taos. Alles andere wäre die Starrheit von Distanz
gegenüber dem Weltlichen, welche seinem Geist, dem fließenden Geist
das Taos, widerspricht. Das Tao hängt sicherlich mit dem »übergeordneten Subjekt« zusammen, von welchem auch Jung sprach. (Tao
und Selbst miteinander zu identifizieren würde der Nichtdualität von
Atman und Brahman vielleicht nicht gleichkommen, aber ähneln.)
So behält der Taoist die Demut, die Bereitschaft, vor der Unergründlichkeit der Welt zu verstummen, die Bereitschaft, loszulassen: Was
bedeutet meine Erleuchtung à la Advaita noch, wenn ich mir ein
Naturschauspiel ansehe wie die Niagara-Fälle, die Andromedagalaxie
durchs Teleskop oder den Himalaya, bei welchen es mir schlicht die
Sprache verschlägt? Wenn ich heute daran denke, wie groß das Weltall
ist und wie klein die Menschen, dass die Erde und damit fast alles,
was wir kennen, nicht mehr als eine klitzekleine Oase in einem großen
Unbekannten ist, wie kann ich mir da anmaßen, mich selbst als den
großen Erleuchteten zu sehen, mich, diesen winzigen Ameisenfurz?

Bevor ich ein noch negativeres Bild von Advaita zeichne, werde
ich nun allerdings das Ruder herum reißen. Rückwirkend weise ich
darauf hin, dass meine Kritik in erster Linie der Art und Weise gilt,
wie diese Lehre in unserer Kultur manchmal rezipiert wird und dass
sie für den geneigten Leser hauptsächlich ein Rat zur Vorsicht sein
soll. Letzten Endes hängt alles daran, wie sehr ich die Welt als Traum
wahrnehme (beziehungsweise was »Traum« nun genau bedeuten soll)
und wie fern ich mich selbst dem gelobten Land meiner Erleuchtung
dünke, wie fern mir die schlichte und einfache Gegenwart erscheint,
wie sehr mich irgendwelche Vorstellungen von Atman und Brahman
eher bedrängen, als mich zu befreien. Wenn beispielsweise Mahatma
Gandhi (1869-1948) ethische Ideen aus dieser Philosophie ableitet,
ist dagegen nichts einzuwenden:

> Ich glaube an Advaita (Nicht-Dualität), ich glaube an die
> essentielle Einheit der Menschheit und, was dazu kommt, an
> alles, was lebt. Daher glaube ich, daß, wenn ein Mensch Spi-
> ritualität gewinnt, die ganze Welt an ihm gewinnt, und daß,
> wenn ein Mensch versagt, die ganze Welt im selben Maße
> versagt.[122]

Ist »Traum« gleichzusetzen mit »Illusion«? In diesem Fall sollte ein
Erleuchteter keine Scheu haben, sich auf die Folterbank zu begeben,

wenn er sich doch so sicher ist, dass der Schmerz keine Realität besitze. Angesichts einer solchen Tortur wäre er vermutlich nicht mehr in der Lage, seine angepriesene Gelassenheit zu bewahren. Entgegen dieser Interpretation des Begriffs »Traum« geht die Wahrnehmung der Welt als traumartig wohl eher auf die Vergänglichkeit sämtlichen Daseins zurück, darauf, dass die Erscheinungen der Welt unaufhörlich in Bewegung sind. Und wenn wir an die Aborigines zurückdenken, dann schien es dort vor allem der mythisch-animistische, beinahe »synästhetische« Aspekt zu sein, der für den »Traum« in der Traumzeit gesorgt hat: Hiermit meine ich beispielsweise die ständige Verknüpfung von Melodien mit Landschaften, von Landmarken mit Legenden, den generellen Aspekt der Fantasie, welche in allen Dingen Leben erkennt und auch zwischen den verschiedensten Dingen ein Netz von Beziehungen herstellt. Schließlich lässt sich die Welt auch als Traum auffassen, indem man einfach daran glaubt, dass in einer vollkommen realen Welt alles miteinander verbunden ist und eine Bedeutung besitzt, trotz seiner Vergänglichkeit. Mit dieser Anschauung sind wir jedoch fast am Gegenteil von der anfänglichen Bedeutung des »Welttraums« im Sinn einer Illusion angelangt. Es ist also alles Auslegungssache.

So gibt es auch im Advaita das Konzept der Polarität. Auf diese passt das Wort »Nichtdualität« – nichts anderes bedeutet »Advaita« schließlich – übrigens außerordentlich gut. Die Beziehung zwischen den Polen lässt sich nicht als ein unabhängiges Ding auffassen, da die Pole benötigt werden, aber auch nicht als zwei duale Pole, weil dies den Charakter ihrer inneren und immanenten Beziehung verleugnen würde. Also gibt es weder ein noch zwei. Demzufolge ist Advaita weder Monismus noch Dualismus, sondern eben das: Nichtdualität.[123]

4.
...und im Abendland

Warum fühlen wir uns einer bestimmten Tradition zugehörig? Weil sie uns etwas bringt? Uns Fragen beantwortet? Sinn stiftet? Ich glaube kaum, denn jede Tradition tut das. Mein Freund Thomas hat es mit dem Verliebtsein verglichen: Ich kann nicht sagen, warum es mich zu einem bestimmten Menschen unter all den anderen hinzieht. Andere Menschen sind hübscher oder klüger, anmutiger oder kraftvoller – aber ein bestimmter Mensch ist es, mit dem ich jetzt zusammengehöre, trotz aller Schwierigkeiten; ja die Schwierigkeiten können das Zusammensein reizvoller und fruchtbarer machen. So ist es wohl auch, wenn wir uns in eine geistige Gestalt verlieben, in eine Religion oder eine Philosophie.

~ Jörg WICHMANN: *Rückkehr von den fremden Göttern*[124]

Die vorherigen Abschnitte präsentierten eine kleine, aber feine Auswahl fremder Weltanschauungen. Nun folgt eine Auswahl verschiedener Anschauungen und Ideen aus dem Westen. Man könnte meinen, dass es sich dabei um gewohnte Philosophie, Wissenschaft und Religion handle. Was die Philosophie angeht, werden wir zwar einen Blick auf ihre Anfänge in Griechenland (der »Wiege des Abendlandes«[125]) werfen, dort jedoch auf den Zeitraum vor der klassischen Philosophie blicken, auf die Naturphilosophie der Vorsokratiker, welche sich allenfalls noch an den Rändern der Allgemeinbildung bewegt. Bei dieser sind manchmal noch Parallelen mit der orientalischen Philosophie erkennbar. Der Blick auf die Naturphilosophie macht insofern Sinn, als wir vor allem im dritten Teil dieses Buchs neben den physikalischen Schilderungen über den Kosmos einen akribischen Blick auf die Art und Weise werfen werden, wie er uns erscheint – wir betrachten nicht nur die objektive Wirklichkeit, sondern auch unsere emotionale Reaktion. Ethische Fragen und ähnliches, wie sie in späterer Philosophie reichlich diskutiert wurden, sind hierfür kaum von Belang. Was die Religion angeht, werden wir die Gelegenheit nutzen, anhand unserer Überlegungen Begriffe und Symbole des Christentums ontologisch (also »seinsbezüglich«) auszulegen. Der Sündenfall wurde schon mehrfach erwähnt. Die Geburt Christi wird später im Buch noch eine Rolle spielen. Schließlich erfolgt noch eine konzise wissenschaftshistorische Schilderung der Entwicklung unseres Weltbildes.

Hellenisches Erbe

Die griechische Mythologie hat viele Sagen hervorgebracht. Bekannt
sind zum Beispiel die von Ödipus, von Sisyphos, die vom Minotauros
und Theseus im Labyrinth, Homers *Odyssee* und natürlich die von
Prometheus. Letztere stellt das griechische Äquivalent zum biblischen
Sündenfall dar. Auch bei Prometheus und der Büchse der Pandora
handelt es sich um den Mythos vom verlorenen Paradies. Nachdem die
Erde erschaffen wurde, macht Prometheus, »ein Sprössling des alten
Göttergeschlechts«[126] der Titanen sich zunächst an die Erschaffung
der Menschen.

> Dieser wusste wohl, dass im Erdboden der Same des Himmels
> schlummere; darum nahm er vom Tone, befeuchtete denselben
> mit dem Wasser des Flusses, knetete ihn und formte daraus
> ein Gebilde nach dem Ebenbild der Götter, der Herren der
> Welt.[127]

Abgesehen von dem »göttlichen Atem«[128] selbst, welcher den Menschen von der Weisheitsgöttin Athene eingehaucht wird, verleiht er
den Menschen ihre Eigenschaften, lehrt sie, sich die Natur und ihren
Verstand zunutze zu machen und leitet sie ein »in alle Bequemlich-
keiten und Künste des Lebens«[129]. Aus Rache für Streitigkeiten, die
Prometheus infolge arroganter und uneinsichtiger Handlungsweise
mit den Göttern entfacht, erschaffen diese die äußerst schön und
unschuldig wirkende, aber trügerische Jungfrau *Pandora* (von griechisch Πανδώρα, die »Allbeschenkte«). Jeder der Götter gibt ihr ein
unheilvolles »Geschenk« für die Menschen mit, welches sie in einer
Büchse verwahrt. Als diese Büchse der Pandora, auf Erden angekommen, vor den Augen des Epimetheus geöffnet wird, kommen Leid
und Elend über die Welt. Hoffnung war in der Büchse zwar auch
enthalten, jedoch wurde die Büchse wieder verschlossen, bevor sie
entweichen konnte.

Prometheus wird außerdem zu einer qualvollen Strafe verurteilt,
die darin besteht, dass er, wehrlos angekettet an den Berg Kaukasus,
ertragen muss, wie tagtäglich ein Adler von seiner Leber frisst. Dennoch zeigt er sich dieser drakonischen Strafe gegenüber nun einsichtig.
Zuletzt hat er Glück und wird nach »nur« dreißig Jahren der Pein
– wenig im Vergleich zur ursprünglich angedachten Ewigkeit – von
Herakles in einer Affekthandlung befreit. Fortan trägt der spitzfindige
Prometheus einen Brocken des Berges als Ring am Finger und durch
diesen Trick sogar behaupten, weiterhin an den Kaukasus gefesselt
zu sein.

Die Parallelen zwischen Eva und Pandora als verführendes Weib, zwischen Adam und Epimetheus als verführten Mann, zwischen der Büchse und dem Baum der Erkenntnis und schlussendlich zwischen Prometheus und Gott in der Schöpferfunktion sind deutlich. Der Mythos um Prometheus wirkt einerseits düsterer, da Prometheus zwar als intelligent, aber tendenziell als bösartiger, vor allem willkürlicher dargestellt wird als der biblische Schöpfer. Der Mensch in seinem gesamten Dasein ist hier nicht mehr die Vollendung der Schöpfung, sondern wirkt eher wie die Spielerei eines etwas schrägen Vogels. Andererseits ist im griechischen Mythos von der Hoffnung die Rede, welche zwar in der Büchse der Pandora verschlossen blieb, jedoch erahnt werden kann, da sie in der Geschichte schließlich Erwähnung fand. Nietzsche sah – ebenfalls im Zusammenhang mit diesem Mythos – gerade in der Hoffnung jedoch das größte aller Übel, da diese, vergeblich in ihrer Natur, das menschliche Leiden bloß verlängere.[130]

Die griechische Philosophie war anfangs noch beeinflusst vom mythologischen Denken, auch, wenn es keine explizite Erwähnung mehr fand und seinen Einfluss wohl eher auf eine unbewusste Art ausübte. So wurde es immer mehr zum Lückenfüller, bis es zugunsten rationaler Erörterungen gänzlich verschwand.[131] Im Vergleich mit der groben Entwicklung in Indien lässt sich feststellen, dass die Griechen die Neigung besaßen, »Religion zu Philosophie zu machen, während die Inder Philosophie in Religion kulminieren lassen«[132] wollten.

Ausgangspunkt der griechischen Philosophie war nicht Griechenland selbst, sondern eine Kolonie, die Stadt *Milet* an der Mittelmeerküste der heutigen Türkei. Es ist anzunehmen, dass die zu großen Teilen über den Seeweg vorgenommene Kolonisation die nautische Technik und somit das rationale Denken anregte. Ferner sorgte die Berührung mit fremden Kulturen für Inspiration. So konnte die mühsame Steinschrift durch Papyrus-Einfuhr aus Ägypten abgelöst werden.[133] Trotzdem sind die Werke der ersten griechischen Philosophen heutzutage nur fragmentarisch oder indirekt überliefert, das heißt durch Zitate und Schilderungen späterer Kollegen[134], weshalb die Rekonstruktion der Anfänge sich manchmal als problematisch erweist. Für den Zusammenhang zwischen wirtschaftlicher Entwicklung und dem Beginn der Philosophie spricht, dass Milet damals ein wichtiges Handelszentrum darstellte.[135] Da die Region damals *Ionien* genannt wurde, spricht man von der ionischen Philosophie.

Bereits für Thales (624-546 v. Chr.), der als erster systematischer Denker des Abendlandes gilt, ergab sich die Frage nach dem Ursprung beziehungsweise Urgrund aller Dinge, welcher als *Arche* (ἀρχή) bezeichnet wurde. (Der Begriff ist nicht zu verwechseln mit Noahs Arche aus der Bibel, findet sich dagegen aber in Begriffen wie »Archetypus« und »archaisch« wieder.) Thales identifizierte das Wasser mit der Arche, blieb mit seiner Antwort also im materiellen Bereich[136], wobei beachtet werden muss, dass zum damaligen Zeitpunkt noch keine derartige Trennung von Geist und Materie bekannt war. Fiel diese Antwort auch etwas pauschal aus, lässt sich dennoch sagen, dass sie bereits versucht, eine rationale, schlichte, natürliche Erklärung für das zu geben, was sich hinter den Erscheinungen befindet.[137] Heute wissen wir zudem, dass das Leben auf der Erde tatsächlich aus einem Urmeer entstanden ist. Spekulativ wäre die Vermutung, dass Thales in der Weite und Tiefe des Meeres intuitiv – vielleicht in einer dunklen Ahnung – jene des Weltraums zu spüren bekam, aus der ja unser Sonnensystem entstanden ist, von der er aber noch nichts wissen konnte.

Überhaupt steckt aber auch im Begriff der »Schöpfung« die Implikation, dass Gott mit seinem kosmischen Schöpflöffel die Schöpfung eben aus einer Ursuppe geschöpft habe. Nicht zuletzt fanden wir die Vorstellung, dass am Anfang der Schöpfung Wasser gewesen sei, auch im hinduistischen Schöpfungsmythos. Und auch die Genesis beginnt mit den Worten: »Am Anfang schuf Gott Himmel und Erde. Und die Erde war wüst und leer, und es war finster auf der Tiefe; und der Geist Gottes schwebte auf dem Wasser« (Gen 1, 1-2), wo »das« (beziehungsweise »dem«) Wasser hier durch den bestimmten Artikel wie eine Selbstverständlichkeit vorausgesetzt wird, die gar keiner weiteren Erläuterung bedarf, sondern gleichzeitig mit Himmel und Erde in Erscheinung tritt. Nebenbei bemerkt entspricht auch die Formulierung »wüst und leer« hervorragend unserer heutigen Vorstellung des Weltraums sowie des vulkanischen und von Meteoriten gepeinigten Urzustands der Erde – dass diese Adjektive nur in Bezug auf die Erde gebraucht werden, muss dem nicht widersprechen, da die Erde hier durchaus als ganze diesseitige Welt aufgefasst werden darf, welche heute den damals noch unbekannten Weltraum einschließt. Generell lässt sich aber festhalten, dass Thales weniger durch seine Antworten als durch seine zielsicheren Fragen zum ersten Philosophen des Abendlands wurde.[138]

Der nächste in der Reihe ist Anaximander (610-545 v. Chr.), der möglicherweise ein Schüler des Thales war.[139] Seiner Philosophie entspringt ein Begriff, der ganz am Anfang dieses Buchs einmal Erwähnung fand: das *Apeiron*, das Unbegrenzte, mit dem jemand hadert, der von Apeirophobie betroffen ist. Anaximander gab sich mit Thales' obiger Antwort auf die Frage nach der Arche nicht zufrieden und schrieb:

> Die Arché der seienden Dinge ist das Apeiron (ἄπειρον). Woraus sie entstehen, da hinein vergehen sie auch mit Notwendigkeit. Denn sie leisten einander Genugtuung für ihre Ungerechtigkeit nach der Ordnung der Zeit. (Fr. 1)[140]

In seiner Ambiguität liest sich dieser Satz fast, als entstammte er dem Tao Te King. Auch inhaltlich finden sich Übereinstimmungen. Dass die seienden Dinge, wenn sie vergehen, »einander Genugtuung leisten«, zeigt, dass sie in einer Beziehung zueinander stehen. Hier ist zwar nicht explizit von polaren Gegenstücken die Rede; diese finden sich bei Anaximander jedoch an anderer Stelle wieder, wie wir gleich sehen werden. Im Vergleich mit dem Taoismus wäre hier natürlich das Apeiron mit dem Tao zu identifizieren, allerdings bringt das Tao nur hervor; darüber, dass die Dinge im Tao auch wieder verschwänden, wie es bei Anaximanders Apeiron der Fall ist, ist mir keine Aussage bekannt, wobei dieser Unterschied wohl als geringfügig erachtet werden kann. Ein weiterer Unterschied ist, dass laut der Überlieferung des Aristoteles das Apeiron, obwohl es kein Bewusstsein besitzt, das Weltgeschehen steuere, während das Tao es gemäß Wu Wei eher »geschehen lässt«[141]. Nicht auszuschließen ist jedoch, dass diese Aussage von Aristoteles' eigenen Vorstellungen eines »unbewegten Bewegers« am Grund aller Dinge beeinflusst ist. Bei Anaximander ist sonst nämlich keine Spur einer Teleologie zu finden.[142]

Anaximanders Ausspruch ähnelt auch darin der fernöstlichen Philosophie, dass er zumindest auf den ersten Blick eher weltverneinend als weltbejahend wirkt. Es scheint, als ob allein die Existenz eines Dinges bereits eine »Ungerechtigkeit« mit sich brächte. Durch sein schlussendliches Vergehen entsteht aber schließlich doch »Genugtuung«. Es muss hier unterschieden werden zwischen einer Vorschrift, einem menschengemachten Gesetz zur Kontrolle des Zusammenlebens, und einer rein erfahrungsbasierten Beschreibung von beobachteten Vorgängen mittels eines »Naturgesetzes«, welches hier natürlich metaphysisch zu verstehen ist. Ich gehe von letzterer Variante aus, da der Satz schließlich von sämtlichen »seienden Dingen« spricht, nicht nur vom Menschen. Es scheint unwahrscheinlich, dass unser Philosoph eine Rechtsordnung für Sonne und Mond, Pflanzen und Tiere entwerfen wollte. Möglicherweise differenzierte Anaximander aber auch noch gar nicht zwischen menschlicher und natürlicher Ordnung.[143]

Das zu Grunde liegende Naturrecht ist die »Ordnung der Zeit«.
Diese stellt einen besonders interessanten Aspekt dar, da Zeit sonst ja
eher Wandel bedeutet und der Wandel die gesetzmäßige Ordnung be-
kanntermaßen erodiert – es sei denn, der Wandel selbst, die natürliche
Entwicklung ist das ordnende Gesetz, wovon wir deshalb ausgehen
wollen. Wieder mal ist der Wandel also die einzige Konstante. Die
Ordnung der Zeit ist auch die Ordnung vom Werden und Vergehen aller Dinge. Uns, die wir heute von angeblich natur- oder gottgegebenen
Menschenrechten geprägt sind, enttäuscht Anaximander: Das einzige
Recht, welches der Mensch besitzt, ist das Recht, zu vergehen.[144] Das
Schicksal, wieder eins zu werden mit der Quelle, ist vorherbestimmt.
Der Mensch unterscheidet sich in dieser Hinsicht nicht von allen
anderen Dingen, die es auf der Welt gibt. Er besitzt zwar nur dieses
eine Recht, dafür im Gegensatz zu den meisten anderen Rechten
aber auch keine Pflicht, die mit diesem Recht einhergehen würde.
Indem er nur der Ordnung der Natur unterworfen ist, besitzt er die
größtmögliche Freiheit.

Anaximander nimmt eine empfindliche Modifikation von Hesiods
Kosmogonie vor. Während dessen »Chaos« hauptsächlich am Anfang,
zeitlich vor dem Kosmos existierte, bringt das Apeiron den Kosmos – beziehungsweise die »seienden Dinge«, die ihn konstituieren
– fortwährend hervor und nimmt ihn sogar wieder in sich auf. Dies
legt, vor allem durch seine naturgegebene Ordnung, eine zyklische
Weltauffassung nahe. Hierfür spricht auch, dass Anaximander nicht
nur eine Welt kennt, sondern eine Unendlichkeit von Welten. Ob
damit zeitlich parallele oder zyklisch aufeinander folgende Welten
gemeint sind, bleibt dahingestellt, aufgrund der besagten »Ordnung
der Zeit« könnte es sich jedoch um letztere Alternative handeln, oder
auch um beides.[145] Nichtsdestoweniger dürfte es sich hier bereits um
die erste Vorstellung von Paralleluniversen handeln.

Trotz dieser weitschweifenden Gedanken war Anaximander nicht
nur Theoretiker, sondern auch Praktiker. Es wird angenommen, dass
er unter anderem die Sonnenuhr und das Konzept der Landkarte von
den Babyloniern nach Milet brachte[146], wo man ihm ein Denkmal
setzte.

Während Thales in kosmologischen Überlegungen noch davon aus-
gegangen war, dass die Erde auf dem Wasser schwimme, verfrachtete
Anaximander sie – natürlich mitsamt dem Wasser, dem Weltmeer –
in den leeren Raum, welcher feinstofflicher ist und somit ein höheres
Maß an Abstraktion verlangt. Er gab ihr die Form einer runden
Scheibe beziehungsweise eines flachen Zylinders, dessen Durchmesser

drei mal so groß ist wie seine Höhe, sodass ihre Form wohl am ehesten mit der eines Eishockey-Pucks zu vergleichen wäre. Im leeren Raum ruhte die Erde nun, obwohl sie nirgendwo verankert war, und Anaximanders Begründung hierfür ist erstaunlich: *Die Erde ruht, weil sie zu allen Rändern den gleichen Abstand hält.*[147] Dieser Satz wirkt wieder genauso enigmatisch wie fesselnd. Schon Aristoteles interpretierte ihn hinsichtlich der Polarität:

> Denn es komme dem, was sich in der Mitte und im gleichen Abstand von allen Rändern befindet, nicht zu, sich mehr nach oben oder nach unten oder zu den Seiten hin zu bewegen; andererseits könne es sich unmöglich zugleich in entgegengesetzte Richtungen bewegen, so dass es notwendigerweise ruhe.[148]

Es ist also ihre Ausgeglichenheit, durch welche die Erde in Ruhe bleibt. Die Metapher des Pendels, welche ich für das Wirken der Polarität schon weiter oben benutzte, bietet sich hier ein weiteres Mal an: Im Fall der Erde befindet sich das Pendel genau mittig beziehungsweise unten, gleich weit von allen Dingen und somit gleich weit von Yin und von Yang entfernt. Dies ist der einzige Ort, an welchem Ruhe überhaupt möglich ist. Alle anderen Orte brächten ein stetiges Schwingen des Pendels mit sich. Diese Aussage, obwohl verkleidet als Kosmologie, scheint identisch mit Buddhas Lehre vom »mittleren Pfad«, welche auf dem Weg zur Erleuchtung einen wichtigen Schritt in der Vermeidung von Extremen, sprich Einseitigkeit, sieht. Inwiefern diese Lehre noch zeitgemäß ist, sei dahingestellt. Dass Anaximander sie im kosmologischen Kontext anwendet, zeigt, wie durchdrungen er selbst von diesem Gedanken war.

Die Sonderstellung der Erde blieb nicht ohne Folgen für die übrigen Himmelskörper, da diese sich offensichtlich auch auf gleichmäßigen und in dieser Hinsicht ruhenden Bahnen bewegten, ohne im goldenen Mittelpunkt des Alls zu stehen. Der Sonne wurde ihr körperlicher Charakter gänzlich abgesprochen. Anaximander hielt sie für ein Loch in einer gigantischen undurchsichtigen Scheibe, hinter welcher sich die »echte« Sonne verborgen halte, ein loderndes Feuer, welches einen weitaus größeren Teil des Himmels ausfülle als das bisschen, was wir täglich von ihr sehen können. Die Scheibe, deren Loch dies ermöglicht, stehe senkrecht zur Erde, und der tägliche Verlauf der Sonne könne mit einem Drehen dieser Himmelsscheibe erklärt werden. Die Bewegung der Sonne sei in Wahrheit also nur die Bewegung des Loches in der Scheibe.[149] Noch im 18. Jahrhundert n. Chr. äußerte der christliche Naturphilosoph William Derham in seiner *Astrotheologie* einen ähnlichen Verdacht eines solchen »Himmels hinter dem Himmel«

über jene Erscheinungen, die sich später als ferne Galaxien und interstellare Nebel erweisen sollten.[150]

Für den Mond entwarf Anaximander eine analoge Theorie: Er wurde ein Loch in einer anderen, zweiten Scheibe, hinter der sich ein weiteres, zweites Feuer verbergen sollte. Hierbei missachtete Anaximander allerdings den Umstand, dass der Mond im Gegensatz zur Sonne erkennbare Konturen aufweist und dennoch immer gleich erscheint. Diese Konturen müssten sich laut seiner Theorie bei einem Verschieben des Loches auch verschieben, was in Wahrheit jedoch nicht geschieht. Heute wissen wir, dass der Mond so um die Erde kreist, dass er uns immer die gleiche Seite zuwendet. In Bezug hierauf ist häufig von der »dunklen Seite des Mondes« die Rede, allerdings wird dabei übersehen, dass die erdabgewandte Seite des Mondes nicht mit der sonnenabgewandten Seite gleichzusetzen ist. So, wie man sich als Passagier während einer Umdrehung eines Karussells einmal im Kreis dreht, rotiert der Mond innerhalb eines Mondzyklus, also einer Erdumrundung, einmal um sich selbst. Wenn Neumond ist, ist dabei die uns zugewandte Seite des Mondes dunkel, die angeblich dunkle Seite aber von der Sonne beleuchtet. Bei Halbmond sind beide Hemisphären gleich stark beleuchtet, nämlich zur Hälfte. Nur bei Vollmond und dem etwa jährlich auftretenden Ereignis der Mondfinsternis, bei welcher sich der Mond im Schatten der Erde befindet, ist die dunkle Seite auch gänzlich dunkel.

Die Mondphasen konnte Anaximander innerhalb seine Modells mit einem teilweisen Verschluss der Scheibenöffnung erklären. Mondfinsternisse waren gänzliche Verschlüsse derselben, mit Sonnenfinsternissen verhielt es sich analog.[151] Die Sterne ordnete er in geringerer Entfernung von der Erde ein als Sonne und Mond, wofür ihm aber kein Vorwurf gemacht werden kann, da die Erkenntnis, dass die Sterne weiter, in Wirklichkeit ja viel weiter weg sind als Sonne und Mond, keineswegs trivial ist.[152]

Heraklit von Ephesos (ca. 550-480 v. Chr.), 60 Jahre jünger als Anaximander, entwickelte in mancherlei Hinsicht ähnliches Gedankengut wie dieser. Er pflegte ebenso die Verwendung einer rätselhaften Sprache, weshalb er auch »der Dunkle« genannt wurde. Dazu kommt seine bissige Kritik, welcher nichts heilig bleiben sollte. Auch in seiner Lehre spielt die Polarität eine große Rolle. Das Wesen der Welt erkannte er in den Spannungen zwischen Gegensätzen:[153]

> Das Kalte erwärmt sich, Warmes kühlt sich ab, Feuchtes vertrocknet, Dürres wird benetzt. (Fr. 126)[154]

Mit diesen Worten, die zunächst Heraklit selbst zugeschrieben wurden, zitierte er vermutlich jedoch Anaximander.[155] In eigenen Worten schreibt er:

> Für die Seelen ist es Tod, zu Wasser zu werden, für das Wasser aber Tod, zu Erde zu werden. Aus Erde wird Wasser, aus Wasser wird Seele. (Fr. 36)[156]

Seele setzt Heraklit mit Feuer gleich, und somit haben wir hier einen endlosen Kreislauf der Elemente vorliegen. Bei Heraklit hält der Begriff des *Logos* (λόγος) Einzug in die griechische Philosophie. Für diesen haben sich mit der Zeit viele Übersetzungen entwickelt, und für eine passende Einordnung muss er zweifelsohne im damaligen Kontext betrachtet werden.

Ursprünglich bezeichnete »Logos« die Tätigkeit des Sammelns, wurde in seiner Bedeutung zunächst aber zur »Zählung« hin verengt. Aus der Zählung ließ sich einerseits die *Er*zählung ableiten, welche in primitiver Form eine chronologische *Auf*zählung von Geschehnissen ist. Andererseits wurde der Begriff weiterentwickelt zur »Rechnung«, vor allem zur *Be*rechnung und *Ab*rechnung, zur *Rechen*schaft, und von dort aus weiter bis zur Erörterung und Argumentation. Auch hier war aber noch nicht Schluss, Logos bedeutete bald auch »Rücksicht«, »Wertschätzung« und »Beziehung«.[157]

Es ergaben sich weitere Bedeutungen, wobei hier oftmals die Tendenz festzustellen ist, dass, ausgehend von der fließenden subjektiven Tätigkeit der Zählung, das aus ihr hervorgehende, kondensierte und objektive Resultat hinzukam. Zur »Zählung« kam die Zahl, zur »Erzählung« die Geschichte, zur »Begründung« der Grund und so weiter. Logos bekam später auch die Bedeutung von »Ordnung«, im Sinn der rechten Ordnung von Denken und Sprechen, und schließlich die »Definition«[158], womit der Schritt zur *Logik* nur noch ein winziger wurde. Ausgehend von der Koexistenz zwischen dem Subjektiven und Objektiven nahm das Objektive später immer mehr überhand: »Die Objektivierung des λόγος kann so weit gehen, dass der Ausgangspunkt in der subjektiven Tätigkeit ganz vergessen wird.«[159]

Von Heraklit wurde der Begriff in seinem denkbar umfassendsten Sinn verwendet. Bei ihm scheinen seine vielfältigen Bedeutungen in der Einheit zu münden, darin, dass er direkt die Struktur des Weltprozesses meint[160], welchen Heraklit mit seinen berühmten Worten »Alles ist in Bewegung« (Fr. 91)[161] (oder auch »Alles fließt«) beschrieb. Denn der Logos »ist nicht nur die subjektive Argumentation, sondern auch deren objektives Korrelat, nicht nur die Erörterung der Zusammenhänge in der Welt, sondern auch der Weltzusammenhang, die Weltordnung selbst.«[162] Hatten wir bei Anaximander das Apeiron mit dem Tao verglichen, finden wir bei Heraklit den Logos vor. Eine Ähnlichkeit zwischen Tao und Logos besteht an dieser Stelle wohl auch darin, dass beide schwer ins Deutsche zu übersetzen sind. Ein nicht zu vernachlässigender Unterschied ist jedoch, dass der Logos bereits eine gewisse geschlechtliche Ausrichtung zum Patriarchalischen in sich trägt, die beim Tao so noch nicht vorhanden ist – und wenn doch, dann eher zum Matriarchalischen.

Heraklit sah sich beim Philosophieren wohl als eine Art »Medium« für den Logos. Die innere Stimme des Rezipienten bewertete Heraklit – im Gegensatz zu seiner eigenen Stimme – als die eigentliche Stimme des Logos, wenn er explizit forderte:

> Man soll nicht auf mich, sondern auf den Logos hören. (Fr. 50)[163]

Es geht Heraklit hier um das, was zwischen den Zeilen steht. Zwischen den Worten war der Logos zu finden, und diesen Zwischenräumen sollte der Rezipient seine Aufmerksamkeit widmen, nicht dem vordergründigen Inhalt, welchen er im obigen Fragment durch sein »mich« bezeichnet. Das »Dunkle« in Heraklits Philosophie, das ist der Logos. Aus psychologischer Sicht ist anzunehmen, dass dieses Dunkle auf das Unbewusste verweist. Erkenntnis des Logos bedeutet Bewusstwerdung des Unbewussten, welches sich in einem Menschen auch eher zwischen den Zeilen offenbart, in unerklärlichen Ahnungen oder Fantasien sowie in Traumbildern.

Heraklit war wohl der Ansicht, dass »die zwischen den verschiedenen Wortbedeutungen entstehenden Spannungen als Aspekte der einen die ganze Weltordnung bestimmenden Grundspannung«[164] zu deuten seien. Er kannte den Subtext und lenkte die Aufmerksamkeit auf diesen, indem er den Verstand vor unlösbare Paradoxa stellte und somit kurzschloss. So konnte die Intuition die Einheit der scheinbar widersprüchlichen Gegensätze erfassen.[165]

> Wenn das Unerwartete nicht erwartet wird, wird man es nicht entdecken, da es dann unaufspürbar ist und unzugänglich bleibt. (Fr. 18)[166]

Man merkt, dass auch Heraklit gerne mit Negationen arbeitet. Das Apeiron Anaximanders, das *Un*begrenzte, war ja auch eine. Dies weist wieder einmal auf die Begrenztheit von Sprache hin. Bereits die Trennung von Subjekt und Objekt (ich und du) sowie von Aktiv und Passiv (tun und erleiden) kann nur durch eine Grenzziehung geschehen. Die griechische Sprache war die erste Sprache, welche diese beständige Trennung akribisch vornahm, ja, auf ihr aufgebaut wurde. Wie sollte sie also das Unbegrenzte beschreiben, das, was ohne Grenzen ist? Der Urgrund der Welt konnte nur dahingehend beschrieben werden, was er nicht ist. Gleichzeitig bringt dieser Urgrund das, was er nicht ist – und was die Sprache dann halbwegs beschreiben kann –, irgendwie hervor.

> Das einzig Weise lässt sich nicht und lässt sich doch mit dem
> Namen Zeus benennen. (Fr. 32)[167]

Zeus, der mächtigste der olympischen Götter, ist hier sicherlich nur metaphorisch zu verstehen. Hätte Heraklit an dieser Stelle gewollt, eine traditionelle, also eher schlichte Vorstellung mit dem Logos zu identifizieren, so hätte er den Rezipienten sicher nicht mit einem so offenkundigen Widerspruch wie »lässt sich nicht und lässt sich doch« verwirrt.

Im Zen-Buddhismus sind derlei Paradoxa unter dem Namen *Koan* bekannt. In der Praxis findet sich allerdings der Unterschied, dass es nicht unüblich ist, wenn ein Zen-Mönch ein einziges Koan, eine einzige paradoxe oder anderweitig rätselhafte Aussage, über Jahre hinweg eine halbe Million Mal aufsagt – ich wiederhole: eine halbe Million Mal –, bis er das Paradoxon durch seine intuitive Erfahrung wirklich »geknackt« hat. Dies wird ihm dann durch einen Meister bestätigt, der anhand der Reaktion des Mönchs die Erleuchtung hinsichtlich ihrer Authentizität überprüfen kann.[168] Zen-Weisheiten für jeden Tag sind dagegen bloß heiße Luft, und mit den kurzen Zitaten von Philosophen wie Heraklit, welche hier aufgeführt werden, verhält es sich im Grunde nicht anders. Offenbar bewertete auch Heraklit die Intuition tendenziell höher als die sinnliche Erfahrung; letztere war nur insofern von Bedeutung, als sie neben der Akkumulation von Wissen über die Welt in der Breite auch Erkenntnis deren Wesens in der Tiefe brachte. Diese Erkenntnis bedurfte freilich einer angemessenen Einstellung.[169]

> Man soll sich, so heisst es in Fr. 114, in seinem Reden über
> die Welt erkennend... verhalten, um sich auf diese Weise mit
> dem Gemeinsamen... zu stärken.[170]

Leichte Anklänge von Asketismus finden sich bei ihm ebenfalls. Er schreibt:

> Gegen das Herz anzukämpfen ist schwer. Denn was es auch
> will erkauft es um die Seele. (Fr. 85)[171]

Das Herz assoziieren wir für gewöhnlich mit Tugend und Intuition, wie an Ausdrücken wie »folge deinem Herzen« und »ein gutes Herz haben«

ersichtlich wird. Anscheinend sieht Heraklit das anders. Er sieht in ihm wohl eher die triebhafte, affektive Leidenschaft, welche Tugend und Intuition gerade verschleiert und nicht ausgelebt werden kann, ohne Konsequenzen nach sich zu ziehen, nämlich den Verlust der Seele. Im Zen wird das Herz von vornherein eher mit den Leidenschaften und der Begierde verknüpft, sodass man es dort für erstrebenswert hält, ein »leeres Herz« zu besitzen.

Die Redensart, etwas mit der Seele zu erkaufen, kennen wir auch aus Goethes *Faust*. Faust verkauft dort seine Seele an den Teufel, und durch diesen Pakt gerät er in einen Teufelskreis, eine Abwärtsspirale. Übrigens war kurz zuvor auch Faust, auf seiner verzweifelten Erkenntnissuche befindlich, darum bemüht, die Bedeutung des »Logos« zu entschlüsseln[172], welchen er am Anfang des Johannesevangeliums vorfand. In den meisten deutschsprachigen Bibelübersetzungen beginnt dessen erster Vers mit den Worten »Im Anfang war das Wort«. In der griechischen Übersetzung wird hier anstelle von »Wort« jedoch »Logos« gesetzt. »Wort« ist nur eine von vielen Bedeutungen des Logos.

Was an dem obigen Ausspruch Heraklits erstaunt, ist die Argumentation: Gegen das Herz anzukämpfen sei schwer, gerade *weil* es das Objekt der Begierde mit der Seele erkauft. Die Seele halten wir doch naturgemäß für etwas Kostbares, ja, etwas Unersetzliches, sodass wir, wenn das Herz etwas um die Seele erkaufen wollte, eigentlich reflexartig davor zurückschrecken, die Gefahr erkennen und somit bannen müssten. Wir müssten uns ohne Schwierigkeiten klar dafür entscheiden können, unsere Seele zu behalten und auf das, was unser verblendetes Herz verlangt, zu verzichten. Dass dem, folgen wir Heraklit, nicht so ist, zeigt, wie sehr der Mensch dazu neigt, sich lieber an äußere Objekte der Begierde zu klammern, als die Reinheit und Unschuld seines Innersten zu pflegen. Durch die Struktur seiner Begründung scheint es sogar, als ob Heraklit den heimlichen Wunsch, unsere Seele wegzugeben, zeitlich *vor* die Begierde unseres Herzens setzt, welche uns dann lediglich noch den ersehnten Anlass für unseren Frevel liefert, eine bloße Rechtfertigung. Das sind keine rosigen Aussichten für den Menschen, und wenn jemand Heraklit Misanthropie unterstellen möchte, so ist ihm das nicht übel zu nehmen.

Abseits von den Menschen hatte Heraklit viel Zeit, bei gutem Wetter den Sternenhimmel zu beobachten. Er schloss wohl als erster, dass das seidene Band der Milchstraße eine große Ansammlung von Sternen sei.[173] Bis das bewiesen werden konnte, sollte es freilich noch über zweitausend Jahre dauern.

Ein wohlbekannter Akteur der griechischen Antike ist Pythagoras von Samos (582-496 v. Chr.). Der *Satz des Pythagoras*, welcher in einem rechtwinkligen Dreieck die Quadrate der Seitenlängen zueinander in Beziehung setzt, stammt vermutlich allerdings nicht von ihm. Dennoch ist unumstritten, dass die Mathematik bei ihm eine große Rolle gespielt hat. So soll er die Idee geprägt haben, dass alles sich mit Zahlen beschreiben beziehungsweise sich auf sie zurückführen lässt. Diese wurde (wieder über zwei Jahrtausende später) bei Galilei durch dessen Annahme, dass das Buch der Natur in der Sprache der Mathematik geschrieben sei[174], noch vertieft, denn das unglaubliche geistige Gebilde, welches wir heute als »Mathematik« bezeichnen, geht natürlich weit über den Begriff der »Zahl« hinaus. Trotzdem ist anzunehmen, dass die Auffassung des Pythagoras bereits die erste Andeutung einer alles verbindenden Durchdrungenheit des Kosmos von den Regeln der Mathematik darstellte.

Pythagoras hinterließ keine eigenen Schriften, seine Gedanken lebten zunächst vor allem in dem von ihm gegründeten ethisch-religiösen *pythagoreischen Bund* fort. Die meisten Zeugnisse kommen allerdings aus noch späterer Zeit, von römischen Autoren, da der aus Kleinasien stammende Pythagoras nach Süditalien ausgewandert war.

Die Beschäftigung der Pythagoreer mit Zahlen hatte einerseits einen durchaus weltlichen Bezug. Andererseits mündete sie aber auch in der Vorstellung von einer Harmonie der Welt, die spirituell verfärbt war. Neben der Beschäftigung mit Zahlentheorie führten die Pythagoreer Versuche mit einem Musikinstrument, dem Monochord, durch. Dies gelang, da Töne, die wir relativ zueinander als harmonisch wahrnehmen, sich mathematisch durch wohldefinierte Verhältnisse zwischen Schwingungsfrequenzen festlegen lassen, welche wiederum bedingt sind durch Saitenlänge und -spannung.

> [E]s war die Musik mit ihren ganzzahligen Proportionen, die Pythagoras zu der Vermutung brachte, dass die Zahlen mehr sind als nur das Ergebnis irgendwelcher Messungen. Zahlen verbinden inneres Erleben mit äußeren Verhältnissen, und für beide haben wir den Ausdruck der Harmonie. Um die geht es eigentlich immer.[175]

Metaphysisch unterschieden die Pythagoreer zwischen dem Begrenzten und dem Unbegrenzten, was wir bei Anaximander als die seienden Dinge beziehungsweise als Apeiron und im Taoismus als Sein – mit seinen »räumlichen Begrenztheiten« – beziehungsweise Nichtsein wiederfinden.

Noch weiter von der nüchtern-naturwissenschaftlichen Praxis entfernten sich die Pythagoreer mit ihrer Vorstellung von der Seelenwanderung. Wie die Inder glaubten sie an Reinkarnation, ohne dabei zwischen menschlichen und tierischen Seelen zu unterscheiden, und leiteten daraus die Idee einer vegetarischen Ernährung ab. Diese wurde bei den Pythagoreern streng gehandhabt. Bei diesem für uns noch nachvollziehbaren Gebot blieb es jedoch nicht, denn als Pythagoreer aß man auch keine Bohnen mehr, man durfte keinen weißen Hahn anfassen und nicht in Richtung Sonne urinieren, um nur einige Beispiele zu nennen. Manche dieser Verbote sind möglicherweise eher symbolisch zu verstehen.[176]

Der Zahl 10 maßen die Pythagoreer eine große Bedeutung bei. Sie wurde als *Tetraktys* bezeichnet. Als Summe von 1, 2, 3 und 4 lassen sich zehn Objekte hervorragend zu einem gleichseitigen Dreieck anordnen, indem ein erstes Objekt in eine obere Reihe gelegt wird, zwei weitere symmetrisch in eine Reihe darunter und so weiter (was allerdings auch mit vielen anderen Zahlen möglich ist). Zudem haben wir zehn Finger, weshalb sich ja auch das Dezimalsystem als praktischstes Zahlensystem etabliert hat. Durch diese Sonderstellung galt die 10 als kosmische Zahl, aus welcher die Pythagoreer ihre Kosmologie ableiteten, wobei sie aus Symmetriegründen eine nicht sichtbare *Gegenerde* postulierten.

> Die neun Himmelskörper waren Sonne, Mond, Erde, Merkur, Venus, Mars, Jupiter, Saturn und die Fixsterne. Sie alle, so meinten die Pythagoreer, bewegen sich um ein Zentralfeuer... Die Gegenerde selbst ist weder zu sehen noch durch ihre Wirkung auffindbar. Sie ergänzt die Himmelskörper auf zehn und macht das Ganze so erst vollkommen – oder, wenn man so möchte, »göttlich«.[177]

Ganz unscheinbar, verborgen geradezu, steckt in diesem Weltbild bereits die Idee, dass unsere Erde ein Planet wie die anderen sei. Wenn man bedenkt, dass die übrigen Planeten nur leuchtende Punkte am Nachthimmel sind und sich von den Fixsternen nur durch ihre eigentümliche Bewegung unterscheiden (»Planet« stammt von griechisch πλανήτης, »umherirren«) stellte dies zum damaligen Zeitpunkt einen Schluss dar, der in seiner Kühnheit nicht überschätzt werden kann!

Die Philosophie des Sokrates (469-399 v. Chr.) gilt als Beginn der klassischen Epoche und brachte einen solchen Paradigmenwechsel mit sich, dass alle griechischen Philosophen, die vor ihm lebten, heute als »Vorsokratiker« bezeichnet werden – somit auch jene vier (Thales,

Anaximander, Heraklit und Pythagoras), die soeben Erwähnung fanden, wobei es sich bei diesen wohlgemerkt um eine unvollständige Liste handelt. Sokrates bekam sozusagen seine eigene Zeitrechnung. Ihm wird der berühmte Satz »Ich weiß, dass ich nichts weiß« zugeschrieben, aber es ist nicht nur diese sämtlicher Hoffnung entbehrende Aussage, die ihn berühmt machte, sondern die Art, wie er dieses (Nicht-)Wissen in die Praxis umsetzte – dies geschah ausschließlich in Dialogform, wobei Sokrates hauptsächlich Fragen stellte (da er ja »nichts selber wusste« und somit keine Antworten liefern konnte). Es ging Sokrates nicht um die Quantität der Weisheit, sondern um deren Qualität im einzelnen Menschen, weshalb er auch keine Schriften hinterließ, sondern mit jedem ausschließlich persönlich verkehrte.[178]

Eine Zäsur in der Entwicklung der Kopflastigkeit abendländischen Denkens stellt freilich die Lehre des Aristoteles (384-322 v. Chr.) dar, und er soll deshalb der letzte Gast unseres Philosophen-Teekränzchens sein. Wir wollen einen einzigen seiner Gedanken rudimentär anschneiden, nur um ihn anschließend zu kritisieren, beziehungsweise zu differenzieren. Damit werden wir seinem Schaffen natürlich nicht gerecht, aber diesen Anspruch erhebe ich auch nicht. Es ist nicht Sinn dieses Buchs, eine Geschichte der Philosophie zu schreiben. Nur dieser Umstand erlaubt es im Übrigen, hier Platon, Schüler des Sokrates und Lehrer von Aristoteles, als Bindeglied zwischen den beiden einfach zu übergehen.

Aristoteles formulierte unter anderem unsere Auffassung von Logik – mit welcher er sich unsterblich machte – und stellte fest, dass der Mensch »ein vernunftbegabtes Wesen« sei. Er hatte wohl recht. Dass der Mensch die Gabe der Vernunft besitzt, bedeutet jedoch nicht, dass er sie sich auch in einem Maße zunutze macht, welches dem einer Gabe gebühren würde. Der Science Fiction-Autor Robert A. Heinlein aktualisierte die obige Aussage, indem er einen seiner Charaktere sprechen ließ, dass der Mensch kein rationales, sondern ein »rationalisierendes« Wesen sei.[179] Das heißt, dass der Verstand oftmals bloß gebraucht wird, um Gefühle zu rechtfertigen oder gar zu übergehen, denn »[a]uch als vernunftbegabte Geschöpfe bleiben wir Menschen Getriebene unserer eigenen Hoffnungen und Ängste«[180]. Entsprechend ist das kosmologisch relevante Weltbild häufig durch Gefühle gegenüber der Welt bestimmt, nicht durch Gedanken. Das Gleiche gilt für die Lebensführung, bis hin zu kleinsten alltäglichen Handlungen. Mit was für scheinheiligen Begründungen haben wir uns selbst gegenüber schon die Nascherei von Süßigkeiten gerechtfertigt oder gar das morgendliche Liegenbleiben im Bett, wenn die Erfahrung einen doch lehrt, dass man dadurch auch nicht wacher wird? Wie sehr wird man in feucht-fröhlicher Gesellschaft dazu genötigt, Alkohol zu trinken, obwohl hieran ganz und gar nichts Rationales zu finden ist? Wir werden in der Regel stärker von triebhaften Wünschen gesteuert als von unserem Verstand, was sowohl für edle als auch für verderbliche Wünsche gilt. Wenn das schon bei solchen Kleinigkeiten der Fall ist, wie viel mehr dann erst bei den wirklich wichtigen Dingen? Haben wir uns etwa die Struktur unserer Persönlichkeit aus vernunftbasierten Überlegungen heraus erwählt? Nein, sie hat sich einfach so ergeben, und das, obwohl sie unser Leben auf fundamentale Weise bestimmt. Erhebt man den Verstand nun von dem Werkzeug, das er eigentlich ist – nicht mehr und nicht weniger –, zur Grundlage seiner Philosophie, was kann da noch bei herauskommen? Der Verstand funktioniert, indem er die Endlichkeit der Dinge erkennt. Dadurch ist er in der Lage, sie durch differenzieren voneinander zu trennen und schließlich zu abstrahieren, das heißt in ein statisches und somit totes Konzept zu packen. Kann eine solche Denkweise die lebendige Welt in umfassender Weise begreifen?

Der Schriftsteller Olaf Stapledon (1886-1950) wies darauf hin, dass Philosophen, so brillant sie auch sein mögen, zwischendurch immer wieder kindische Fehler begehen (wovon natürlich weder der Autor dieses bescheidenen Buchs noch Stapledon selbst ausgeschlossen sind). Dies führte ihn zum Vergleich der Philosophie mit einem Kauspielzeug für Hunde, das zwar gut für die geistigen Zähne sei, als Nahrung aber rein gar nichts tauge.[181] Die einzige reichhaltige geistige Nahrung ist so vermutlich die eigene Lebenserfahrung. Kein Denksystem kann einem diese abnehmen, und dieses Buch bildet in dieser Hinsicht keine Ausnahme. Sicherlich gibt es aber doch den glücklichen Fall, dass Philosophie abgesehen von den »Zähnen« auch gut für die Verdauung ist. Andererseits soll für diese auch schon ein sorgfältiges Zerkauen außerordentlich hilfreich sein, und auch der sporadische Irrtum tut der Ernsthaftigkeit und Würde der Philosophie keinen Abbruch.

Himmel und Hölle

Durch die griechische Philosophie haben wir in Bezug auf viele Ideen, die im vorherigen Kapitel im Rahmen der fernöstlichen Philosophie und Religion erarbeitet wurden, ein Déjà-vu erlebt. Wir sind der Polarität wiederbegegnet, haben den Logos kennengelernt, der als Begriff mindestens so umfassend ist wie das Tao (und rückblickend wohl dessen beste Übersetzung darstellt, wobei die Krux darin besteht, dass er selbst wieder ein Fremdwort ist), sind auf ein zyklisches Weltbild gestoßen und bei den Pythagoreern sogar auf den Glauben an Reinkarnation.

»Erleuchtung« im fernöstlichen Sinn existiert im Westen allenfalls als Randerscheinung, nämlich in der antiken und mittelalterlichen Gnosis, welche sich nicht restlos auf einen Auswuchs des christlichen Glaubens reduzieren lässt, von diesem jedoch geprägt ist. Die Gnosis weist deutliche Parallelen zur Advaita-Vedanta-Lehre auf, wobei der Unterschied darin besteht, dass in ihr die materielle Welt nicht als Illusion, sondern offen als minderwertig oder gar bösartig abgetan wird. Im heidnischen Polytheismus ist die Idee einer Erleuchtung noch nicht vorhanden, und im christlichen Glauben handelt es sich nicht um eine Befreiung, die ein Einzelner durch harte Arbeit an sich selbst erlangt, sondern um eine Erlösung, die im Rahmen einer Offenbarung Gottes geschieht und die zunächst das Volk Israel, schließlich aber die gesamte Menschheit betrifft. Anders als in der fernöstlichen Philosophie, die für gewöhnlich den Einzelnen anspricht und für die außerdem oftmals ein Lehrer-Schüler-Verhältnis kennzeichnend ist, reden die Propheten und Apostel in der Bibel immer zum ganzen Volk, im Plural. Trotzdem heißt es im Epheserbrief immerhin:

> Wach auf, der du schläfst, und steh auf von den Toten, so wird
> dich Christus erleuchten. (Eph 5, 14)

Laut Paulus sind die Christen Glieder am Leibe Christi, dessen Fleisch gestorben, dessen Geist jedoch auferstanden ist. Die Auferstehung ist wohl das, was der »Erleuchtung« am nächsten kommt, welche ja auch in aller Regel mit einer Überwindung der fleischlichen Gelüste einhergeht. Der Unterschied besteht eben darin, dass das Christentum keine »Privaterlösung«[182] kennt. Es ist immer die »Gemeinde« betroffen, deren einzelne Mit-glieder über Christus miteinander verbunden sind. Das ist einerseits sinnvoll, andererseits kann es aber zur Folge haben, dass die Auseinandersetzung des Einzelnen mit sich selbst, also der therapeutische Aspekt im psychologischen Sinn, ins Hintertreffen gerät. Doch was die Popularität der fernöstlichen Philosophie in der heutigen Zeit anbelangt, ist andererseits die Frage zu stellen, ob sie nicht in manchen Fällen nur eine letzte Zuflucht des sich isoliert und allein gelassen fühlenden Individuums darstellt. »Individuum« und »Atom« bedeuten schließlich das Gleiche – ersteres ist das lateinische, letzteres das griechische Wort für »das Unteilbare«, das unteilbar ist, weil es keine innere Struktur mehr aufweist. Andererseits erscheint das lebendige Individuum auch daher unteilbar, dass es mehr ist als die Summe seiner Bestandteile und sich folglich nicht ohne Verlust des

Wesentlichen in diese Teile zerlegen lässt; in diesem Sinn ist es eher das »Ungeteilte«. Dennoch ist eine individualistische Gesellschaft auch eine, in welcher der soziale Zusammenhalt, eben die Gemeinschaft, abhanden gekommen ist, sodass der Einzelne in ihr schlussendlich umherschwirrt wie ein Atom in seiner gleichgültig-grobstofflichen Matrix.

Oftmals – und zu recht – kritisierte christliche Grundgedanken lassen sich auch anders auslegen, wenn man sie nicht wörtlich nimmt, sondern symbolisch sieht. In den Symbolen sind oft verborgene Bedeutungen enthalten, die über das Anerkannte (und damit Bewusste) hinausgehen, die mitunter neue Facetten offenbaren. Damit weicht man natürlich vom kirchlichen Dogma ab, aber gerade in der heutigen Zeit, in der die Kirche immer mehr an Bedeutung verliert, in welcher sie für die meisten Menschen eher mit Tradition zusammenhängt als mit Seelenheil bringender Religion, kann ein frischer Interpretationsansatz nicht schaden; der Synkretismus (also die Verschmelzung verschiedener Glaubensrichtungen), der sich dabei fast wie von selbst einstellt, ist in Zeiten der Globalisierung unvermeidlich. Die Tradition ist natürlich ein Teil der Religion, vor allem, was den kultischen Aspekt betrifft. Traditionelle Kulthandlungen wie beispielsweise das Abendmahl schaffen eine Verbindung zu Gott und zur Gemeinde. Dieser Aspekt ist in der katholischen Kirche noch stärker ausgeprägt als in der evangelischen, welche ja *per definitionem* eher auf theoretischer Ebene agiert. Dennoch werden auch wir im Folgenden einen bloß theoretischen Blick auf eine Auswahl von Begriffen des christlichen Glaubens werfen – alles andere wäre im Kontext dieses Buchs fehl am Platz:

▷ Der Ursprung des Wortes *Sünde* ist nicht ganz sicher, doch wird es manchmal in Bezug zur (Ab-)Sonderung gesetzt. Die Erbsünde ist durch den Sündenfall festgelegt. Dieser ist, wie nun schon mehrfach angedeutet, die Absonderung des Menschen von der Natur durch die Erkenntnis der eigenen Endlichkeit, als deren Ursache ich die traumatische Trennung von Himmel und Erde postulierte. (Sollte es sich hierbei um einen rigorosen Irrtum handeln, betrifft das lediglich die Trennung von Himmel und Erde als Ursache; die Wirkung bleibt dennoch bestehen.) Die *Erb*sünde besteht darin, dass die aus ihr folgende Spaltung des Menschen von Mensch zu Mensch weiter tradiert wird – wenn nicht unmittelbar von Mensch zu Mensch, dann durch die kollektive psychische Verfassung, durch unsere Umgebung, die uns formt. Eine Sünde ist dementsprechend einfach eine Handlung, die diese Spaltung eher fördert, anstatt sie zu heilen, und natürlich sind alle Menschen in irgendeiner Weise sündig.

▷ Der *Himmel* lässt sich einerseits als Heilserwartung an ein Leben nach dem Tod sehen. Diese Vorstellung kann von der Kirche mühelos missbraucht werden, um den in einem gegenwärtigen Elend lebenden Gläubigen auszubeuten, indem man ihn auf ein besseres Leben nach dem Tod vertröstet. Andererseits kann der Himmel aber auch als die ihn konstituierende Leere gesehen werden, als Nichtsein. Der Himmel ist ein Geisteszustand, welcher hier und jetzt erreicht werden kann. Der Himmel kann und soll in der Welt verwirklicht werden. So wird auch der christliche Himmel zu einem inneren Raum, zur Verbundenheit mit dem Chidakasha, wollten wir uns wieder indischer Terminologie bedienen. Im Lukasevangelium steht für gewöhnlich:

> Das Reich Gottes kommt nicht so, dass man's beobachten kann; man wird auch nicht sagen: Siehe, hier ist es!, oder: Da ist es! Denn siehe, das Reich Gottes ist mitten unter euch. (Lk 17, 20-21)

Martin Luther schrieb die letzten Worte ursprünglich jedoch anders: »das Reich Gottes ist inwendig in euch.«[183] Das Reich Gottes ist nicht »unter uns«, sodass es wäre wie die Weide des guten Hirten, der da Gott ist, für seine dämlich blökenden Schafe, uns. Nein, das Reich Gottes ist ein Teil von uns selbst, vielleicht sogar unser höchstes Selbst, Atman. Es ist »inwendig« in uns. Es ist der Lotus in unserem Herzen.

▷ Für die *Hölle* gilt ähnliches wie für den Himmel. Die Hölle ist das Netz aus triebhaften Leidenschaften, in welchem wir uns verfangen, wenn wir diesen nachgeben, sündhafte Handlungen ausüben und nach diesen süchtig werden. Die Hölle ist ein Teufelskreis. Unsere Sucht, die uns im Kreislauf der Sünden gefangen hält, *ist* bereits die Verdammnis.

▷ Mit dem *Fegefeuer* verhält es sich etwas schwieriger als mit Himmel und Hölle. Jörg Wichmann schrieb ein Buch mit dem aussagekräftigen Titel *Rückkehr von den fremden Göttern: Wiederbegegnung mit meinen ungeliebten christlichen Wurzeln* (1991). Dort versucht er sich an einer gänzlich unkonventionellen Auslegung dieses Symbols. Konventionell bleibt dabei lediglich, dass es ein Zustand ist, der mit dem Tod zusammenhängt. In Wichmanns Interpretation begegnet man dem Fegefeuer allerdings nicht erst nach dem Tod, sondern bereits während des Sterbens:

> Ich stelle mir das »Fegefeuer« als einen sehr glücklichen Zustand vor. Eine unendliche, lodernde Vorfreude auf das Licht. Eine Flamme, die das Festklammern, die Sonderung vom reinen Leben, die »Sünde« in mir verzehrt. So müßte dieses Auflodern vor der Heimkehr in den Ursprung das höchste brennende Glück sein, das unser Ichbewußtsein überhaupt erfahren kann. Denn mit der Flamme der Sehnsucht verlischt es beim Eintauchen in die eine Quelle.[184]

Wenn wir sterben, dann wird die Sünde aufgelöst. Dann erhalten wir unser Atman-Bewusstsein zurück, dann vereinigen wir uns mit Brahman.

▷ Dass die *Jungfrau Maria* buchstäblich Jungfrau gewesen sein soll, ergibt nur Sinn, wenn die Zeugung Jesu ein Wunder darstellt. Auf Wunder werde ich gleich noch zu sprechen kommen. Zunächst wollen wir das als einen logischen Konflikt sehen. Zwei ergänzungsfähige Lösungen bieten sich hier an: Die erste besteht darin, dass Maria nicht wirklich Jungfrau war und diese Bezeichnung lediglich als Symbol für ihre seelische Unschuld und Reinheit, ihre *Unversehrtheit* zu verstehen ist. Die zweite dagegen sieht die Jungfräulichkeit als buchstäblich an, Maria dagegen aber als Symbol. Die Geburt Jesu ohne vorherige Zeugung ist dann eine »Wirkung ohne Ursache«. Geburt aber ist ein schöpferischer Vorgang, und die Geburt des Gottessohnes kann so möglicherweise als die Emergenz (das »In-Erscheinung-Treten«) der Schöpfung selbst verstanden werden, der Schöpfung als Ganzes, welche ohne vorherige Zeugung geschehen ist, jenseits der Kausalität, die ja gerade das Prinzip von Ursache und Wirkung darstellt. Auf diese Überschreitung der Kausalität, welche im Vorhandensein der Schöpfung selbst liegt, werde ich später noch detailliert zurückkommen.

▷ *Gott* ist letzten Endes gleichzusetzen mit dem Logos, wie es am Anfang des Johannesevangeliums ja auch heißt. Der Mensch als Ebenbild Gottes ist zu verstehen als göttlicher Funke im Menschen und dieser wiederum als dessen Fähigkeit zur Transzendenz im weitesten Sinn, als grundsätzliche Fähigkeit zur Erkenntnis. Das Verbot, sich Bilder von Gott zu machen ist eine Mahnung, dass man nicht meinen solle, Gott in seiner Ganzheit durch bildliche, schriftliche oder andere Darstellungen gerecht werden zu können. Damit soll es verhindern, den absoluten Gott mit irgendwelchen menschlichen Eigenschaften einzugrenzen und ihn so zu verstümmeln und zu verzerren, was in der Geschichte leider ja dennoch vielfach vorgekommen ist. Klassisch denken die Christen sich Gott wohl außerhalb ihrer selbst, aber diese Trennung ist in der Bibel mitunter unscharf: »Gott ist die Liebe; und wer in der Liebe bleibt, der bleibt in Gott und Gott in ihm.« (1. Joh 4, 16) Eine radikale, unmissverständliche Position nahm Meister Eckehart ein:

> Ich bin des so gewiss, wie dass ich ein Mensch bin, dass mir nichts so nahe ist wie Gott. Gott ist mir näher, als ich mir selber bin; mein Sein hängt daran, dass mir Gott nahe und gegenwärtig ist.[185]

▷ Als *Sohn Gottes* wird Jesus gesehen, weil er eine ungewöhnlich starke Verbindung zu Gott besaß und Berühmtheit erlangte. Während er als Vorbild gilt, kann es, rein theoretisch, weitere wie ihn geben. *Erlöser* ist er insofern, als er den Menschen an das Potential erinnert, welches in jedem von uns irgendwo angelegt ist und darauf wartet, geboren zu werden. Er erinnert den Menschen daran, dass er eins sein kann mit der Natur und mit Gott, vor allem aber mit sich selbst. Dass unsere Sünden uns vergeben werden, heißt zunächst einmal, dass die durch sie erzeugte Absonderung nicht irreversibel ist. Schlussendlich weist dieser Satz vielleicht darauf hin, dass unsere Erbsünde und die Spaltung des Menschen sogar zum Plan Gottes gehört, dass sie in der Geschichte dessen, was auf der Erde geschieht, nicht nur unvermeidlich, sondern vorgesehen ist. »Denn wie sie in Adam alle sterben, so werden sie in Christus alle lebendig gemacht werden«, heißt es bei Paulus (1. Kor 15, 22) und noch im gleichen Kapitel:

> Es wird gesät ein natürlicher Leib und wird auferstehen ein geistlicher Leib. Gibt es einen natürlichen Leib, so gibt es auch einen geistlichen Leib... Aber der geistliche Leib ist nicht der erste, sondern der natürliche; danach der geistliche. Der erste Mensch ist von der Erde und irdisch; der zweite Mensch ist vom Himmel. Wie der irdische ist, so sind auch die irdischen; und wie der himmlische ist, so sind auch die himmlischen. Und wie wir getragen haben das Bild des irdischen, so werden wir auch tragen das Bild des himmlischen. (1. Kor 15, 44 ff.)

Heilserwartungen an die Zukunft zu stellen oder wie Teilhard de Chardin gar von einem »Punkt Omega« als Ziel der Evolution zu sprechen[186], als ob es von vornherein garantiert wäre, dass dieser Punkt auch erreicht wird, erscheint mir jedoch vermessen.

Problematisch erscheint dabei auch die lineare Formulierung, die nahelegt, dass jener *Punkt* Omega ein in Raum und Zeit ohne Weiteres lokalisierbares Ereignis wäre, während es über das Reich Gottes doch heißt, dass es nicht so kommen werde, dass man es beobachten könnte. Dem »Omega« scheint zudem etwas zu fehlen, wenn es ohne sein »Alpha« daherkommt.

Wie bei der Jungfrau Maria können wir uns auch vom historischen Christus ab- und einem symbolischen Christus zuwenden. Seit geraumer Zeit ist in der Esoterik, aber vereinzelt auch in der Theologie der Begriff des *kosmischen Christus* im Umlauf. Dieser kosmische Christus, jungfräulich geboren, verkörpert gerade die Verletzung der Kausalität, von der ich in Bezug auf die Jungfrau Maria sprach. Über Christus heißt es im Kolosserbrief:

> Er ist das Ebenbild des unsichtbaren Gottes,
> der Erstgeborene vor aller Schöpfung.
> Denn in ihm ist alles erschaffen,
> was im Himmel und auf Erden ist,
> das Sichtbare und das Unsichtbare,
> es seien Throne oder Herrschaften
> oder Mächte oder Gewalten;
> es ist alles durch ihn und zu ihm geschaffen. (Kol 1, 15 f.)

Hier gewinnt nun auch der Anfang des Johannesevangeliums wieder essenzielle Bedeutung, wo es heißt: »das Wort [der Logos] ward Fleisch« (Joh 1, 14). Weitet man den Begriff »Fleisch« aus auf sämtliche Materie, wird der Leib Christi schließlich zur Schöpfung selbst. Andere Stellen der Bibel sowie die Lehre der Kirche widersprechen dem natürlich (wie die Bibel sich durch ihre vielen Verfasser ja selbst dauernd widerspricht). Ich möchte noch einmal betonen, dass es sich hier um eine freie Interpretation handelt. Bei Petrus heißt es zum Beispiel: »Er ist zwar zuvor ausersehen, ehe der Welt Grund gelegt wurde, aber offenbart am Ende der Zeiten um euretwillen...« (1. Petr 1 20 f.) Hier ist von einem kosmischen Christus nichts zu spüren.

▷ Die *Dreifaltigkeit* wird manchmal anhand der drei »Aggregatzustände« des einen Gottes veranschaulicht. So, wie Wasser als Eis, flüssiges Wasser und Wasserdampf auftreten kann, die alle untereinander verschieden, aber dennoch Wasser sind, offenbare sich Gott als Vater, Sohn und Heiliger Geist, die alle untereinander verschieden, aber dennoch in Gott vereinigt sind. Man spricht diesbezüglich davon, dass es sich um drei verschiedene Hypostasen, »Seinsstufen«, handelt, die jedoch alle zu ein und derselben Substanz gehören. Das ist an sich eine schöne Analogie, aber sie erklärt noch in keiner Weise die konkrete Bedeutung dieser drei Aspekte Gottes. Es geht hierbei um die Frage, welchen Teil der Welt die Dreifaltigkeit als offenkundig metaphysisch-kosmologisches Modell beschreiben soll. Soll es die ganze Welt sein? Soll es »nur« Gott sein? Wenn nur Gott gemeint ist, wo ist dann die Grenze zwischen Welt und Gott? Wichmann hat eine grobe Idee:

> Einmal ist da der Aspekt des »Vaters«, des unerkennbaren Ursprungs, aus dem alles Sein stammt. Dann sehe ich den Aspekt des »Sohnes« als die personale Seite des Großen Geistes, als die Seite, die uns Menschen am nächsten und zugewandt ist. Die Tradition spricht auch vom Christus als dem Logos, der »im Anfang bei Gott« war, dem Kosmischen Christus. Und der »Heilige Geist« wäre die nichtpersonale Seite des göttlichen Grundes, die sich uns in der manifesten Welt zeigt und uns erlebbar wird als die Lebenskraft, die alles durchzieht, der energetische Aspekt Gottes.[187]

Vater und Sohn werden hier polar einander gegenübergestellt, ersterer »unerkennbar«, letzterer »uns am nächsten und zugewandt«. Während sich der Vater – gleichzeitig die kosmische Mutter Maria – als »Ursprung allen Seins« intellektuell schnell erschließen lässt, verhält es sich mit dem kosmischen Christus etwas schwieriger. Wir werden in Kapitel 10 auf die Thematik zurückkommen.

▷ Über *Zeichen und Wunder* möchte ich zunächst anmerken, dass ich diese nicht für grundsätzlich unmöglich halte (was jedoch absolut nicht bedeuten muss, dass seit dem Urknall auch nur ein einziges Wunder geschehen ist). Ein triftiger Grund hierfür ist, dass ich den simplen Umstand, dass es überhaupt irgendetwas gibt, bereits für das größtmögliche aller Wunder halte. Das Sein selbst, fundamentaler noch als das Leben, als das Bewusstsein, fundamentaler als Raum und Zeit und als sämtliche Naturgesetze – einschließlich einer hypothetischen »Weltformel« – ist dieses Wunder. Dieses unerklärliche und größte aller Wunder offenbart sich von selbst, indem ich es durch mein Bewusstsein beständig erfahre. Warum sollte es nicht noch andere, kleinere Wunder geben können?
»Wunder« zu definieren ist dabei gar nicht mal so leicht. Gut, ein Wunder fällt wohl unter das, was man heute als ein paranormales Phänomen bezeichnet, aber damit haben wir die Frage nur verlagert, denn was ist schon paranormal? Zu sagen, dass das Paranormale das ist, was den physikalischen Gesetzen widerspricht, hilft in der Praxis nicht weiter, da man sich hier immer nur auf

die bereits bekannte Physik beziehen kann und etwas, das laut dieser heute als physikalisch unmöglich und somit als Wunder gelten würde, morgen schon keines mehr sein könnte. Das Sein, das größtmögliche Wunder, widerspricht außerdem nicht der Physik, ganz im Gegenteil, ihm müssen in irgendeiner Weise ja Logik, Mathematik, die Naturgesetze und der gesamte Kosmos entstammen. Zu sagen, dass ein Wunder im Gegensatz zur Intentionslosigkeit der Natur ein Vorgang ist, der durch geistige Intention ausgelöst wird, reicht in Bezug auf die vorherigen Überlegungen auch nicht, da der Begriff der Intention hier einen Willen suggeriert, welcher Gott schnell wieder »verbildlicht«. Ich würde sagen, hier handelt es sich um eine Art »Kurzschluss« zwischen einer geistigen und der weltlichen Domäne. Der Geist, aus welchem die Welt in irgendeiner unbekannten Weise entstammt, wirkt direkt in der materiellen Welt. Es ist nicht direkt »Gottes Wille«, da dieser bereits eine starke Personifizierung Gottes darstellt – mitsamt einem göttlichen Willen, der sogar absolut »frei« sein müsste, da alles andere eines allmächtigen Gottes nicht würdig wäre –, dafür aber »göttliche Fügung«, welche hier nicht nur einen unwahrscheinlichen Zufall bedeutet, sondern alles Paranormale mit einschließt. Die Emergenz des Seins ist eine solche göttliche Fügung.

So könnte man endlos weiter machen. Es ist natürlich nur eine Auslegung; viele Interpretationsmöglichkeiten stehen offen, denn die Gedanken sind frei. Es ist anzunehmen, dass viele Christen die Symbole ihrer Religion verwenden, um das auszudrücken, was sich anders nicht in dieser emotionalen Tiefe ausdrücken lässt, und dabei vielleicht keine bewusste, jedoch eine unbewusste Grenze ziehen zwischen der kulturell bedingten Identifikation mit den Symbolen und ihrer höheren, universellen Bedeutung. Diese Menschen besitzen das rechte Maß an Einfalt und können hingebungsvoll der eigenen Religion angehören, ohne andere unterdrücken zu müssen. »Einfalt« meint hier, dass sie vielleicht wenig zwischen Verstand und Gefühl trennen, dies aber auch nicht nötig haben, weil sich bei ihnen eben – im Idealfall – alle Persönlichkeitsanteile in ihrer natürlichen Ordnung befinden, dass bei ihnen »die Welt noch in Ordnung ist«, wie man sagt.

Leider passiert es aber auch schnell, dass diese Grenze verloren geht und eine Herdenmentalität entsteht, die das Eigene verehrt, aber alles Fremde ablehnt. Für diese ist die Vorstellung von Gott als Hirten verführerisch. Unter die harmlosen, gutmütigen Schafe können sich leicht Wölfe im Schafspelz mischen, die das Bild des Heiligenscheins dann als Deckmantel für ihre eigene Scheinheiligkeit missbrauchen, während sie sich darauf verstehen, das kollektive Unbewusste auszunutzen, ohne sich selbst dessen bewusst zu sein.

Mit solchen Gedanken im Hinterkopf bleibt beim Lesen der Bibel nur noch die Möglichkeit, ausschließlich auf das zu hören, was zwischen den Zeilen geschrieben steht, sie einerseits vielleicht als offenes, wenngleich einseitiges historisches Dokument, andererseits aber vor allem als spirituelles Rätsel zu sehen, das entschlüsselt werden will, ähnlich wie ein Koan.

> Es gibt im Grunde nur zwei Arten des Umganges mit der Bibel: Man kann sie wörtlich nehmen oder man nimmt sie ernst. Beides zusammen verträgt sich nur schlecht.[188]

Noch problematischer wird es, wenn die Bibel nicht nur wörtlich genommen wird, sondern einzelne Passagen ohne ihren Kontext betrachtet werden. (Das tat ich oben auch, aber ich nahm die Passagen dabei nicht »wörtlich«, sondern symbolisch.) Es besteht kein Zweifel, dass der Kontext hier immer so groß gewählt werden muss, wie irgend möglich scheint. Da ein Kontext aber nichts anderes ist als das Setzen einer Sache in Relation zu einer anderen, bedeutet »Kontext« immer »Relativierung«, und die Bibel kann nicht mehr als absolut gelten. Tatsächlich kann dies etwas Wunderbares sein, da sich in der Bibel auf subtile Weise zeigt, wie sich der Glaube eines Volkes, von polytheistischen Resten ausgehend (welche sich in der Genesis eventuell noch in Form eines »Wir« statt »Ich« des Schöpfers beziehungsweise Pantheons bemerkbar machen[189]) über einen (mitunter kriegerischen) Monotheismus bis hin zur christlichen Metaphysik entwickeln kann. Besonders deutlich wird diese Entwicklung auch in dem »Update«, welches der Schöpfungsbericht des Johannes gegenüber dem der Genesis darstellt. So bekommt der Leser einerseits das Gefühl, eine Art Evolution des Geistes oder zumindest der Gottesvorstellung zu erleben, vor allem wird ihm aber die Unergründlichkeit des wirklichen Gottes – oder, um einmal von dieser recht angestaubten und patriarchalischen Vorstellung abzuweichen: *des wirklich Göttlichen* – vermittelt. So darf gesagt werden, dass die Bibel – wie vermutlich alle religiösen Schriften – mitunter eine zeitlose Wahrheit ausdrückt; jedoch sind wir es, die sich mit ihrem Denken und ihrer Sprache verändern, sodass wir, wenn wir nicht imstande sind, das Geschriebene im Kontext der Gegenwart zu lesen, notwendigerweise bei einer Lüge enden müssen.

Expansion in die Leere

Die Aussage, dass im Mittelalter die Meinung verbreitet gewesen sei, dass die Erde eine Scheibe ist, wird noch immer viel zitiert, und in manch einem Streitgespräch als Aufforderung zur Erweiterung des persönlichen Horizonts verwendet. Leider stimmt sie so jedoch nicht, denn dass die Erde keine Scheibe, sondern kugelförmig ist, war schon seit der Antike bekannt. Aristoteles führte als Argumente hierfür zum Beispiel an, dass bei nahenden Schiffen auf See zuerst der Mast sichtbar wird, bevor das restliche Schiff hinter dem Horizont erscheint, und dass die Erscheinung des Sternenhimmels vom Standort des Beobachters abhängig ist. Einige Jahre später konnte Eratosthenes (ca. 275-194 v. Chr.) sogar akkurat den Radius der Erde berechnen und machte sich Gedanken über einen möglichen Seeweg nach Indien, der nach Westen um den Globus herum führen sollte.[190] Mit dem Kirchenvater Augustinus (354-430) wurde die Vorstellung von der Kugelgestalt der Erde offiziell vom Klerus übernommen. Der weit verbreitete Mythos, dass die Erde bis zur Zeit des Christoph Kolumbus (1451-1506) für eine Scheibe gehalten wurde, entstammt möglicherweise einem Bedürfnis, den wissenschaftlichen Fortschritt möglichst aufgeklärt und das Mittelalter möglichst finster erscheinen zu lassen. Dass Kolumbus über den Rand der Erde segeln und in die Unterwelt fallen würde, erwartete in Wahrheit niemand. Es wurde erst Jahrhunderte später in einem Akt der Willkür erfunden.[191]

Dieser Mythos geht wohl auf fahrlässige, grob verallgemeinernde Fehlinterpretationen von Aussagen zurück, die der Astronom Nikolaus Kopernikus (1473-1543) über seine Kritiker gemacht hatte. Kopernikus legte seinerzeit eine Alternative zum bis dato geltenden ptolemäischen Weltbild vor. Während letzteres die Erde im Zentrum des Alls verortete und diese von den anderen Himmelskörpern umkreist sah – man spricht von einem *geozentrischen* Weltbild – setzte Kopernikus die Sonne ins Zentrum des Alls und schaffte so sein *heliozentrisches* Weltbild.

Kopernikus' Idee soll eine wissenschaftliche Revolution gewesen sein und ging als *kopernikanische Wende* in die Geschichte ein – als Wende, die die Menschheit ein Stück weit von ihrem »Anthropozentrismus« befreit habe und deswegen von Sigmund Freud sogar zu einer der großen Beleidigungen der Menschheit gezählt wurde, neben der Evolutionstheorie und seiner eigenen Theorie des Unbewussten. (Gern wird dabei übersehen, dass der Humanismus, der so sehr als zivilisatorische Errungenschaft gelobt wird, in höchstem Maße anthropozentrisch ist.) Im Fall von Kopernikus handelt es sich jedoch um ein begriffliches Missverständnis. Zwar sprach Kopernikus selbst von einer »Revolution«, einer »Wende«, diese stellte bei ihm jedoch noch einen rein physikalischen Fachbegriff dar, nämlich die Umkreisung der Sonne durch einen Himmelskörper. Erst später löste die politische Bedeutung die physikalische ab. Sein Weltbild war zwar durchaus revolutionär, aber das Problem war, dass ihm jeglicher Beweis für die Bestätigung seiner Hypothese fehlte, denn mathematisch war sie mit dem ptolemäischen Weltbild größtenteils identisch. Sein Modell konnte somit nichts beschreiben, was nicht – im Grunde – auch mit Ptolemäus beschreibbar gewesen wäre. So gesehen stellte es in erster Linie eine alternative Interpretation der lange vorhandenen Daten dar.[192]

Das ptolemäische Weltbild wird heute gern vereinfacht zu der Vorstellung, dass sich sämtliche Himmelskörper auf Kreisbahnen um die Erde bewegen. Das ist jedoch nur die halbe Wahrheit, die in dieser einfachen Form nur auf Sonne, Mond und Sterne zutrifft. Die Bewegung der Planeten relativ zur Erde ist weitaus komplexer, und das war auch Ptolemäus (ca. 100-? n. Chr.) bekannt. Er wies den Planeten je einen weiteren Kreis zu, einen *Epizyklus* (»Aufkreis«, im Sinn von »Kreis auf dem Kreis«), dessen Mittelpunkt sich auf der ersten kreisförmigen Umlaufbahn um die Erde befand.[193] So wurde die Bewegung zur Überlagerung zweier Kreise und der Planet kreiste schließlich auf eine ähnliche Weise um die im Zentrum befindliche Erde, wie der Mond nach heutigem Wissensstand um die Sonne kreist.

Dieses mathematische Modell konnte die Bewegung der Planeten genauso gut beschreiben wie das kopernikanische, welches deren Bewegung am Erdhimmel ebenfalls mit zwei Kreisen erklärte, nämlich den der Erde um die Sonne und den des jeweiligen Planeten um die Sonne. Wenn behauptet wird, dass das kopernikanische Modell eleganter als das ptolemäische gewesen sei, wird vergessen, dass es damals für wenig elegant befunden wurde, die Erde aus dem Mittelpunkt des Alls zu entfernen.

So konnte Kopernikus nur im Konjunktiv darauf hinweisen, dass die Welt auch so aufgebaut sein *könnte*, wie er sie sah. Für einen Beweis fehlte es an Kenntnis der eigentlichen Ursache der Kreisbahnen, wenngleich einige Phänomene Indizien für die Richtigkeit seines Modells lieferten. Für das geozentrische Weltbild sprach jedoch, dass auf einer sich bewegenden Erde ein beständiger Wind wehen müsste (das Vakuum des Weltraums kannte man noch nicht). Außerdem ließ sich in ihm die Schwerkraft interpretieren als ein Bestreben der Dinge, ins Zentrum des Kosmos zu gelangen. Diese Erklärungsmöglichkeit ging durch das heliozentrische Weltbild verloren.

Es sei an dieser Stelle jedoch daran erinnert, dass die Pythagoreer sich bereits über 1500 Jahre vor Kopernikus ein Weltall vorstellten, in welchem die Erde nicht das Zentrum darstellte und in welchem es sogar eine Gegenerde gab (vgl. Seite 86). Aristarch von Samos (ca. 310-230 v. Chr.) entwickelte sogar ein ebenfalls heliozentrisches Weltbild, stieß damit allerdings auf wenig Anerkennung.[194]

Einer, der mit der Kirche größere Schwierigkeiten hatte als Kopernikus, war zweifelsohne Galilei. Er trug zur Weiterentwicklung des Fernrohrs bei und erbrachte damit zahlreiche Indizien für das kopernikanische Weltbild, entdeckte aber auch weitere Details über das All, die freiäugig nicht mehr beobachtbar sind. Galilei beobachtete die Phasen der Venus und erkannte, dass sie nicht selber leuchtet, sondern bloß das Licht der Sonne reflektiert. Er entdeckte die Jupitermonde und fand Berge auf dem Erdmond. Für den »Anthropozentrismus« waren dies viel härtere Schläge als der eher abstrakte Umzug der Sonne ins Zentrum des Alls. Die Kirche zwang ihn entsprechend, von seiner Lehre abzuschwören.

Giordano Bruno (1548-1600), der die sowohl räumliche als auch zeitliche Unendlichkeit des Universums postulierte, hatte es zuvor noch schwerer erwischt: Für seine Ketzerei wurde er auf dem Scheiterhaufen verbrannt. Seine letzten Worte waren angeblich: »Mit größerer Furcht verkündet ihr vielleicht das Urteil gegen mich, als ich es entgegennehme«, und gingen in die Geschichte ein. Offensichtlich leugnete Brunos Sichtweise sowohl die biblische Schöpfung als auch die Apokalypse, wenigstens als in der Zeit stattfindende Ereignisse, wie sie in der Bibel im Rahmen einer eindimensional-buchstäblichen Auslegung gemeint zu sein scheinen. Es muss auch hinzugefügt werden, dass er einen Pantheismus beziehungsweise -psychismus vertrat, in welchem er Gott in Allem erkannte beziehungsweise das Universum als einen einzigen großen Organismus auffasste.

Dennoch wäre es falsch, der Kirche zu unterstellen, sie habe sich immer gegen Aussagen über die Größe des Alls beziehungsweise der Kleinheit der Erde gewehrt. Diese Einstellung entsprach höchstens dem damaligen Zeitgeist, wenn überhaupt. Die Schöpfung Gottes auf eine Welt zu beschränken, kann schließlich als eine Einschränkung seiner Allmacht gesehen werden.

Etienne Tempier, der Bischof von Paris, erklärte 1277 in seiner *Sentenz 34* ausdrücklich jeden zum Ketzer, der Gott die

> Fähigkeit absprach, mehr als eine Welt zu erschaffen. Zwar behauptete Tempier nicht, dass es mehrere Welten wirklich gebe. Aber zu bestreiten, dass es mehrere geben könne, verurteilte er als Ketzerei.[195]

Ernst Peter Fischer weist darauf hin, dass der wissenschaftliche Umbruch, den die kopernikanische Wende darstellte, nicht in der Erkenntnis bestehe, dass wir nicht das Zentrum des Alls sind, sondern vor allem darin, dass eine Spaltung zwischen sinnlicher Erfahrung und rationaler Erkenntnis geschah: Wir sehen, wie die Sonne sich am Himmel bewegt, aber wir wissen heute, dass in Wahrheit wir es sind, die sich bewegen, die sich drehen, einem kosmischen Tanz ähnlich.[196] Die kopernikanische Wende war somit nicht nur eine »Verbannung« in ein uns gegenüber gleichgültiges Universum, wie es heute oft berichtet und dabei mit einer eigenartigen Mischung aus Stolz und fetischistischer Genugtuung vorgetragen wird. Weitaus wesentlicher ist, dass sie für den Menschen einen wichtigen Schritt darstellte in Bezug auf seine Fähigkeit, zwischen subjektivem Erleben und objektiver Wirklichkeit zu differenzieren. Das sollte eigentlich zur Folge haben, dass vom Standpunkt dieser höheren Erkenntnis aus beides stärker geschätzt werden kann, weil man in der Lage ist, das Wesen des Subjektiven *und* des Objektiven besser zu begreifen. Doch so, wie auch beim Logos und schließlich in der Logik der Ausgangspunkt in der subjektiven Tätigkeit verloren ging, hat das Objektive die Bedeutung des Subjektiven verdrängt, sodass wir uns heute häufig aus einer Art Vogelperspektive zu sehen scheinen. Das Wunder der Natur, welches sich in jeder Sekunde über uns ergießt, wenn wir bereit sind, die Welt zu sehen wie ein Kind – aus der »Froschperspektive« – wird dabei übersehen.

In der Physik macht sich die Notwendigkeit der Differenzierung besonders krass bei der Auseinandersetzung mit Relativitätstheorie und Quantenphysik bemerkbar und natürlich bei allem, was darüber noch hinausgeht. Entsprechend ist in der modernen Physik der eigenen Intuition für gewöhnlich mit Skepsis zu begegnen, da diese sich stets nach dem richtet, was wir aus unserer alltäglichen Erfahrung kennen, dadurch aber eben genauso beschränkt ist wie unsere sinnliche Wahrnehmung. Diese »Trivialintuition«, welche im Grunde nur eine in unserem Kopf ablaufende Extrapolation der sinnlichen Erfahrung ist, ist natürlich nicht zu verwechseln mit der höheren Intuition, welche Einsichten über das Wesen der Wirklichkeit entstammt, Einsichten, wie sie den Sinnen gerade nicht zugänglich sind.

Heute wissen wir mit großer Sicherheit, dass die Sonne nur ein Stern wie jeder andere ist, aber nicht nur das: das Gleiche gilt für unsere Galaxie, die Milchstraße, welche letzten Endes auch nicht mehr als ein Stück Plankton im Ozean des Alls ist, und möglicherweise sogar für unser Universum, welches nur eins von einer immensen Zahl von Paralleluniversen sein könnte. Letztere Idee ist jedoch noch vollkommen spekulativ und erfolgt aus rein theoretischen Überlegungen; empirische Befunde gibt es bisher keine und wird es vielleicht nie geben. Und als philosophische Idee ist sie fast so alt wie die Philosophie selbst, fanden wir doch schon bei Anaximander ihre ersten Anklänge. Wozu also all die Aufregung um ein »Multiversum«? Darauf, dass diese Aufregung folglich Ausdruck des Wunsches sein könnte, diese Welt und unser Erleben ihrer, unsere Fleischwerdung, unser *Geboren-Sein*, immer weiter zu »verbannen«, werde ich in Kapitel 15 noch zurückkommen.

»Form ist Leere, Leere ist Form.« So heißt es im Herz-Sutra des Buddhismus. Während im fernöstlichen Raum das Nichtsein und somit die Leere schon lange bekannt waren, hatte man im Westen, wenn man Wissenschaftshistorikern Glauben schenken darf, eine regelrechte Phobie vor ihr. Phobie hin oder her: sicher ist, dass man sich früher sowohl im geozentrischen als auch im heliozentrischen Weltbild vorstellte, dass das jeweilige Zentrum der Mittelpunkt von konzentrischen durchsichtigen, manchmal als »kristallin« gedachten kosmischen Kugelschalen, genannt *Sphären*, sei. Sämtliche Himmelskörper schwebten nicht durch die Leere, sondern waren diesen Sphären angeheftet. Die Sphären drehten sich und führten die Himmelskörper auf diese Weise mit sich. Auf einer weit außen gelegenen Sphäre befanden sich dabei die Sterne.[197] Diese Sphäre entspricht somit der astronomischen Himmelskugel, mit dem Unterschied, dass die Himmelskugel nur ein mathematisches Modell ist, während die Sphäre für Realität gehalten wurde. Heute wissen wir, dass die Sterne am Himmel sich in einer stark variierenden Entfernung von der Erde (und auch von der Sonne) befinden. Diese Entfernung ist jedoch stets so groß, dass die Unterschiede weder mit dem Auge noch mit dem Teleskop unmittelbar erfasst werden können.

Die fragilen Sphären, welche das Weltall lange hielten, zerbrachen förmlich unter ohrenbetäubendem Klirren, als Isaac Newton (1642-1726) seine Gravitationstheorie einführte. Hielten die Sphären sich vor allem dadurch erfolgreich in den Hirnen der Gelehrten, dass sie die fehlende Erklärung für die annähernd kreisförmige Bewegung der Gestirne durch eine göttliche Harmonie ersetzten (die, so nahm man an, ihren eigenen unergründlichen, himmlischen Gesetzen folgte), konnte Newton nun eine physikalische Erklärung liefern, welche Erde und Himmel miteinander verband. Während Galilei für diese Verbindung einen phänomenologischen Beitrag leistete, formulierte Newton eine vereinheitlichende Theorie. Er erkannte, dass die Kraft, welche dem Sonnensystem seine Gestalt verleiht, dieselbe Kraft ist, welche uns auf der Erde hält, nämlich die Schwerkraft oder auch Gravitation.[198] Hiermit war ein großer Schritt getan, doch Newton gab sich bescheiden. Seine Gravitationstheorie sah er zunächst als rein mathematische Möglichkeit zur Beschreibung der Bewegungen am Himmel, die nicht notwendigerweise auf einer realen, materiellen Gegebenheit beruhen müsse. Bereits Newtons Zeitgenosse Edmond Halley (1656-1741) nutzte seine Theorie jedoch, um die Bahn des später nach ihm benannten *Halleyschen Kometen* zu berechnen, und zwar korrekt. Dieser Komet ist nur alle 76 Jahre zu sehen, das nächste Mal 2061.

Otto von Guericke (1602-1686) konnte ansatzweise zeigen, dass es den leeren Raum gibt, das Vakuum, in welchem sich keine Luft befindet. Hierzu bediente er sich der Unterschiede zum Luftdruck der Atmosphäre, die das Vakuum natürlich mit sich bringt. Prinzipiell kennen wir dieses Phänomen von Trinkpäckchen mit Strohhalmen oder auch von Gläsern, wenn wir aus diesen »die Luft heraussaugen« und sie anschließend an unserer Zunge beziehungsweise unserem Gesicht haften, und der Staubsauger heißt im Englischen ja auch »*vacuum cleaner*«. Doch Guericke führte ein Experiment im großen Stil durch, das als die *Magdeburger Halbkugeln* in die Geschichte eingehen sollte.

> Guericke ließ zwei [stabile] Halbkugeln [aus Kupfer] mit glatten Rändern aneinanderfügen und die Luft herauspumpen. Anschließend waren nicht einmal sechzehn Pferde imstande, die beiden Halbkugeln gegen den Luftdruck zu trennen. Nachdem aber Luft eingelassen wurde, fielen sie von allein auseinander.[199]

Ein paar Restmoleküle der Luft waren zweifelsohne noch in der Kugel vorhanden, aber auch ungeachtet dieses Umstands hatte sich mit der Zeit die Vorstellung von einem Äther etabliert, der für feinstofflicher gehalten wurde als die übrige Materie und im Fall des obigen Experiments beispielsweise die Halbkugeln einfach durchdrungen hätte. Dieser Äther ist zumindest in ursprünglicher Vorstellung wohl vergleichbar mit dem indischen Akasha. Später ging man davon aus, dass der Äther das Medium für die Ausbreitung von Licht sei. Unter der Annahme eines im Vergleich zu den Fixsternen ruhenden oder sich gleichmäßig bewegenden Äthers hätte dies jedoch bedeutet, dass die Lichtgeschwindigkeit auf der Erde von den Jahreszeiten abhängig ist. Schließlich ist auch Schall von Bewegung abhängig, was man zum Beispiel merkt, wenn man an einem Krankenwagen mit eingeschalteter Sirene vorbei fährt, vor allem in Form der Änderung der Tonfrequenz, welche hier damit zusammenhängt, dass die »Brandung der Schallwellen« erst schneller, dann langsamer an unserer Trommelfell schwappt. Als es möglich wurde, die (enorm hohe) Lichtgeschwindigkeit indirekt zu messen, wurde schließlich jedoch festgestellt, *dass diese verrückterweise immer gleich blieb.* Das bedeutet auch, dass zwei Autofahrern, von denen einer deutlich schneller unterwegs sei als der andere, die Lichtstrahlen der Straßenlaternen mit gleicher Geschwindigkeit entgegenkämen – für den »gesunden Menschenverstand«, eben jene »Trivialintuition«, die in der modernen Physik zwecks Horizonterweiterung manchmal ausgeblendet werden muss, undenkbar. Einstein war der erste, der sich traute, diesen Umstand laut auszusprechen, auch auf die Gefahr hin, für verrückt gehalten zu werden, und baute auf diesem Gedanken seine Relativitätstheorie auf, auf welche wir ausführlich in Kapitel 7 zu sprechen kommen werden.

Auch das heliozentrische Weltbild hielt sich lange, da mit wachsendem Abstand von der Sonne eine Verdünnung der Sternverteilung zu beobachten war, von der man heute jedoch weiß, dass sie reiner Zufall ist. Konnte man die Sterne am Himmel noch leicht einordnen, da man mit unserer Sonne einen direkten Vergleich besaß, erwies es sich mit den Nebeln, welche durchs Teleskop außerdem zu sehen waren, schwieriger. Dass manche von ihnen die Nebel sind, die man heute noch so bezeichnet (riesige Staub- und Gaswolken), andere aber weitere Galaxien, von der gleichen Art wie das Band der Milchstraße, welches quer über den Himmel läuft, und noch andere wiederum Kugelsternhaufen, ist kein trivialer Schluss. Das Problem bestand hier vor allem in der stark variierenden tatsächlichen Größe der Erscheinungen im Gegensatz zur scheinbaren Größe auf der Himelskugel. Die sichere Erkenntnis, dass manche der Nebel am Himmel weitere Galaxien sind – und somit auch die korrekte Interpretation unserer Milchstraße am Himmel – erlangte man erst im 20. Jahrhundert.[200]
  Ein weiteres Mal wurde die Erde aus physikalischer Sicht an den Rand gedrängt. Insgesamt ist hier eine Entwicklung zu erkennen, deren Ende nicht abzusehen ist.

> Alles, was zuvor gut gewusst und zuverlässig schien – der geozentrische Ort, die Perfektion der Gestirne, ihre Fixierung an Kristallscheiben –, brach zusammen und an die Stelle von vertrauten Geschichten über Sternzeichen traten Wirbel, Löcher, Haufen, Unregelmäßigkeiten, Abgründe aus Nebel und Gas.[201]

Die bergenden Schalen des Kosmos, die uns sicher in einer heimatlichen Innenwelt hüteten, zerbrachen. Durch unsere eigenen Erkenntnisse setzten wir selbst uns jener gähnenden Kluft aus, die sich folgerichtig eher als »Chaos« denn als »Kosmos« bezeichnen lässt. Wir erinnern uns hier an die griechische Mythologie, in welcher der Kosmos, den wir heute wohl am ehesten in den Erscheinungen irdischen Lebens finden können, ja aus dem Chaos entstand. Diese archaische Intuition entspricht zu hundert Prozent der wissenschaftlichen Erkenntnis, dass wir und das ganze Sonnensystem aus Sternenstaub bestehen. Heute können wir sagen: Ginnungagap ist der Weltraum.

> Wir fühlen uns trotz aller Einsichten als »Kinder des Weltalls«. Oder bleibt uns nichts anderes, als erwachsen zu werden?[202]

Es klang ja schon mehrfach an, aber es sei nochmal erwähnt, dass wir uns damit abfinden sollten, dass uns im Universum keinerlei Sonderrolle zukommt in dem Sinn, dass irgendwer oder irgendwas uns hätscheln und tätscheln würde wie ein Baby. In unserer vollkaskoversicherten Wohlstandsgesellschaft, in der wir von allen Seiten gemästet werden, könnte man – wenn schon nicht bewusst, so doch unbewusst – zu dieser Annahme neigen. In Wahrheit jedoch sind wir allein für uns selbst verantwortlich; niemand garantiert unser Überleben. »Verantwortung« meint dabei die unvermeidbare »Antwort« des Weltgeschehens auf unser Handeln, also einen Rückkopplungsmechanismus, denn jeder Handlung folgt eine Konsequenz. (Auch im Englischen existiert das Begriffspaar *response – responsibility*.) Seine Verantwortung erhält der Mensch folglich bereits dadurch, dass er seine Welt gestaltet; nur diese zu übernehmen, das heißt, sich bewusst und aufrichtig zu ihr zu bekennen und sich ihr in einem angemessenen Maß zu fügen, das muss er noch lernen.

Doch selbst, wenn wir uns nicht selbst vernichten sollten, könnte es sein, dass uns eines Tages ein Asteroideneinschlag zerschmettern wird, und – *puff* – weg wären wir. Es wären dann nur die Bewegungen dieses Chaos-statt-Kosmos, dieser gewaltigen, in seinen Eingeweiden weilenden Kräfte, die sich gemäß der Gesetze der Natur entfalten und uns dann eben zufällig überrollen würden wie Körpersäfte eine beschauliche Kolonie von Einzellern. Diese Haltung klingt zunächst trostlos und pessimistisch, sie ist aber einfach die zwangsläufige Extrapolation derartiger Erkenntnisse. Wie aber begegnen wir dieser Bedeutungslosigkeit?

5.

Kosmische Einsamkeit

Der Mond ist untergegangen,
versunken sind die Plejaden;
schon Mitternacht ist's, die Stunde
verrinnt – und alleine schlaf' ich.

~ SAPPHO (ca. 600 v. Chr.)[203]

Weit und leer ist der Weltraum. Heute ist er dies noch mehr als zur Zeit des Altertums, weil wir uns der Kleinheit des Staubkorns, welches wir unsere Erde nennen, bewusst sind. Quantifizieren wir diese Kleinheit konkret, stellen wir je nach Maßstab sogar fest, dass die Erde noch viel kleiner als jedes noch so kleine Staubkorn ist. Während man zunächst meinen könnte, dass sich ein großes Sandkorn mit einem Radius von einem Millimeter zur Erde verhalten könnte wie die Erde zur Größe des beobachtbaren Universums, ist es in Wahrheit folgendermaßen: Die Rechnung geht erst auf, wenn man sich das besagte, millimetergroße Sandkorn als einen Miniaturglobus vorstellt und auf diesem Miniaturglobus *wieder* ein entsprechendes »Miniatursandkorn« pickt, welches in dieser Winzigkeit nur noch fiktiv existieren kann. Wenn man nun dieses fiktive Miniatursandkorn – in dieser Größe kleiner als ein Atom und etwas größer als ein Atomkern – verwendet, dann stimmt dessen Größenverhältnis zur realen Erde etwa mit dem der Erde zum Weltall überein. Sind wir großzügig und runden ein wenig auf, können wir also feststellen, *dass ein Atom sich größenmäßig zur Erde verhält wie die Erde zum Universum.*

Neben der Kleinheit unserer Erde wissen wir auch um ihre prinzipielle Vergänglichkeit, da die lebensfreundlichen Bedingungen auf ihr an den prinzipiell vergänglichen Zustand der Sonne gekoppelt sind, und mittlerweile auch an unser eigenes Handeln. In jedem Fall ist das All viel größer und umfassender, als es sich unsere Urahnen vorstellen konnten. Auch wir können es uns nicht wirklich vorstellen, haben aber etliche wissenschaftliche Belege dafür, dass es so ist. Selbst, wenn das All nur aus den Distanzen bis zu den nächsten Sternen am Himmel bestünde, wäre es noch immer gewaltig, und vor allem so leer, dass man es kaum fassen könnte.

Über das Vorhandensein der Sehnsucht an sich spekulierte ich bereits, dass diese ein Resultat der Trennung von Himmel und Erde sei. Gerade die Sehnsucht, den Himmel über uns mit etwas füllen zu können, benutzt ihn zu ebendiesem Zweck als Projektionsfläche. Diese Leere über unseren Köpfen kann unerträglich scheinen, denn in ihrer Unendlichkeit bringt sie nur noch mehr Leere, Leere und Kälte. Sie fühlt sich dann an wie ein Erfrieren, mehr noch wie ein Ausbluten, bei welchem die Körpertemperatur langsam absinkt, nach und nach, dem unausweichlichen Ende entgegen: den rund minus 270 Grad Celsius beziehungsweise drei Kelvin, der Temperatur des leeren Raums in einem immer weiter abkühlenden Universum. Der Verstand verzweifelt hier, ihm brennt eine Sicherung nach der anderen durch: Kann das wirklich sein? Kann diese Welt so sein? Kann ich so sein, wie ich bin? Wie bin ich überhaupt? Wer bin ich? Was bin ich? Bin ich etwa mehr als eine Kreatur, die sich von ihrem existenziellen Schmerz hin und wieder abzulenken vermag, ansonsten aber einsam und verloren ihre Bahnen durchs Nichts zieht? Es ist ein Schwindel erregendes, Grauen erzeugendes Ausbluten in die unendliche Kälte der Leere, die sich über uns legt wie ein schwerer Schleier aus Blei.

Diese Einsamkeit, diesen Schmerz, aus dem eine solche Sehnsucht entstehen kann, möchte ich als *kosmische Einsamkeit* bezeichnen. Das als Motto dieses Kapitels gewählte Zitat der Dichterin Sappho aus der griechischen Antike zeigt, dass dieses Gefühl kein Symptom ausschließlich unserer Zeit ist und somit nicht notwendigerweise an unser heutiges Wissen über das Weltall geknüpft ist. Die Verlorenheit im Raum kann genau so gut durch eine Verlorenheit in der Zeit ersetzt werden, welche *per se* mit der Bewusstwerdung des Menschen einhergeht.

Muster im Himmel

Im Unterschied zur Astronomie beschäftigt sich die Astrologie mit der Deutung von Sternen- und Planetenkonstellationen in Bezug auf den Menschen. Dabei geht sie von der Annahme aus, dass das Schicksal oder die Persönlichkeit eines Menschen mit diesen in Verbindung stehen. In wissenschaftlichen Kreisen ist Astrologie verpönt, da es für ihre Gültigkeit keinerlei wissenschaftliche Grundlage gibt. Aus ihrer Sicht ist die Astrologie purer, veralteter »Anthropozentrismus«, mit welchem sich der Mensch weismachen will, dass er im Universum irgendeine übernatürliche Bedeutung im Sinn einer Bestimmung besäße. Diese grundsätzliche Ablehnung wollen wir als Motivation nutzen, um zu untersuchen, ob in der Astrologie vielleicht doch ein Funken Wahrheit enthalten sein könnte.

Die Sternbilder, welche die Astrologie verwendet, sind zweidimensionale Projektionen von in Wirklichkeit dreidimensionalen Konstellationen. Sie sieht die Sterne so, wie sie auf die Himmelskugel projiziert werden, gemäß der veralteten Vorstellung, dass sich alle Sterne gleich weit von der Sonne beziehungsweise Erde entfernt befinden. Diese Projektion verglich ich auf Seite 36 mit einem Schattenspiel, bei welchem durch den Verlust der Dimension der Tiefe (beziehungsweise Entfernung) Täuschungen hervorgerufen werden können. Mit den einzelnen Sternbildern verhält es sich natürlich nicht anders; sie sind ja Teilabschnitte des Sternenhimmels. Könnten wir sie dreidimensional wahrnehmen, würden die bekannten Muster in den meisten Fällen nicht erweitert werden, sondern verloren gehen. Schon auf anderen Breitengraden können sie uns allein dadurch, dass sie gedreht erscheinen und viele unbekannte Sterne am Himmel leuchten, unerkennbar werden.

Im Sternbild *Centaurus* befindet sich der von der Erde aus nächste Stern, *Proxima Centauri*. Dieser ist von uns etwa 4 Lichtjahre entfernt, während es bis zum immerhin zweithellsten Stern des Sternbilds, *Beta Centauri*, über 400 Lichtjahre sind, also mehr als die hundertfache Strecke. Würden wir die Situation dreidimensional wahrnehmen und unsere Sonne als einen Stern erkennen, der einer wie jeder andere ist, würden wir also viel eher dazu neigen, ein Muster in unserer Sonne, Proxima Centauri und weiteren nahegelegenen Sternen zu erkennen. Der Gedanke, Proxima und Beta Centauri in ein Sternbild zu packen, erschiene uns absurd.[204]

> Unsere Augen und Gehirne, die in den Myriaden blinkender Punkte am Himmel nach einer Struktur suchen, täuschen uns, indem sie uns Muster vorgaukeln.[205]

Scheinbare Muster am Sternenhimmel erleichtern in der Praxis natürlich die Orientierung und besitzen als hilfreiches Werkzeug auch unter Astronomen eine Daseinsberechtigung, aber das ist es nicht, worum es in der Astrologie geht. Nun sind sich Astrologen dessen vermutlich bewusst, denn auch unabhängig von der Scheinhaftigkeit der Muster waren im Himmel nie ein Schütze, ein Löwe, ein Stier oder gar Zwillinge zu sehen. Dort befanden sich stets nur einige Punkte, die bestenfalls nur die sehr groben Konturen der entsprechenden Figuren ergaben, wenn man sie gedanklich miteinander verband. Das war schon immer so. Für diese Erkenntnis ist kein Vorwissen notwendig, sondern nur die Fähigkeit zu unvoreingenommener Beobachtung, wobei diese in einer animistischen Weltanschauung, welche allen Dingen automatisch Leben einhaucht, nicht zwangsläufig gegeben ist.

Dazu kommt allerdings, dass es bei den Sternzeichen der Astrologie eigentlich ja nicht um die Sternzeichen selbst geht, sondern um die Konstellation der Himmelskörper im Sonnensystem. Die Sternzeichen werden eigentlich nur verwendet, um diese Konstellation beschreiben zu können.

Mit Astrologie assoziiert man heutzutage meist die durchaus leidigen Zeitungshoroskope. Diese fallen in den Bereich der *Trivialastrologie*, in welcher Vorhersagen nur anhand des Sonnenstandes innerhalb der *Tierkreiszeichen* gemacht werden – zwölf (genau genommen dreizehn) der insgesamt 88 Sternbilder, welche sich mit der Ekliptik schneiden, jenem bandförmigen Bereich am Himmel, in welchem die Sonne und die Planeten zu sehen sind. Auf der Himmelskugel ergeben die Tierkreiszeichen somit eine Berandung des Sonnensystems. Entscheidend für das Zeitungshoroskop ist, in welchem Zeichen die Sonne sich zum Zeitpunkt der Geburt (natürlich von der Erde aus gesehen) befand. Das gerade gültige Sternzeichen ist also nicht am Nachthimmel zu sehen, und tagsüber ist es natürlich nicht zu sehen, weil es vom Sonnenlicht überstrahlt wird. Da sich die Erde um die Sonne bewegt, nicht umgekehrt, ist dieser Umstand von der Position des Beobachters auf dem Globus unabhängig (im geozentrischen Weltbild mit ruhender Erde war er dies natürlich auch, da sich damals die Sternzeichen entsprechend mitbewegten).

Ein echtes Geburtshoroskop ist eine deutlich komplexere Angelegenheit, da hier auch die Positionen der Planeten und des Erdmondes berücksichtigt werden. Diese haben alle ihre eigenen Umlaufbahnen um die Sonne beziehungsweise um die Erde, mit ihren eigenen Umlaufdauern. Somit lässt sich das Jahr nicht mehr in nur zwölf immer gleiche Abschnitte teilen. Auch kürzere Abschnitte reichen für eine vollständige Berücksichtigung nicht aus. Stattdessen muss nun jeder Zeitpunkt in der Geschichte als einzigartig angesehen werden, und die Berechnung eines Horoskops wird um ein beachtliches Stück umständlicher.

Während sich in der Astrologie mythologische Vorstellungen an der Oberfläche befinden mögen, ist die Verbundenheit, um die es wirklich geht, die zu den Rhythmen und Zyklen der Natur. Manchmal wird kritisiert, dass für das Geburtshoroskop nicht der Zeugungs-, sondern der Geburtszeitpunkt gewählt wird, welcher im Vergleich zu ersterem etwas willkürlich erscheine. Diese Kritik erübrige sich vor dem genannten Hintergrund jedoch, so die Astrologen: Im Mutterleib ist der Fötus vor allem an den Lebensrhythmus seiner Mutter gebunden. Erst mit der Geburt erhalten die subtileren Zyklen der

Natur Bedeutung für den neugeborenen Menschen, der nun dem Licht und der Dunkelheit der Welt übergeben wird. Der Physiker würde sagen, dass der äußere Rhythmus der Natur im Mutterleib noch »vernachlässigbar« ist.

Eine fundamentale Frage, die sich aus wissenschaftlicher Sicht nun stellt, ist, inwiefern die Himmelskörper unseres Sonnensystems unser irdisches Leben überhaupt beeinflussen können. Der Einfluss der Sonne, unter anderem in Form von Licht und Wärme, ist offensichtlich, der des Mondes weniger, aber der Mond ist es, welcher die Gezeiten des Meeres erzeugt. Der Menstruationszyklus der Frau korreliert zudem oft mit den Mondphasen, selbst, wenn die Menstruation vordergründig unregelmäßig geschieht (in diesem Fall auf eine subtilere, statistisch aber noch eindeutige Weise).[206]

Schwieriger wird es bei den Planeten. Sie sind für das bloße Auge nicht von den Fixsternen zu unterscheiden, und dass ihr Licht oder sonstige Strahlung uns irgendwie unbewusst beeinflusst, wie es ja beim Mond der Fall ist, erscheint mit Hinblick auf ihre optische »Austauschbarkeit« eher unwahrscheinlich. Aus naturwissenschaftlicher Sicht bleibt somit nur ihr gravitativer Einfluss. Dieser fällt aufgrund ihrer Entfernung und im Vergleich zur Sonne geringen Masse ebenfalls äußerst gering aus, zumal die Gravitation nicht nur auf die Menschen wirkt, sondern auch auf die Erde, auf welcher sich diese befinden, weshalb die Menschen nichts von ihm zu spüren bekommen und der Einfluss allenfalls für den gesamten Planeten Erde, das heißt dessen Position im Sonnensystem, gedacht werden kann, aber auch hier am Zustand der Erde überhaupt nichts ändert – mit Ausnahme des nahe gelegenen Mondes, der die Gezeiten erzeugt. Wie dem auch sei: Der gravitative Einfluss wächst mit der Masse und fällt mit dem Abstand. Der Einfluss von Jupiter, dem schwersten Planeten des Sonnensystems, beträgt maximal etwa 1 % des Mondeinflusses und im Vergleich mit der Sonne weniger als 0,01 %. Der gravitative Einfluss von Mars, dem in entsprechender Konstellation erdnächsten Planeten, beträgt weniger als ein Zwanzigstel des Einflusses durch Jupiter.

Für den sehr spekulativen Fall, dass die Planeten uns doch auf eine Weise beeinflussen sollten, die der heutigen Physik unbekannt ist, ist anzumerken, dass sich ihr Einfluss dann dadurch verstärken könnte, dass ihre Entfernung zur Erde aufgrund der individuellen Umlaufbahnen stärkere Variationen aufweist als die von Sonne und Mond.

Geistesoffene Wissenschaftler gaben sich nicht damit zufrieden, die Gültigkeit der Astrologie aus ihrer Sicht theoretisch zu widerlegen, sondern führten empirische Studien durch. Einen wesentlichen Ansatz stellt in diesem Zusammenhang die Untersuchung von *astrologischen Zwillingen* dar. Astrologische Zwillinge sind Menschen, die nicht nur am gleichen Tag, sondern zum selben Zeitpunkt geboren wurden, das heißt innerhalb weniger Minuten. Bisher konnten in keiner Studie bemerkenswerte Korrelationen zwischen den Eigenschaften astrologischer Zwillinge nachgewiesen werden, beziehungsweise die gefundenen Ähnlichkeiten und Unterschiede entsprachen stets denen, welche sich bereits rein zufällig zwischen allen Menschen ergeben.[207] Dass die Konstellation am Himmel ausschlaggebend für die individuelle Persönlichkeit oder das Schicksal der Menschen ist, wird somit höchst unwahrscheinlich.

Nicht auszuschließen ist, dass das erst- und vielleicht auch zweitmalige Erleben der Jahreszeiten Auswirkungen auf die frühkindliche Psyche hat und hierbei auch deren Reihenfolge eine Rolle spielen könnte. Das Gleiche könnte auch für die Tageszeiten gelten. Selbst dies würde aber an den fehlenden Korrelationen in der Persönlichkeit astrologischer Zwillinge nichts ändern. Von der Hoffnung auf einen klaren Zusammenhang zwischen der astronomischen Konstellation und unseren irdischen Geschicken müssen wir uns in der Astrologie wohl verabschieden.

Das ist nicht schlimm. Viele Astrologen teilen diese Ansicht sogar. Ihrer Meinung nach sind die astrologischen Zusammenhänge nicht durch bloße Gegebenheiten der physischen Welt festgelegt. Sie sehen sich selbst eher als Wahrsager und glauben daran, dass sie beim Lesen und Interpretieren des Horoskops Kontakt mit einer höheren Bewusstseinsebene aufnehmen, die mit der astronomischen Konstellation nicht mehr unbedingt viel zu tun hat. Das objektiv berechnete Horoskop, welches auch sonst schon vom Astrologen subjektiv interpretiert werden muss, wird in diesem Fall gar nicht mehr intellektuell analysiert, sondern rein intuitiv betrachtet. Das Horoskop wird vom zentralen Gegenstand zum bloßen Werkzeug. Das Problem ist nur, dass auch die Wahrsager-Astrologen bei Studien nicht besser wegkommen als alle anderen. Ihre »Trefferquote«, die Häufigkeit zutreffender Aussagen über unbekannte Probanden (von welchen die Astrologen nur das Horoskop vorliegen hatten, sodass sie sich bei ihrer Auslegung keiner etwaigen manipulativen Menschenkenntnis bedienen konnten), ist nicht höher als die von Laien, was darauf schließen lässt, dass etwaige korrekte Aussagen zufällig geschehen. Die Anzahl der Treffer bleibt dabei verschwindend gering gegenüber der Anzahl der Fehlschläge.[208]

Anscheinend liefert uns die Astrologie keinerlei brauchbare Ergebnisse. Die Hoffnung stirbt zuletzt, aber andererseits kann uns das viele Nachgrübeln über die Zusammenhänge zwischen Himmelsmechanik und uns selbst, die ständige Hoffnung, dass da doch mehr ist, auch ablenken von der einfachen Stille des hohen Himmels über uns, von seinem leise funkelnden Frieden – denn natürlich lässt er sich auch so sehen und nicht nur als unendliche Kluft oder bodenlosen Abgrund.

> The astrological connections are not causal connections as if being born under one constellation were the cause of our character. They are spatial relationships – of a Space, of course, which is both inner and outer. *(Astrologische Verbindungen stellen keine Kausalzusammenhänge dar in dem Sinn, dass die Geburt unter einer bestimmten Konstellation unseren Charakter bedingen würde. Sie sind räumliche Beziehungen – in einem Raum, der sowohl als »innerlich« wie auch als »äußerlich« zu verstehen ist.)*[209]

Mit diesem Raum ist der Lebensraum des Menschen gemeint. Es handelt sich um seine Heimat, der er sich verbunden fühlt und auf die er sich gerne besinnt, um sich seiner eigenen kleinen Rolle in dem unüberschaubaren und gewaltigen Prozess mit dem Namen »Universum« gewahr zu werden. Zweifellos begegnen wir unserer Heimat, unserem Lebensraum, als begegneten wir einem Teil von uns selbst, und deswegen ist dieser unser Lebensraum nicht nur um uns, sondern auch in uns.

Vor diesem Hintergrund können die in Horoskopen enthaltenen Informationen einfach als naturgemäß unscharfe Aussagen gesehen werden, die den Geist anregen und den Menschen inspirieren, ihn innehalten lassen und ihn ermuntern, sich mit sich selbst auseinanderzusetzen. Das Horoskop bildet somit nur einen äußeren Rahmen, in welchen sich spontan Inhalte der eigenen Psyche projizieren lassen, um sie in dieser Form eventuell besser verstehen zu lernen. Die Psychologie spricht hier von »projektiven Tests«. Tarot-Karten, das I Ching und der bekannte Rorschach-Test, bei welchem Psychologen ihren Patienten Muster in einem zufällig verteilten Tintenklecks sehen lassen, funktionieren auf die gleiche Weise. Auch am Eingang des *Orakels von Delphi* im antiken Griechenland sollen schließlich die Worte »Erkenne dich selbst« gestanden haben, nicht etwa »Lasse dir exakt und mit Geld-zurück-Garantie die Zukunft vorhersagen«. Selbsterkenntnis ist das, worum es wirklich geht.

Die anderen Menschen

Die Astrologie beschränkt sich auf die Himmelskörper in unserem Sonnensystem. Die Tierkreiszeichen werden zur Orientierung und Beschreibung ihrer Positionen verwendet. Heute wissen wir, dass es nicht nur in unserem Sonnensystem Planeten gibt. Das wurde natürlich schon lange vermutet, aber bis zum Ende des letzten Jahrhunderts waren die Messinstrumente noch nicht empfindlich genug, um sie am Himmel auch finden zu können. Im Gegensatz zu den Sternen leuchten sie schließlich nicht selbst, sondern reflektieren das Licht nur, einmal abgesehen von Wärmeemissionen in Form von Infrarotstrahlung und ähnlichem. Eine Nachweismethode für diese *Exoplaneten* besteht in der Beobachtung von Helligkeitsschwankungen von Sternen, die entstehen, wenn der Planet aus unserer Sicht den Stern verdeckt oder wieder freigibt. Die ersten Exoplaneten wurden in den 1980er Jahren entdeckt, aber konnten noch nicht sicher als solche identifiziert werden. Dies gelang erst 1992. Im großen Ganzen wächst die Zahl der jährlichen Neuentdeckungen, sodass aktuell mehrere tausend Exoplaneten bekannt sind. Im Februar 2017 wurden um einen einzelnen, noch dazu äußerst kleinen Stern, *TRAPPIST-1*, gleich sieben Planeten entdeckt, die größenmäßig der Erde ähneln und von denen drei lebensfreundliche Temperaturverhältnisse aufweisen. Bei all den zahlreichen extrasolaren Planeten stellt sich mehr denn je die Frage, ob wir in unserer Galaxie oder auch im gesamten All allein sind oder ob es dort draußen noch jemanden gibt.

Die Wahrscheinlichkeit, auf anderen Planeten Leben vorzufinden, lässt sich bisher nur anhand vager Vermutungen berechnen. Zunächst gibt es für Planeten zahlreiche Parameter, welche bestimmte Werte erfüllen müssen, um für die Entstehung und später Erhaltung von Leben überhaupt die Grundvoraussetzungen zu schaffen. Zu diesen zählen beispielsweise die Temperatur und die Zusammensetzung der Atmosphäre, vorausgesetzt, dass eine Atmosphäre existiert. Allein die Kenntnis dieser Parameter hilft noch nicht sonderlich weiter, da die äußeren Voraussetzungen für die Entstehung von Leben zwar essenziell sind, jedoch bis heute die Frage ungeklärt bleibt, wie sich vor Milliarden von Jahren die ersten irdischen Mikroorganismen aus den leblosen, in der Ursuppe herum schwimmenden Molekülen eigentlich gebildet haben. Lebewesen zeichnen sich grundsätzlich aus durch eine innere Struktur, eine Ordnung, welche mittels Energiezufuhr im Rahmen eines Stoffwechsels aufrecht erhalten wird. Ebenso wichtig ist, dass sie sich fortpflanzen und somit verbreiten können, um nicht jäh ausgelöscht zu werden. Für beides ist bereits eine gewisse molekulare Komplexität notwendig, die über einen langen Zeitraum vielleicht zufällig entstehen kann. (Wem das Wort »Zufall« nicht behagt, dem sei gesagt, dass Zufälle Ausdrücke statistischer Vorgänge sind, welche nicht alle deterministisch oder gar teleologisch ablaufen, aber dennoch strengen mathematischen Gesetzmäßigkeiten unterliegen.) Dieser allererste Schritt in der Evolution, die Entstehung des Lebens aus der leblosen Materie, wird als *Abiogenese* bezeichnet. Auf unserem Planeten beruht sämtliches Leben auf Kohlenstoff, da dieses Element so gut wie kein anderes komplexe und gleichzeitig stabile Strukturen ausbilden kann. Früher ging man daher davon aus, dass auch sämtliches extraterrestrisches Leben auf Kohlenstoff beruhen müsse; mittlerweile stellt zum Beispiel Silizium jedoch eine theoretische Alternative dar und die ursprüngliche Annahme wird mitunter als »Kohlenstoffchauvinismus« bezeichnet.

Möglicherweise kommen ursprüngliche Mikroorganismen auch aus dem All und wurden mittels Kometen oder Asteroiden zur Erde transportiert. Man spricht in diesem Zusammenhang von *Panspermie.* Zum Beleg dieser Hypothese wäre es hilfreich, Leben außerhalb der Erde nachweisen zu können. Im Sonnensystem kommen dafür der Mars, die Venus und der Jupitermond Europa in Frage. Panspermie und irdische Abiogenese müssen sich nicht einmal gegenseitig ausschließen, jedoch verlagert die Panspermie die Frage nach dem eigentlichen Ursprung des Lebens auch nur, anstatt sie zu beantworten.[210]

Während man noch naiv annehmen könnte, dass Leben im Universum weit verbreitet sei, tun sich Abgründe auf, sobald es um die hypothetische Häufigkeit intelligenter Spezies geht und darüber hinaus um Zivilisationen, die in der Lage und gewillt wären, über elektromagnetische Signale Kontakt mit uns aufzunehmen. Nicht zu vergessen ist, dass ein elektromagnetisches Signal, welches in alle Richtungen mit gleicher Intensität ausgesandt wird, mit wachsender Entfernung vom Sender rapide schwächer wird. Solange keine exakte Richtung bekannt ist, in welche unsere Empfangsinstrumente gerichtet werden müssen, kann nur ein winziger Teil des Himmels abgehört werden (entweder eine geringe Entfernung oder ein geringer Ausschnitt auf der Himmelskugel). Außerdem stellt sich die Frage, wie lang eine technisch fortgeschrittene Zivilisation durchschnittlich überlebt. Auf der Erde sind wir Menschen als intelligente Spezies ohne Präzedenzfall, und das Radio ist noch keine hundertfünfzig Jahre alt – dieser Zeitraum verhält sich zum Alter des Universums wie wenige Sekunden zum Leben eines Menschen.

Die zahlreichen Faktoren werden in Form von relativen Häufigkeiten in der *Drake-Gleichung* zusammengefasst. Mit ihr lässt sich dann die hypothetische Anzahl der gegenwärtig kommunikationsfähigen und -willigen außerirdischen Zivilisationen innerhalb unserer Galaxie berechnen. Weitere Faktoren, die nicht immer berücksichtigt werden, zeigen sich in der Frage, ob Leben auch grundsätzlich anders aufgebaut sein könnte als auf der Erde – zum Beispiel eben aus anderen Elementen – und in der Möglichkeit, dass technologisch fortgeschrittene Zivilisationen sich über viele Sternsysteme ausgebreitet haben könnten.

Unsere Milchstraße hat viele Sterne und Planeten. Je nach Schätzung der Faktoren variiert die Zahl der entsprechenden Zivilisationen, welche die Drake-Gleichung »ausspuckt«, gewaltig. Bei über hundert Milliarden Sternen in der Milchstraße ergeben sich nach optimistischen Schätzungen einige Millionen oder sogar Milliarden Zivilisationen, pessimistische Schätzungen erreichen jedoch nur einige Hundert, im schlimmsten Fall sogar nur eine einzige, nämlich unsere eigene. Sicher wissen wir erst um die Existenz außerirdischen Lebens, wenn wir ihm begegnet sind, und für Zivilisationen gilt das Gleiche.[211]

Doch selbst, wenn sich etliche Zivilisationen über unseren Köpfen befinden würden, möglicherweise sogar in einem Sternsystem, welches sich von der Erde aus mit bloßem Auge erblicken ließe, selbst, wenn sie sich die gleichen Fragen stellten wie wir und sich mit ihnen sogar ein Kontakt herstellen ließe, selbst dann würde das nichts an dieser unglaublichen Leere ändern, die den Himmel nach wie vor ausfüllen würde. Ein Planet erscheint in ihr nicht etwa wie ein Kontinent, wie sicheres Festland, sondern nur wie ein zurückgezogenes Eiland in einem gewaltigen Ozean; ein Sternsystem ist bloß ein beschaulicher Archipel. Hieran kann kein Außerirdischer etwas ändern.

Sicher entspringt auch die Sehnsucht nach außerirdischem Leben dem Wunsch, sich in diesem unendlichen Universum weniger verloren zu fühlen. Am liebsten wollen wir im Anderen ein Spiegelbild unserer selbst erkennen, mit den gleichen Ängsten, den gleichen Sorgen, den gleichen Sehnsüchten. Um diesen Wunsch ranken sich vielerlei Verschwörungstheorien – von »Plejadiern«, menschenähnlichen, aber zugleich engelsgleichen Kreaturen, die uns dabei helfen wollen, Frieden auf Erden zu schaffen, bis hin zu der Vorstellung, dass die Erde eine Strafkolonie sei, auf der wir unsere Buße tun. Im deutschsprachigen Raum vermischen sich Verschwörungstheorien hin und wieder mit nationalsozialistischem Gedankengut, und die klassischen fliegenden

Untertassen werden nach Nazi-Jargon auch schon mal umbenannt zu »Reichsflugscheiben«. »Es gibt immer Leute, die lieber von Aliens abstammen als von Affen.«[212] Der Klassiker besteht natürlich darin, Aliens als Verursacher ansonsten schwer erklärbarer Phänomene zu verdächtigen, wie zum Beispiel im Fall von Kornkreisen.

Das mag amüsant klingen, aber es stellt sich auch die Frage, was für eine Traurigkeit manch UFO-Gläubiger tief in sich tragen muss, vor allem solch einer wie jener, der die Erde für ein galaktisches Gefängnis hält. Diese Idee impliziert schließlich nicht nur, dass unser Planet nicht unsere angestammte Heimat sei, sondern auch, dass er als Gefängnis einen unwirtlichen Ort darstelle, von dem es undenkbar ist, dass man ihn jemals als Heimat, als naturgegebenen Lebensraum akzeptieren könnte. Radikale Verschwörungstheorien denkt sich niemand zum Spaß aus, schon gar nicht aus mangelnder Intelligenz; es ist ein emotionales Bedürfnis, und manche dieser Menschen müssen am Rande einer Psychose stehen, oder sind über besagten Rand vielleicht schon hinausgelangt. Der krasseste Fall dürfte in dieser Hinsicht der Massenselbstmord von Mitgliedern der UFO-Sekte *Heaven's Gate* sein, bei welchem vor rund zwanzig Jahren 39 Menschen starben. Die Mitglieder glaubten, dass der herannahende Komet *Hale-Bopp* mit der Erde kollidieren würde und dass sie durch ihren Selbstmord ihre Seelen in ein hinter dem Kometen befindliches Raumschiff befördern könnten, was dann eine Rettung vor der drohenden Katastrophe bedeuten sollte.[213]

Elmar Schenkel sieht die Entstehung des Fabelwesens Alien in direktem Zusammenhang mit dem wissenschaftlichen Fortschritt, vor allem in Astronomie, Evolutionstheorie und auch in Geologie, da diese das im Gegensatz zu den biblischen 6 000 Jahren unvorstellbare Alter der Erde enthüllt habe. Es handelt sich also wieder um den schwindenden »Anthropozentrismus« des Menschen. Dieser habe auch zur Folge, dass die Natur dem Menschen fremder erscheint, und dass er sich gleichzeitig selbst immer mehr zum Rätsel wird[214] – ein Prozess, der sicherlich mit der »Entzauberung der Welt« (Max Weber) zusammenhängt. Gegen diese, wollte jemand sie aktiv proklamieren, ließe sich allerdings einwenden, dass die mathematische Harmonie der Naturgesetze und Elementarteilchen ihr entgegenwirkt. Es sind all die kleinen und großen Formen, welche unser Universum manchmal fast fraktalartig erscheinen lassen, sodass in jedem noch so kleinen Teil des Universums wieder das gesamte Universum enthalten zu sein scheint, und diese Erscheinungen sind so zauberhaft wie eh und je, mit dem Unterschied, dass uns jetzt noch kleinere und noch größere Bereiche des Universums bekannt sind, als es früher der Fall war, und dass sich das bunte Farbenspiel des Seins in noch mannigfaltigeren Formen zeigt. Das eigentliche Wunder jedoch bleibt das Sein selbst und unser zauberhaftes Dasein in ihm. Wie schon gesagt können auch die Naturgesetze selbst nur als geistige Entitäten verstanden werden. Sind sie so universell, wie sie zu sein scheinen, bedeutet das, dass sie eine Art »Fluch« auf die Materie darstellen, welche hier im weitesten Sinn als gesamtes Raum-Zeit-Gefüge verstanden werden muss. Die Materie, indem sie diesen Regeln folgt, ist gleichsam vom Logos, aus dem ja Logik und Mathematik hervorgehen, verwunschen. Später werde ich zudem darüber spekulieren, auf welche Weise ein immaterieller Geist auch heute noch ohne »Umgehung« der Naturgesetze *direkt* in das Geschehen der Materie eingreifen könnte. *Dass* er es tut, lässt sich nämlich bereits anhand eines einfachen Gedankenexperiments erkennen – doch dazu später mehr.

Die Aliens wurden in der Science Fiction im ausgehenden 19. Jahrhundert zunächst noch anthropomorph dargestellt, jedoch wandelte sich das Bild immer stärker. Die Autoren ließen ihrer Fantasie freien Lauf und schufen immer fremdartigere Wesen, welche mitunter Ekel erzeugen und dem Menschen nicht unbedingt freundlich gesonnen sind. Wenigstens als Ausgangspunkt wäre jedoch anzunehmen, dass eine uns technologisch überlegene außerirdische Spezies auch auf sozialer Ebene überlegen ist, zumindest, wenn sie eine ähnliche Psyche wie die des Menschen aufweist. Schließlich muss sie sich auch irgendwie entwickelt haben, ohne sich mit ihrer mächtigen Technologie zuvor selbst zu zerstören. Sicher wüsste man das natürlich nicht, aber bevor wir über die Psyche außerirdischer Intelligenzen spekulieren, von denen wir nicht einmal wissen, ob sie überhaupt existieren, sollten wir uns wieder auf uns selbst besinnen.

Ambitionen

Auf der Landkarte der Erde gibt es schon lange keine weißen Flecken mehr. Auf dem Mond befinden sich menschliche Fußspuren, auf dem Mars immerhin zahlreiche Reifenspuren. Auf der Venus glühen einige Raumsonden bei über 400 Grad Celsius vor sich hin. Auf dem Merkur befinden sich wenigstens die Trümmer der Raumsonde *MESSENGER*. Auf dem Saturnmond Titan steht *Huygens*, und auch Kometen und Asteroiden sind nicht gänzlich verschont geblieben. Fotos aus nächster Nähe gibt es von sämtlichen Planeten unseres Sonnensystems und von Pluto, der 2006 schließlich zum Zwergplaneten degradiert wurde.

Das von Menschen gebaute, am weitesten von der Erde entfernte Objekt ist die Raumsonde *Voyager 1*, dicht gefolgt von *Voyager 2*, welche beide im Sommer 1977 starteten und sich heute in den Außenbezirken des Sonnensystems befinden – auf ihrer Reise durch den Raum haben sie die Planeten schon weit hinter sich gelassen. Die Sonne erscheint aus Sicht der beiden nur noch so groß wie ein Tennisball in einer Entfernung von nicht weniger als einem Kilometer, wobei sie sich (im Gegensatz zum Tennisball) gegenüber der kosmischen Schwärze natürlich durch ihr Leuchten abhebt. Bis nach Proxima Centauri, dem nächsten Stern, wäre es allerdings noch viel, viel weiter, etwa zweitausend mal so weit wie die bisherige Strecke.

Wenn die beiden Sonden entsprechende Distanzen zurückgelegt haben, werden sie längst abgeschaltet sein. Sollten außerirdische Zivilisationen einmal auf sie stoßen, werden sie auf ihnen Datenplatten mit Informationen und Bild- und Tonaufnahmen über die Menschheit erhalten, aber ob es uns dann noch geben wird ist eine ganz andere Frage.

Relativ dicht über unseren Köpfen kreisen über tausend Satelliten sowie die *Internationale Raumstation* (ISS) und die beiden chinesischen Mini-Raumstationen, *Tiangong 1* und seit September 2016 die *Tiangong 2*, welche als Vorläufer eines größeren Unternehmens dienen sollen.

Keine Frage, die bemannte und unbemannte Raumfahrt, welche erst in der zweiten Hälfte des 20. Jahrhunderts wirklich begann, hat in der wenigen seither vergangenen Zeit viel erreicht. Während die staatlichen Weltraumorganisationen wie NASA und ESA in Bezug auf die bemannte Raumfahrt mit beschränkten Fördermitteln zu kämpfen haben[215], helfen mittlerweile private Unternehmen nach: *SpaceX* will 2025 einen bemannten Flug zum Mars senden[216], *Mars One* will den roten Planeten sogar besiedeln und *Virgin Galactic* möchte immerhin touristische Flüge an der (unscharfen) Grenze zwischen Erdatmosphäre und Weltraum anbieten.

Sind solche Ambitionen wirklich notwendig? Sollten nicht erst die zahlreichen Probleme gelöst werden, die es auf der Erde gibt? Überall sind schließlich Kriege, viele Menschen leiden noch immer Hunger oder haben keinen Zugang zu sauberem Trinkwasser, und wir sollten uns zügig um eine auf Nachhaltigkeit ausgerichtete Zivilisation bemühen, was Energieversorgung, Landwirtschaft, Naturschutz und all die weiteren großen Themen betrifft. Wir sollten die Globalisierung und das Informationszeitalter meistern, ohne uns von Großkonzernen

und Banken fressen oder in Selbstversklavung von Technologie be-
herrschen zu lassen. Im steten Angesicht fremder Kulturen müssen
wir unseren Nationalstolz zügeln, ohne unsere eigenen Wurzeln zu
verleugnen. Das sind alles riesige Aufgaben, die glücklicherweise niemand alleine meistern muss, aber dennoch, bleibt da noch Platz für
kostspielige und geradezu »umweltfeindliche« Vergnügungstrips oder
wilde Fantasien davon, zunächst das Sonnensystem und schließlich
die gesamte Galaxie zu erobern?

Es ist leicht, die im obigen Absatz gestellten Fragen zu verneinen
und dazu zu mahnen, die Füße auf dem Boden zu behalten. Bei
all den Dingen, die in einer sich immer schneller drehenden Welt
um uns herum geschehen, weiß niemand, wie klein oder groß die
langfristigen Überlebenschancen der Menschheit – oder, weniger dramatisch gesprochen, der Zivilisation, wie wir sie kennen – wirklich
sind. So kann man Menschen, die von der Expansion ins Weltall
träumen, Realitätsfremdheit vorwerfen und vor allem eine fehlende
Wertschätzung unseres Planeten, der Wiege der Menschheit und allen
uns bekannten Lebens, die sie, symptomatisch für unsere nachlässige
Wegwerfgesellschaft, wegzuwerfen bereit seien.

Dies ist jedoch zweifelsohne eine einseitige Sichtweise. Manchmal
ist es für einen Kranken das Beste, wenn er sich schont und gehegt
und gepflegt wird. Manchmal jedoch ist es besser, wenn er nicht
aufgibt, sondern in angemessenem Maß sein Leben weiter lebt wie
bisher und eine optimistische Einstellung und vor allem den Glauben
behält. Eine Mond- oder gar Marskolonisation im großen Stil wird
ohnehin nicht so schnell stattfinden können.

Die Situation ist nicht wirklich vergleichbar mit der Eroberung
Amerikas durch die Europäer, da in Amerika abgesehen von der Infra-
struktur die gleichen lebensfreundlichen Bedingungen vorherrschten
wie in Europa. Selbst unter der Vernachlässigung des Umstandes,
dass bei Ankunft der Europäer schon Ureinwohner über den gesamten Kontinent verteilt waren, mussten die Europäer in Amerika nur
das wiederholen, was ihre Vorfahren in Europa schon hunderte oder
tausende Jahre zuvor erledigt hatten. Für alle anderen Kolonien
galt natürlich das Gleiche. Das wird im Weltraum aus offensichtlichen Gründen nicht so einfach sein. Bis ein nennenswerter Teil der
Menschheit umziehen kann, wird es eine Weile dauern. Noch 1986
sah die amerikanische Weltraumkommission hierin allerdings keinen
wesentlichen Unterschied:

> Die Besiedlung Nordamerikas bildete den Auftakt zur größe-
> ren Herausforderung für die Menschheit: die Weltraumgrenze.

> In Anbetracht unseres Pioniererbes, unserer technologischen
> Vormachtstellung und unserer wirtschaftlichen Stärke kommt
> es uns zu, die Bevölkerung unseres Planeten in den Weltraum
> zu führen.[217]

Dass niemand mit abschließender Sicherheit weiß, wie es der Menschheit in einigen hundert (oder sagen wir tausend) Jahren geht, ist wohl die einzige Sache, die sicher ist. Der Traum von einer »goldenen Zukunft« kann sich schnell als trügerisch erweisen. Der Weltraum ist sicher kein »Land, darin Milch und Honig fließt« (Ex 3, 8). Er ist das genaue Gegenteil und der Weg dorthin kann nur unter massiven Entbehrungen erfolgen. Wegen seiner Lebensfeindlichkeit kann eine Kolonisation des Weltraums vermutlich nur geschehen, solange auf der Erde stabile Zustände herrschen. Schließlich muss eine Kolonie erst aufgebaut werden, bevor sie autark bestehen kann, und im Weltraum wird dies besonders lange dauern. Bevor es irgendwann so weit ist, käme der Tod der Erde dem Tod der Kolonie gleich. Unter diesem Gesichtspunkt wird es völlig unmöglich, den Weltraum schnellstmöglich zu kolonisieren, um einem sonst sicheren und baldigen Tod zu entgehen. So scheint es wahrscheinlich, dass vor der Eroberung des Weltraums der Mensch zunächst sich selbst erobern und auf Erden einen Gleichgewichtszustand schaffen muss. Dennoch bedeutet das nicht, dass er sich nicht bereits Gedanken über den Weltraum machen und einige Testflüge, Gehversuche, unternehmen darf. Am Ende ist es alles eine Frage der Verhältnismäßigkeit, die sich an der gegenwärtig exorbitanten Geschwindigkeit unseres Fortschritts auf der einen, an dem prognostizierten Zeitraum, innerhalb dessen unser Planet vor die Hunde geht, auf der anderen Seite messen lassen muss. Festhalten lässt sich jedenfalls, dass eine Kolonisation des Weltraums die Menschheit nicht vor sich selbst retten wird. Wenn der Mensch nichts lernt wird der Fort-Schritt schließlich zur Selbst-Flucht, die aus der Natur der Sache heraus scheitern muss. Als Rettung kann eine Kolonisation allenfalls auf sehr langen Zeitskalen dienen, wenn die Aktivität der Sonne sich irgendwann stark verändert, doch *deshalb* schon jetzt in Aktionismus zu verfallen grenzt an Realitätsverlust (wobei auf mittelfristigen Zeitskalen ein Abwehrsystem gegen Asteroiden wünschenswert wäre). Und die Probleme, welche der Mensch selbst geschaffen hat, muss er definitiv auf der Erde lösen – sollte ihm das nicht gelingen, wird er es im Weltraum auch nicht schaffen. Da geht es uns nicht anders als dem Kapitän, der mit seinem Schiff untergeht, unabhängig davon, ob der Untergang auf der Erde oder im Weltraum geschehen wird.

Groteske, religiös übersteigerte Ausmaße nahm der Fortschrittsglaube im Sozialismus der DDR an. Von 1960 kommt folgendes, an das apostolische Glaubensbekenntnis angelehnte »Glaubensbekenntnis des Materialismus«, welches nicht ironisch gemeint war (allerdings unter der Voraussetzung, dass die ursprüngliche Quelle, eine evangelische politische Zeitschrift namens »Evangelische Verantwortung«, hier als vertrauenswürdig eingestuft werden darf):

> Ich glaube an den Menschen
> den allmächtigen
> Schöpfer aller Werke
> und an die Technik
> die alles beherrscht
> die empfangen ist vom menschlichen Geist
> geboren von der Wissenschaft
> gelitten unter der Rückständigkeit
> auferstanden in unserer Zeit
> zum höchsten Wert erhoben
> so dass sie einst richten wird die lebendigen und die toten
> Völker.
> Ich glaube an den guten Geist im Menschen
> an die herrschende Klasse
> die Gemeinschaft der Menschen guten Willens
> an ein besseres Leben
> eine herrliche Zukunft und an den ewigen Bestand der Materie.[218]

Wissenschaft beziehungsweise Atheismus wurde hier zur Ersatzreligion erhoben, und man erkannte nicht, dass es weniger der konkrete Inhalt als die Form ist, die »Art« der Anbetung, durch die ein lebendiger Glaube zum Dogma erstarrt. Die Art des Glaubens (authentisch-lebendig oder dogmatisch-ideologisch) manifestiert sich vielmehr im Subtext, subtil – man könnte auch sagen im »Stil« –, und der in diesem Fall übersteigerte, nur am objektiven, faktischen Inhalt ausgerichtete Atheismus erkannte diese Dimension nicht als solche, weil er kein Gefühl für sie besaß. Deswegen war man wohl auch nicht imstande, sich ein eigenes Glaubensbekenntnis auszudenken.

Auf diese Weise wurde nicht nur die Religion, sondern schließlich auch die gesamte Metaphysik geleugnet. Metaphysik wurde nur noch gesehen als »eine Funktion des seinen Untergang leugnenden Kapitalismus«[219]. Das Staunen über die Leere und Weite des Alls trat in den Hintergrund gegenüber dem Staunen über dessen Eroberung durch den Menschen. In einem Propagandablatt von 1958 heißt es:

> Irgendwo über unseren Köpfen zieht Sputnik III seine Bahn,
> dessen Funksignale der Grabgesang für religiöse Fanatiker
> sind... Die marxistische Wissenschaft hat das Unhaltbare der
> christlichen Lehre hundertfach aufgedeckt und widerlegt![220]

Wer hier in Wirklichkeit der Fanatiker ist, ist heute offensichtlich, und wir können uns glücklich schätzen, in einer verhältnismäßig ausbalancierten Zeit zu leben, in welcher verschiedene Anschauungen nicht nur per Lippenbekenntnis toleriert werden. Jean Gebser wies darauf hin, dass sich in der »Glorifizierung« beziehungsweise Suche nach der Materie (von lateinisch mater, »Mutter«) eine unerkannte Sehnsucht nach der Muttergöttin manifestiere, wie sie in einer patriarchalisch-ausgetrockneten Gesellschaft früher oder später hervorbrechen muss.[221] Der Sorgfalt halber sei angemerkt, dass Gebser diese Aussage über die psychologische Ebene hinaus auf das ganze »Beherrschtsein« des modernen Menschen durch die Materie ausweitete. In welcher Tragweite dieser Begriff aufgefasst werden darf, bleibt dabei offen, doch bei Gebser ist es durchaus denkbar, dass er weit über das Nur-Psychologische hinausgeht.

Die Materie verkörpert den Yin-Pol, das dunkle, weiblich-erdhafte Prinzip und auch den Tod. Der Materialismus, also die philosophische Position, dass die profane Materie der Grund allen Seins sei, wird langfristig auch daran scheitern, dass unsere Auffassung dessen, was Materie ist, mit jeder physikalischen Revolution sublimer wird und vor allem eine weitere Mathematisierung – und damit eine Vergeistigung – zu erfahren scheint. Die Materie im naturwissenschaftlichen Verständnis stellt keinen festen Boden dar, sondern ist ständigen Veränderungen unterworfen – eine wacklige Angelegenheit.

Die Vorstellung, den Weltraum »erobern« zu können wie ein Land ein anderes, kommentiert der NASA-Rekordastronaut und notorische Querdenker Franklin Story Musgrave mit dem Hinweis, dass »erobern« impliziere, dass der Eroberer der Gleiche bleibt, dass er sich durch den Prozess der Eroberung nicht verändert. Würde er sich verändern und an die Umgebung anpassen, könnte man nicht mehr von einer »Eroberung« sprechen.[222] In dem Fall würde es sich also eher um Migration handeln, um Migration samt Assimilation an eine neue, fremdartige Umgebung. Sigmund Jähn, der erste Deutsche im All, sagt schlicht: »Der Mensch ist für die Erde geboren und wir sollten unsere Erde besser schützen und schätzen lernen. Wir haben nur die eine.«[223]

Manch ökologisch eingestellter Philosoph wird einräumen, dass die Migration des Menschen in den Weltraum einer Entwurzelung desselben gleichkomme. Auf psychologischer, erst recht auf ökologischer Ebene ist da sicher einiges dran, aber vielleicht wird dieser Vorgang zu gegebenem Zeitpunkt eher der Ablösung einer reifen Frucht von ihrem Baum, ihrem »Wirtskörper« namens Erde gleichkommen. Die Erde, von der wir sprechen, ist ja unsere liebe Mutter Erde, aber haben wir nicht auch einst das warme, paradiesische Einssein in der Gebärmutter unserer biologischen Mutter verlassen müssen? Mussten wir nicht aus dieser warmen Dunkelheit heraus bereits ins kalte Ausgesetzt-Sein des Lichtes treten? War die Abnabelung von der Plazenta, die Durchtrennung der Nabelschnur, nicht ebenso kalt und brutal wie das Hinausgeworfen-Werden in den Weltraum es werden dürfte? Kann Entwurzelung folglich nicht als ein von der Natur »eingeplanter«, als ein vorgesehener Vorgang in Frage kommen?

Wenn das so sein sollte, dann gälte es natürlich erst, so möchte ich nachdrücklich betonen, wenn die Zeit reif ist – das ist sie, wenn der Mensch als Frucht der Erde gereift ist, und bis es so weit ist, wird es noch eine Weile dauern. Vor allem stellt die Situation, dass das Neugeborene den Mutterleib als eine toxisch kontaminierte, verwahrloste und todgeweihte Ruine zurücklässt, bei der menschlichen Geburt eher die Ausnahme als die Regel dar.

Himmel und Erde vereinen sich

Inter*planetare* Expansion, Ausbreitung der Menschheit zu den – mit kosmischen Maßstäben gemessen – nahen Welten des Sonnensystems soll Kreativität aufwerten, der Fortschrittsidee neues Leben einhauchen, soll zugleich höchst handfest unserem heruntergewirtschafteten Planeten neue Ressourcen erschließen.

Inter*stellare* Kommunikation mit entwickelten Zivilisationen, Kontakt mit erhofften kosmischen Hochkulturen soll auf das ethische Bewusstsein der Menschheit einwirken, soll Selbstbescheidung stärken, drohender Selbstzerstörung entgegenwirken...

Menschen müssen ihre fundamentalen Existenzprobleme [jedoch] in schöpferischem Zusammenleben hier auf der Erde lösen. Der ernstliche Glaube, dieser Last durch Kommunikation mit dem Kosmos, durch Expansion ins Sonnensystem gar entfliehen zu können, käme der Weigerung gleich, uns einem Lernprozess zu unterziehen, unser eigenes Verhalten zu ändern, wenn wir und unsere Nachkommen überleben wollen. Dass wir träumen, dass wir Sehnsüchten nachhängen, ist nur zu verständlich. Doch Phantasien entlasten nicht von eigener Verantwortung.[224]

Es hat sich gezeigt, dass viele Versuche unternommen wurden, die Leere des Himmels mit Gedanken und Sehnsüchten zu füllen. Nichts anderes mache ich mit diesem Buch, aber im Gegensatz zu den obigen Gedanken, die diese Leere vermeiden wollen, sind meine gerade auf sie ausgerichtet. Als Faustregel lässt sich festhalten, dass es, ganz unabhängig davon, was sich in ihr befindet oder einmal befinden wird, über unseren Köpfen zunächst einmal eine gewaltige Kluft öffnet. Das Weltall ist und bleibt ein kosmischer Ozean, in dessen unendlicher Weite es vielleicht eine unvorstellbare Anzahl an Inseln gibt, aber kein Festland, und dass es am Ende vor allem dieser stille, wasserlose Ozean ist, aus welchem die materielle Welt besteht. Selbst wenn die Sternsysteme, die wir am Himmel erblicken, allesamt bevölkert wären, entweder von Außerirdischen oder zukünftig von unseren Nachfahren, selbst wenn wir mit dem Zeigefinger auf einen hell leuchtenden Stern weisen könnten und uns sagen könnten: *Dort oben wohnt jemand,* selbst dann blieben wir dabei fixiert auf einen winzigen Punkt, oder auch auf mehrere winzige Punkte. Wir müssten uns anstrengen, sie zu sehen, die Augen zusammenkneifen, damit die große Leere zwischen ihnen nicht gleich wieder alles verschlucken würde.

Auf Meereshöhe ist die Luft auf der Erde dicht genug, um einen Kubikmeter Raum mit über einem Kilogramm an Materie auszufüllen. Für Flüssigkeiten und Festkörper lässt sich grob die tausendfache Dichte rechnen, also etwa eine Tonne pro Kubikmeter. Das Gewicht der kilometerhohen Atmosphäre über uns bekommen wir nicht zu spüren, weil wir selbst voll von Materie sind und unser Innendruck den Außendruck ausgleicht. Druckunterschiede spüren wir infolgedessen nur bei schnellen Höhenänderungen und in Form von Fahrtwind, denn bei einer Vorwärtsbewegung erzeugen wir vor uns einen Überdruck und hinter uns Unterdruck. Beide bremsen uns ab.

Die mittlere Dichte des Universums ist jedoch so gering, dass sich ein Kilogramm Materie durchschnittlich auf ein Volumen verteilt, welches dem einer Kugel mit Radius von über 14 000 Kilometern entspricht. Das ist mehr als das Doppelte des Erdradius und bedeutet, dass das 2^3-, also *Achtfache des Erdvolumens* im Mittel des Universums *noch nicht einmal ein Kilogramm* wiegt, ein kleines Kilogramm, welches wir für gewöhnlich schön kompakt in Form einer Gummihantel kennen, oder als einen Liter Milch, oder als zwei Pfund Mehl. Unbedingt ist anzumerken, dass diese Rechnung nicht nur das Vakuum berücksichtigt – für welches diese Zahl keine große Überraschung wäre – sondern auch sämtliche Asteroiden, Kometen, Planeten, Sterne, Nebel, Neutronensterne, schwarzen Löcher und die vielen Milliarden Galaxien, die alle zusammen ergeben, alles, was sich im beobachtbaren Universum befindet. Im Vergleich zu irdischen Maßstäben ist im All wirklich fast nichts! In Wahrheit ist dort natürlich sehr viel, aber das All ist groß genug, dass sich alles auf einen Ozean aus Raum verteilt, der sämtliche Erscheinungen, mögen sie für uns auch noch so monumental und zeitlos erscheinen, zu kleinen Inseln verkommen lässt, die diesem Ozean schutzlos ausgeliefert sind. Sterne werden so zu schwach glimmenden Streichhölzern, und selbst den prächtigen Galaxien ergeht es nicht anders.

So werden wir zurückgeworfen auf uns selbst, nicht gerade auf die sanfte Tour, sondern auf die harte. Als möglichen Umgang mit diesem Umstand bietet sich an, vor dieser unerträglichen, ja, menschenverachtenden kosmischen Einsamkeit davonzulaufen, was heutzutage wohl am ehesten unbewusst durch Konsumismus geschieht. Die andere Möglichkeit ist, sich mit ihr auseinanderzusetzen. Die Leere des Alls mag furchteinflößend erscheinen, ganz im Sinn des Satzes »Im Weltall hört dich niemand schreien«, aber andererseits war die Welt schon seit Menschengedenken so aufgebaut, wie sie eben aufgebaut ist – wenn man einmal absieht von den Projektionen, Fehlinterpretationen und -konzeptionen, mit denen der Mensch sich stets selbst getäuscht hat und mit denen wir uns auch heute noch täuschen.

Auch die Naturwissenschaft ist vor derlei Täuschungen nicht gefeit; gerade sie geht unnötigerweise oft von der im Grunde ungeheuren, weil unbeweisbaren Annahme aus, dass eine objektive, vom Beobachter unabhängige Realität existiere. Dass *jedes* Messergebnis eine subjektive Interpretation verlangt (wenn schon nicht durch den Wissenschaftler, so doch wenigstens durch die von ihm programmierte Maschine), ist hierbei noch das kleinere Problem. Einstein sagte hierzu, dass erst die Theorie festlege, was sich überhaupt beobachten *lässt* – so viel zum Thema »selektive Wahrnehmung«. Das größere Problem besteht darin, dass jede gedankliche Vorstellung, die wir uns von der Realität machen, letzten Endes in irgendeiner Weise auf unsere subjektiven Bewusstseinsinhalte (wie Bilder, Klänge und andere Sinneserfahrungen – und zwar im weitesten Sinn) zurückgreifen muss und schon dadurch nicht mehr absolut objektiv sein kann, ganz zu schweigen von verwaschenen Meinungen, Ansichten und ähnlichen Faktoren, die unser Denken vernebeln. Einzige Ausnahme dürfte hier – so könnte man meinen – die Mathematik sein, aber die ist eben geistiger Art, wie auch jenes ihr fundamentale Prinzip, welches »Logik« genannt wird. Hier stellt sich die ontologische Frage, ob Geist für sich als rein objektive Instanz existieren kann oder ob ihm nicht stets eine subjektive Komponente beigemischt ist. Laut Advaita-Vedanta ist eine derartige Unterscheidung von Subjekt und Objekt unzulässig – ein naiver Glaube des Verblendet-Unwissenden, des innerlich Gespaltenen. Und auf rein begrifflicher Ebene lässt sich sagen, dass der Geist kein »Objekt« ist, weil er sich nicht auf etwas reduzieren lässt, das man als »Einzelding« bezeichnen könnte – also hat der Geist, so transzendent, göttlich und allmächtig er auch sein mag, immer Subjektqualitäten, was wieder mit Advaita-Vedanta übereinstimmt. Noch ein Argument für diesen Umstand stellt schließlich der etymologische Werdegang des Logos dar, wenn wir uns daran entsinnen, wie (wie weiter oben geschildert) der Begriff der objektiven Logik aus dem des präobjektiven Logos gleichsam gewaltsam »ausgeschabt« wurde. Und das lästige, schwierige, undurchsichtige Subjektive wurde einfach links liegen gelassen. Was auch immer eine objektive Realität sein soll: *geistlose, profane Materie wird man in ihr nicht finden.* Alles, was wir Materie nennen, ist in irgendeiner Weise geistig, und ja: aus diesem Grund *ist* sie geronnener Geist. Die frohe Botschaft hieran ist: Du bist nicht allein. *Jemand* ist immer anwesend, wohin du auch gehst, wohin du auch blickst. Im Zweifelsfall bist du es selbst, als Reflexion und als Atman. Die Frage nach Subjekt und Objekt ist auch die Frage nach dem »Jemand« und dem »Etwas«.

Wenn wir uns im All einsam und verloren fühlen, liegt das oftmals sicher auch daran, dass wir uns unter unseresgleichen einsam und verloren fühlen. Wir mögen der Meinung sein, dass die ganze Menschheit von der kosmischen Einsamkeit betroffen ist, aber schlussendlich kennen wir doch nur unsere eigene Empfindung und können nicht ohne Weiteres von uns selbst auf die gesamte Menschheit schließen.

Wenn sich in einer Stadt zwei Menschen begegnen, dann beachten sie sich in aller Regel nicht. Aufgrund der Überzahl an Menschen, denen man als Stadtbewohner begegnet, ist das natürlich kein Wunder. Es wäre heuchlerisch, allen eine erzwungene Beachtung zukommen zu lassen. Da ignoriert man sich besser gleich. Wo es Menschen in Hülle und Fülle gibt, zählt der Einzelne nur noch wenig – oder zu viel, wenn die Folge seiner Isolation darin besteht, dass er nur noch sich selbst sieht.

Unsere Lebensräume sind durch strikte Linien voneinander getrennt. Auf großer Skala handelt es sich um die Grenzen von Nationen, auf kleiner Skala um die Wände unserer Wohnungen und die Zäune unserer Gärten, falls Gärten überhaupt noch vorhanden sind. Natürlich ist der Mensch ein komplexes Wesen, das Privatsphäre braucht, aber der Begriff »Sphäre« impliziert eigentlich eine eher unscharfe Grenze. Tieren genügt es schließlich auch, ihr Revier zu markieren, anstatt Mauern zu bauen. Die Grenzen der Reviere sind unscharf, und sie wissen dann schon von selbst, wo ihre jeweilige Grenze liegt. Ein weiterer Unterschied liegt darin, dass Tiere sich nicht anmaßen, Grund und Boden materiell »besitzen« zu können. Sie sind ein Teil ihres Reviers, ihr Revier ist ein Teil von ihnen, ihr Lebensraum. Hierbei geht es um eine Beziehung, keinen Besitz, der einen bestimmten monetären Wert hätte. Es geht um eine räumliche, heimatliche Beziehung, ganz wie im Fall der Astrologie. Eine solche Verbundenheit zum Lebensraum ist in den Städten heute garantiert nicht mehr vorhanden; in der Betonwüste scheinen sich sowohl die innere als auch die kosmologische Wüste widerzuspiegeln. Was hieran ist Ursache, was Wirkung? Was beruht auf Projektion?

Zu diesen Umständen kommen heute noch die modernen Kommunikationstechnologien. In einem Buchkapitel mit der trefflichen Überschrift »Lost in Cyberspace« vergleicht die Theologin Johanna Haberer das Internet, den Web*space*, implizit mit dem Weltraum, dem physikalischen *space*. In beiden Räumen erscheinen wir schließlich wie kleine Irrlichter, die, wie der Name sagt, vor allem umher*irren*. Dabei geht es nicht notwendigerweise um die Größe des Weltalls, sondern vor allem um das Alleinsein »des beziehungssüchtigen, aber letztlich vereinzelten Ich«[225], welches auch in Gesellschaft nicht schafft, wirklich zum Du des Anderen durchzudringen oder gar eine echte Gemeinschaft des Wir zu bilden. In memoriam *Charlie Hebdo* ruft es vielleicht »Je suis Charlie«, aber das auch nur ein paar Wochen oder Monate lang, bis sich der Medienrummel wieder gelegt hat. Wie groß war das einende Moment hier wirklich? Wirken die Menschen am anderen Ende der nicht vorhandenen WLAN-Leitung nicht stets wie die funkelnden, doch letztlich unerreichbaren Sterne am Firmament?

Soziale Netzwerke haben natürlich auch eine positive Seite: Sie steigern die Quantität von Kommunikation, eröffnen neue Möglichkeiten und Horizonte. Dies kann jedoch – wie so oft – schnell auf Kosten der Qualität gehen, und wenn es nur durch fehlende Übung geschieht, durch eine schleichende Verschiebung unserer Normen, also dessen, was wir als »normal« erachten. War es früher noch normal, beim Anderen einfach unangemeldet an der Haustür zu klopfen, scheut man sich heute bereits oft davor, anzurufen und schickt stattdessen lieber eine ausdruckslose Kurznachricht über die bekannten Dienste, trostlos, aber obligatorisch dekoriert mit vorgefertigten Emoticons.

In der Schule lernen Kinder vornehmlich für sogenannte Noten, Zahlen, die hauptsächlich Aussagen über die Konformität des Schülers machen und die sich lesen wie die Leistungsdaten eines Computers. Der Satz, dass man nicht für die Schule lerne, sondern fürs Leben, kann einem Vormund je nach Kontext eigentlich nur noch mit sarkastischem oder zynischem Unterton über die Lippen kommen. Dabei müsste er eigentlich der Realität entsprechen, denn alles andere wäre nicht nur Verschwendung von Zeit und Geld, sondern auch ein Verbrechen an den Kindern, denen ihre Kindheit geraubt wird. Die Bürokratie wird dabei immer schlimmer.

Durch moderne Transportmittel werden wir immer mobiler im Raum, aber die Folge ist, dass wir uns an jedem Ort nur noch für kürzere Zeitspannen aufhalten. Insofern lässt sich durchaus sagen, dass wir mit der Steigerung unserer Mobilität im Raum eine Verringerung unserer Mobilität in der Zeit erwirken. Die Telekommunikation ändert hieran nichts. Sie bringt uns an keinerlei Ort, sondern sorgt nur dafür, dass wir in einer Art gespenstischem Limbus überall und nirgendwo zugleich sind.

Ärzte haben keine Zeit mehr, mit Patienten über mehr zu sprechen als das absolut Notwendige und sich dabei empathisch in sie hineinzufühlen. Menschen machen sich zu Produkten, sind keine Subjekte mehr, jedes einzigartig in seiner unendlichen Tiefe, sondern Objekte, die sich anhand ein paar äußerer Daten und Fakten hinreichend charakterisieren lassen. Mit dem Begriff *»human resource«* wird der Mensch endgültig zum Rohstoff, zur Ressource erklärt; die »-kraft« in »Fachkraft«, »Lehrkraft« etc. sorgt für eine vergleichbare Entmenschlichung. Da kann er im Vergleich mit anderen noch so »gleichberechtigt« sein: es ändert hieran nichts. Manchmal scheint es, als würde die Gleichberechtigung dadurch erkauft, dass die Menschen allesamt auf ihren kleinsten gemeinsamen Nenner reduziert werden.

Eine Vielzahl von Produkten, welche wir tagtäglich achtlos einkaufen, konsumieren und vor dem Konsum auspacken, sind in Plastik verpackt. Die Plastikhülle trennt das Produkt, das Objekt der Begierde, von seiner Umgebung. Die Plastikhülle erschafft somit Endlichkeit. Heute könnte man wohl sagen, dass mit den »sozialen Netzwerken« für das Produkt Mensch noch eine ideale Werbeplattform hinzugekommen ist.

Man hüte sich jedoch davor, aufzuwarten mit der Phrase, dass früher noch alles, oder auch nur manches besser gewesen sei. Projektion in die Vergangenheit unterscheidet sich nicht wesentlich von Projektion in die Zukunft. Wie am Anfang dieses Kapitels angemerkt, empfand die Dichterin Sappho schon in der Antike das Gefühl emotionaler Isolation. Wenn überhaupt, dann liegen Tendenzen, die sich im Menschen schon damals angedeutet haben, heute bloß in fortgeschrittener Entfaltung vor, aber vielleicht ist es nicht einmal das. Es ist schließlich die gleiche Spaltung im Menschen, die gleiche Wunde, die noch nicht verheilt ist: das gleiche Erleben der eigenen Endlichkeit, welches den Menschen schon seit Jahrtausenden heimsucht. Die Gefühle, die sich aus diesem Erleben heraus manifestieren, können vielleicht geheilt werden durch wirkliche Gemeinschaft und eine tiefgehende innere Verbundenheit (nicht nur zu anderen Menschen, sondern zu unserer gesamten Umwelt), sowie durch echte Intimität, deren Berührungen stets emotionaler Natur sind.

Die heutige Spaltung des Menschen geht einher mit seinem Menschsein, sie ist eng geknüpft an seine fundamentale Fähigkeit zur Erkenntnis. Wenn wir eine goldene Vergangenheit suchen, dann ist anzunehmen, dass wir, um sie zu finden, die Zeit zurück bis in die Steinzeit drehen müssten, und vielleicht noch weiter, aber so weit in die Vergangenheit möchte dann doch lieber keiner. Es liegt nicht bloß daran, dass wir zu bequem wären, um wieder auf Bäumen zu leben; nein, es käme einer Leugnung dessen gleich, was uns zu Menschen macht. Die Gleichung »Mensch gleich Tier« scheint hier nicht ganz aufzugehen. Insofern ist alles, was passiert, möglicherweise doch unser Weg, der, bedingt durch die Einstellung der fundamentalen Parameter unserer Natur, gar nicht anders begangen werden könnte. Das bedeutet allerdings *nicht*, dass unser Schöpfer uns, das Produkt Mensch, mitsamt einer unbegrenzten Überlebensgarantie gefertigt hätte. Unser Weg könnte genauso gut in unserer Vernichtung enden. In diesem Fall wären wir eben ein fehlgeschlagenes Experiment der Evolution, wobei mit »fehlgeschlagen« und »Experiment« hier gleich zwei anthropomorphe Vorstellungen vorliegen, die nur Sprechweisen sind und nicht der Intentionslosigkeit, dem Wu Wei, dem »Laissez-faire« der Natur entsprechen.

Echte, zwischenmenschliche Wärme braucht der Mensch. Das ist leichter gesagt als getan, und dieses Thema ist zwar wichtig, lässt sich an dieser Stelle aber kaum ausreichend behandeln. Hierfür gibt es andere Bücher, die natürlich die persönliche Lebenserfahrung niemals ersetzen können. (Dafür können sie sie, wie wir gelernt haben, aber *zer*setzen, indem sie bei der Verdauung helfen.) Als Faustregel ist das satteste, das zufriedenste Glück sicher dasjenige, welches es unter den lieben Mitmenschen gibt, denn geteiltes Leid ist halbes Leid, und geteilte Freude ist doppelte Freude.

Wie gerade schon angemerkt: es ist alles leicht gesagt. Ich möchte Sie nicht mit trivialem oder gar kitschigem Gesäusel langweilen. Sentimentalität hilft niemandem – entsprechend soll mit ihr an dieser Stelle auch schon wieder Schluss sein. Anstatt uns mit unserer Umwelt auseinanderzusetzen, werden wir im Folgenden – im zweiten Teil dieses Buchs – wieder dem bereits eingeschlagenen Weg folgen und Innenschau betreiben. Unser Erleben unserer Umwelt hängt zweifelsohne mit der Beschaffenheit unseres eigenen Inneren zusammen.

Zunächst werden wir uns jedoch physikalischen Themen widmen. Es ist höchste Zeit, da es hier einiges zu lernen gibt, wenn wir das Weltall verstehen wollen. Wir beschäftigen uns mit der Gravitation nach Newton, da ein rudimentäres Verständnis der Gravitation bei der Berührung mit der Astrophysik unerlässlich ist. Außerdem ist Newtons Gravitationstheorie hilfreich für das Verständnis der allgemeinen Relativitätstheorie. Relativitätstheorie und Quantentheorie werden unsere Vorstellungen von Raum und Zeit dann einer Generalüberholung unterziehen. Für unsere Auffassung der Wirklichkeit ist diese Generalüberholung wohl das größte Vermächtnis der modernen Physik. Wir werden dann noch einen kurzen Blick auf die aktuelle Suche nach der »Weltformel« werfen, bevor wir im abschließenden Kapitel des zweiten Teils wieder tief in unser Bewusstsein eintauchen.

II

Auslotung von Raum und Zeit

Technik im Weltraum – Selbstporträt des Mars-Rovers »Curiosity«. Wie ist das möglich? Es handelt sich nicht um ein einzelnes Bild, sondern um eine geschickte Zusammensetzung mehrerer. Die Wüstenlandschaft drum herum ist selbstverständlich der rote Planet höchstpersönlich, Mars.

Bild: NASA/JPL-Caltech/MSSS (zugeschnitten)

Der Komet *Tschurjumow-Gerassimenko*, auf welchem die Raumsonde Rosetta 2014 zu Forschungszwecken ihren Lander Philae absetzte. September 2016 ließ man dann die »restliche« Raumsonde auf den Kometen aufprallen. Der Durchmesser des (eigentlich überhaupt nicht kugelförmigen) Kometen beträgt zwischen drei und vier Kilometer. Auf der auf dem Foto sichtbaren Fläche wäre also genug Platz für eine mittelgroße Stadt.

Bild: ESA/Rosetta/NAVCAM (Helligkeitskurve angepasst)

Jupiter mal anders – nicht nur auf unserer Erde gibt es Polarlichter. Bei dem größten Planeten des Sonnensystems dehnen sie sich über ein Gebiet aus, das noch größer ist als sein Markenzeichen, der *Große Rote Fleck*. Als größter Sturm des Sonnensystems misst der Große Rote Fleck in Äquatorrichtung rund zwei Erddurchmesser und wurde schon vor über 350 Jahren beobachtet.

Bild: NASA/GSFC

6.
Kreuzfahrt im Vorgarten

Das Weltgebäude setzet durch seine unermeßliche Grösse, und durch die unendliche Mannigfaltigkeit und Schönheit, welche aus ihr von allen Seiten hervorleuchtet, in ein stilles Erstaunen. Wenn die Vorstellung aller dieser Vollkommenheit nun die Einbildungskraft rühret; so nimmt den Verstand anderer Seits eine andere Art der Entzückung ein, wenn er betrachtet, wie so viel Pracht, so viel Grösse, aus einer einzigen allgemeinen Regel, mit einer ewigen und richtigen Ordnung, abfliesset.

~ Immanuel KANT: *Allgemeine Naturgeschichte und Theorie des Himmels*[226]

Abgesehen von Lichtschwertern, Jedi-Rittern und dem ikonischen Soundtrack haben die *Star Wars*-Filme vor allem eins gemeinsam: den Anfang. Mit dem Ausdruck »Opening Crawl« wurde ihm sogar ein eigener Begriff zugewiesen. Setzen wir uns an einem gemütlichen Fernsehabend hin und legen einen der guten alten *Star Wars*-Filme ein, auf DVD, Blu-ray oder per Stream, werden wir, nachdem das Logo des Franchises erschienen ist, in großen, gleitenden Lettern informiert über die jüngsten Geschehnisse in der weit, weit entfernten Galaxis, in der wir uns offenbar befinden.

Im Hintergrund ist bereits der Weltraum zu sehen, der neben der Schwärze erkennbar ist an den – je nach Episode – mehr oder weniger vielen Sternen, die sich uns zeigen. Wenn wir auf ihn achten, wirkt er gar nicht mehr so vertraut wie unser heimatlicher Sternenhimmel, obwohl er eigentlich genau so aussieht, wie ein Foto, das man auch von der Erde aus geschossen haben könnte. Doch wir nehmen intuitiv an, dass verschiedene Galaxien von innen nicht einfacher voneinander zu unterscheiden seien als die irdischen Weltmeere in ihren ewig gleichen Wassermassen, und so spielt diese Ähnlichkeit keine Rolle mehr: Durch den einleitenden Text wissen wir, dass wir ganz woanders sind. Nach und nach, angetrieben von der wuchtigen Musik, die in unseren Ohren tönt, verblassen die Schriftzüge in der Ferne, und für einen kurzen Moment sind wir allein mit uns und der fremdartigen Umgebung.

So fern der Heimat würden wir beginnen, uns orientierungslos zu fühlen, verloren, wenn wir nicht im nächsten Moment einem unverkennbaren Anzeichen von Zivilisation begegnen würden: Nach einem Kameraschwenk schwebt an uns in sicherer Entfernung ein gigantisches Gebilde aus Stahl (oder vielleicht aus einer höherentwickelten Legierung) vorbei, ein Koloss von einem Raumschiff, wie er uns auch in unseren kühnsten Träumen nicht erscheinen würde. In Episode I bis III handelt es sich an dieser Stelle um kleinere Raumschiffe, aber der keilförmige imperialistische Sternenzerstörer aus den übrigen Filmen ist wohl das Bild, welches man am ehesten mit dieser Szenerie assoziiert. Anschließend klären einige Details uns genauer darüber auf, woran wir sind. Oftmals befinden wir uns in einer Gefechtssituation. Schließlich kommt der erste Schnitt und der Einstieg in die Handlung beginnt. Letzten Endes hat die Szene nur einige Sekunden gedauert.

Während die gleitende Schrift, eben jener Opening Crawl, ein Markenzeichen von *Star Wars* ist, lassen sich Einstiegsszenen mit eindrucksvollen Raumschiffen ebenso bei *Star Trek*, *Alien*, *Lost in Space* und mit Sicherheit bei vielen anderen Filmen und Serien finden. Bei *Doctor Who* wird das Raumschiff getarnt als britische Polizei-Notrufzelle, welche auf den ersten Blick einer alten Telefonzelle ähnlich sieht. Ob der Schwerpunkt solcher Szenen eher auf den Raumschiffen liegt, sprich auf der Handlung, oder aber auf der Umgebung, also der Stimmung und Atmosphäre, hängt vom Einzelfall ab. Ein Film, in dem das Gewicht größtenteils auf letzterer liegt, dürfte der Klassiker *2001: A Space Odyssey* aus dem Jahre 1968 sein, der schon auf Seite 33 kurz erwähnt wurde. Die Weltraum-Odyssee kommt in ihrer Langsamkeit dem Italowestern *C'era una volta il West* (*Spiel mir das Lied vom Tod*) gleich und wird in dieser Hinsicht von anderen Science-Fiction-Filmen höchstens in unbekannten Ausnahmefällen übertroffen.

Schall und Rauch

Der Physiker entwickelt eine Art Hassliebe zur Science Fiction, wenn offensichtliche Verletzungen bekannter Naturgesetze vorliegen, die die jeweils Verantwortlichen auch hätten vermeiden können. »Hassliebe« ist natürlich ein drastisches Wort. Vielleicht kann er im Namen der Fantasie und der Unterhaltung auch mal das eine oder andere Auge zudrücken, auf jeden Fall sollte er wenigstens seine schlauen Kommentare für sich behalten, aber dennoch, diese Hassliebe existiert in einem hinreichenden Ausmaß, um in eingeweihten Kreisen den Begriff der »Physical Correctness« geprägt zu haben. Bei Filmen und Büchern, die nicht physikalisch korrekt sind, bleibt dem gewissenhaften

Physiker oder Physik-Interessierten schnell ein ganz leichter, kaum spürbarer, aber dennoch vorhandener fader Nachgeschmack zurück.

Ein in dieser Hinsicht sehr beliebter Knackpunkt ist der Schall im Weltraum, welcher schlichtweg nicht vorhanden ist. In Wahrheit sind weder Laserkanonen noch Triebwerke jeglicher Art zu hören, es sei denn, die Geräusche werden innerhalb des eigenen Raumschiffs produziert. Schallwellen sind mikroskopische Schwingungen von Atomen oder Molekülen, die zur Ausbreitung weitere Teilchen in nächster Nähe benötigen, ein *Medium*. Wie in einer Dominoreihe ein Stein den anderen anstößt und die Bewegung sich auf diese Weise fortsetzt, obwohl jeder Stein nur wenige Zentimeter zur Seite kippt, breitet sich Schall dadurch aus, dass ein Teilchen seinen jeweiligen Nachbarn in Schwingung versetzt und anschließend wieder nach und nach in seinen Ausgangszustand, auch *Ruhezustand* genannt, zurückkehrt. Anders als bei den Dominosteinen, welche ja wieder aufgestellt werden müssen, ist hierfür keine helfende Hand mehr nötig. So gelangt eine Schallwelle an unser Ohr, ohne dass sich einzelne Teilchen weiter als um eine mikroskopisch kleine Strecke bewegen müssen.

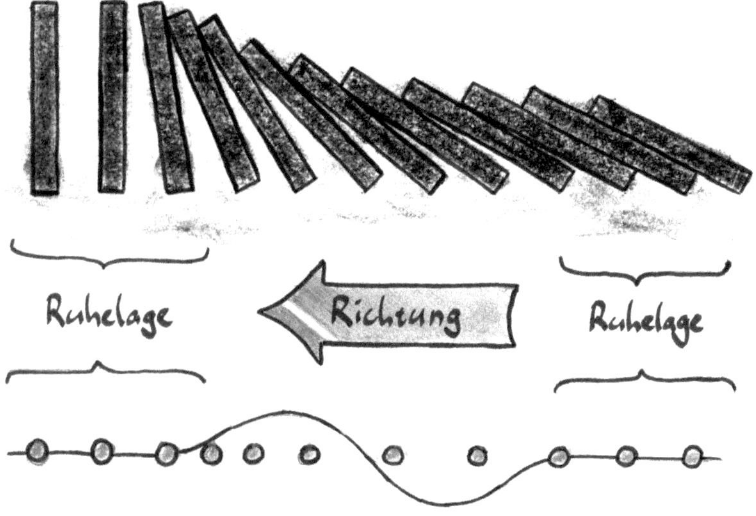

Wenn genug Teilchen vorhanden sind, lässt sich die Schallübertragung auch vergleichen mit der Bewegung eines abgerollten Seils: Hält man das eine Ende in der Hand und gibt ihm einen ordentlichen Ruck, breitet sich eine Welle ähnlich der in der Abbildung durchgezogenen Linie entlang des Seils aus, obwohl sich die einzelnen Teilstücke des

Seils kaum bewegen. Mit seiner geometrischen Konstruktion verstärkt und filtert der äußere Gehörgang die Schwingungen dann noch etwas, bis die letzten Teilchen mit vereinten Kräften, einer Art gemeinsamer »Hau-Ruck«-Bewegung, unser Trommelfell in rhythmische Bewegung versetzen. Nach dem Durchwandern des Mittelohrs werden die Schallwellen im Innenohr dann über eine raffinierte Mechanik so moduliert, dass die Information nach Tonfrequenzen sortiert an unser Gehirn weitergegeben werden kann. Die diese Modulation beschreibende Rechenoperation nennt sich *Fourier-Transformation* und ist im mathematischen Werkzeugkasten eines jeden Physikers unentbehrlich – hier aber wurde sie von der Natur selbst implementiert. Unser Gehirn erhält zu jeder Frequenz die zugehörige Lautstärke und rekonstruiert aus dieser Information den Klang, den wir schließlich in unserem Kopf wahrnehmen, den Klang, den ich beim Tippen dieser Schriftzeichen vernehme und den Sie hören, wenn Sie, lieber Leser, die nächste Seite aufschlagen. Generell gilt: Wo keine Teilchen sind, kann Schall sich nicht ausbreiten.

Gase haben meist eine geringere Konzentration, also eine geringere Teilchenanzahl pro Kubikzentimeter, als Flüssigkeiten oder Festkörper. Schall können sie offensichtlich trotzdem übertragen, wie es uns die Luft täglich bereits morgens mithilfe unseres klingelnden Weckers vormacht. Auch das sogenannte Vakuum (von lateinisch *vacuus*, leer) des Weltraums ist nicht vollständig leer. In äußerst geringer Konzentration sind auch in ihm Teilchen vorhanden. Außerhalb unseres Sonnensystems spricht man in dieser Hinsicht vom *interstellaren Gas*, dessen Konzentration jedoch weit unterhalb der für die Ausbreitung von Schall notwendigen Schwelle liegt. Wenn man die Dominosteine zu weit voneinander entfernt aufstellt, können sie sich beim Umkippen nicht mehr gegenseitig berühren. Es fällt nur ein Dominostein um, vielleicht auch zwei, aber es kommt keine Kettenreaktion zustande. Der Rest bleibt völlig unbeeindruckt stehen, wie auch der Schall eines kraftvollen Triebwerks, welches in der Atmosphäre eines Planeten ohrenbetäubendes Dröhnen verursachen würde, im Weltall einfach verpufft.

Es ist also still. Ganz still. Es gibt keine Hektik, und dass uns eine Laserkanone hinterhältig in den Rücken schießt, weil wir sie akustisch nicht wahrnehmen, kann nicht passieren, weil Gefechte im Weltall bisher Fiktion sind. Es herrscht Frieden, Frieden, wie er sonst nur in unberührter, in jungfräulicher Wildnis zu finden ist, und wir können uns vom Alltagsstress mal so richtig erholen, so richtig Urlaub machen mit einem wundervollen Panorama vor uns, über uns, um uns. Wie wäre es mit einer Kreuzfahrt an den Rand unseres Sonnensystems? Wir könnten dabei zahlreiche Welt(all)wunder bestaunen und unseren Alltag auf der grün-blauen und oftmals grauen Kugel hinter uns lassen, Abstand gewinnen und so richtig durchatmen, gesetzt den Fall, dass die Sauerstoffreserven dafür ausreichen.

Nach umfangreichen Vorbereitungen, die hoffentlich die Reisegesellschaft für uns übernähme, würde es losgehen in Richtung Mond. Die Reisegesellschaft könnte uns leider nicht vor zahlreichen Formularen schützen, die noch auf uns zu kämen, vor Reiseversicherung, Lebensversicherung und, für alle Fälle, vor unserem letzten Willen, aber als wir langsam denken es geht nicht mehr, ich kann keine Unterschrift mehr setzen, weil ich einen Krampf in der Hand bekomme, als uns der Kopf schmerzt von dem ganzen Kram, um den wir uns kümmern müssen, als die Buchstaben vor unseren Augen verschwimmen und wir ohnehin alles nur noch unterzeichnen würden, um mit der Sache endlich, endlich fertig zu werden, da wären wir irgendwann beim letzten Blatt angekommen und würden mit einem tiefen Seufzer, der wirklich von Herzen käme, unserer Erleichterung über den Abschluss dieser Sisyphusarbeit Ausdruck verleihen. Wir würden uns noch kurz von unseren Liebsten verabschieden und dann ginge es schon hinein in unseren Raumgleiter, der zwar nicht das luxuriöseste aller Kreuzfahrtschiffe wäre, da es viel Energie und somit Geld kostet, Masse der Erdanziehungskraft zu entreißen. Er hätte jedoch alles, was wir bräuchten, und das wäre angesichts der Dauer unserer bevorstehenden Reise schon eine ganze Menge.

Die Gurte angeschnallt, die Triebwerke am Warmlaufen, das Handy ausgeschaltet, würde irgendwann der Countdown beginnen, gleichmäßig von zehn herunterzählend. Währenddessen würden wir uns fragen, ob der ganze Stress im Vorfeld dieser Reise wirklich das Erlebnis wert gewesen sei und darauf hoffen, dass die Entspannung größer sein wird als die vorherige Anspannung, aber nun könnten wir ohnehin nicht mehr aussteigen und... es geht los!

Jetzt gibt es kein Zurück mehr, und das spürt man. Dutzende Millionen von Pferdestärken galoppieren uns unter der Haube, bringen die Erde zum Beben. Im Gegensatz zu einem Rennwagen müssen wir entgegen der Gravitation beschleunigen, und im Gegensatz zu einem Flugzeug oder Hubschrauber haben wir keine Tragflächen oder Propeller, die uns dabei helfen würden, unsere Vorwärtsbewegung oder wenigstens die Rotation von Einzelteilen (Propeller oder Turbinen) unter Ausnutzung der Aerodynamik in Auftrieb zu verwandeln. Was die Rakete beschleunigt, ist allein der durch ausgestoßenen Treibstoff erzeugte Rückstoß. Der Mechanismus ist identisch mit dem, durch welchen ein aufgeblasener Luftballon unter beachtlicher Geräuschentwicklung davon fliegt, sobald man ihn loslässt. Somit wiegt allein der Treibstoff, den wir für unser kleines Vorhaben brauchen, tausende Tonnen, um ein Vielfaches mehr als ein beladener und vollgetankter Jumbo-Jet. Was die Sache nicht gerade leichter macht, ist nämlich, dass der verfluchte Treibstoff auch noch »sich selbst« anheben muss, ohne eben wie ein Flugzeug Auftrieb erzeugen zu können. Haben Sie schon mal versucht, sich selbst hochzuheben oder etwa wie der Baron Münchhausen aus dem Sumpf zu ziehen, ob mit oder ohne Pferd? Mit diesem Gedanken in unserem Hinterkopf setzen wir uns schließlich in Bewegung.

Es brodelt. Überall ist Staub, Gas, verbrennender Treibstoff und es wackelt, wir werden durchgerüttelt und geschüttelt, bis wir nur noch die Zähne zusammenbeißen und unsere Augenlider zusammenpressen können, weil wir alles bloß diffus sehen. Die Trägerrakete und die Booster beschleunigen uns immer stärker, mit dem bis zu Sechsfachen der Fallbeschleunigung auf der Erde. Wir werden so stark in den Sitz gepresst, dass wir uns unfähig fühlen, uns zu bewegen. Unser Körper ist schwer, als würden wir gerade aus einem Narkoseschlaf erwachen. Unsere Atmung wird schneller, unser Herz pumpt stärker, und wir müssen uns darauf konzentrieren, ruhig zu bleiben, während wir uns immer mehr fühlen, als ob wir – wieder wie der Baron Münchhausen – auf einer Kanonenkugel reiten würden, die schlichtweg unkontrollierbar durch die Luft fliegt. Wir brauchen bedingungsloses Vertrauen in die Technik, während diese uns auf diesen Höllenritt bringt, gegen den jede Achterbahn der Welt ein Witz ist.

Manch einer wird enthusiastisch, er spürt das Adrenalin in seinen Adern, er macht sich Luft und schreit, er jauchzt, er jubelt vor Freude, himmelhoch, in einer geradezu biblischen Ekstase. Manch anderer will verschwinden, er will nur, dass alles aufhört, so schnell wie möglich, und nur sein Gurt hält ihn noch davon ab, in Panik zu verfallen. Er will im Boden versinken, sich verstecken, aber der sichere Boden entfernt sich just in diesem Moment immer weiter, immer schneller. Wir befinden uns irgendwo dazwischen. Es ist ein atemberaubender Ritt, den wir hier erleben dürfen, aber wir spüren auch die übermenschliche Kraft, die dahinter steckt, der wir schutzlos ausgeliefert sind, von der wir abhängig sind in dieser immer lebensfeindlicher werdenden Umgebung. Wir fühlen uns wie ein Nichtschwimmer, der ins kalte Nass springt, wie ein Adlerjunges, das von seiner Mutter vom Baum gestoßen wird und genauso verzweifelt wie unbeholfen mit den Flügeln schlägt, um den Sturz zu überleben, oder wie ein Neugeborenes, das zum ersten Mal hinausgelangt aus der warmen Geborgenheit seiner Mutter Schoßes, nun hineintritt in die kalte, unerbittliche Welt, und das zunächst einmal lernen muss, überhaupt selbstständig zu atmen.

Sekunden dehnen sich zu Minuten, doch endlich erhaschen wir einen ordentlichen Blick aus dem Fenster, und wir können kaum glauben, dass wir schon so hoch sind: Die Krümmung der Erde ist ganz deutlich erkennbar und der Himmel ist nicht mehr blau, sondern schwarz und glasklar, durchsichtig, wie in der Nacht, nur die Sterne leuchten stärker, so viel deutlicher, und es sind ihrer so viele mehr, als man jemals von unten sehen könnte. Es ist, als ob jemand irgendwo da draußen plötzlich das Licht angeknipst hätte. Zwischen uns und dem Weltraum befindet sich keine Luft mehr, die tagsüber den blauen und abends den rötlichen Anteil des Sonnenlichts auf uns lenken könnte, kein Staub oder Smog, der das Licht der Sterne abschwächen würde und vor allem kein elektrisches Licht, welches dieses überlagern könnte, keine *Lichtverschmutzung*, welche uns die Anmut all dieser Lichter, all dieser fremden Welten dort draußen verheimlichen könnte. Nicht einmal die Sonne oder der Mond lenken uns noch von diesem Schauspiel ab, weil keine Atmosphäre vorhanden ist, die ihr Licht über den ganzen Himmel verteilt. Überhaupt gibt es hier draußen keine Tageszeiten mehr, höchstens eine Erde, die sich manchmal vor die Sonne schiebt, die im Laufe unserer Reise aber immer kleiner werden wird und bedeutungsloser. Nun werden die Booster abgesprengt und wir befinden uns auf einer Umlaufbahn um die Erde. Den rauesten Teil unserer Reise haben wir überstanden.

Fluchtgeschwindigkeit und Swing-by

Nach einiger Zeit merken wir, dass wir schweben. »Schwerelosigkeit« gibt es eigentlich jedoch nicht. Wir sind noch immer der Gravitation der Erde unterworfen, denn sonst würden wir nicht um sie kreisen, sondern geradewegs davonfliegen. Der Grund dafür, dass wir uns schwerelos fühlen, ist, dass wir um die Erde *fallen*, mitsamt dem Raumschiff, in welchem wir uns befinden. Auf die gleiche Weise fällt die Erde um die Sonne, allerdings spüren wir auf der Erde die Schwerkraft (der Erde), da sich zwischen uns und unserer Fallrichtung die Erdoberfläche befindet und uns den Weg abschneidet. Entsprechend ist es ungewohnt, wenn dieses Gefühl fehlt, wenn unsere Organe und unser Blut nicht mehr in Richtung der Schwerkraft von innen gegen unseren Körper drücken, unser Gleichgewichtssinn im Ohr nicht mehr weiterhilft und wir uns nicht mehr mit unseren Beinen dem Boden entgegenstemmen müssen. Die Gravitation ist somit noch da; was fehlt, ist der Gegendruck des Bodens, welcher sich auf unsere Organe übertragen würde. Das ist es, was die sogenannte Schwerelosigkeit ausmacht.

Alle Massen ziehen sich gegenseitig gravitativ an. Bei geringen Massen merkt man hiervon nichts, da die elektromagnetischen Wechselwirkungen viel stärker sind, und zwar um einen Faktor, der in etwa eine Eins mit nicht weniger als 37 Nullen ist. So große Zahlen findet man in der Physik nur selten. Bei großen Massen mit entsprechenden Teilchenzahlen überwiegt dennoch irgendwann die Gravitation. Das liegt daran, dass alle Massen (durch ihre gegenseitige Anziehung) im Kollektiv dann eine einzige »Supermasse« bilden, die weitere Massen mit vereinter Kraft anzieht (und gleichzeitig von diesen angezogen wird). Im Fall von Elektrizität und Magnetismus jedoch ziehen sich Plus- und Minuspole gegenseitig an, wodurch sich ihre Kraftfelder in ausreichendem Abstand gegenseitig neutralisieren.

Wenn man auf der Erde einen Ball wirft, beschreibt sein Flug eine geometrische Kurve, die man als Parabel bezeichnet. Unter Vernachlässigung des Luftwiderstands bleibt diese eine Parabel, unabhängig von sonstigen Parametern wie dem Winkel des Wurfs oder der Geschwindigkeit des Balls. Die Bewegung des Balls lässt sich in zwei voneinander unabhängige Richtungen aufteilen: In die Richtung, welche parallel zur Erdoberfläche erfolgt (also den Teil der Bewegung, den man von oben sehen würde, aus einem Hubschrauber, welcher direkt über dem Geschehen schwebt) und in den Teil, der senkrecht zu ihr liegt (also den Teil, den jemand mit einem Fernglas aus großer Entfernung hinter dem Werfenden beobachten würde – beide Komponenten gleichzeitig ließen sich von der Seite erkennen). In diesem Zusammenhang spricht man auch von der zum Boden »parallelen« beziehungsweise »senkrechten« Geschwindigkeits*komponente*. Beide Komponenten lassen sich kombinieren zu einem Geschwindigkeits*vektor*, grafisch meist als Pfeil dargestellt, der uns nicht nur über den Betrag, sondern auch über die Richtung der momentanen Geschwindigkeit informiert.

Eine Änderung dieses Geschwindigkeitsvektors in der Zeit bezeichnet man physikalisch als *Beschleunigung*, auch, wenn es sich dabei um einen Bremsvorgang handelt. Somit ist selbst die bloße Änderung einer Richtung bereits eine Beschleunigung, selbst dann, wenn die

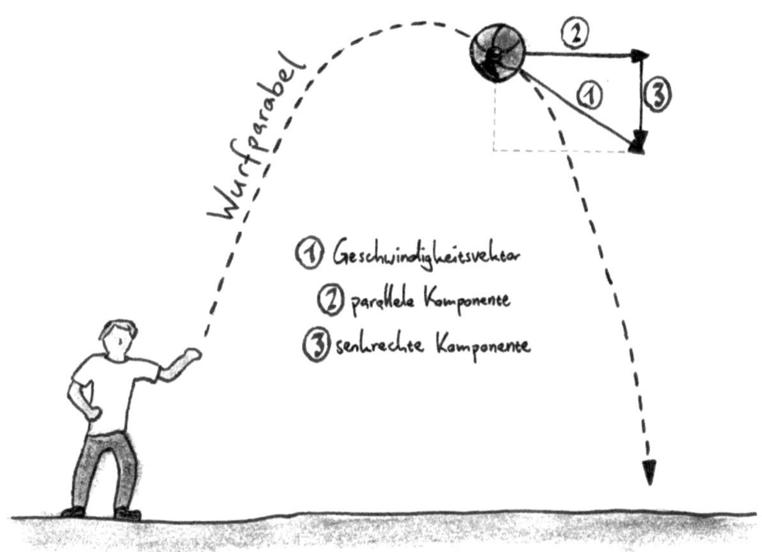

Geschwindigkeit dabei unverändert bleibt. Wenn ein heckangetriebenes Auto mit gleichbleibender Geschwindigkeit um eine Kurve fährt, sind es die Vorderräder, von denen es beschleunigt wird, deren seitliche Reibung auf der Straße, nicht die vom Motor angetriebenen Hinterräder. Der Motor hat mit dieser Art von Beschleunigung, bei der sich die Geschwindigkeit nicht ändert, nichts zu tun.

Beim parabelförmigen Wurf ändert sich die parallele Geschwindigkeitskomponente während des gesamten Flugs nicht. Wenn ich den Ball mit einer Geschwindigkeit von $20\,km/h$ loswerfe, fliegt er meinem Mitspieler auch mit $20\,km/h$ ins Gesicht, und wir wollen hoffen, dass der Ball einigermaßen weich ist. Von oben gesehen scheint der Ball sich mit konstanter Geschwindigkeit entlang einer geraden Linie zu bewegen. Was sich jedoch ändert, ist die senkrechte Komponente, da auf sie die Gravitationskraft der Erde einwirkt, welche den Ball mit gleichbleibender Kraft zum Erdmittelpunkt hin beschleunigt. Je nach Abwurfwinkel fliegt der Ball erst ein Stück nach oben, wird in dieser Richtung immer langsamer, bis er schließlich auf die gleiche Weise, wie er gekommen ist, wieder nach unten fliegt. Die parallele Komponente bleibt von der Erdanziehung unbeeinflusst, weil die Erdanziehung ausschließlich senkrecht zur Erdoberfläche wirkt. Der aus den Komponenten zusammengesetzte Geschwindigkeitsvektor zeigt während des Flugs erst leicht nach oben, dann geradeaus nach vorn und schließlich leicht nach unten, in dem gleichen Winkel, in dem der Ball abgeworfen wurde. An seiner maximalen Höhe erreicht der Ball seine minimale Geschwindigkeit. Wer in der Schule in Physik aufgepasst hat, erinnert sich vielleicht daran, dass hier kinetische Energie (Bewegungsenergie) in potenzielle Energie (Energie der Lage, die hier durch das Gravitationsfeld der Erde zustande kommt) umgewandelt wird und anschließend der exakt umgekehrte Prozess stattfindet, sodass der Betrag der Gesamtgeschwindigkeit des Balls, wenn er meinen Mitspieler trifft, wieder genau so groß ist wie beim Abwurf. Der Geschwindigkeitsvektor zeigt immer in die momentane Richtung der Flugkurve, die der Ball im Raum beschreibt, die auch *Raumkurve* oder, fachsprachlich, *Trajektorie* genannt wird.

Was würde jedoch passieren, wenn wir den Ball nicht aus eigener Kraft würfen, sondern mit einem gigantischen Katapult abfeuerten? Was wäre, wenn wir die Geschwindigkeit des Balls beliebig weit erhöhen könnten?

Wenn man die Luftreibung weiterhin vernachlässigt (das erlauben wir uns an dieser Stelle nur noch, weil wir die Diskussion gleich in den Weltraum verlagern werden, wo uns kein Fahrtwind mehr um die Ohren peitscht), sind vor allem zwei wesentliche Unterschiede zu beobachten: Erstens muss man berücksichtigen, dass die Erde nicht flach ist, sondern rund, und zweitens wird mit zunehmender Höhe die Gravitation unseres Heimatplaneten schwächer. Der erste Aspekt äußert sich zum Beispiel darin, dass man sich mit dem Katapult nach einer Umkreisung des Planeten nun selbst gegen den Hinterkopf schießen könnte, wenn man genau die richtige Geschwindigkeit träfe, nämlich $7{,}9\ km/s$, wobei für dieses Ereignis noch einige andere, sehr spezielle Bedingungen einzuhalten wären und der Planet sich in der Zwischenzeit nicht drehen dürfte. (Es handelt sich um Kilometer *pro Sekunde*, nicht pro Stunde – diese Geschwindigkeit ist noch um ein Vielfaches schneller als die einer Pistolenkugel oder eines Düsenjets.) Man bezeichnet sie als *Kreisbahngeschwindigkeit* oder *erste Fluchtgeschwindigkeit*.

Diese Erkenntnis – der fließende Übergang von Wurfparabel zu Umlaufbahn – ist gerade jene, die Isaac Newton der Legende nach unter dem Apfelbaum erlangt haben soll. Als ihm der Apfel auf dem Kopf fiel, soll ihm die Idee gekommen sein, dass der Mond ebenso beständig fällt, wobei er nur durch eine zusätzliche Horizontalbewegung (also seine zur Erdoberfläche parallele Geschwindigkeitskomponente) seine geschlossene Umlaufbahn erhält. Diese Erkenntnis veranlasste ihn zur Formulierung seiner Gravitationstheorie, deren Erzeugnisse wir an dieser Stelle besprechen.

Durch die schwächer werdende Gravitation nimmt die Kreisbahngeschwindigkeit mit zunehmender Höhe ab und beträgt oberhalb der Erdatmosphäre, wo die betroffenen Objekte nicht mehr durch Luftreibung abgebremst werden können, noch $7{,}8\,km/s$, was zum Beispiel für Satelliten die relevante Geschwindigkeit darstellt, wenn sie auf einen kreisförmigen Orbit gebracht werden sollen. Wirklich bedeutend verringert sich der Betrag erst ab einer Höhe von grob gesagt $5\,000\,km$. In dieser Höhe befindet man sich vom Mittelpunkt der Erde ungefähr doppelt so weit entfernt wie auf der Erdoberfläche. Dort beträgt die nötige Geschwindigkeit noch rund 75% ihres Anfangswertes. *Die Kreisbahngeschwindigkeit in einer bestimmten Höhe ist also die Geschwindigkeit, die ein antriebsloses Objekt braucht, um in ebendieser Höhe auf eine kreisförmige Umlaufbahn um die Erde zu gelangen.*

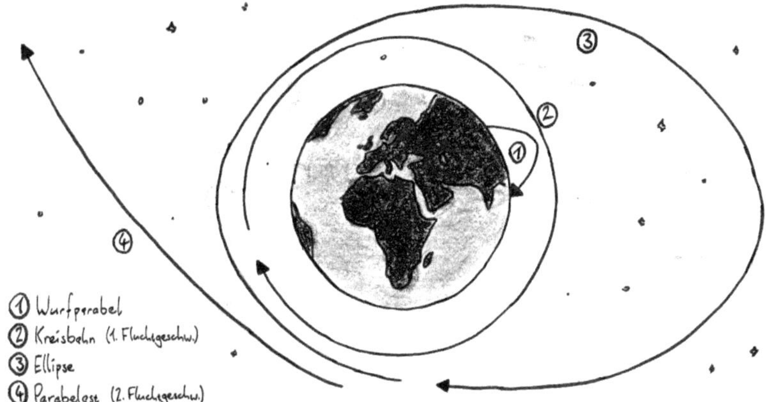

Um das Gravitationsfeld der Erde verlassen zu können, reicht die Kreisbahngeschwindigkeit nicht aus, da wir uns mit ihr ja nur im Kreis bewegen. Stattdessen müssen wir die *zweite Fluchtgeschwindigkeit* erreichen. Ein Objekt, das sich mit der Kreisbahngeschwindigkeit um die Erde bewegt, muss seine Geschwindigkeit noch um rund 40% erhöhen, um die zweite Fluchtgeschwindigkeit zu erreichen und endgültig »Leb' wohl« sagen zu können, wobei die Flugbahn zu einer halben Parabel (»Parabelast«) wird. Wird das Objekt von der Erde aus abgeschossen, braucht es also eine Geschwindigkeit von $11{,}2\,km/s$, um ihr Gravitationsfeld zu verlassen. Wenn die Beschleunigung vor erreichen dieser Geschwindigkeit abgebrochen wird, wird die eben diskutierte kreisförmige Umlaufbahn zu einer Ellipse verformt, einem in einer Richtung symmetrisch gedehnten Kreis. In diesem Fall ist die Geschwindigkeit des Flugkörpers nicht mehr konstant, sondern geringer, je weiter entfernt er sich von der Erde befindet. Auch befindet sich die Erde nicht mehr im Mittelpunkt der Ellipse (sondern in einem ihrer beiden »Brennpunkte«).

Elliptische Umlaufbahnen sind im Weltall häufig zu beobachten. Auch der Orbit der Erde um die Sonne ist nicht perfekt kreisförmig, sondern leicht elliptisch, weshalb die Erde der Sonne mal näher ist und mal weniger nah. Dieser Effekt ist jedoch so gering, dass die Temperatur auf der Erde davon unbeeinflusst bleibt. Insbesondere auf die Jahreszeiten hat er keine Auswirkungen. Die Jahreszeiten kommen, wie schon in Kapitel 2 erklärt, durch die Neigung der Erdrotationsachse relativ zur Orientierung ihrer Umlaufbahn zustande – hätten sie mit der Nähe zur Sonne zu tun, wäre auf der Südhalbkugel nicht Sommer, während bei uns Winter ist, und umgekehrt.

Die Modellierung von Umlaufbahnen mittels Ellipsen geht auf Kepler zurück. Noch bevor bekannt war, dass die Gravitation nicht nur auf der Erde wirkt, sondern auch das Sonnensystem zusammenhält, formulierte er sie in drei Sätzen, die heute als die *Keplerschen Gesetze* bekannt sind.[227] Durch sein fehlendes Wissen über die Gravitation vernachlässigte Kepler jedoch den Umstand, dass niemals nur ein schwerer Körper einen leichteren anzieht, sondern sich beide gegenseitig anziehen und entsprechend auch gegenseitig umkreisen. Die Bewegung des schwereren Körpers hat dann einen kleineren Radius als seine eigene Ausdehnung. Sehr grob lässt sie sich anschaulich vergleichen mit einem leichten Hüftschwung, welcher einen großen, aber leichten Hula Hoop-Reifen in Bewegung versetzt. Ist der Masseunterschied beider Körper hinreichend groß, wie zum Beispiel im Fall eines Satelliten und der Erde, oder auch der Erde und der Sonne, wird das jedoch kaum auffallen, und die Keplerschen Gesetze können als Näherung verwendet werden.

Abgesehen davon wirkt im Sonnensystem auch noch die Gravitation weiterer Himmelskörper, welche die Umlaufbahn verformen können. Wie in Kapitel 5 kurz quantitativ betrachtet, wirken sich auch sämtliche Planeten mehr oder weniger stark auf die Umlaufbahn der Erde aus.

Jetzt haben wir in wenigen Worten schon ganz schön viel gelernt. Ausgehend von einem harmlosen Ballspiel an einem Sonntagnachmittag sind wir plötzlich im Weltraum gelandet. So etwas wird uns in nächster Zeit noch häufiger passieren. Übrigens bezeichnet man eine Situation, in welcher die Gravitationskraft eines großen auf einen kleinen Körper die einzige Kraft ist, die dessen Bewegung beeinflusst, als *freien Fall.* Wenn jemand vom Zehnmeterbrett springt, befindet er sich im freien Fall (wieder abgesehen von der Luftreibung, die beispielsweise bei einem Fallschirmspringer bereits eine große Rolle spielen würde), genau wie unser Ball, nachdem er geworfen oder von einem Katapult abgefeuert wurde, welcher nun wie ein Satellit um die Erde kreist, während die Erde um die Sonne kreist und selbst die Sonne etwas umkreist, nämlich das Zentrum der Milchstraße, unserer Galaxie. Da wird einem ganz schwindlig.

Die wichtigsten Erzeugnisse unserer bisherigen Diskussion waren die *erste Fluchtgeschwindigkeit*, auch *Kreisbahngeschwindigkeit*, und die *zweite Fluchtgeschwindigkeit.* Erstere bringt uns auf einen kreisförmigen Orbit im Schwerefeld eines Planeten. Letztere ermöglicht uns, diesem Schwerefeld zu entkommen. Zwischen diesen beiden Geschwindigkeiten befinden wir uns auf einem elliptischen Orbit, in welchem wir unserem Planeten mal mehr, mal weniger nah sind.

Haben Sie noch mentale Kapazitäten? Wir werden gleich eine noch umfassendere Perspektive erlangen. Wenn Sie noch Energie haben, freue ich mich, ansonsten kann es Ihnen aber nicht schaden, dieses Buch für einen Moment aus der Hand zu legen und vielleicht einen Schokoriegel zu essen, während Sie die geistige Nahrung erst einmal verdauen. Sie könnten auch kurz die Pflanzen im Wohnzimmer gießen und dabei beobachten, wie das Wasser in die Erde einsickert, während sie die Konzepte von *Parabel*, *Kreisbahn*, *Ellipse* und dem Entfliehen der Gravitation in ihr Gedächtnis einsickern lassen. Denken Sie darüber nach. Spüren Sie gedanklich die Gravitation unseres Planeten und wie sie schwächer wird, wenn wir uns von ihm entfernen. Vergessen Sie auch den *Geschwindigkeitsvektor* und das neue Verständnis von Beschleunigung nicht! Lassen Sie Ihren alten Blumentopf nicht überlaufen.

Es soll weiter gehen? Nun gut. Wie angekündigt werden wir alles aus einer noch umfassenderen Perspektive betrachten. Bei der zweiten Fluchtgeschwindigkeit ist zu beachten, dass das Objekt fortlaufend seine kinetische Energie, seine Bewegungsenergie, abgibt, um an Höhe zu gewinnen. Genau wie ein Ball, der senkrecht nach oben geworfen wird, wird auch unser Objekt langsamer, jedoch ist es aufgrund seiner Geschwindigkeit immerhin schnell genug, um nicht wieder herunterzufallen. Ein Objekt, das exakt mit der zweiten Fluchtgeschwindigkeit von der Erde aus abgeschossen wird, ist am Ende jedoch definitiv zu langsam, um damit ferne Welten zu erkunden. Bereits der Weg zum

Mond würde uns mit diesem ewigen Abbremsen auf rund 1,5 km/s verlangsamen. Das ist zwar immer noch schneller als die meisten Düsenjets, reicht für eine extraorbitale Erkundungstour aber niemals aus. Im astronomischen Maßstab fühlt es sich für uns an, als würde nach dem Anlassen unseres Autos das Fahrgestell auseinander fallen. Da ist irgendwo ein Denkfehler.

Stellen Sie sich vor, Sie befänden sich auf einer Bowlingbahn. Nach einem kräftigen Wurf mit möglichst sanftem Aufsetzen würde die Bowlingkugel mit etwa 30 km/h den Pins entgegenrollen. Wenn wir uns diese Bowlingkugel als das Objekt vorstellen, welches wir von unserem Startpunkt auf der Erde aus in den Weltraum schießen, dargestellt durch die Bowlingbahn, dann lässt sich die Abbremsung durch die Gravitation mit der Modifikation versinnbildlichen, dass die Bowlingbahn bergauf geht. Dabei fängt sie steil an und wird anschließend immer flacher (die Gravitation wird mit zunehmender Entfernung immer schwächer), aber nie ganz flach, auch nicht, wenn man sie ins Unendliche ausdehnt, sodass die Bowlingkugel stets langsamer wird, am Ende aber doch ihr Ziel erreicht – vorausgesetzt, sie ist am Anfang schnell genug, und natürlich vergessen wir hier wieder die Luftreibung sowie die Rollreibung der Bowlingkugel auf der Bahn (ein Raumschiff im Vakuum erlebt keine Reibung).

So weit, so gut. Jetzt vernehmen wir ein leichtes Rütteln um uns herum und stellen fest, dass die Bowlingbahn sich gar nicht in einem feststehenden Gebäude befindet, wie wir bisher natürlich dachten, sondern im Wagon eines Zuges, der mit voller Fahrt unterwegs ist! Sagen wir, der Zug fährt durch ein bewohntes Gebiet, wo seine Geschwindigkeit aus Lärmschutzgründen auf 90 km/h beschränkt ist. Für uns rollt die Bowlingkugel immer noch zunächst mit 30 km/h davon und wird anschließend stetig langsamer. Was aber sehen die Anwohner, vorausgesetzt, dass sie halbwegs erkennen können, was im Zug vor sich geht? Für sie rollt die Kugel mit der Summe der beiden Geschwindigkeiten los, 120 km/h, unter der Bedingung, dass die Bowlingkugel in Fahrtrichtung des Zuges abgeworfen wird. Anschließend wird sie aufgrund der Steigung der Bahn immer langsamer, jedoch niemals langsamer als die 90 km/h des Zuges. Wird die Kugel entgegen der Fahrtrichtung abgeworfen, ist sie zunächst mit 60 km/h unterwegs, nach wie vor in Fahrtrichtung des Zuges, und beschleunigt wegen der Steigung, also der Gravitation der Erde, anschließend sogar auf bis zu 90 km/h.

Das scheint alles etwas konfus. Das Problem besteht natürlich darin, dass Geschwindigkeitsangaben immer nur sinnvoll sind in Bezug

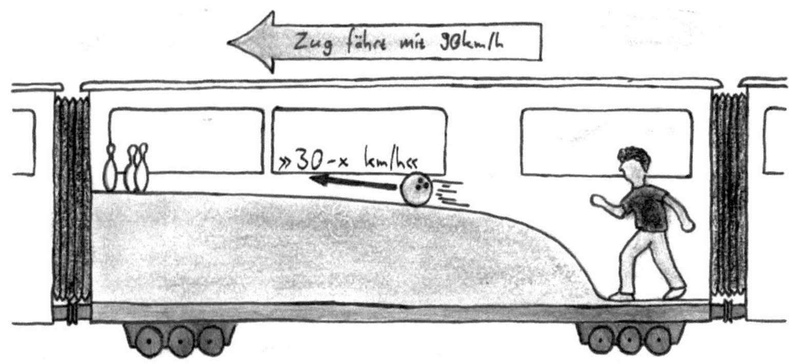

auf eine als unbewegt erachtete Referenz, welche im obigen Gedankenexperiment für den Bowlingspieler der Zugwagon war, für die Anwohner aber die Erdoberfläche. Kaum eine Referenz ist jedoch absolut unbewegt, da selbst Galaxien sich durch das Universum bewegen, unabhängig von dessen kontinuierlicher Ausdehnung. Dieses Dilemma wird meist dadurch behoben, dass man sich stillschweigend auf ein *Bezugssystem* einigt, welches als unbewegt angenommen wird. Generell darf dieses Bezugssystem in Bewegung sein, in vielen Fällen ist es jedoch hilfreich, wenn es nicht beschleunigt wird, damit sich ein unbeschleunigtes Objekt dort mit einem gleichbleibenden Geschwindigkeitsvektor bewegt – mit dieser Bedingung wird ausgeschlossen, dass ein Objekt plötzlich eigenartige Kurven beschreibt, wenn es sich eigentlich geradeaus bewegen sollte. Ein solches System bezeichnet man als *Inertialsystem*. Normalerweise ist die Erdoberfläche unser Bezugssystem. Die Erdoberfläche wird fortlaufend beschleunigt durch die Rotation der Erde um sich selbst, den Orbit der Erde um die Sonne und sogar durch den Orbit der Sonne um das Zentrum der Milchstraße. Fliehkräfte entstehen dabei nur durch die Rotation der Erde um sich selbst, da die durch Gravitation bedingten Bewegungen sämtliche Materie gleichermaßen betreffen. Erstere sind außerdem sehr schwach, sodass sich die Erdoberfläche meist näherungsweise als Inertialsystem betrachten lässt. (Eine wichtige Rolle spielt die Rotation der Erde allerdings für das Wetter.)

Im Gedankenexperiment von eben haben wir festgestellt, dass Geschwindigkeit stets eine relative Größe ist. Der Zug hat die Erde versinnbildlicht, und die uns umgebende Landschaft das Sonnensystem. Es ist an der Zeit, vom Bezugssystem der Erde in das der Sonne zu wechseln, welches immerhin bereits den passenden Namen Sonnen*system* trägt. Der mehr oder weniger ruhende Gigant in unserer Mitte ist nun das Maß aller Dinge, an ihm messen wir unsere Geschwindigkeiten und Positionen. Die Erde kreist mit einer Geschwindigkeit von bis zu $30{,}3\,km/s$ um die Sonne, was etwa das Dreifache der zweiten Fluchtgeschwindigkeit von $11{,}2\,km/s$ ist, so, wie auch die Geschwindigkeit des Zuges dreimal so groß war wie die unserer Bowlingkugel. Wenn wir in Richtung der Erdumlaufbahn um die Sonne starten, erreichen wir eine Geschwindigkeit von $41{,}5\,km/s$ relativ zur Sonne, wobei diese nach wie vor sowohl mit wachsender Entfernung von der Erde als auch mit der von der Sonne abnimmt.

Lassen wir unsere Bowlingkugel nicht ganz antriebslos sein. Verpassen wir ihr ein paar kleine Düsen, damit sie zu günstigen Zeitpunkten ihr Potenzial voll entfalten kann. Bei einer geschickt gewählten Flugbahn können wir so die Gravitation von Himmelskörpern ausnutzen, um Geschwindigkeit zu gewinnen. Ein derartiges Manöver bezeichnet man als *Swing-by*. Bei einem Swing-by wird das Gravitationspotenzial eines schweren Körpers ausgenutzt, um die Geschwindigkeit eines leichteren Körpers unter einer Richtungsänderung nach Wunsch (und sorgfältiger Planung) zu variieren. Dabei findet zwischen den beiden Körpern ein Austausch von kinetischer Energie statt. Wenn ein Körper abgebremst wird, wird der andere beschleunigt, und umgekehrt.

Stellen Sie sich vor, dass Sie Ihr Ballspiel von vorhin beendet haben und sich nun mit Ihrem Freund auf dem Weg nach Hause befinden. Sie fahren beide nebeneinander mit dem Fahrrad. Nun greifen Sie sich gegenseitig an jeweils einer Hand, und während Ihr Freund seinen Arm nach hinten streckt, um Sie nach vorne zu schleudern, strecken Sie Ihren Arm nach vorne, um ihn anschließend nach hinten zu reißen und diesen Vorgang so besonders wirksam zu machen. Nachdem Sie dies vollzogen haben, lassen Sie sich wieder los und stellen fest, dass Sie nun mit einer höheren Geschwindigkeit rollen als Ihr Freund. Tatsächlich wird diese als »Schleudergriff« bezeichnete Technik im Bahnradsport benutzt. Bei der staffelartigen Ablösung eines Fahrers durch den anderen wird der neue Fahrer durch den alten noch einmal beschleunigt, wobei die beiden Fahrer hier am Anfang nicht gleich schnell sind und somit noch etwas stärker zupacken müssen.

Dieser Vergleich mit dem Swing-by hinkt etwas, da die Muskelkraft nicht direkt vergleichbar ist mit der Gravitation. Dabei sollte man jedoch im Hinterkopf behalten, dass auch die intensivste Anspannung im Arm nichts daran ändert, dass alle Atome, aus denen dieser besteht, über den leeren Raum hinweg über physikalische Kräfte verbunden sind, die sich innerhalb gewisser Grenzen sehr wohl mit der

Gravitation vergleichben lassen. Ein zweites Problem ist allerdings, dass im Radsport-Beispiel beide Fahrer annähernd gleich schwer sind, während dies auf einen Planeten im Vergleich mit einem Raumschiff eindeutig nicht zutrifft. Dennoch verdeutlicht das beschriebene Beispiel hervorragend den Austausch von kinetischer Energie. Wenn ein Fahrer deutlich schwerer ist als der andere, ist die Geschwindigkeitsänderung des schwereren geringer als die des leichteren, unabhängig davon, wer beschleunigt und wer abgebremst wird. Im Fall eines Raumschiffs, das einen Swing-by an einem Himmelskörper macht, ist der Masseunterschied so groß, dass die Geschwindigkeitsänderung des Himmelskörpers vernachlässigbar wird.

Um einen besseren Vergleich mit der Gravitation herzustellen, schalten wir unser Kopfkino auf einen anderen Kanal und sehen vor unserem inneren Auge nun einen Bulldozer, eine Planierraupe, mit einer konkav gekrümmten Schaufel, welche sich unmittelbar über dem Boden befindet. Diese Planierraupe steht zunächst auf einer verlassenen Baustelle. Unser Ball von vorhin wird durch einen Fußball ersetzt. Ein kraftvoller, gewagter Schuss ist etwas daneben gegangen, sodass der Ball sich vom Spielfeld entfernt hat und mit beachtlicher Geschwindigkeit frontal auf die Planierraupe zurollt. Er gerät in die Schaufel, wird durch deren hohle Geometrie dort so umgelenkt, dass er seine Bewegungsrichtung ändert und fliegt anschließend in hohem Bogen zu uns zurück. Wenn man die Rollreibung in der Schaufel, den Luftwiderstand und ähnliche Faktoren vernachlässigt, verliert der Ball dabei keine Geschwindigkeit, abgesehen von der Umwandlung von kinetischer Energie in potenzielle Energie, welche sich am höchsten Punkt seiner parabelförmigen Flugbahn jedoch wieder umkehrt.

Nun stellen wir uns vor, dass der Bauarbeiter versehentlich den Schlüssel stecken ließ und ein Eichhörnchen auf Nahrungssuche auf verhängnisvolle Weise den Hebel zum Beschleunigen umlegt, während uns das Missgeschick mit dem Ball ein zweites Mal passiert. Unaufhaltsam bewegen sich die beiden Objekte aufeinander zu, das eine etwas bedrohlicher, weil massiver, das andere flink und leichtfüßig vor sich hin rollend. Was passiert nun, wenn der Ball die Schaufel trifft? Er wird wieder zurückgeworfen. Der ganze Vorgang sieht dem vorherigen sehr ähnlich, jedoch ist der Ball am Ende nun schneller unterwegs als zuvor, wobei dieser zusätzliche Geschwindigkeitsbetrag mit der Geschwindigkeit der Planierraupe wächst. Entscheidend für die Geschwindigkeitsänderung ist hier wieder die Wahl des korrekten Bezugssystems. Aus Sicht der Planierraupe wird der Ball mit der gleichen Geschwindigkeit zurückgeschleudert, mit der er gekommen war, aber aus unserer Sicht, aus dem Bezugssystem »Erdoberfläche« (das hier analog zum System »Sonne« gesehen werden kann), erhöht sich seine Geschwindigkeit.

Nun ist die Gravitation keine harte, undurchdringliche Wand aus Metall. Sie ist eine deutlich sanftere Kraft, und um diesem Umstand gerecht zu werden, müsste man den Versuchsaufbau noch dahingehend verändern, dass wir an unserem Bulldozer statt einer Schaufel aus Metall eine aus elastischem Gummi montieren. Allerdings funktioniert auch diese Analogie nur für geringe Dehnungen des Gummis, da die Rückstellkraft des Gummis mit wachsender Dehnung stärker wird, während die der Gravitation mit wachsender Entfernung schwächer wird. Zudem müsste man das Gummi mit Schmierseife einreiben, um wirklich die Reibungskräfte zu beseitigen und einen härteren Ball nehmen, der sich nicht so leicht verformt. Wir sehen, dass eine genaue Analogie nicht leicht zu finden ist, aber für das Verständnis des grundlegenden Prinzips sind die beiden Radsportler sowie der Fußball und der gewöhnliche Bulldozer ausreichend.

Wie in der obigen Analogie mit der immer flacher werdenden Bowlingbahn verdeutlicht, wirkt die Gravitationskraft eines jeden Himmelskörpers zwar theoretisch bis ins Unendliche, jedoch geschieht es vergleichsweise schnell, dass der Gravitationseinfluss der Sonne den der deutlich leichteren Planeten übersteigt. Den kugelförmigen Bereich um einen Planeten, in welchem sein gravitativer Einfluss den der Sonne dominiert, bezeichnet man als *Gravisphäre*. Offensichtlich sind alle Monde eines Planeten in dessen Gravisphäre enthalten, denn sonst würden sie nicht ihn umkreisen, sondern die Sonne. Viel größer ist die Gravisphäre allerdings selten. Der Radius der irdischen Gravisphäre ist in etwa vier mal so groß wie der Abstand zwischen Erde und Mond.

Damit der Aufwand eines Swing-by-Manövers sich lohnt, muss die entsprechende Raumsonde oder unser Raumgleiter in die Gravisphäre des Himmelskörpers gelangen (dieser Körper kann auch ein großer Asteroid sein – nicht immer handelt es sich um einen Planeten). Auf der Größenskala des Sonnensystems erscheinen sämtliche Gravisphären jedoch kaum größer als Punkte ohne räumliche Ausdehnung, und so wird die Sonde einfach möglichst genau in Richtung des Planeten »abgeschossen«, sozusagen auf Kollisionskurs gebracht. Kurskorrekturen werden erst in unmittelbarer Nähe des Planeten vorgenommen, wenn das Verhältnis von Effizienz zu Treibstoffverbrauch maximal wird, denn Treibstoff lässt sich im Weltall schnell verpulvern. Wenn dem nicht so wäre, wären derart heldenhafte Manöver gar nicht erst notwendig.

Tulpen und Gänseblümchen

Swing-by-Manöver werden heute vor allem in der unbemannten Raumfahrt routinemäßig zur Beschleunigung eingesetzt – es spräche nichts dagegen, sie auch in der bemannten Raumfahrt zu benutzen, nur verlässt diese momentan bekanntermaßen den Erdorbit nicht, und auch auf dem Weg zum Mond befindet sich kein weiterer Himmelskörper, der sich diesbezüglich ausnutzen ließe.

Die Voyager-Sonden beispielsweise machten Swing-bys an den Gasriesen unseres Sonnensystems, wobei diese Gelegenheiten natürlich gleich noch genutzt wurden, um die Planeten zu erforschen. Voyager 1 erreichte nach einer Flugzeit von 18 Monaten Jupiter und nach weiteren 20 Monaten schließlich Saturn. Voyager 2 dagegen flog an sämtlichen Gasriesen vorbei, an Jupiter, Saturn, Uranus und Neptun. Während ich diese Zeile schreibe, entfernt sich Voyager 2, die geringfügig langsamere der beiden Raumsonden, mit rund $15\,km/s$ von der Sonne. Nach ihrem Start betrug ihre Geschwindigkeit – unter Ausnutzung der Geschwindigkeit der Erde – rund $36\,km/s$. Trotz der Beschleunigung durch die Swing-by-Manöver wurde die Sonde vom Gravitationsfeld der Sonne so abgebremst, dass ihre Geschwindigkeit heute weniger als halb so groß ist wie unmittelbar nach ihrem Start. Sie ist dennoch groß genug, um das Sonnensystem verlassen zu können und noch einen zusätzlichen Geschwindigkeitsbetrag von mehreren Kilometern pro Sekunde zu behalten. Dieser Betrag wäre ohne Swing-bys nicht zustande gekommen.

Wenn selbst blitzschnelle Raumsonden Monate oder Jahre zu den Planeten unseres Sonnensystems brauchen, dann lohnt es sich, die Entfernungen in ihm einmal unter die Lupe zu nehmen – wobei

»unter die Lupe nehmen« wirklich nur sprichwörtlich gemeint ist, da die Entfernungen ja sonst noch weiter scheinen würden, als sie ohnehin schon sind. Es gibt in Büchern, im Internet und anderswo viele Grafiken, die einen Größenvergleich zwischen den Planeten (und der Sonne) darstellen. Unter dem Jupiter-Foto auf Seite 137 wurde bereits darauf hingewiesen, dass die Erde bequem in den Großen Roten Fleck passen würde. Die Sonne wäre noch um ein Vielfaches größer. Grafiken, die neben den Größenverhältnissen *auch die Abstände* zwischen den Himmelskörpern darstellen, gibt es dagegen kaum. Das hat einen einfachen und guten Grund, nämlich den, dass auf normalen Papierbögen beziehungsweise Bildschirmauflösungen die Planeten schlicht verschwinden würden, würde man neben den Größen- auch noch jene Abstandsverhältnisse berücksichtigen wollen. Die Entfernung zwischen Erde und Mond lässt sich in diesem Buch noch gerade sinnvoll darstellen, wie in der Abbildung gezeigt.

Dieser Abstand wirkt bereits deutlich weiter, als der Mond von der Erde aus erscheint; man mag zudem kaum glauben, dass der Mond aus dieser Entfernung noch die ozeanischen Gezeiten erzeugen soll, aber so kann Perspektive eben täuschen. Links ist die Erde zu sehen, mit der gesamten Menschheit, mit ihrer Geschichte, mit allem Leben, welches wir überhaupt kennen, bis zurück zu den Dinosauriern, bis zum Superkontinent Pangäa, bis zurück zu der Zeit, als sich in den Wassern der Erde irgendwann das Leben entwickelte. Es geschah alles auf dieser unscheinbaren Kugel. Rechts befindet sich der Mond mit den noch nicht einmal fünfzig Jahre alten Fußspuren einiger Abenteurer. Zwischen Erde und Mond befindet sich nichts als leerer Raum, wenn man einmal absieht von all den Satelliten, die im Erdorbit über unseren Köpfen schwirren.

Bereits am helllichten Tag kann uns die scheinbare Bewegung der Sonne daran erinnern, auf was für einer irren Achterbahnfahrt wir uns – Kopernikus sei Dank – eigentlich befinden. Etwas schief stehend rotiert die Erde um ihre eigene Achse, während das Gravitationsfeld der Sonne sie rücksichtslos herumschleudert wie ein Diskuswerfer seines Diskus. Wir wissen kaum mehr, wo oben und unten ist, und dazu kommt noch der Mond, welcher die ganze Sache noch komplizierter macht. Die Schwerkraft der Erde macht mit ihm das gleiche wie die

Sonne mit uns, während die Kraft des Mondes die Ozeane hin und her schwappen lässt, Ebbe und Flut erzeugt, als handle es sich um ein Glas Wasser.

Für die übrigen Himmelskörper im Sonnensystem sind mit diesem Medium keine bildlichen Darstellungen möglich, welche sowohl Größen- als auch Abstandsverhältnisse berücksichtigen würden. Weichen wir also auf gedankliche Vorstellungen aus: Wenn Sie eine 1-Euro-Münze mit der Erde identifizierten, dann befände sich Mars bestenfalls etwa 100 Meter entfernt (die Entfernung variiert ja ständig), die Sonne bereits über 250 Meter. Stellen Sie sich vor, wie die Erde, die 1-Euro-Münze, kleiner wird, wenn Sie sich von ihr entfernen. Aus einer Entfernung von 100 Metern erscheint sie so klein, dass Sie sie kaum noch mit bloßem Auge erkennen können. Glänzt sie im Sonnenlicht, wäre es vielleicht gerade noch möglich. Nicht anders erginge es Astronauten während einer Marsexpedition, mit dem Unterschied, dass die Erde durch den dunklen Hintergrund des Alls besser zu sehen ist, da der Kontrast höher ist als im Münzen-Beispiel. Vom Mars aus erschiene die Erde dann wie ein Planet am irdischen Himmelszelt: wie ein Stern. Leere und Weite befinden sich dazwischen. Stellen Sie es sich gerne vor, wenn Sie das nächste Mal einen 100 Meter entfernten Ort betrachten. Wie klein wäre eine Münze an diesem Ort? Könnten Sie sie ohne technische Hilfsmittel noch erkennen?

Dennoch handelt es sich nicht um unüberwindliche Distanzen. Die Voyager-Sonden befinden sich momentan weit jenseits der Planeten des Sonnensystems, über hundert mal so weit von der Sonne entfernt wie die Erde und mehr als doppelt so weit entfernt wie Pluto. Diese sind aber auch schon fast 40 Jahre lang unterwegs. Was haben Sie in dieser Zeit getrieben, lieber Leser? Sicher sind Sie nicht mit Millionen von Kilometern pro Tag durchs All gerast (wenn wir einmal absehen von der Bewegung, welche die Erde, auf der wir tagtäglich stehen, um die Sonne macht).

So viel zum Sonnensystem. Wir wissen jedoch auch um die unermesslichen Maßstäbe des interstellaren Raums, des Raums zwischen den Sternsystemen. Seien wir einmal großzügig und betrachten unser Sonnensystem als unseren Vorgarten. Vorsichtshalber schrumpfen wir ihn auf eine Größe, die wir einfach mal mit einer Länge von einem Meter assoziieren, welche der Entfernung von Pluto entsprechen soll. Nach wissenschaftlichen Kriterien ist Pluto hier eine vollkommen willkürliche und sogar fehlerhafte Wahl für die Grenze des Sonnensystems. Zum einen gibt es in dieser Entfernung etliche Himmelsobjekte, die eine beachtliche Größe besitzen und von denen Pluto nur mit geringem Abstand das größte ist. Diese Region heißt *Kuipergürtel* und legt sich ringförmig um die Sonne. Zum anderen hört auch jenseits der Planeten, Zwergplaneten und Asteroiden das Sonnensystem nicht einfach auf, sondern wird anhand des Einflusses der Sonne im Vergleich zu den fernen Sternen noch in weitere Regionen unterteilt. Sehr weit draußen, tief im Raum, soll sich außerdem die *Oortsche Wolke* befinden, die als Entstehungsort mancher Kometen vermutet wird. Wir verwenden den Zwergplaneten Pluto hier einzig und allein aus dem Grund als Orientierung, dass er sich noch tief im kollektiven Gedächtnis befindet.

Diese Beschränkung auf einen einzigen Meter, diese Bescheidenheit in der Absteckung unseres Gebiets, ist im Grunde gar nicht notwendig, da wir nicht in der Stadt leben, sondern in der reinsten Wildnis. Der interstellare Raum ist diese Wildnis, doch je größer wir unseren Vorgarten machen, desto weiter wird, wollen wir maßstabsgetreu bleiben, der Weg zu unserer nächsten Nachbarin – Frau Centauri, Vorname Proxima, dem der Sonne nächstgelegenen Stern. Diese wohnt nämlich bereits bei unserer bescheidenen Größenwahl rund 7 000 Kilometer entfernt, eine halbe Weltreise. Ein deutlich kleinerer Vorgarten wäre kein Vorgarten mehr, und ein deutlich größerer Vorgarten würde bedeuten, dass wir auf einen größeren Planeten umsiedeln müssten, wollten wir diesen noch mit Frau Centauri teilen. Also bleiben wir bei einem Durchmesser von rund einem Meter. Die Erde wäre in diesem Garten etwa so groß wie ein kleines, trockenes Sandkorn.

An einen Besuch bei unserer Nachbarin können wir noch gar nicht denken. Denken wir an die Entfernung zu unserer Nachbarin, daran, wie weit sie weg ist und daran, wie sehr unsere Erde in unseren Fingern schrumpft, bekommen wir mal wieder einen schattenhaften Eindruck von den Dimensionen des Alls, begleitet von einem Schauder, der uns über den Rücken läuft. Immerhin ist die Erde in diesem Fall noch mehr als das unvorstellbar kleine Atom, welchem wir im Vergleich zwischen der Erde und der monströsen Größe des beobachtbaren Universums schließlich auch schon begegnet waren.

7.
Raum und Zeit vereint

*Der normale Mensch denkt nicht über Raum-Zeit-Probleme nach.
Alles, was darüber nachzudenken ist, hat er seiner Meinung bereits in der frühen Kindheit getan. Ich dagegen habe mich derart
langsam entwickelt, dass ich erst anfing, mich über Raum und Zeit
zu wundern, als ich bereits erwachsen war. Naturgemäß bin ich
dann tiefer in die Problematik eingedrungen als ein gewöhnliches
Kind.*

~ Albert Einstein[228]

Die meisten Menschen haben die Begriffe *Relativitätstheorie* und
Lichtgeschwindigkeit schon einmal gehört. Vielleicht wissen sie sogar,
dass letztere rund 300 000 Kilometer pro Sekunde beträgt. Das ist
schnell genug, um in einer Sekunde den irdischen Äquator immerhin
sieben Mal zu umkreisen. Die Lichtgeschwindigkeit stellt dabei nicht
nur die Geschwindigkeit des Lichts dar, sondern das generelle Tempolimit des Universums. Schneller geht es nicht. Dieses Tempolimit ist
jedoch nicht willkürlich festgelegt, sondern resultiert daraus, dass mit
der Welt um uns herum ganz erstaunliche Dinge passieren, sobald wir
uns ihm annähern. Es geschieht eine Transformation, die unserer eher
schlichten Vorstellung von Raum und Zeit eine Generalüberholung
verpasst, eine Transformation, die beide Aspekte der Wirklichkeit
miteinander vereint vermöge einer Logik, wie sie sonst nur in einem
Traum vorzukommen scheint.

Wundern wie Einstein

Den dreidimensionalen Raum haben wir mit unseren Sinnen schnell
erfasst. Zumindest glauben wir das in unserer gewohnten Erfahrung.
Jeder Ort im All lässt sich – mit Kenntnis des Koordinatenursprungs
– über die Angabe von drei Raumkoordinaten x, y, z mit der Bedeutung von Breite, Höhe und Tiefe beziehungsweise *links/rechts*,
oben/unten sowie *vorne/hinten* beschreiben. Für nicht-kartesische
Koordinatensysteme (wie zum Beispiel im Fall der Himmelskugel)
gilt dies ebenso. Dieser Raum ist das Medium, in welchem alle physikalischen Vorgänge erst stattfinden können. Dabei bleibt er von
diesen Vorgängen stets unabhängig. Die Vorgänge der Natur fül-

len ihn wie Farbe die Leinwand eines Künstlers. Der Künstler, so könnte man sagen, sind hierbei die Naturgesetze. Das von ihnen gemalte Bild entspricht unserem Universum. Dieser Raum ist wie die Hardware eines Computers, welche von der Software prinzipiell nicht beeinflusst werden kann, oder wie ein Flussbett, das stets gleich bleibt ungeachtet der Frage, ob Wasser hindurch fließt oder nicht, Erosionserscheinungen einmal außen vor gelassen.

Newton postulierte sogar einen absoluten Raum. Dieser ist in diesem Fall als Bezugssystem zu verstehen, welches sich *absolut* in Ruhe befindet.

Im vorherigen Kapitel war die Rede davon, dass Reisende in einem Zug Bewegungen mit einer anderen Geschwindigkeit wahrnehmen als Personen, die sich außerhalb des Zugs unbewegt auf der Erdoberfläche befinden. Das sorgt dafür, dass Geschwindigkeitsangaben nur mit Hinblick auf ein bekanntes Bezugssystem Sinn ergeben, welches wahlweise am Zug, an der Erdoberfläche oder auch an der Sonne »angeheftet« sein kann, um nur drei der unendlich vielen Möglichkeiten zu nennen.

Newton sah irgendwo im All das eine Bezugssystem, auf welchem alle anderen Systeme aufbauen, den absoluten Raum. Diese Vorstellung wurde schon damals kritisiert und gilt heute als überholt. Der Raum lässt sich nirgendwo und mit nichts »festnageln«. Den physikalischen Raum nehmen wir ausschließlich dadurch war, dass wir erkennen, dass sich zwei Objekte in einem Abstand zueinander befinden, welcher stets von einem Objekt aufs andere bezogen wird und somit relativ ist. Die Mathematik spricht hier vom Vorhandensein einer *Metrik* und kennt tatsächlich auch abstrakte Mengen, in denen zwei Elementen kein solcher Abstand zugewiesen werden kann. Der physikalische Raum jedoch ist ein metrischer Raum.

Für den »inneren Raum« lässt sich hier eine Analogie, wenn nicht sogar Definition finden: der innere Raum misst sich einerseits an der subjektiven Fähigkeit, den Abstand zwischen den Dingen zu erkennen, zu differenzieren, die Dinge aus verschiedenen Perspektiven betrachten zu können. Andererseits enthält er alle Erscheinungen der Welt, ist stets bereit, sie zu integrieren, sie nicht von sich abspalten zu müssen. Das Bewusstsein selbst bildet diesen Raum, auf dem sich uns die Welt zeigt mit unseren Sinneseindrücken, Gedanken und allem, was wir sonst erleben und fühlen. »Alle Wesen treten hervor, und er verweigert sich ihnen nicht«, hieß es im Tao Te King über den »Berufenen«. Nur dürfen wir nicht den Fehler machen, uns diesen inneren Raum exakt so vorzustellen wie jenen äußeren, der in seiner leeren

Erstreckung alles Leben erstickt. Innere Unendlichkeit ist vor allem im Wortsinn zu verstehen: als Grenzenlosigkeit, als ewiger Wandel, als Verwandlung.

Ebenso wie den absoluten Raum postulierte Newton eine absolute Zeit. Als aufmerksamer Leser könnte man hiergegen einwenden, dass auf der Erde doch verschiedene Zeitzonen existieren. Diese sind jedoch aus der Assoziation von der Uhr- mit der Tageszeit entstanden und widersprechen der Vorstellung von einer absoluten (Uhr-)Zeit des Universums nicht; der Urahn jeder heutigen Uhr ist letzten Endes die Sonnenuhr. Diese Tradition ist pragmatisch, sie funktioniert, und gegen sie ist überhaupt nichts einzuwenden. Uhren, die um einige Stunden verstellt sind und über denen der Name eines entlegenen Ortes prangt, helfen uns bei der Entscheidung über die Frage, ob ich meine Tante in Mexiko-Stadt jetzt anrufen kann, oder ob ich es lieber sein lassen sollte. Die Uhr des Universums tickt jedoch überall gleich. Wenn ich meine Tante anrufe, reist meine Stimme schließlich weder in die Vergangenheit noch in die Zukunft, da die Uhrzeiten unserer Orte zwar verschieden, die absoluten Zeitpunkte jedoch identisch sind. »Jetzt« ist überall »jetzt«, und »in einer Sekunde« ist überall »in einer Sekunde« – so die Vorstellung Newtons und eines jeden normalen Menschen.

Tatsächlich ist das Wesen der Zeit aber gar nicht so einfach zu begreifen. Es ist kein Zufall, dass die Steinzeitmenschen Zeit zunächst mit Raum assoziierten und wir dies oftmals auch heute noch tun. Die Zeit vergeht irgendwie unaufhaltsam und gleichmäßig, möchte man meinen. Sie ist einfach da (und dann wieder nicht, weil sie ja »vergeht«), und das auf eine noch pauschalere und verblüffendere Weise als der Raum. Können wir den Raum bei einem Blick in den Himmel in all seiner Tiefe wahrnehmen, ist das mit der Zeit nicht so einfach. Sie ist zunächst auf die Gegenwart beschränkt, wobei der Blick ins All auch ein Blick in die tiefste, fernste, dunkelste Vergangenheit ist, wie wir noch sehen werden. Die Zeit bietet die Bühne für alles, was *geschieht*, was in Bewegung ist. Wenn der Wandel die einzige Konstante ist, trifft das auf die ganze Welt zu. Ein wesentlicher Unterschied zwischen Raum und Zeit besteht darin, dass wir uns in der Zeit nur in eine Richtung bewegen können (und das unaufhaltsam), wobei »bewegen« hier eine verräumlichende Vorstellung darstellt, die dem eigentlichen Charakter der Zeit – eben dem Zeitlichen und Zeitigendem, nicht dem Räumlichen – nicht gerecht wird. Zeit scheint eher *uns* zu durchfließen, und gerade das Aufgehoben-Sein in ihrem sanften und mystischen Wandel kann uns vielleicht dabei helfen, die räumliche Verlorenheit im All zu überwinden – unter der Voraussetzung, dass Zeit nicht als Raum gedacht, sondern in ihrem eigenen Wesen erkannt und anerkannt wird. Für die physikalische Betrachtung ist es dennoch oft notwendig, die Zeit auf eine Zahl zu reduzieren. Dass ihr wahrer Charakter darin höchstens teilweise enthalten ist, ist im Hinterkopf zu behalten.

Wir sind uns bewusst, dass wir Zeit sehr subjektiv wahrnehmen. Wenn wir im Stau stehen, scheint die Zeit langsamer zu vergehen als in der Kneipe mit Freunden. Dass »jetzt« überall »jetzt« ist und »in einer Sekunde« überall »in einer Sekunde«, meinen wir dennoch zu wissen.

Die geschilderten Vorstellungen von Raum und Zeit entsprechen der Realität, solange wir uns auf Geschwindigkeitsskalen bewegen, die dem alltäglichen Geschehen in unserer Umgebung entsprechen. Wenn wir einmal das Licht betrachten, wird es jedoch schwieriger. Wie in Kapitel 5 einmal angemerkt, benötigt Licht im Gegensatz zu Schall kein Medium zur Ausbreitung. Da kein absoluter Raum existiert, wird es möglich, dass Licht sich in jedem Bezugssystem gleich schnell bewegt, nämlich mit Lichtgeschwindigkeit. Wenn Licht sich nicht im Vakuum, sondern in Materie ausbreitet, wird die Lichtgeschwindigkeit zwar effektiv verringert. Das liegt jedoch bloß daran, dass das Licht immer wieder von Molekülen absorbiert und anschließend wieder emittiert wird. Dieser Vorgang benötigt Zeit. Zwischen den Molekülen bewegt sich das Licht aber nach wie vor mit der Vakuumlichtgeschwindigkeit von rund $300\,000\ km/s$ fort.

Das Licht einer Straßenlaterne bewegt sich auf jeden Beobachter mit Lichtgeschwindigkeit zu, zumindest aus Sicht des jeweiligen Beobachters. Während uns das für einen Passanten unter der Straßenlaterne einleuchtend erscheint – schließlich ruht er relativ zu ihr – würden wir eigentlich meinen, dass ein Autofahrer während der Fahrt Licht mit Überlichtgeschwindigkeit auf sich zukommen sähe, da er den Lichtstrahlen ja entgegenkäme, und dass das Licht ihn nach der Vorbeifahrt nur noch mit Unterlichtgeschwindigkeit durch die Heckscheibe erreichte, da er den Lichtstrahlen dann davonführe. Der Passant, hätte er hinreichend sensible Messinstrumente, könnte das auch bestätigen, aber der Autofahrer könnte genauso bestätigen, dass Licht ihn exakt mit Lichtgeschwindigkeit erreiche, egal, an welchem Ort er sich gerade befände – obwohl sich die Straßenlaterne im Bezugssystem seines Autos bewegen und obwohl es den Aussagen des Passanten zu widersprechen schiene. Das würde selbst dann noch gelten, wenn der Autofahrer relativ zur Straßenlaterne mit 99 Prozent der Lichtgeschwindigkeit unterwegs wäre – immer noch würde er das Licht nicht mit 199, sondern (wie ausnahmslos jeder Beobachter) mit 100 Prozent der Lichtgeschwindigkeit auf sich zukommen sehen. Dieser Umstand, der durch zahlreiche Experimente bestätigt wurde, beleidigt unseren Verstand. Für den Passanten ist die Sache klar, aber für den Autofahrer müssten sich Licht- und Fahrtgeschwindigkeit ja irgendwie addieren oder subtrahieren, wie wir es doch erst im vorherigen Kapitel anhand der Bowlingbahn im Zug durchexerziert hatten. Wie kann es sein, dass das nicht der Fall ist?

Doch fragen wir zunächst anders: Was wäre denn, wenn es nicht der Fall wäre? Was wäre, wenn sich Licht so ausbreiten würde wie Schall, der nichts weiter als eine Art rhythmischer Energieimpuls ist?

Wenn ein Düsenjet die Schallmauer durchbricht, hört der Pilot anschließend nichts mehr, was sich hinter seinem Flugzeug befindet. Die Schallwellen bewegen sich relativ zur Luft mit Schallgeschwindigkeit fort und der Pilot kann ihnen entkommen. Mit diesen Gedanken im Hinterkopf fragte Einstein sich bereits als Fünfzehnjähriger, was passieren würde, wenn man sich mit »Überlichtgeschwindigkeit« einem Spiegel nähern würde. Das würde bedeuten, dass man auf dem Weg zum Spiegel die eigenen Lichtwellen hinter sich ließe. Je nachdem, wann und wo man mit dieser Bewegung angefangen hätte, würde man als Folge entweder die Vergangenheit sehen, indem man zuvor ausgesandte Lichtstrahlen einholt, oder Dunkelheit (als Abwesenheit von Licht), wenn man vor der Beschleunigung auf Überlichtgeschwindigkeit noch zu weit vom Spiegel entfernt gewesen wäre. Das alles schien Einstein verdächtig. Als er später erfuhr, dass Licht sich (anders als Schall) mit konstanter Geschwindigkeit im Vakuum ausbreitet, konnte er dieses Gedankenexperiment modifizieren, kam jedoch nach wie vor auf keinen grünen Zweig.

Möchte man das Geschehen in einem Bezugssystem so transformieren, dass es in einem zu diesem System (mit konstanter Geschwindigkeit) bewegten Bezugssystem beschrieben werden kann, ist eine Rechnung notwendig, die den Geschwindigkeitsvektor zwischen den beiden Systemen berücksichtigt und als *Galilei-Transformation* bezeichnet wird. Diese Transformation hatten wir implizit schon weiter oben durchgeführt. Die Bowlingkugel im Zug bewegte sich für Außenstehende schneller als der Zug, wenn sie in dessen Fahrtrichtung gerollt wurde; in entgegengesetzter Richtung bewegte sie sich langsamer. In dieser

Transformation ändert sich die Geschwindigkeit des Lichts – wie die Geschwindigkeit der Bowlingkugel – offenbar abhängig von der besagten Geschwindigkeit zwischen den beiden Bezugssystemen – im Zugbeispiel gegeben durch die Geschwindigkeit des Zugs –, was dem gesunden Menschenverstand, das heißt unserer »Trivialintuition«, zu entsprechen scheint, den experimentellen Befunden jedoch nicht. Hält man als Randbedingung dagegen die Lichtgeschwindigkeit konstant und gestattet mathematisch Flexibilität im Verhalten der räumlichen und zeitlichen Koordinaten, zeigt sich, dass die Erscheinung von Raum und Zeit nicht universell, sondern an das Koordinatensystem gekoppelt ist. Die entsprechende Transformation heißt dann *Lorentz-Transformation*.

Die Resultate dieser Transformation bestehen in einer Stauchung des Raums, *Längenkontraktion* genannt, und in einer Dehnung der Zeit, der *Zeitdilatation*, für bewegte Objekte.

Um dieses Geschehen ansatzweise nachvollziehen zu können, ist es zunächst wichtig, sich selbst als Beobachter immer als ruhend wahrzunehmen. Wenn ich mit konstanter Geschwindigkeit im Auto unterwegs bin, denke ich für gewöhnlich, dass ich es bin, der sich bewegt. Diese Wahrnehmung resultiert daraus, dass die Welt unter den Rädern meines Autos viel schwerer und massiver ist als mein kleines Fahrzeug mit Blechhülle, und dass ich im Auto eine Beschleunigung erfahre. Solange ich mit konstanter Geschwindigkeit unterwegs bin – und diese Bedingung wollen wir im Folgenden erst einmal voraussetzen –, gibt es jedoch keinen echten Beweis dafür, dass es nicht in Wahrheit die Welt ist, welche sich bewegt, während ich in meinem Auto mich in Ruhe befinde.

Die Lösung dieser Problematik liegt natürlich wieder darin, die Relativität der Bewegung anzuerkennen – *jeder* unbeschleunigte Beobachter, also *jedes* Inertialsystem, kann mit gleichem Recht als »ruhend« bezeichnet werden –, und sie wird noch etwas klarer, wenn wir die Situation von der Erde in den Weltraum verlagern und nicht mehr mit unserem Auto, sondern einem Raumschiff unterwegs sind. Im All bewegt sich alles irgendwie. Galaxien schießen mit unerhörter, gegenüber der Lichtgeschwindigkeit aber immer noch geringer Geschwindigkeit durch den Raum, dabei bewegen sich in ihnen die Sternsysteme, in manchen Fällen tanzen sogar mehrere Sternsysteme noch einen Wiener Walzer, indem sie sich gegenseitig umkreisen, während sie im Lauf vieler solcher Umkreisungen den größeren Kreis durch den Festsaal ziehen, durch ihre Galaxie. Hier ruht gar nichts, und aus diesem Grund fällt es uns leichter, uns selbst in unserem

Raumschiff als ruhend zu denken, während es alles andere ist, das sich bewegt. Es steht ohnehin nichts absolut still. Da dürfen wir uns doch wenigstens zurücklehnen und behaupten, dass wir uns, relativ gesehen, in Ruhe befinden.

Wenn sich uns nun ein weiteres Raumschiff nähert, dann erscheint es uns aufgrund der Längenkontraktion verkürzt. Bei den Geschwindigkeiten, die in der Raumfahrt derzeit üblich sind, fällt dies bei weitem noch nicht auf. Nimmt man zwischen beiden Raumschiffen eine Relativgeschwindigkeit von immerhin $100\,km/s$ an, beträgt die Verkürzung weniger als ein hunderttausendstel Prozent der ursprünglichen Länge. Bei 99 Prozent der Lichtgeschwindigkeit würde es sich jedoch bereits um über 85 Prozent handeln; das entgegenkommende Raumschiff erschiene also als auf weniger als ein Fünftel seiner Originallänge verkürzt. Gleichzeitig verginge im anderen Raumschiff die Zeit um ähnliche Prozentbeträge langsamer als bei uns. Das Verstreichen der Zeit lässt sich natürlich nur relativ zu unserer eigenen Zeit messen, da unser subjektives Zeiterleben stets an das objektive Zeitvergehen unseres Bezugssystems gekoppelt ist und wir somit nicht merken würden, wenn sie plötzlich langsamer oder schneller verstriche.

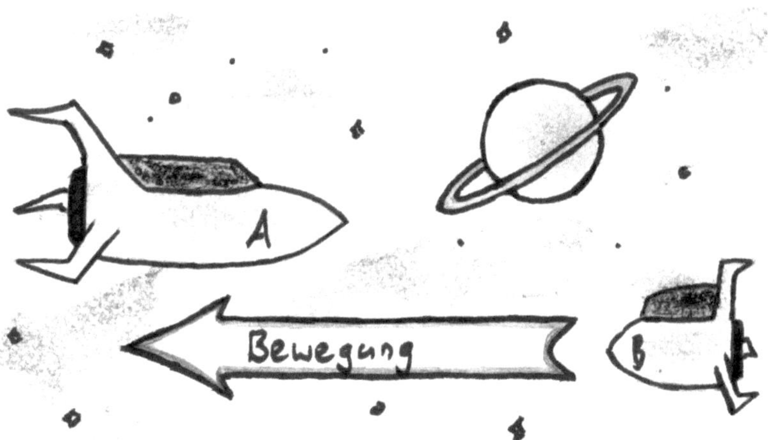

Angenommen, in beiden Raumschiffen würden im Moment des Vorbeiflugs absolut identische Stoppuhren eingeschaltet. Wenn bei uns, in Raumschiff A, genau eine Sekunde vergangen wäre, wäre in Raumschiff B dann weniger Zeit verstrichen, irgendetwas zwischen null Sekunden und einer Sekunde; der genaue Wert hinge wieder von der exakten Geschwindigkeit ab. Nun ist es aber so, dass die Reisenden in Raumschiff B sich aufgrund der Relativität mit gleichem Recht als ruhend wahrnehmen könnten, sodass folglich wir die Bewegten wären. Das würde bedeuten, dass für die dortigen Astronauten ihre eigene Zeit schneller verginge als bei uns. Wenn bei ihnen – aus ihrer Sicht – eine Sekunde vergangen wäre, wäre bei uns weniger Zeit verstrichen.

Da es nur *eine* Wirklichkeit gibt, in welcher die Zeit in unserem Raumschiff vielleicht auf die *eine* oder *andere*, aber sicherlich nicht auf *zwei* verschiedene Weisen »gleichzeitig« vergehen kann, muss uns dieser Umstand wieder völlig widersprüchlich erscheinen. Doch es gibt eine Lösung: Damit die *Information* über das Verstreichen der Zeit im jeweils anderen Raumschiff empfangen werden kann, muss sie zunächst ja irgendwie übertragen werden. Die schnellstmögliche Übertragung geschieht per Funk, dessen Signal wie Licht aus elektromagnetischen Wellen besteht. Elektromagnetische Wellen bewegen sich aber mit Lichtgeschwindigkeit fort, also nicht unendlich, sondern endlich schnell. Man spricht auch davon, dass die Information nicht *instantan*, das heißt nicht direkt, sofort, unmittelbar übertragen wird, sondern eben mit Lichtgeschwindigkeit. Wenn ein Raumschiff die bei ihm aktuelle Uhrzeit überträgt, benötigt die Information entsprechend eine gewisse Zeit, und hierin liegt der Schlüssel zu unserem Paradoxon.

Wenn Raumschiff A nach einer Sekunde ein Signal an Raumschiff B sendet, muss dieses Signal nicht nur die Strecke zurücklegen, die nach einer Sekunde zwischen beiden Raumschiffen vorhanden ist, sondern auch noch Raumschiff B einholen, welches in dieser Zeit schon wieder weitergereist ist. Bewegen sich die Raumschiffe relativ zueinander mit exakt halber Lichtgeschwindigkeit, benötigt das Signal für diesen Einholvorgang eine weitere Sekunde. Das Signal, das auf Raumschiff A eine Sekunde nach Start der Stoppuhr losgeschickt wurde, kommt im System von Raumschiff A also nach insgesamt zwei Sekunden bei Raumschiff B an. Da bei Raumschiff B die Zeit langsamer vergeht, zeigt die dortige Uhr zu diesem Zeitpunkt etwa 1,7 Sekunden an.

Sendet Raumschiff B der dortigen Uhr entsprechend ein Signal nach einer Sekunde, ist aus Sicht von Raumschiff A bereits *etwas mehr* als eine Sekunde vergangen. Das Signal muss auf dem Weg von B nach A nun aber kein fliehendes Raumschiff einholen, da Raumschiff A ja ruht. So wird es aus Sicht von Raumschiff A zwar später ausgestrahlt, der Übertragungsvorgang geht jedoch schneller als andersherum. Tatsächlich gleichen sich beide Effekte genau aus und das Signal von Raumschiff B trifft bei Schiff A auch nach 1,7 Sekunden ein. Das bedeutet, dass es absolut korrekt und widerspruchsfrei ist, wenn jedes

Raumschiff beim jeweils anderen die Zeit langsamer verstreichen sieht. Das Paradoxon löst sich dadurch auf, dass die Information höchstens mit Lichtgeschwindigkeit übertragen werden kann. Das Verstreichen der Zeit ist somit, trotz aller ihrer Eigenheiten, an die räumlichen Verhältnisse gebunden! Und umgekehrt.

Das obige Beispiel ist ein bisher schwer realisierbares Gedankenexperiment. Es gibt jedoch auch eindrucksvolle Befunde tatsächlich durchgeführter Experimente, die die Realität von Längenkontraktion und Zeitdilatation belegen. Einer davon ist das nachweisliche Auftreffen von einer Elementarteilchenart namens *Myonen* auf der Erdoberfläche. Diese entstehen in einigen Kilometern Höhe in der Atmosphäre, sind höchst instabil und sollten eigentlich zu schnell zerfallen, um den Boden zu erreichen. Sie erreichen den Boden trotzdem, was sich im Bezugssystem der Erde mit der Zeitdilatation erklären lässt: Da für die Myonen die Zeit langsamer vergeht, scheint sich ihre Lebensdauer zu verlängern, und dies gerade ausreichend, damit sie den Boden noch erreichen können.

Wie ist es aus Sicht der Myonen? Dass die Zeit auf der Erde aus ihrer Sicht langsamer vergeht, hat für sie keine Relevanz, da dieser Umstand keine Auswirkung auf ihre Lebensdauer besitzt. So müsste ihr Sturz gen Boden zunächst also zu lange dauern, um in einem Stück unten anzukommen. Hier kommt jedoch die Längenkontraktion ins Spiel: aufgrund der schnellen Bewegung der Myonen kontrahiert die Atmosphäre; der Weg bis zum Boden wird kürzer, als er wäre, wenn das Myon sich relativ zur Erde beziehungsweise zur Atmosphäre in Ruhe befände. Der Weg verkürzt sich gerade weit genug, damit das Myon trotz seiner kurzen Lebensdauer den Boden erreichen kann. Wieder existiert kein Widerspruch. Bei derartigen (Gedanken-)Experimenten spricht man auch von *Scheinparadoxa*, da sie dem »gesunden Menschenverstand« beziehungsweise der Trivialintuition zunächst zu widersprechen scheinen, in Wahrheit aber durch die Theorie erklärt werden können und somit keine echten Paradoxa sind. Sie erscheinen nur dadurch paradox, dass uns derartige Phänomene nicht aus unserer alltäglichen Sinnenwelt vertraut sind.

Die Längenkontraktion hat zur Folge, dass sich bei interstellaren oder intergalaktischen Flügen theoretisch die Reisedistanz zum gewünschten Stern beziehungsweise zur gewünschten Galaxie verkürzen ließe. Sie ließe sich beliebig weit verkürzen. Je weiter man sich der Lichtgeschwindigkeit annähern würde, desto mehr würde sich das Universum in Bewegungsrichtung zusammenziehen. Der unerreichbare Grenzfall bestünde dabei darin, dass bei Bewegung mit Lichtgeschwindigkeit jede Distanz in Bewegungsrichtung gänzlich verschwände. Man hätte sofort das gesamte All durchquert, wie groß es auch immer sein mag. Das Problem dabei ist jedoch, dass die zur weiteren Beschleunigung notwendige Energie mit der Geschwindigkeit beständig zunähme. Dies ist zunächst vergleichbar mit dem Fahrtwind, der Luftreibung, die mit zunehmender Geschwindigkeit ebenfalls immer stärker (genauer gesagt: »immer stärker immer stärker«) wird, bis sie eine weitere Beschleunigung schließlich gänzlich verhindert. Im Fall der relativistischen Bewegung im Vakuum gibt es keine Reibung, die das Raumschiff abbremsen würde, aber stattdessen die relativistischen Effekte, durch welche das Raumschiff sozusagen immer träger wird. Bei Annäherung an die Lichtgeschwindigkeit wird immer mehr Energie benötigt, um das Raumschiff noch schneller zu machen. Wollte man einen Menschen, also ungefähr $100\,kg$, schnell genug machen, um eine Längenkontraktion auf ein Zehntel der ursprünglichen Distanz zu bewirken (was rund 99,5 Prozent der Lichtgeschwindigkeit entspräche), bräuchte man in etwa so viel Energie, wie die gesamte Menschheit derzeit in einem Zeitraum von zwei Monaten verbraucht. Es sei angemerkt, dass dies nur für den einen Menschen gelten würde, vielleicht noch für seinen Raumanzug, aber nicht für das Monstrum von Maschine, welches eine solche Energie bereitzustellen in der Lage wäre, welches viele Tausend oder sogar Millionen Tonnen wiegen würde und sich die ganze Zeit auch noch selbst beschleunigen müsste. Ohne eine völlig neuartige Antriebstechnologie, die imstande wäre, dieses Problem zu umgehen, wäre es vermutlich sinnvoller, in einem Raumschiff die für eine lange Reise notwendigen lebenserhaltenden Systeme zu installieren und die zehn- oder auch hundertfache Reisedauer (beziehungsweise -distanz) in Kauf zu nehmen, als die gesamte Energie in diesem wahnwitzigen Beschleunigungsvorgang zu verpulvern, der auch noch ein entsprechendes Abbremsen benötigen würde. (Dazu kommt noch, dass auch kleinste Staubteilchen bei dieser Geschwindigkeit zu gefährlichen Geschossen mutieren würden, sodass eine Art energetisches Schutzschild unabdingbar wäre.) Würde man eine konstante Beschleunigung wählen, die so groß ist wie die Fallbeschleunigung auf der Erde (was im Raumschiff den angenehmen Effekt hätte, dass der Passagier keine »Schwerelosigkeit« spürte, weil er fortlaufend genau so an die Wand beziehungsweise den Boden gedrückt würde, wie er es von seinem Heimatplaneten gewohnt wäre), dann würden bereits Beschleunigungs- und Bremsvorgang jeweils etwa ein Jahr dauern.

Dass Licht sich mit Lichtgeschwindigkeit bewegt, ist möglich, weil Lichtteilchen, Photonen, masselos sind. So wird ihre Energie bei der Bewegung nicht unendlich, sondern bleibt stets endlich. (»Null mal unendlich« kann null, unendlich oder eine endliche Zahl zwischen den beiden Extremen ergeben – in diesem Fall handelt es sich um letzteres.) Man könnte nun sagen, dass sich aus Sicht des Lichts der Raum gänzlich zusammenzieht und außerdem die Zeit der Umgebung absolut stillsteht. Jedoch würden wir bei dieser Aussage vergessen, dass Licht sich in *jedem* Bezugssystem mit Lichtgeschwindigkeit bewegt und es entsprechend *kein* System gibt, in welchem es sich in Ruhe befände. Insofern ist die Aussage »aus Sicht des Lichts« sinnlos. Es ist prinzipiell nicht möglich, sich in Licht »hineinzuversetzen«, da dazu eben ein Bezugssystem nötig wäre, welches nicht existiert, jedenfalls nicht innerhalb der Axiomatik der Relativitätstheorie. Licht lässt sich weder verlangsamen noch einholen. Licht lebt in einer sehr merkwürdigen Welt.

Eine weitere wichtige Folge der gegenseitigen Abhängigkeit von Raum und Zeit besteht darin, dass sich nicht mehr allgemeingültig von der »Gleichzeitigkeit« zweier Ereignisse sprechen lässt. Zwei Ereignisse, die in einem Bezugssystem gleichzeitig geschehen, können in einem anderen zeitversetzt ablaufen. Vor dem Hintergrund, dass zwei verschiedene Raumschiffe sich voneinander unabhängig durch Zeit und Raum bewegen, haben wir bereits gelernt, dies mehr oder weniger achselzuckend hinzunehmen. Schließlich haben wir von den Absurditäten des Einsteinschen Kosmos bereits gekostet. Doch was wäre, wenn wir mit einem einzelnen Raumschiff mit hoher Geschwindigkeit in den sehr kurzen Hangar einer Raumstation durchfliegen wollten? Nehmen wir einmal an, der Hangar sei so klein, dass das Raumschiff mit Mühe und Not hineinpasst; das Raumschiff sei im Bezugssystem der Raumstation schnell genug unterwegs, um wegen seiner Längenkontraktion dennoch in allen Richtungen ein paar Zentimeter Luft zu haben. Im Bezugssystem des Raumschiffs jedoch kontrahiert der Hangar und wird noch kürzer, als er ohnehin schon ist. Das Raumschiff wird in seinem eigenen System niemals kürzer sein als der Hangar.

Der Hangar sei so konstruiert, dass sich seine Eingangs- und Ausgangstür nur *gleichzeitig* öffnen und schließen lassen. Für beide sei aus diesem Grund nur ein Schalter vorhanden, und die Schaltung sei so schlicht konstruiert, dass hier keine Alternativen möglich sind. Um bei der ganzen Verwirrung experimentell testen zu können, ob das Raumschiff nun hineinpasst oder nicht, sollen die Türen einmal für einen winzig kurzen Moment geschlossen werden, wenn es sich im Hangar befindet. Man könnte sich hier einen im System der Raumstation ruhenden Beobachter auf der halben Strecke des Hangars denken. Dieser hält eine Fernbedienung in der Hand, welche Signale an die beiden Tore sendet. Da die Tore sich gleich weit vom Beobachter entfernt befinden, schließen sie sich auch dann noch gleichzeitig, wenn die winzige Zeitverzögerung durch die Informationsübertragung – welche ja nicht instantan, sondern nur lichtschnell stattfindet – in der Planung des Experiments berücksichtigt wird. Anschließend werden sie wieder geöffnet, damit das Raumschiff bei seinem ungebremsten Durchflug nicht gegen den Ausgang knallt. Im Bezugssystem der Raumstation ist das alles kein Problem: sobald sich das Raumschiff komplett im Hangar befindet, werden die Türen kurz gleichzeitig geschlossen und anschließend wieder geöffnet, damit es wieder hinaus kann. Im Bezugssystem des Raumschiffs ist dies offensichtlich nicht möglich, denn der Hangar ist ja kürzer als das Raumschiff. Niemals kann das Raumschiff unbeschadet hindurch, wenn die Türen irgendwann geschlossen werden. Oder etwa doch?

Die Lösung dieses Scheinparadoxons (ja, der widersprüchliche Charakter dieses Gedankenexperiments ist wieder nur ein trügerischer Schein) besteht eben darin, *dass das gleichzeitige Schließen der Türen im Bezugssystem der Raumstation keine Gleichzeitigkeit im System des Raumschiffs zur Folge hat.* Gleichzeitigkeit ist relativ. Da vom Schalter aus das Signal an die Türen erst übertragen werden muss, wird im Raumschiffsystem zunächst die hintere (also die zweite) Tür geschlossen. Im Bezugssystem des Raumschiffs kommt das hintere Tor dem Signal der Fernbedienung schließlich entgegen, während das vordere ihm zu entfliehen »versucht«, indem es sich aus Sicht des Raumschiffs in der gleichen Richtung bewegt wie das Signal. Bevor der Bug des Raumschiffs am Ende des Hangars angelangt ist, wird die hintere Tür wieder geöffnet. Erst einen Moment später, wenn sich das Heck des Raumschiffs gänzlich im Hangar befindet, schließt sich die vordere Tür (und wird im nächsten Moment wieder geöffnet). So gelangt das Raumschiff in beiden Bezugssystemen unbeschadet durch den Hangar hindurch.

Wen diese Gedankenexperimente immer noch nicht von der Tragweite der Relativitätstheorie überzeugen, dem sei ein letztes weiteres Beispiel genannt: Das Zwillingsparadoxon. Dieses erzählt von zwei Zwillingen, deren einer auf der Erde verbleibt, während der andere eine weite, jedoch mit relativistischer Geschwindigkeit stattfindende Reise zu einem entfernten Stern antritt und schließlich wieder

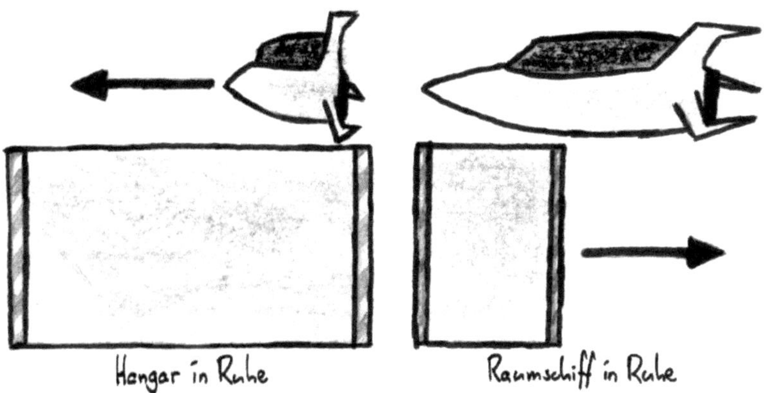

zurückkehrt. Wie es im ersten Gedankenexperiment mit den zwei Raumschiffen diskutiert wurde, müssten beide Zwillinge demzufolge meinen, dass die Zeit des jeweils anderen langsamer vergehe. Wer von beiden ist nun älter, wenn sie wieder zusammentreffen?

Die Lösung besteht hier in der Korrektur eines Denkfehlers, der in Bezug auf den reisenden Zwilling vorliegt. An dem Zeitpunkt, zu welchem er umkehrt, wechselt er sein Bezugssystem von einem sich von der Erde entfernenden System zu einem, welches sich der Erde nähert. Hierbei erfährt er eine Beschleunigung, und aufgrund dieser Beschleunigung kann er sich nicht mehr als »relativ gesehen in Ruhe befindlich« sehen, sondern muss gleichsam zugeben, dass er während des Beschleunigungsvorgangs »absolut bewegt wird«. Aus diesem Grund vergeht für den reisenden Zwilling die Zeit absolut langsamer als für den verbleibenden. Wenn die beiden wieder zusammentreffen, ist letzterer objektiv älter als ersterer, sofern er überhaupt noch lebt. Diese Argumentation erscheint vielleicht an den Haaren herbeigezogen, doch wer die Situation gemäß der Lorentz-Transformation sorgfältig nachrechnet, wird zu dem gleichen Ergebnis gelangen.

Eine weitere Konsequenz der Relativitätstheorie ist, dass es keine echt »starren Körper« geben kann, also Objekte, bei denen, wenn man sie an einer Stelle greift und verschiebt, alle anderen Stellen auch instantan auf die gleiche Weise verschoben werden, wie wir es aus unserer nicht-relativistischen Alltagserfahrung von sämtlichen Festkörpern wie Holz, Gestein etc. gewohnt sind. Am Anfang des Buchs wurde Lenard zitiert mit den Worten, dass das Atom leer wie das Weltall sei. Atome wechselwirken untereinander über elektrische Kräfte und über die Gravitation, welche auf kleinen Skalen jedoch vernachlässigbar ist. Wird ein Atom bewegt, muss die Änderung im elektrischen Feld, das es umgibt, erst bis zum benachbarten Atom vordringen, damit dieses von der Bewegung überhaupt etwas zu spüren bekommt. Diese Übertragung ist wieder durch die Lichtgeschwindigkeit begrenzt.

In der Relativitätstheorie können Teilchen daher streng genommen nur als Punkte in Raum und Zeit gedacht werden, welche keinerlei räumliche Ausdehnung besitzen. Die Zeit wird wie angekündigt in etwa wie eine weitere räumliche Dimension gehandhabt und ergibt zusammen mit den drei üblichen Raumdimensionen die vierdimensionale *Raumzeit*. Besonders geschickt lässt sich dies machen, indem die Zeitachse mit der Lichtgeschwindigkeit multipliziert wird. Multipliziert man eine Geschwindigkeit mit einer Zeit, erhält man eine Länge. Das ist einerseits ein mathematischer Trick, der es ermöglicht, mit der Zeit fast wie mit einer räumlichen Dimension rechnen zu können, die ja stets in Längeneinheiten gemessen werden. Andererseits hilft die Vorstellung, dass Dinge sich »mit Lichtgeschwindigkeit durch die Zeit bewegen« beim konzeptionellen Verständnis der Zeitdilatation: Alle Dinge bewegen sich *immer* mit Lichtgeschwindigkeit, allerdings nicht durch den Raum, sondern *durch die Raumzeit*. Die Bewegung wird dabei auf Raum und Zeit aufgeteilt. Ein Objekt, welches stillsteht, bewegt sich ausschließlich »mit Lichtgeschwindigkeit durch die Zeit« (die ja, wie eben gesagt, durch einen simplen mathematischen Trick zur Länge gemacht wurde). Ein Objekt, welches sich durch den Raum bewegt, bewegt sich infolgedessen langsamer durch die Zeit, was gerade der Zeitdilatation entspricht. Ein Objekt, welches mit annähernd Lichtgeschwindigkeit den Raum durchquert, bewegt sich fast gar nicht mehr durch die Zeit. Insgesamt bewegen sich alle Objekte aber stets mit Lichtgeschwindigkeit durch die Raumzeit. Die Relativität der Bewegung, also die vom Bezugssystem abhängige »Verteilung« der insgesamt lichtschnellen Bewegung auf Raum und Zeit, bleibt in deren separater Betrachtung stets erhalten.

Der Begriff »Raumzeit« hat etwas erhabenes, mystisches. Er klingt ein wenig nach Esoterik, vielleicht auch nach *Star Wars*, nach der Macht, der ätherischen Energie, die das Universum durchtränkt. (»Die Raumzeit mächtig ist. Unsere Körper in sich sie trägt.«) Das ist beachtlich, wenn man bedenkt, dass die Umkehrung der Reihenfolge seiner beiden Bestandteile, nämlich »Zeitraum«, in unserer Sprache etwas ganz Alltägliches ist. In diesem Begriff wird wiederum deutlich, wie wir die Zeit von Natur aus mit einer räumlichen Dimension gleichsetzen. Durch die Raumzeit erhält der Raum dagegen Zeitcharakter, und die abstrakte, schwer zu fassende Zeit überträgt ihre diffusen Eigenschaften auf den Raum. In ihrer suggestiven Bedeutung stellt diese Übertragung die Umkehrung jener Interpretation der Zeit als vierte Dimension dar, weshalb der Begriff »Raumzeit« auch dann zu befürworten wäre, wenn der des »Zeitraums« nicht bereits durch seine profane Bedeutung besetzt wäre.

Das Formelsymbol für die Zeit ist in der Physik übrigens t, abgeleitet vom englischen »time«. Ersetzt man im »Zeitraum« die Zeit durch dieses t, landet man wieder bei dem oben erwähnten »Traum« (genauer: »t-Raum«), der ja auch ein Leitmotiv dieses Buchs darstellt. Diese Überleitung ist freilich nur eine sprachliche Spielerei ohne jede Bedeutung. Dass die Wörter »Raum« und »Traum« sich in der deutschen Sprache so ähnlich klingen, ist aber sicherlich kein Zufall, selbst, wenn hier – wie es zu sein scheint – kein etymologischer Zusammenhang besteht. Das »aum« ist ein klangvoller, resonanter Laut, der den »Raum« mit einer tiefen, mächtigen Schwingung zu füllen scheint und dem »Traum« seine bedeutungsschwangere Tiefe verleiht, die Tiefe unseres Unbewussten, wie wir sie nur im Schlaf erfahren können. Das Gefüge des Seins, welches die Raumzeit zumindest auf materieller Ebene darstellt, erinnert uns auch zwangsläufig an die Traumzeit der Aborigines.

Bisher haben wir uns nur mit der *Speziellen Relativitätstheorie* (SRT) auseinandergesetzt. Wenn Ihnen dennoch der Schädel raucht, sei Ihnen das verziehen, ja, sofern sie den Text nicht nur überflogen haben, sondern darum bemüht waren, alle Gedankenexperimente mitzudenken, kann ihr Schädel gar nicht anders, und in diesem Fall spreche ich Ihnen für diese Bereitwilligkeit meine Anerkennung aus. Dabei ist es nicht schlimm, wenn Sie nicht alles verstanden oder die Hälfte schon wieder vergessen haben. In anderen (ebenfalls populärwissenschaftlichen, mathematikfreien) Büchern lassen sich deutlich ausführlichere Einführungen in die Relativitätstheorie finden, die jedoch auch dann noch genug Aufmerksamkeit seitens des Lesers fordern. Das liegt einfach in der Natur der Sache: Es geht hier um Phänomene, die in unserer sinnlichen Lebenswelt nicht existieren und für die sich nicht einfach so alltagssprachliche Metaphern finden lassen. Die paulinische Forderung, man solle zum Volke nicht in »Zungen«, sondern in Gleichnissen reden, damit die Menschen das Gesagte auch verstehen – sie lässt sich hier leider nur bedingt erfüllen. Da ich mich mit meinen bloßen Wiederholungen dessen, was schon Etliche vor mir geschrieben haben, kurzfassen möchte, fällt meine Abhandlung der modernen Physik entsprechend kompakt aus.

Behalten Sie einfach die Eindrücke im Kopf, wie Sie lustig sind. Nach diesem Kapitel wird dieses Gebilde, das unsere Realität zu verzerren scheint wie ein Gemälde von Picasso, in *dieser* Komplexität nicht mehr auftauchen. Einzelne Bezüge werden dennoch hergestellt, aber dieses Buch soll eben eine »Reise in den Welt(t)raum« sein und keine Monografie, welche ein *einziges* abgegrenztes Thema von vorn bis hinten vollständig durchkauen würde. Entspannen Sie sich also, oder versuchen Sie es wenigstens.

Mit diesen Worten haben wir unsere Moral wieder gestärkt und wenden uns der *Allgemeinen Relativitätstheorie* (ART) zu, welche sich auf der Grundlage der SRT mit der Gravitation auseinandersetzt und über deren Wesen ganz Erstaunliches zu berichten hat.

Krumm und schief

Masse hat im Grunde zwei Charakteristika: die *träge* Masse und die *schwere* Masse. Die träge Masse bekommt man zu spüren, wenn man ein Auto anschiebt, oder noch viel mehr, wenn man es mit bloßen Händen zu stoppen versucht. Je schwerer das Auto, je mehr Masse es hat, desto mehr ist dieses Unterfangen zum Scheitern verurteilt. Die schwere Masse dagegen ist der Gravitation, der Anziehung von Massen untereinander unterworfen, und erzeugt sie gleichzeitig mit. Beide, träge Masse und schwere Masse, könnten theoretisch zwei völlig voneinander unabhängige Eigenschaften von Materie sein. Sie sind es aber nicht. Sie sind identisch, was bereits viele Jahrhunderte lang angenommen wurde und als *Äquivalenzprinzip* experimentell gut überprüft war. Der Umstand, dass im Vakuum – wo die träge Masse ja durch ihr eigenes Gewicht, also ihre Schwere, beschleunigt wird – alle Körper gleich schnell fallen, spielt hierbei eine wesentliche Rolle.

Dies veranlasste den findigen Einstein mal wieder zu einem Gedankenexperiment: Wenn ich mich in einem fensterlosen Labor befinde – so fragte er sich in etwa –, spüre ich, sofern dieses auf der Erde steht, natürlich die Gravitation, wie überall sonst auf der Erde ja auch. Wenn sich dieses Labor jedoch im Weltall befände und einen Antrieb hätte, der mich mit einem Betrag beschleunigen würde, welcher der durch die Gravitation hervorgerufenen Fallbeschleunigung auf der Erde entspräche, dann könnte ich die Situation zunächst nicht von der auf der Erde unterscheiden, da ich meine träge Masse, welche im beschleunigten Labor zum Tragen kommt, prinzipiell nicht von meiner schweren Masse auf der Erde unterscheiden kann (da beide schließlich ein- und dasselbe sind). Das ist noch keine Überraschung, aber der

Gedankengang lässt sich zu der gewagteren Annahme erweitern, dass es durch *überhaupt kein* physikalisches Experiment möglich sei, zu bestimmen, ob man sich im ruhenden irdischen oder im beschleunigten Weltraumlabor befände, also ob es sich bei der »gefühlten« Kraft um Trägheit oder um Gravitation handelte.

In der SRT besteht das *Relativitätsprinzip* in der Aussage, dass die physikalischen Gesetze in allen Inertialsystemen gleich sind. Ein *Inertialsystem* war ein System, in welchem sich ein kräftefreier Körper gleichförmig, das heißt mit gleichbleibender Richtung und Geschwindigkeit (einem konstanten Geschwindigkeitsvektor) bewegt. Weniger exakt, aber anschaulich gesprochen lässt sich ein Inertialsystem auch schlicht betrachten als ein unbeschleunigtes Bezugssystem. In der ART wird dieses Prinzip erweitert auf sämtliche Koordinatensysteme, die nun auch beschleunigt sein dürfen, wie es im Weltraum-Labor offensichtlich der Fall ist.

Wirft man in einem stehenden Auto einen Luftballon in die Höhe und gibt augenblicklich Vollgas, so wird sich der Luftballon im Bezugssystem des Autos nach hinten bewegen, da er im Bezugssystem der Erdoberfläche ruht, bis er von innen an die Heckklappe des Autos stößt. Tatsächlich wird die Luft im Auto (welche ja mit dem Auto beschleunigt wird) ihn etwas nach vorn beschleunigen, sodass er bezüglich der Erdoberfläche nicht ganz in Ruhe verharrt. Dies ließe sich jedoch vermeiden, indem man zum Beispiel annimmt, dass im Innenraum des Autos ein Vakuum herrscht (dem Fahrer können wir ja einen Raumanzug verpassen).

Licht ergeht es da nicht anders. Wenn im gefühlt nach oben beschleunigten Weltraumlabor ein Lichtstrahl in horizontaler Richtung von einer Wand des Labors aus ausgesandt wird, dann wird er auf der gegenüberliegenden Seite etwas niedriger ankommen, da er seine Bewegungsrichtung im nächstbesten Inertialsystem beibehält. Aufgrund des hohen Betrags der Lichtgeschwindigkeit ist dieser Versatz nur sehr gering, aber er ist vorhanden. Aus dem Äquivalenzprinzip folgt dann, dass auch ein Lichtstrahl im Gravitationsfeld durch die Gravitation abgelenkt wird, die wir schließlich auch nur als Beschleunigung wahrnehmen. Trotzdem ändert sich seine Geschwindigkeit nicht. *Stattdessen schlägt sich die durch die Gravitation bewirkte Umwandlung von potenzieller Energie bei Photonen in einer Änderung der Schwingungsfrequenz nieder*, was bei Licht einer *Änderung der Farbe* entspricht: blaues oder gar violettes Licht ist energetischer als rotes Licht. Alle anderen Farben befinden sich wie bei einem Regenbogen, welcher auf der einen Seite durch violettes Licht, auf der anderen durch rotes Licht begrenzt wird, dazwischen. (Jenseits dieser Grenzen finden wir ultraviolettes Licht und auf der anderen Seite Infrarotstrahlung.) Dieser Effekt, also die Energie- und damit Farbänderung des Lichts, fällt im Alltag ebenso unmerklich gering aus, wie es bereits bei sämtlichen Phänomenen der SRT der Fall war. Regenbögen entstehen auf eine gänzlich andere Art, durch Lichtbrechungen an Wassertröpfchen.

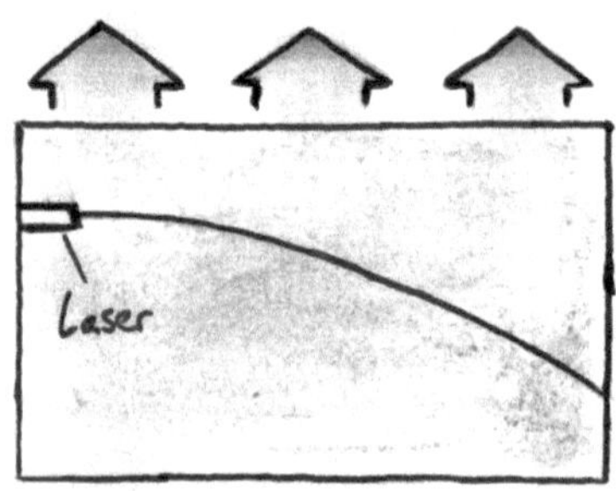

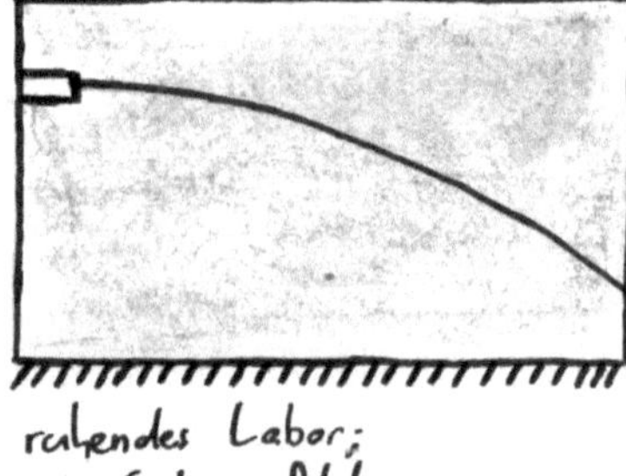

Mit komplizierter Mathematik – so kompliziert, dass Einstein mitunter selbst über sie fluchte – lässt sich daraus ableiten, dass die Gravitation eigentlich keine Kraft (wie zum Beispiel die elektrische Kraft) ist, sondern eine »Krümmung« der Raumzeit, hervorgerufen durch die Anwesenheit von Masse. Kompliziert wird die Mathematik durch einen Aspekt, welcher in obiges Gedankenexperiment noch nicht eingeflossen war: Betrag und Richtung der Beschleunigung sind im Allgemeinen vom Ort abhängig. Im Labor, welches irgendwo im All frei von der Gravitation beschleunigt wird, sind Betrag und Richtung der erfahrenen Trägheit überall gleich, nämlich stets entgegen der Beschleunigungsrichtung des Labors, mit dem selben Betrag. Befindet sich das Labor jedoch in Ruhe, dafür aber unter dem gravitativen Einfluss einer näherungsweise kugelförmigen Masse (wie Planeten, Sterne und schwarze Löcher es sind, letztere mit einem verschwindend kleinen Radius), so ist die Fallbeschleunigung in Wahrheit nicht immer senkrecht zum Boden des Labors ausgerichtet, sondern stets in Richtung des Mittelpunkts der anziehenden Masse.

Wenn das Labor klein ist, spielt das keine Rolle. In einem großen Labor wird es jedoch wichtig. Lässt man dort zwei Objekte aus gleicher Höhe an verschiedenen Orten fallen, werden sie sich während ihres Falls näher kommen, da sie auf den gleichen Punkt zusteuern.

Sie kämen sich näher wie die Speichen eines Rades, wenn man sie von außen nach innen verfolgte. In einem so großen Labor würde allerdings auch die Höhe eine Rolle spielen, genauer gesagt die Entfernung vom Massenmittelpunkt. Wie im vorherigen Kapitel reichlich diskutiert, wird die Gravitation mit wachsender Entfernung schließlich schwächer. Diese Gegebenheiten sorgen dafür, dass die Raumzeit, sofern in ihr Masse anwesend ist, für jeden Punkt immer lokal beschrieben werden muss. Das bedeutet aber, *dass dem Raum-Zeit-Koordinatensystem keine allgemein gültigen Koordinatenachsen mehr zugewiesen werden können, sondern jeder Punkt in der Raumzeit seine eigenen Achsen erhält* – und dabei kommt eben nicht nur unser, sondern auch der Schädel eines Einsteins ins Rauchen. Man kann sich vorstellen, dass beim »Scrollen« durch die Raumzeit ihre eigenen Koordinatenachsen dynamischen Veränderungen unterworfen sind.

Dreidimensionale Räume lassen sich im Zweidimensionalen noch ohne größere Probleme darstellen, da die Netzhaut in unseren Augen ebenfalls zweidimensional ist und unser Gehirn es gewohnt ist, die Information entsprechend zu verarbeiten. So ist es leicht, mittels Fluchtpunktmethode einen scheinbar dreidimensionalen Würfel auf ein Blatt Papier zu zeichnen. Echt dreidimensional sehen können wir, weil wir zwei Augen haben, die zwei leicht unterschiedliche, jeweils zweidimensionale Bilder erzeugen und an unser Gehirn weitergeben, wo sie miteinander verglichen werden. Aber auch, wenn man mit nur einem Auge guckt, können Tiefenschärfe und Vor- und Rückwärtsbewegung dabei helfen, Entfernungen einzuschätzen.

So, wie sich dreidimensionale Objekte in die zweite Dimension projizieren lassen, lassen sich vierdimensionale Objekte in die dritte Dimension projizieren. Das Problem ist allerdings, dass unser Gehirn eben nicht die nötige Erfahrung besitzt, um aus diesem Anblick das Erscheinungsbild in der vierten Dimension rekonstruieren zu können. Dazu kommt, dass ich an dieser Stelle ohnehin nur das zweidimensionale Medium Papier (oder Display) zur Verfügung habe. Es darf allerdings nicht vergessen werden, dass in der Raumzeit die vierte Dimension die Zeit ist, die wir natürlich beständig erfahren – dass sich ein dreidimensionales Bild, also einfach die Welt, wie wir sie wahrnehmen, in der Zeit wandelt, ist für uns nichts Neues. Neu ist, dass die Zeit mit den räumlichen Dimensionen verknüpft ist, was der Sache einen grundsätzlich anderen Charakter gibt.

Wenn in einem Buch die Krümmung der Raumzeit dargestellt werden soll, so geschieht dies für gewöhnlich unter zwei Voraussetzungen:

Zunächst einmal wird die Zeit außen vor gelassen. Außerdem wird eine räumliche Dimension gestrichen. Der ohne gravitierende Masse inhaltslose Raum wird dann als ein flaches Netz dargestellt, der mit Masse »gefüllte« Raum als ein gekrümmtes Netz, als würde man eine Bowlingkugel auf einem Gummituch platzieren. Diese Darstellung ist in der Abbildung zu sehen.

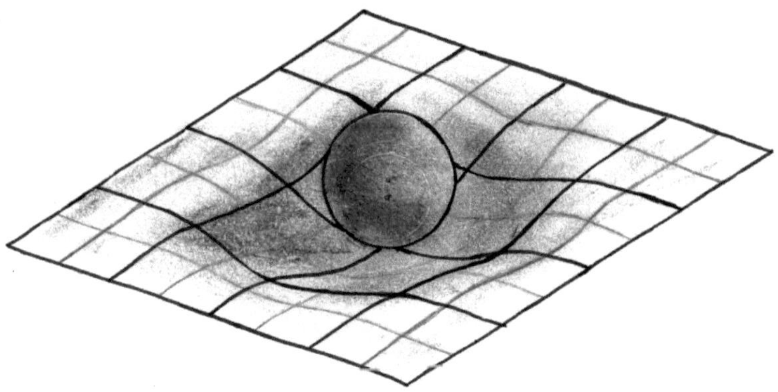

Das Problem mit dieser Darstellungsweise ist jedoch, dass die Krümmung des zweidimensionalen Raums in einer höheren Dimension dargestellt wird, nämlich in der dritten (diese sieht unser Gehirn jedenfalls in dem Bild, in Wahrheit bleibt das Bild natürlich zweidimensional, also das Papier wölbt sich vor Ihren Augen nicht plötzlich). Die vierdimensionale Raumzeit bleibt jedoch auch gekrümmt in der vierten Dimension, eine fünfte wird nicht benötigt. Dazu kommt noch, dass das Netz, welches in der obigen Abbildung zu sehen ist, ein Objekt *im* Raum ist, jedoch nicht *der Raum selbst*. Natürlich ist es für uns einfach, uns ein im Raum gekrümmtes Objekt vorzustellen. Wie aber ist es, wenn stattdessen der Raum selbst gekrümmt ist? In dieser Hinsicht sind wir noch nicht viel schlauer als zuvor.

Um eine abstraktere, aber korrektere Idee von der Krümmung zu erhalten, besinnen wir uns auf die besondere Eigenschaft des metrischen Raums, die darin besteht, dass er eine Metrik besitzt, dass sich Dinge in ihm in einem wohldefinierten Abstand zueinander befinden. Erst dadurch, dass dies der Fall ist, nehmen wir den physikalischen Raum sinnlich war. Die Krümmung der Raumzeit bedeutet, dass diese Metrik bei der Anwesenheit von Massen ortsabhängig wird. Sie wird sozusagen »moduliert«, und mit ihr die Abstände der Dinge untereinander.

Nun ist es so, dass eine kräftefreie Bewegung im glatten Raum geradeaus erfolgt. Eine gerade Strecke ist im glatten Raum die kürzeste Verbindung zwischen zwei Punkten. Mathematisch lässt sich dies mithilfe der *Variationsrechnung* beweisen. In dieser wird der Weg in unendlich viele »unendlich kurze« (fachsprachlich *infinitesimale*) Abschnitte aufgeteilt. Die Summe der Längen dieser Abschnitte ist der Gesamtweg von A nach B, und der Gesamtweg ist wiederum der Abstand. Mit der Variationsrechnung lässt sich eine Funktion des Abstandes für jeden beliebigen Weg bilden. Minimiert man diese Funktion in Bezug auf den genommenen Weg, erhält man als korrespondierenden Weg eben die gerade Strecke.

Im gekrümmten Raum würden wir, wenn wir den kürzesten Weg von A nach B suchen würden, keine gerade Strecke erhalten, sondern eben einen gekrümmten Weg. Für jeden unendlich kurzen Teilabschnitt variiert die Richtung des Wegstücks der kürzest möglichen Verbindung von A nach B. So hört die Gravitation schließlich auf, eine Kraft zu sein und wird zu einer geometrischen Eigenschaft des Raums, welchem sich die Zeit dann anpasst.

Auf eine weitere, wieder wie im Fall des Gummituchs eher anschauliche Weise, lässt sich die Raumzeitkrümmung auch mit der Lichtbrechung vergleichen.[229] Diese findet man im Alltag vor als scheinbaren »Lichtknick« an der Wasseroberfläche, als sommerliche Luftspiegelung über heißem Untergrund (»Fata Morgana«), vor allem über Asphalt, aber auch einfach beim Blick durch jegliche gekrümmten Glasflächen, was sämtliche Arten von optischen Linsen einschließt.[230] Der *Gravitationslinseneffekt*, welcher in Kapitel 13 noch angesprochen werden wird, macht dies besonders deutlich. Die alltägliche Lichtbrechung meint die Richtungsänderung eines Lichtstrahls und entsteht, wenn Licht schräg auf eine Grenzfläche trifft, jenseits derer es sich effektiv schneller oder langsamer bewegt als zuvor. (Mit »effektiv« ist hier wieder gemeint, dass Licht sich dadurch scheinbar verlangsamen kann, dass es von im Weg befindlichen Atomen dauernd absorbiert und wieder emittiert wird.) Im relativistischen Fall entsteht die Krümmung auch ohne derartige Grenzflächen, die im Vakuum ja ohnehin ausgeschlossen sind. Das Wesentliche am Zusammenspiel zwischen Masse und Raumzeit hat der Physiker John A. Wheeler in einem kurzen Satz zusammengefasst:

> Matter tells space how to curve and spacetime tells matter how to move! *(Materie schreibt dem Raum seine Krümmung vor und die Raumzeit schreibt der Materie ihre Bewegung vor!)*[231]

Eins steht fest: Der mehr oder weniger hohle Container, den der Raum nach Newton darstellte, ist eine veraltete Vorstellung. Brian Greene resümiert hierüber:

> Die meisten Menschen, die sich gründlich mit der allgemeinen Relativitätstheorie befassen, sind von ihrer ästhetischen Eleganz fasziniert. Einstein hat Newtons kalte, mechanistische Auffassung von Raum, Zeit und Gravitation durch eine dynamische und geometrische Beschreibung ersetzt, die eine Krümmung der Raumzeit berücksichtigt. Auf diese Weise hat er die Gravitation mit der Grundstruktur der Raumzeit verwoben. Statt dem Universum als zusätzliche Struktur übergestülpt zu werden, wird die Gravitation auf fundamentalster Ebene zu einem integralen Bestandteil des Kosmos. Das Leben, das hier Raum und Zeit eingehaucht wird, indem man ihnen gestattet, sich zu krümmen, zu verzerren und zu kräuseln, erzeugt das, was wir gemeinhin Gravitation nennen.[232]

Die Relativitätstheorie hilft uns dabei, auch ohne Metaphysik so etwas wie Lebendigkeit im leeren Raum finden zu können. Die kosmische Einsamkeit wird so direkt ein Stückchen erträglicher. Wir fühlen uns an das Herz-Sutra des Buddhismus erinnert, an »Form ist Leere, Leere ist Form«. Mit der Relativitätstheorie gewinnt dieser Satz an physikalischer Substanz. Wir können sagen: »Zeit ist Raum ist (beziehungsweise ›wechselwirkt mit‹) Materie ist Energie. Und umgekehrt.« Die Zeit erhält in der physikalischen Beschreibung zwar nach wie vor ihre verflachend-raumartigen Eigenschaften, doch der Raum, und das ist wichtiger, erscheint auf der anderen Seite »zeitartig«, und das heißt wandlungsfähig, organisch, mystisch.

> [W]er die Dinge aus Raum und Zeit entfernen will, kommt zuletzt nur voran, wenn er beide mit entfernt. Ein wunderbarer Gedanke, der die physikalische Einsamkeit abschafft und stattdessen dafür sorgt, dass immer etwas da ist, wenn wir da sind (zum Beispiel, um es anzuschauen). / Mit anderen Worten, Einstein führt uns die Welt nicht als leeren Kasten, sondern als dichtes Gewebe vor, und er erspart uns jedes Nichts – physikalisch gesprochen und gedacht.[233]

Unabhängig von den Naturgesetzen bleibt der Himmel zunächst einmal leer, wie er ist. Aber: Leere ist Form. Form ist Leere. Atman ist auch Brahman, die Grundgleichung von Advaita-Vedanta. Sein und Nichtsein erzeugen einander, und wenn das gezeichnete Ich in die Leere des Himmels blickt, dann fühlt es sich erinnert an den Raum, den sein eigenes Bewusstsein letzten Endes darstellt und der die zahlreichen Erscheinungen, die sich in ihm manifestieren, einfach geschehen lässt.

Erscheint der leere Raum des Newtonschen Universums uns noch wie die Kälte des Todes selbst, wird die Raumzeit der Relativitätstheorie zu einem mystischen Geflecht, welches diesen Nihilismus transzendiert. Zwar sind wir an die Erde gebunden in dem Sinn, dass wir uns die relativistischen Effekte technisch nur für sehr kleine Massen zunutze machen können. Die grundsätzliche Verbundenheit ist aber dennoch da, wenigstens auf physikalischer Ebene. Skepsis an dieser Sichtweise lässt sich allenfalls durch den Hinweis auf die Starrheit der Lichtgeschwindigkeit äußern. Im Zweifelsfall hilft uns dann die ständige Erinnerung daran, dass die Naturgesetze geistiger Art sind, und dass in einem Universum, in dem die Naturgesetze universell sind, folglich überall und unentwegt ein Subjekt, also ein Jemand anwesend sein muss, der uns in jeder Erscheinung der Welt gegenüber tritt. Wenn es einmal nicht so aussehen mag, dann sind wir es, die sich von diesem unseren Gegenüber abgewendet haben.

Die Vorhersagen der Relativitätstheorie wurden vielfach experimentell überprüft. Anwendung finden ihre Prinzipien beispielsweise beim GPS, welches ohne sie nicht so beeindruckend genau operieren könnte.

Jüngst sind *Gravitationswellen* in den Blickpunkt der Öffentlichkeit geraten. Hierbei handelt es sich um periodische Schwingungen der Raumzeit, welche sich mit Lichtgeschwindigkeit von beschleunigten Massen aus ausbreiten. Gravitationswellen treten dabei zusätzlich zur auch ohne Beschleunigung vorhandenen Krümmung der Raumzeit auf. Der Effekt ist jedoch sehr gering; Einstein nahm noch an, dass man Gravitationswellen niemals direkt beobachten können werde, womit er, wie nun offensichtlich ist, irrte. Indirekt beobachtet wurden sie dagegen schon lange: Die Erzeugung einer solchen Welle erfordert Energie, und ein System, welches Gravitationswellen erzeugt, muss demzufolge Energie verlieren. Doppelsternsysteme, in welchen sich zwei Sterne gegenseitig umkreisen, bieten sich hierfür an. (Wir erinnern uns erneut, dass auch eine Richtungsänderung ohne Geschwindigkeitsänderung bereits eine Beschleunigung darstellt.) Im aus zwei Neutronensternen bestehenden System *PSR B1913+16* beispielsweise wurde über einen Zeitraum von mehr als 30 Jahren eine stetige Verringerung der Rotationsperiode um insgesamt 45 Sekunden gemessen. Der über den Beobachtungszeitraum gemessene Abfall der Periode stimmte dabei hervorragend mit den Vorhersagen der ART überein.[234]

Im September 2015 konnten Gravitationswellen nun direkt nachgewiesen werden, also nicht nur indirekt über den mechanischen Energieverlust eines Systems, sondern über die mikroskopischen Schwingungen der Raumzeit selbst. Hierfür waren sehr genaue Messgeräte notwendig, und von diesen mehrere, über den ganzen Globus verteilte, da ein einzelnes zu empfindlich auch auf die geringst denkbaren Erschütterungen des Bodens reagiert hätte. Das entscheidende Signal lieferte wieder ein aus zwei sich umkreisenden Objekten bestehendes System – mit dem Unterschied, dass es sich diesmal nicht um Neutronensterne handelte, sondern um schwarze Löcher. Beide Löcher besaßen eine Masse von einigen Dutzend Sonnenmassen. Sie umkreisten sich nicht nur, sondern verschmolzen miteinander. Diese Verschmelzung setzte eine Energie von etwa drei Sonnenmassen in Form von Gravitationswellen frei, was für irdische Maßstäbe gewaltig wäre. Man kann sich hier in etwa die Explosion einer Atombombe denken, welche dreimal so groß ist wie die Sonne, mit dem Unterschied, dass eine Atombombe die im Raum befindlichen Teilchen erschüttert, während es sich bei den Gravitationswellen um Erschütterungen der Raumzeit selbst handelt. Durch die große Entfernung, die wir zu dem Geschehen einnehmen, verteilt sich diese Energie jedoch auf einen ebenso gewaltigen Raum, und die bei uns noch messbare Erschütterung ist wieder mikroskopisch klein.[235]

Seinen Nobelpreis erhielt Einstein übrigens nicht für die Formulierung der Relativitätstheorie, sondern für seine Interpretation des photoelektrischen Effekts, mit welcher er einen wichtigen Beitrag zur Entwicklung der Quantentheorie leistete. Dieser wollen wir uns im folgenden Kapitel zuwenden. Ihnen, lieber Leser, rate ich an dieser Stelle wieder zu einer Pause.

8.

Der Geist in der Materie?

Es gibt keine Materie an sich! Nicht die sichtbare, aber vergängliche Materie ist das Reale, Wahre, Wirkliche, sondern der unsichtbare, unsterbliche Geist...

~ Max PLANCK[236]

Diese Erkenntnis eines überzeugt wirkenden Plancks ist nicht etwa der überschwängliche Enthusiasmus eines Mystikers, sondern die konsequente, durch langjährige Erfahrung gesammelte, nüchterne Schlussfolgerung eines Mannes der Wissenschaft. Das würde man zumindest meinen. Oder hat sie von beidem etwas, und ist eher die nicht ganz so nüchterne Schlussfolgerung eines Physikers, der seine Physik in der Metaphysik nicht mehr anwenden kann? Oder ist sie beides, aber separat voneinander? Max Planck war einer der Gründerväter der Quantenmechanik. Die aus der deutschen Forschungslandschaft nicht mehr wegzudenkende »Max-Planck-Gesellschaft«, das *Plancksche Strahlungsgesetz* und eine Naturkonstante, welche als *Plancksches Wirkungsquantum* bezeichnet wird, sind nach ihm benannt – neben anderen Dingen, auf die wir noch zu sprechen kommen.

Dass wir uns kein restlos subjektfreies Objekt vorstellen können, weil jede Vorstellung nur in unserem subjektiven Bewusstsein sein kann, wurde bereits oben angesprochen und zu der Schlussfolgerung, dass ein derartiges Objekt schlichtweg nicht existiert, erweitert. Letzteres ist es, was auch Planck meint, wobei vor allem die zwei unscheinbaren Wörtchen »an sich« diesbezüglich entscheidend sind: sie benennen das rein Äußere, das Veräußerlichte, dem Bewusstsein Abgewandte, das eben dadurch Unvorstellbare, das jeden Innenlebens Entbehrende – und in dieser Subjektlosigkeit auch das Tote. Physik wird manchmal auch als die Wissenschaft von der unbelebten Materie bezeichnet. Doch wenn ein universeller Logos zum Mindesten in Form der Naturgesetze den Kosmos verwaltet, müssen wir uns fragen, wie unbelebt diese Materie, die natürlich existiert – nur eben nicht als reine An-Sich-Form, in der *per definitionem* auch die letzten Reste eines treibenden überweltlichen Subjekts getilgt wären –, wirklich ist. Doch was hat die Quantenphysik damit zu tun?

Wenn wir in diesem Buch schon von Dingen wie der Polarität von Yin und Yang reden, dann ist es bei einer ständigen Betrachtung des ganz Großen (des Makrokosmos) unumgänglich, auch einmal das ganz Kleine (den Mikrokosmos) unter die Lupe, oder besser unter das Elektronenmikroskop zu nehmen. Der Mensch als »Mesokosmos« befindet sich schließlich mitten zwischen den beiden Extremen. Bereits bei der Betrachtung der Elektronenhülle eines Atoms, also den fundamentalen Prinzipien, auf denen unter anderem sämtliche chemischen Prozesse beruhen, haben wir reichlich, fast ausschließlich mit der Quantenphysik zu tun – aber spätestens, wenn wir beginnen, einen Atomkern zu sezieren, um seine Einzelteile zu betrachten, sind wir tief in ihrem Reich angelangt. In Einzelfällen können auch makroskopische Phänomene mit der Quantenphysik zusammenhängen, ja, durch sie erst erklärbar werden, wie zum Beispiel der Umstand, dass Dinge eine bestimmte, festgelegte Farbe haben können, die sich auch über Jahre hinweg nicht ändert. Zu technischen Errungenschaften, die ohne Quantentheorie nicht denkbar wären, zählen Computer, Laser, Kernspintomographie sowie zahlreiche weitere Verfahren in der Medizin und die Atomtechnologie – sowohl das Kernkraftwerk als auch die Atombombe.

Nochmals zitiere ich Lenard mit den Worten, dass das Atom leer wie das Weltall sei. Diese Formulierung bezieht sich auf die klassische Vorstellung, dass die Elementarteilchen kugel- oder punktförmig seien – indem die Relativitätstheorie die Existenz von starren Körpern verneint, legt sie letzteres nahe – und zwischen ihnen Leere herrsche, erfüllt lediglich von den Kräften, die die Teilchen aufeinander ausüben.

Vor dem Siegeszug der Quantentheorie kam das 1913 entwickelte Bohrsche Atommodell der realen Situation am nächsten. In diesem besteht das Atom aus dem massiven Kern und den flüchtigen, schwer greifbaren Elektronen, die diesen umkreisen wie die Planeten die Sonne, allerdings auf »diskreten«, das heißt »nicht kontinuierlich verschiebbaren« Umlaufbahnen, die mit festgelegten *Energieniveaus* assoziiert werden können (wodurch das Modell bereits die für die Quantentheorie namensgebende »Quantisierung« aufwies). Das bedeutet, dass es für ein Elektron prinzipiell unmöglich ist, sich zwischen diesen festgelegten Umlaufbahnen aufzuhalten. Um von einer Umlaufbahn zu einer anderen zu wechseln, muss es einen sogenannten *Quantensprung* durchführen, der in der Alltagssprache metaphorisch für eine Art »großen Schritt« verwendet wird, in Wahrheit jedoch einen submikroskopischen Schritt darstellt – aber dennoch eben einen echten Schritt, einen Sprung, und das ist hier das Wesentliche.

Bereits bei der Formulierung seines Modells wusste Niels Bohr jedoch, dass dieses eine grobe Vereinfachung darstellt und nur als

Hilfsmittel in Form einer Näherung erachtet werden kann. Es war von Anfang an als ein heuristisches (also informelles, unvollständiges, aber praktikables) Modell gedacht und war zudem nicht mit allen bekannten physikalischen Gesetzmäßigkeiten vereinbar. So verliert beispielsweise eine beschleunigte Ladung Energie in Form von Strahlung; die auf ihrer Umlaufbahn ständig beschleunigten Elektronen sollten demzufolge früher oder später in den positiv geladenen Atomkern stürzen.

Dabei ist jedoch anzumerken, dass Näherungen sowohl quantitativer als auch qualitativer Natur in der Physik gang und gäbe sind. Im Nachhinein ist es nicht überraschend, dass auch ein genialer Geist wie der von Bohr mit dem Aufbau des Atoms seine Schwierigkeiten hatte, denn die wirkliche Situation erscheint noch absurder als alles, was wir aus der Relativitätstheorie schlussfolgern können. Gleichzeitig wirbelt sie den stillen Frieden, den diese zunächst mit sich bringt, gehörig auf.

Wahrscheinlichkeitswellen

In der »klassischen Physik«, wie sämtliche Physik vor der Quantenphysik (und manchmal der Relativitätstheorie) bezeichnet wird, gab es neben Raum und Zeit zunächst einmal Kräfte (beziehungsweise Kraftfelder) und Teilchen. James Clerk Maxwell (1831-1879) hatte Gleichungen für das Verhalten von elektrischen und magnetischen Feldern aufgestellt, die sämtliche Wechselwirkungen zwischen beiden berücksichtigen. Für ein periodisches Feld, also eine Schwingung im Vakuum als Ausgangspunkt ergaben sie eine *sowohl* elektrische *als auch* magnetische, sprich eine *elektromagnetische* Welle, die sich mit einer von der elektrischen und magnetischen *Feldkonstante* abhängigen Geschwindigkeit durch den Raum fortpflanzt. Da Licht aus elektromagnetischen Wellen besteht, ist diese Geschwindigkeit wieder nichts anderes als die Lichtgeschwindigkeit, welche sich anhand der beiden Feldkonstanten berechnen lässt und folglich eine weitere Naturkonstante ergibt.

Nun machte ein Phänomen, welches als *photoelektrischer Effekt* bekannt wurde, es aber notwendig, elektromagnetische Strahlung nicht als Welle, sondern als Strom von Teilchen zu betrachten. Anders war es nicht möglich, die Beobachtung zu erklären, dass die Fähigkeit von Strahlung, Materie zu ionisieren, also Elektronen aus der Atomhülle herauszustoßen, von der Wellenlänge der Strahlung abhängig ist. Nur, indem man Strahlung als Teilchen, genannt *Photonen*, betrachtete, konnte man verstehen, dass die Energie *einzelner* Photonen – welche durch die Wellenlänge festgelegt ist – für die Herauslösung von Elektronen ausreichend sein musste. War diese Bedingung nicht erfüllt, konnte man die Intensität der Strahlung unbegrenzt erhöhen, ohne dass mit der Materie etwas passierte, da ein Elektron immer nur ein einzelnes Photon zur Zeit absorbieren kann. Absurderweise musste elektromagnetische Strahlung also je nach Situation als räumlich ausgedehnte Welle oder räumlich isoliertes Teilchen betrachtet werden. Dieser Sachverhalt wurde als *Welle-Teilchen-Dualismus* bekannt.

Als wäre das nicht schon wirr genug, konnte dieser Dualismus mit dem *Doppelspaltexperiment* auf grobstofflichere Materie übertragen werden. Während der photoelektrische Effekt als Nachweis für den *Teilchencharakter des Lichts* galt, wurde der Doppelspaltversuch zum Nachweis für den *Wellencharakter der Materie*. Der Versuchsaufbau dieses Experiments besteht aus einer »Elektronenkanone«, einer Barriere mit zwei Spalten und einem zweidimensionalen Schirm als Detektor.

Um zu überlegen, wie sich in diesem Experiment Teilchen, wie wir sie aus unserer Alltagserfahrung kennen (also »gewöhnliche« Teilchen ohne Wellencharakter), verhalten, ersetzen wir die Elektronenkanone gedanklich zunächst durch eine Tennisballwurfmaschine. Die einschlägige Literatur verwendet an dieser Stelle meist ein Maschinengewehr, aber eine solche Wurfmaschine tut es im Grunde auch und stellt doch eine angenehm friedliche Lösung dar. Die beiden Spalte seien groß genug, dass die Tennisbälle hindurch passen. Der Schirm habe eine räumliche Auflösung, die es ihm ermöglicht, an jedem Punkt die Anzahl der Treffer zu speichern. Setzt man die Maschine in Gang, fliegt jeder Ball *entweder* durch den rechten *oder* durch den linken Spalt und trifft entsprechend rechts beziehungsweise links vom Zentrum des Schirms auf – Bälle, die keinen der beiden Spalte treffen, prallen an der Barriere zurück und interessieren uns nicht weiter. Bei vielen Schüssen fliegen nicht alle Bälle exakt gleich durch die Spalte, sondern weisen in ihrer Flugbahn minimale Winkelunterschiede auf und sind zu den Seiten hin entsprechend abgelenkt. Die vom Ort abhängige relative Häufigkeit der Treffer lässt sich, je länger der Versuch dauert, immer besser durch zwei nach links und rechts verwaschene Linien charakterisieren, wie in der Abbildung links gezeigt.

Lässt man anstelle von Teilchen eine Wellenfront (zum Beispiel aus Wasser) auf den Doppelspalt zu laufen, entstehen an den Spalten »Elementarwellen« – das sind zunächst punktförmige Wellen, welche sich dann in konzentrischen Ringen ausbreiten, wie man sie zum

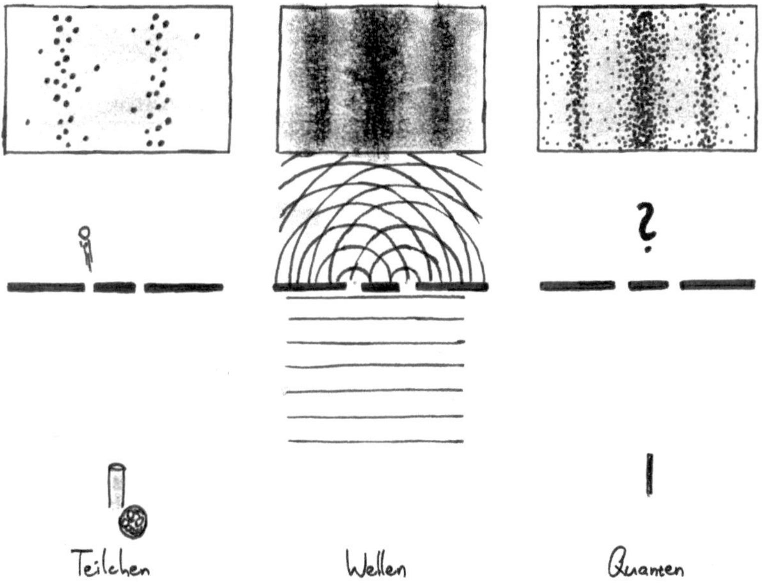

Beispiel als Folge von Regentropfen kennt, welche in einen zuvor ruhenden Teich fallen. Diese kreisförmigen Ringe überschneiden sich und »interferieren« miteinander. Das bedeutet, dass sie sich überlagern und durch die Überlagerung gegenseitig beeinflussen. Dort, wo ein Wellenberg auf ein Wellental trifft, löschen sie sich gegenseitig aus, und dort, wo Berg auf Berg beziehungsweise Tal auf Tal trifft, ist die gegenseitige Verstärkung maximal. Zwischen diesen beiden Extremen herrschen entsprechende Zwischenzustände. Lassen wir unseren Schirm die Amplitude der Welle messen, also den Betrag, um den sich die Wassermoleküle an ihm auf und ab bewegen, erhalten wir ein »Beugungsmuster« mit einem zentralen Maximum in der Mitte und in ihrer Intensität symmetrisch abfallenden Maxima zu den Seiten. Wellenberge sind in der mittleren Abbildung schwarz markiert, Wellentäler sind zwischen ihnen zu denken. In Wahrheit ist die ganze Situation natürlich in Bewegung, aber da das Beugungsmuster mit der Amplitude die über die Zeit gemittelte »Schwankung« darstellt, bleibt dieses konstant.

Kommen wir nun zu der eigentlichen Situation, in welcher die Quantenphysik ganz ähnlich wie die Relativitätstheorie über unsere alltägliche Sinneserfahrung hinausgeht und wir somit einer weiteren kopernikanischen Spaltung zwischen Subjekt und Objekt begegnen.

Da Elektronen nach klassischer Vorstellung Teilchen sind, würde man zunächst erwarten, dass sie sich wie die Tennisbälle unserer Wurfmaschine verhalten und durch die zwei Spalte hindurch zwei Maxima erzeugen. In Wirklichkeit verteilen sie sich jedoch so, dass die relative Häufigkeit wie bei den Wellen ein Beugungsmuster darstellt. Nun kennen wir den Welle-Teilchen-Dualismus, so überraschend er auch sein mag, bereits vom eben diskutierten photoelektrischen Effekt und könnten einfach behaupten, dass er neben Photonen auch für Elektronen gelte. Damit wären wir hier aber noch nicht fertig, denn selbst, wenn man die Elektronenkanone so langsam arbeiten lässt, dass jedes Elektron *einzeln* von der Kanone zum Schirm fliegen kann, also *ohne mit anderen Elektronen wechselwirken zu können*, bleibt das Interferenzmuster erhalten. Wie kann das sein? Wie kann ein Interferenzmuster ohne die Möglichkeit zur Interferenz entstehen?

Die Lösung dieses Problems findet sich, indem wir die Wellennatur der Quanten nicht als unmittelbar erfahrbare (Kraft-)Welle sehen, sondern als eine »Wahrscheinlichkeitswelle«, welche durch die *Wellenfunktion* beschrieben werden kann – so zumindest die Vorstellung der *Kopenhagener Deutung* der Quantenmechanik, einer gängigen Interpretation der Vorgänge, welche wir zunächst voraussetzen wollen, um für deren Beschreibung überhaupt eine sprachliche Basis zu erhalten.

Diese Wahrscheinlichkeitswelle verteilt sich durch den Raum wie eine gewöhnliche Wellenfront. Die Elementarwellen, welche an den Spalten entstehen, interferieren miteinander wie gewohnt. Wahrscheinlichkeiten kann man als abstrakte Gegebenheiten zwar nicht sehen. Führt man ein statistisches Experiment durch – welches das langsame Beschießen des Schirms mit Elektronen, deren Flugwinkel statistisch variieren, ja schließlich ist – gleichen sich die (*a posteriori*, also »im Nachhinein« beobachteten) relativen Häufigkeiten mit der Zeit jedoch den (*a priori*, also »im Vorhinein« vorhandenen) Wahrscheinlichkeiten an. Das ist das Gesetz der großen Zahlen, die *safety in numbers*, der Grund, weshalb eine statistische Untersuchung eine ausreichend große Stichprobe verwenden muss, um überhaupt aussagekräftig sein zu können: die langsame Angleichung der relativen Häufigkeit an die Wahrscheinlichkeit. So entsteht die Verteilung der Elektronen auf dem Schirm trotz des Teilchencharakters. Die Amplitude der Wahrscheinlichkeitswelle (genauer gesagt deren Quadrat) gibt die *Wahrscheinlichkeitsdichte* wieder. Der Begriff »Wahrscheinlichkeitsdichte« ist notwendig, da – mathematisch betrachtet – einzelne Punkte im Raum unendlich klein sind und folglich, da es in einem noch so kleinen

Volumen unendlich viele von ihnen gibt, einem einzelnen Punkt nur eine unendlich kleine Wahrscheinlichkeit zugeordnet werden kann, was niemandem weiterhilft. Aus diesem Grund lassen sich Aufenthaltswahrscheinlichkeiten immer nur räumlich ausgedehnten, nicht jedoch »unendlich kleinen« Volumina zuweisen. Multipliziert man die ortsabhängige Wahrscheinlichkeitsdichte mit einem kleinen Volumen im Raum, erhält man die Wahrscheinlichkeit, bei einer Messung das Elektron *in diesem wohldefinierten Volumen* anzutreffen.

Erst durch den Akt der Messung wird (laut Kopenhagener Deutung) die Position des Elektrons festgelegt. Durch die Messung kommt es zum »Kollaps der Wellenfunktion«. Vor der Messung liegt eine Überlagerung sämtlicher möglicher Zustände des Systems in Form von miteinander interferierenden Wahrscheinlichkeitswellen vor. Erst mit der Messung wird das System – im Doppelspaltexperiment immer das einzelne Elektron und seine Umgebung – auf einen Zustand festgelegt. Auf eindrucksvolle Weise zeigt sich dies noch dadurch, dass die Elektronen auf dem Detektor wieder die klassische Verteilung der Tennisbälle hinterlassen, wenn man ihren Ort bereits *vor* dem Durchgang durch den Doppelspalt bestimmt. In diesem Fall gehen die Interferenzphänomene verloren und wir haben es mit scheinbar »unschuldigen« Teilchen zu tun, denen ihr Doppelleben als Teilchenwelle nicht anzumerken ist.

Wahrscheinlichkeiten waren in der Physik schon seit langem wichtig, vor allem in der Thermodynamik, wo das Wechselspiel großer Zahlen von Teilchen betrachtet wurde, und natürlich in der Auswertung von Messdaten. In diesen Fällen galten sie jedoch lediglich als Hilfsmittel, da kein Mensch die Positionen sämtlicher in einer gegebenen Stoffmenge enthaltener Teilchen berücksichtigen konnte und erst recht nicht sämtliche Kräfte, die jedes Teilchen auf jedes andere Teilchen ausübt. Computer gab es damals noch nicht, und auch heute noch benötigen Simulationen mit hohen Teilchenzahlen eine enorm hohe Rechenleistung, will man sie in einem vernünftigen Zeitrahmen durchführen.

In der Quantenmechanik ist der statistische Charakter jedoch *prinzipieller* Natur. Er lässt sich nicht auf lediglich unbekannte oder auch hochkomplexe Vorgänge zurückführen, wie es zuvor stets der Fall war. Dadurch bricht die Quantenmechanik mit der Auffassung, dass Naturvorgänge deterministisch ablaufen. Die Quantenmechanik ist indeterministisch, und zwar ihrem grundsätzlichen Wesen nach. Man spricht deshalb von einem *ontischen*, also »seinsbezogenem« Indeterminismus, während jeder etwaige Indeterminismus der klassischen Physik lediglich *epistemischer*, also »erkenntnisbezogener« Natur war. David Bohm – selbst Verfechter einer alternativen, deterministischen Interpretation der Vorgänge – spricht hier von einer »irreducible lawlessness«[237], einer unreduzierbaren Gesetzlosigkeit. Dabei darf jedoch nicht übersehen werden, dass nach wie vor die statistischen Gesetze gelten. Dieser Umstand sollte nicht unterschätzt werden. Statistische Gesetze lassen sich hervorragend mathematisch herleiten sowie beweisen und zählen zu dem Exaktesten, was die Physik zu bieten hat. Wichtig ist hierbei nur, dass die Teilchenzahl beziehungsweise die Anzahl der Messungen groß genug ist – dem Gesetz der großen Zahlen gemäß –, was im Meso- und Makrokosmos jedoch meist gegeben ist. So könnte man anstelle von einem allgemeinen Indeterminismus auch von einem »statistischen Indeterminismus« oder ähnlichem sprechen – der aber dennoch ontisch bleibt und sich in dieser Hinsicht wirklich nicht weiter reduzieren lässt.

Wenn eine Messung ein dramatisches Ereignis wie den Kollaps der Wellenfunktion bewirkt, dann ist es wichtig, zu wissen, was bei einer Messung eigentlich passiert. Zweifelsohne findet bei einer Messung eine Übertragung von Information von einem System A, welches gemessen werden soll, in ein System B statt, welches das Messgerät enthält. Diese Information gibt dann Auskunft über den Zustand von System A. Die Übertragung muss, damit sie vom Messgerät in System B registriert werden kann, in Form irgendeiner physikalischen Wechselwirkung zwischen den beiden Systemen erfolgen. Diese Wechselwirkung ist es, welche den Kollaps der Wellenfunktion bedeutet. Laut der bisher angeführten Deutung der Vorgänge befindet sich System A zuvor in einem »Zwischenzustand« (genauer gesagt *Überlagerungszustand*) aller möglichen Zustände, von dem wir einerseits sagen können, dass es dort alle Zustände gleichzeitig annehme – und andererseits dürfen wir *mit gleichem Recht* behaupten, dass es *keinen einzigen Zustand* annehme. Sämtliche Messungen eines quantenmechanischen Systems gehen spätestens mit der Registrierung durch unsere Sinne in ein makroskopisches System über, sodass ein Kollaps der Wellenfunktion im Messprozess unvermeidlich ist.

Dieses absurde Verhalten können wir vielleicht noch akzeptieren, solange es uns nicht im Alltag, also im Makro- beziehungsweise Mesokosmos, begegnet. Wo aber liegt die Grenze zwischen Quantenwelt und klassischer Realität? Erwin Schrödinger war mit der Deutung der Quantenmechanik nicht zufrieden und ersann zur Kontemplation über diese Frage das populärste Gedankenexperiment der Quantenmechanik, welches als *Schrödingers Katze* bekannt wurde. Dieses ist recht brutal, aber im Gegensatz zum Maschinengewehr des Doppelspaltversuchs eignet sich die Brutalität hier, um die drastischen Konsequenzen der Quantenmechanik, beziehungsweise ihrer Deutung, aufzuzeigen. Es handelt sich, wie gesagt, nur um ein Gedankenexperiment und lautet etwa folgendermaßen:

Eine Katze befinde sich zusammen mit einer Maschine in einem von der Außenwelt zunächst abgeschlossenen Kasten. Die Maschine bestehe aus einem einzelnen radioaktiven Atom, einem Geiger-Müller-Zählrohr für dessen Detektion, einem Hammer, der über eine elektronische Schaltung an dieses gekoppelt sei und einer Giftphiole, über der dieser Hammer hänge wie ein Damoklesschwert. Zerfällt der Atomkern, löst das Zählrohr den Hammer aus, welcher die Phiole zerstört. Daraufhin tritt das Gift aus und die Katze stirbt binnen kurzer Zeit. Der Zerfall eines Atomkerns ist dabei ein quantenmechanischer, indeterministischer, statistischer Prozess. Wir können prinzipiell nicht vorhersagen, wann er geschehen wird. Wir wissen lediglich, wann er mit der größten Wahrscheinlichkeit geschehen wird, aber rein theoretisch wäre es möglich, dass er sofort geschieht oder erst in einer Milliarde Jahren. Entsprechend wissen wir erst nach dem Öffnen des Kastens, ob die Katze tot oder lebendig ist.

Das ist so noch ganz unproblematisch. Schwierig wird es, wenn wir darüber nachdenken, was denn mit der Katze ist, *bevor* wir den Kasten öffnen. Nach klassischer Vorstellung würde man annehmen, dass die Katze bereits zuvor tot oder eben lebendig gewesen sei, je nachdem, ob der Atomkern zum Zeitpunkt des Öffnens bereits zerfallen wäre oder nicht. Aus quantenmechanischer Sicht liegt vor der Messung jedoch eine Überlagerung der verschiedenen Zustände des Atomkerns vor, und diese Überlagerung müsste sich doch über die installierte Kettenreaktion auf die Katze übertragen. Das heißt, die Katze ist zuvor »weder tot noch lebendig« oder »sowohl tot als auch lebendig« – von beidem ein bisschen, was auch immer das bedeuten mag. Dies ist zumindest die simpelste, aber auch naivste Antwort auf diese Frage, welche Schrödinger auch im Sinn hatte, als er zur Verdeutlichung dieses augenscheinlichen Paradoxons das Gedankenexperiment ersann. In dieser Antwort wird erst der Vorgang des bewussten, menschlichen Beobachtens als Messung betrachtet; der Kasten, obwohl makroskopisch, wird als eigenständiges quantenmechanisches System betrachtet. Diese Interpretation unterschlägt jedoch, dass auch die Katze schon ein Bewusstsein besitzt und sich garantiert dabei beobachtet (also »misst«), wie sie stirbt, falls sie denn stirbt. Wenn man Katzen kein dem Menschen ebenbürtiges Bewusstsein zugestehen will, dann ersetze man in dem Experiment die Katze eben durch einen Menschen. Wodurch würde sich das Bewusstsein des Kistenöffners gegenüber dem des Kistenbewohners dann noch auszeichnen?

Diese Vorstellung ist ohne Solipsismus – also die Vorstellung, dass man selbst das einzige bewusste Wesen sei – nicht haltbar, und Solipsismus ist als philosophische Position wohl generell nicht haltbar. Eine Lösung des Dilemmas wurde mit der *Viele-Welten-Interpretation* der Quantenphänomene versucht. Laut dieser Deutung werden alle möglichen Quantenzustände auch stets realisiert. Der Kollaps der Wellenfunktion ist kein Kollaps, sondern nur die Auswahl eines der bereits vorhandenen Zustände. Das Universum »spaltet« sich bei diesem Auswahlprozess auf in das Universum, welches wir fortan erleben und in eine entsprechende Anzahl von Paralleluniversen, in welchen dann alle anderen Zustände realisiert werden. In jedem Moment zweigt sich die Welt also in eine große Zahl weiterer Welten auf, sodass die Gesamtzahl gegen unendlich strebt. Diese existieren zwar irgendwie getrennt, jedoch nicht unabhängig voneinander – über die Mathematik der Quantenmechanik bleiben sie weiterhin miteinander verbunden; sie können weiterhin interferieren.

Das klingt zunächst völlig fantastisch und spekulativ. Es ist daher wichtig, anzumerken, dass der Ausgangspunkt der Viele-Welten-Interpretation ganz und gar nicht »fantastisch und spekulativ« ist, sondern äußerst vernünftig, deutlich vernünftiger jedenfalls als der latente Solipsismus der Kopenhagener Deutung. Die Viele-Welten-Interpretation macht zunächst nichts anderes, als davon auszugehen, dass die Schrödingergleichung, welche die Wellenfunktion und ihre zeitabhängige Entwicklung beschreibt, immer gilt und eben nicht in irgendeinem »Kollaps«, welchen sich Physiker aus Verlegenheit ausgedacht haben, plötzlich zugunsten der Vorstellungen, die wir aus unseren Alltagserfahrungen gewonnen haben, »verpufft«. Man könnte sagen, dass sie im Gegensatz zur Kopenhagener Deutung die Schrödingergleichung erst wirklich ernst nimmt.

Dass alle Zustände realisiert werden und wir diese nicht sehen können, sondern nur den Zustand, in welchem wir uns gerade befinden, ist somit nur der Preis, welcher schließlich für diese Annahme, für diese mathematische Eleganz und Ganzheit, gezahlt werden muss. Das Universum wird als ein einziges quantenmechanisches System betrachtet. Eine makroskopische, »klassische« Domäne gibt es entsprechend nicht. Auf diese Weise wird auch das Problem mit der Grenze zwischen

Quantenwelt und klassischer Physik aufgehoben. Die Parallelwelten sind weniger Parallelwelten als »Teilwelten« des einen Universums, welches durch eine kosmische Wellenfunktion beschrieben werden kann.

Wojciech Zurek argumentiert, dass die Viele-Welten-Deutung die Grenze zwischen Quantenwelt und klassischer Physik nicht wirklich aufhebe, sondern nur verlagere, und zwar zur Grenze zwischen (einem einzelnen) Bewusstsein und Universum (und dass diese Grenze ein Ort sei, der für die physikalische Forschung wenig komfortabel ist). Das Problem mit der Deutung sei nämlich, dass sie keinerlei Erklärung dafür biete, *wie* aus allen möglichen Zuständen nun gerade jener »Weltzweig« ausgewählt wird, den ich schließlich erlebe und warum ich nur diesen einen erlebe anstelle einer Überlagerung von Zuständen.[238] War letzteres früher tatsächlich eine Schwäche der Viele-Welten-Interpretation, kann dieses Verhalten mittlerweile allerdings mit der *Dekohärenz* erklärt werden, auf welche wir gleich eingehen werden.[239]

Ein interessanter Aspekt der Viele-Welten-Interpretation besteht noch in einer Änderung der Bedeutung des Indeterminismus. Indeterministisch bleibt die (jeden Moment erneut geschehende) Auswahl des Weltzweigs, welchen ich in meinem Bewusstsein erfahre. Wollten wir über diesen Vorgang Aussagen machen, müssten wir uns endgültig in die Hände der Philosophie begeben. Aus mathematischer Sicht werden jedoch alle möglichen Zustände ohnehin realisiert; somit lässt sich auf ontologischer Ebene nicht mehr von Wahrscheinlichkeiten sprechen, denn diese müssen die Möglichkeit beinhalten, dass etwas nicht realisiert werden könnte, die Möglichkeit des Scheiterns sozusagen. Da dies nicht der Fall ist, werden die Wahrscheinlichkeiten »degradiert« zu relativen Häufigkeiten, also einer Verteilung von Zuständen, wie man sie sonst nur in Form von Messwerten *nach* einer mehrfachen Messung erhält – in der Viele-Welten-Interpretation sind sie jedoch *im Vorhinein* gegeben. Somit teilt der ontische Indeterminismus der Kopenhagener Deutung sich in ihr auf in eine Art »subjektiven Indeterminismus« und »objektiven Determinismus«.
Bei den verschiedenen Deutungen der Quantenmechanik ist zu beachten, dass diese wenigstens in der bisherigen Version der Quantentheorie keinerlei Auswirkungen auf die theoretischen Vorhersagen und experimentellen Befunde haben, welche nach mathematischen Gesetzen einwandfrei funktionieren. Es handelt sich wirklich nur um Deutungen, was – aufgrund schwächerer Argumente als sonst in der Physik – dafür sorgt, dass sie umso hitziger diskutiert werden können. Diese Diskussion bewegt sich auf der Grenze von Physik und Meta-

physik. Das große philosophische Fragezeichen, welches die Physik hier erzeugt, ist wirklich eindrucksvoll.

Besinnen wir uns wieder darauf, was »Messung« bedeutet. Für eine Messung reicht das Vorhandensein einer physikalischen Wechselwirkung aus. Mit einer »bewussten Beobachtung«, die immer gleich bewusstseinsphilosophische Fragen wie Treibgut in die Diskussion spült, hat sie erstmal nichts zu tun. Sämtliche Quantenphysiker konnten ihre Experimente schließlich auch durchführen, ohne dass Sie, lieber Leser, ihnen dabei über die Schulter geschaut haben. Die Ergebnisse werden nicht erst dadurch rückwirkend festgelegt, dass Sie in diesem Buch ihre Interpretationen zu lesen bekommen – das möchte man zumindest annehmen. Bewiesen wird es durch diesen Gedankengang zugegebenermaßen nicht, aber es scheint doch absurd, dass zum Beispiel das genaue Aussehen sämtlicher auf der Welt vorhandener Fotografien des Detektorschirms im Doppelspaltversuch erst durch *Ihre* Beobachtung festgelegt wird – und was wäre, wenn Sie morgen erblinden würden? Und vergleichbare Erwägungen müssen für all die Wissenschaftler gelten, welche derartige Experimente durchführen. Einstein wies in diesem Zusammenhang entrüstet darauf hin, dass der Mond doch auch dann noch am Himmel stehe, wenn man nicht hinguckt.

Zurek vertritt die Ansicht, dass im Fall von Schrödingers Katze der Zustand des radioaktiven Atomkerns bereits bei der ersten Wechselwirkung zwischen dem Atom und seiner Umgebung festgelegt werde – nach der Wechselwirkung verhält sich der Kern dann für kurze Zeit klassisch, geht aber nach und nach wieder in die quantenphysikalische Überlagerung über, wird mit der Zeit gleichsam verwischt, verschmiert, »driftet ab«. Ein wesentlicher Unterschied zwischen einem quantenmechanischen und makroskopischen System bestehe daher in der Anzahl beziehungsweise Häufigkeit der Wechselwirkungen. Der Übergang sei dabei fließend. Quantenmechanische Systeme verhielten sich nur so lange gespenstisch-quantenmechanisch, wie sie isoliert bleiben.[240] Dabei muss hier angemerkt werden, dass kein System dauerhaft getrennt vom Rest des Universums existieren kann – zu irgendeiner Wechselwirkung kommt es früher oder später. (Es sei denn es handelt sich, wie in der Viele-Welten-Interpretation, um das Universum selbst.) Je häufiger diese Wechselwirkungen sind, desto mehr werden die Wahrscheinlichkeitswellen »gestört«, woraufhin die Interferenzphänomene verloren gehen, welche in raum-zeitlichem Verhalten ähnliche Wellen voraussetzen und auf diesbezügliche Störungen empfindlich reagieren. (Ein Musiker kennt diese Empfindlichkeit vom

Stimmen seines Instruments.) Da solche zur Interferenz fähigen Wellen »kohärent« heißen, spricht man in diesem Zusammenhang von der oben angekündigten *Dekohärenz*. Es ist zwar umstritten, ob und inwiefern die Dekohärenz das Messproblem der Quantenphysik löst. Eigentlich verschiebt sie es bloß von der Ebene der ausgedehnten Systeme zur Ebene der einzelnen Teilchen. Der Messprozess jedenfalls bleibt auch mit Dekohärenz jenes akausale Ereignis, welches die Gemüter erhitzt, und deshalb werde ich der Einfachheit halber weiterhin von einem »Kollaps der Wellenfunktion« sprechen, wenn es um Messungen an quantenmechanischen Systemen geht. Quantitative Betrachtungen der Dekohärenz spielen in der Praxis jedoch eine wichtige Rolle, vor allem in der Entwicklung von »Quantencomputern«, welche Daten in Quantenzuständen speichern sollen und für die die Robustheit dieser Speicherform folglich einen wesentlichen Faktor darstellt. Die Viele-Welten-Interpretation werden wir gegen Ende des Buchs noch einmal aufgreifen, wenn es um Paralleluniversen geht.

Es kursieren noch weitere Interpretationen der Quantenmechanik. Laut Bohms Interpretation zum Beispiel verhält sich die Welt nicht nur objektiv, sondern auch subjektiv deterministisch. Die Wellenfunktion lege keine Wahrscheinlichkeiten fest, sondern könne genutzt werden, um die Orte der Teilchen zu jedem Zeitpunkt vorherzusagen (wobei die Teilchen jedoch komplizierten Bahnen folgen, welche den Ort in der Praxis indeterministisch erscheinen lassen – es ist Bohms Verdienst, hierfür einen passenden mathematischen Formalismus geliefert zu haben, mit dem zu diesem Zeitpunkt eigentlich niemand mehr gerechnet hatte). Die Wechselwirkung, welche die Messung ausmacht, störe jedoch die zeitliche Entwicklung der Wellenfunktion dahingehend, dass die Teilchenbahnen sich nun auf klassische Weise weiterentwickelten. Die Theorie ist so aufgebaut, dass sie das Rätsel um Schrödingers Katze löst, indem sie der Quantenmechanik in Form von »verborgenen Variablen« weitere Mathematik hinzufügt.[241] Sie macht einige gewöhnungsbedürftige Aussagen, was jedoch bei jeder Interpretation der Quantenphysik der Fall ist. Unter Wissenschaftlern ist sie nicht sonderlich populär, was einerseits wohl ein zeitgeschichtliches Phänomen darstellt. David Bohm selbst war der Meinung, dass, nachdem in der Physik der Glaube an den Determinismus durch die experimentellen Erfolge der Quantentheorie abgeschafft war, der Indeterminismus sich zum neuen Dogma entwickelt hätte.[242] Einstein und andere hatten lange gegen die Annahme des Indeterminismus angekämpft und sich auf die Suche nach jenen verborgenen Variablen begeben (die Bohm schließlich finden sollte), waren aber immer wieder zugunsten der indeterministischen Interpretation gescheitert. So wurde die Idee der verborgenen Variablen in der Wissenschaftsgemeinde irgendwann endgültig begraben. Andererseits machen sich – frei nach dem im Rahmen der Kopenhagener Deutung geprägten Motto »Shut up and calculate!«[243] (»Halt's Maul und rechne!«) – ohnehin nicht viele Physiker erkenntnistheoretische oder metaphysische Gedanken über die Quantenphysik, jedenfalls nicht im großen Stil, also in der Forschung. In den meisten Fällen ist es deutlich lukrativer, die Quantenphysik zu benutzen, als ihren Ursprung verstehen zu wollen.

Raum und Zeit als Schleier

Von den wenigen Phänomenen der Quantenphysik, die hier angesprochen werden sollen, ist ein weiteres die Erscheinung, welche mathematisch durch die *Heisenbergsche Unschärferelation* beschrieben wird. Die Unschärferelation verknüpft zwei Variablen – in der Quantenmechanik als *Observablen* bezeichnet, also »beobachtbare Größen«, da die klassische Vorstellung von messunabhängigen Variablen nicht mehr ganz haltbar ist – dahingehend miteinander, dass, je genauer die eine gemessen wird, die andere umso unbestimmter wird. Wieder handelt es sich hier um eine Unbestimmtheit, die nicht technischer, sondern prinzipieller, also ontischer Natur ist.

Es existieren verschiedene Paare von Observablen, für die diese Beziehung gilt. Das meistzitierte besteht aus dem *Ort* eines Teilchens und dessen *Impuls*. Je mehr ich ersteren eingrenze, indem ich diesen mit einer stets gegebenen Messungenauigkeit bestimme, desto weniger ist sein Impuls bestimmt, welcher hier vereinfachend als Geschwindigkeit verstanden werden kann.

> Die Natur lässt nicht zu, dass wir ihre Bausteine in die Enge treiben.[244]

Ein weniger anschauliches Paar von Observablen bilden die Energie und die Zeit, wobei die Zeit strenggenommen keine quantenmechanische Observable darstellt, sondern einen Parameter. Anders als in der Relativitätstheorie unterliegt die Zeit in der Quantenmechanik nicht dem ganz alltäglichen Wahnsinn, sondern plätschert gleichmäßig vor sich hin. Schindluder wird mit ihr auf eine andere Weise getrieben, was wieder mit dem Kollaps der Wellenfunktion zu tun hat: Normalerweise bestimmt die Vergangenheit die Gegenwart und Zukunft (das Geschehen zu früheren Zeitpunkten bestimmt das zu späteren

Zeitpunkten) – das erscheint uns absolut trivial –, aber indem bis zur Messung das quantenmechanische System unbestimmt ist, lässt sich bis zu einem gewissen Grad und vereinfachend sagen, dass erst das Geschehen zu späteren Zeitpunkten das zu früheren Zeitpunkten festlege. Muss ein Elektron bis zum Detektor einen von mehreren möglichen Wegen zurücklegen, wird der tatsächlich genommene Weg erst im Moment der Messung festgelegt. Entsprechende *»delayed choice«*-Experimente ließen sich theoretisch für beliebig lange Wege und somit auf beliebig große Zeiträume erweitern – bis zurück zum Urknall!

Da die Zeit keine Observable ist, besitzt die Energie-Zeit-Unschärfe einen etwas anderen Charakter als die Heisenbergsche Unschärferelation. Sämtliche ihrer mathematischen Herleitungen sind heuristischer Natur, erfolgen also nicht streng theoretisch nach dem zentralen Formalismus der Quantentheorie. Die Relation besagt unter anderem, dass auf kurzen Zeitskalen Energiefluktuationen entstehen können, die umso stärker sind, je kürzer der Zeitraum wird. Das bedeutet es kann Energie aus dem Nichts entstehen, was laut klassischer Physik, für die der *Energieerhaltungssatz* schließlich ein wichtiges Theorem darstellt, unmöglich sein sollte. Der Energieerhaltungssatz besagt, dass die in einem (abgeschlossenen) System enthaltene Energie konstant bleibt und ist die Grundlage der Umwandlung von potenzieller in kinetische Energie. Die in der Quantenphysik aus dem Nichts entstandene Energie verschwindet jedoch ebenso schnell wieder, wie sie gekommen war, sodass der Energieerhaltungssatz letzten Endes nicht verletzt wird. Sie manifestiert sich in Form von *virtuellen Teilchen*, welche niemals direkt, dafür aber indirekt gemessen werden können. Bemerkenswert ist dabei, dass sich auf diese Weise auch im Vakuum, im leeren Raum, Energie zu befinden scheint. Diese würden Physiker gerne mit der postulierten *dunklen Energie* identifizieren, welche für die Ausdehnung des Universums verantwortlich gemacht wird. Sie stoßen dabei allerdings auf das Problem, dass die gemessene Expansionsrate – beschrieben durch die *kosmologische Konstante* – um ein Vielfaches geringer ist, als es durch die Quantentheorie vorhergesagt wird. Der Unterschied ist dabei ein Faktor, welcher eine Fünf mit 122 Nullen darstellt und somit »die vielleicht schlechteste Vorhersage in der Physik überhaupt« darstellt.[245] Fest steht, dass etwas Fundamentales hier noch nicht entdeckt oder verstanden wurde.[246]

Als sicher bestätigt gilt das Phänomen der *Quantenverschränkung*, welche unsere Vorstellung von Raum erneut relativiert. Indem die

Wellenfunktion eines quantenmechanischen Systems die Wahrscheinlichkeiten für die zu messenden Positionen der im System enthaltenen Teilchen angibt, ist sie im Grunde über das gesamte Universum verteilt. In den meisten Fällen ist es jedoch so, dass der Wert der Wellenfunktion außerhalb eines begrenzten Gebiets verschwindend gering wird, sodass auch eine große Anzahl von Messungen vermutlich kein überraschendes Ergebnis bringen wird. Ihr Wert verschwindet aber niemals gänzlich. Es bleibt immer ein kleiner Rest übrig. In einem unendlich großen Universum wird er irgendwann lediglich unendlich klein – und rein prinzipiell könnten auch Teilchen aus einer anderen Galaxie plötzlich auf der Erde auftauchen, nur um im nächsten Moment wieder zu verschwinden. Nun ist es aber so, dass bei einer Messung nicht nur ein Teil der Wellenfunktion kollabiert, sondern die gesamte Wellenfunktion *auf einmal*. Dieser Kollaps verläuft instantan. Er ist *nicht durch die Lichtgeschwindigkeit begrenzt*, was an dieser Stelle aber nur einen Teil der Überraschung darstellt.

Um die Überraschung in ihrer Gesamtheit würdigen zu können, führen wir ein weiteres Gedankenexperiment durch, welches in der Grundidee von Einstein, Boris Podolsky und Nathan Rosen ersonnen[247] und in der hier dargestellten Form von Bohm veranschaulicht wurde.[248] Wir wollen hier zunächst den Begriff des *Spins* eines Teilchens einführen: Diesen kann man sich zunächst vorstellen als die Eigenschaft eines Teilchens, sich in einem Magnetfeld auszurichten wie eine Kompassnadel.

Wie die Kompassnadel ist auch der Spin selbst ein (in diesem Fall mikroskopischer, quantenmechanischer) Magnet. Was ihn von einer Kompassnadel unterscheidet, ist allerdings der Umstand, dass er sich nicht nur parallel, sondern auch antiparallel, das heißt entgegengesetzt zum äußeren Magnetfeld ausrichten kann. (Tatsächlich rotiert er in einer Präzessionsbewegung um die Magnetfeldlinien herum. Das ist hier unerheblich, erklärt jedoch die Namensgebung »Spin«. Diese Rotation widerspricht mal wieder unserer Trivialintuition, doch so verhält sich die Natur auf quantenmechanischer Ebene eben.) Da der Spin, anschaulich gesprochen, vom Magnetfeld laufend genötigt wird, sich ihm anzupassen, stellt die antiparallele Ausrichtung einen Zustand höherer potentieller Energie dar als die parallele. Durch thermische Wechselwirkungen (also das »Rütteln« in der Materie, welches unsere Wahrnehmung von Temperatur erzeugt) können Spins ständig hin und her klappen. Außerdem sind verschiedene quantisierte Beträge möglich; das magnetische Moment des Spins, also die Stärke seines Magnetismus, ist im Gegensatz zur Kompassnadel nicht immer gleich. Im einfachsten Fall, den wir hier ohne weitere Begründung als Spin $\hbar/2$ bezeichnen, kennen Teilchen allerdings nur einen Betrag, der sich eben entweder parallel oder antiparallel zum Magnetfeld ausrichtet. ($\hbar$ – gesprochen: »h quer« – ist dabei das *reduzierte Plancksche Wirkungsquantum.*)

Der Gesamtspin eines quantenmechanischen Systems ist die Summe aller einzelnen Spins, mit Berücksichtigung der Ausrichtung im Magnetfeld. Besteht ein System aus zwei identischen Teilchen mit Spin $\hbar/2$, richtet sich das eine parallel aus, das andere antiparallel, sodass sich beide gegenseitig wegheben und der Gesamtspin null wird. (Es ist prinzipiell nicht möglich, dass sich beide Spins gleich ausrichten, was ich Ihnen, lieber Leser, an dieser Stelle ohne weitere Begründung mitteile und Sie zu akzeptieren bitte.)

Ein solches System befinde sich gedanklich vor uns, beispielsweise in Form eines Moleküls, welches aus zwei Atomen bestehe. Welches Atom welchen Spin hat (jetzt bezogen auf die Ausrichtung, also »parallel« oder »antiparallel«), wissen wir jedoch erst, wenn wir wenigstens einen Spin messen; der andere wäre dann automatisch bekannt. Solange wir dies nicht tun, herrscht quantenmechanische Unbestimmtheit, die – ich wiederhole – laut Kopenhagener Deutung nicht nur darin besteht, dass wir die Ausrichtungen der Spins nicht kennen, sondern ontologisch ist, eine Überlagerung von Zuständen.

Nun trennen wir in diesem System beide Atome voneinander, ohne die Unbestimmtheit der Spins durch eine Messung zu stören, was durch eine passende Apparatur ermöglicht wird. Der Gesamtspin bleibt in diesem Fall null. Wir entfernen die Atome weit voneinander. Messen wir nun in geringer Zeitversetzung den Spin des einen Atoms, stellen wir fest, dass der Spin des anderen Atoms zu diesem immer entgegengesetzt ausgerichtet ist. Daran ändert sich auch nichts, wenn wir das zum Messen benötigte Magnetfeld unseres Messgeräts drehen; der andere Spin dreht sich in diesem Fall mit, wie ein Spiegelbild oder Doppelgänger. Was ihn von einem Spiegelbild unterscheidet, ist jedoch der Umstand, dass ein Spiegelbild durch Licht entsteht, welches den Gesetzen der Lichtgeschwindigkeit unterworfen ist. Doch selbst, wenn die Atome so weit voneinander entfernt gemessen werden, dass eine Übertragung der Information mit Lichtgeschwindigkeit als Wechselwirkung ausgeschlossen werden kann, weil sie zu langsam wäre, ergänzen sich die beiden Spins nach wie vor zu null.

Die Quantenverschränkung ist somit ein instantaner Effekt, der wie der Kollaps der Wellenfunktion scheinbar akausal, ohne Wechselwirkung vermittelt wird. In der klassischen Physik sind instantane Effekte nur möglich, wenn zwei Ereignisse am selben Ort stattfinden. Dieses Prinzip nannte man *Lokalität*. Die Quantenverschränkung offenbart entsprechend die *Nichtlokalität* quantenphysikalischer Systeme.

Diese Nichtlokalität bliebe selbst bei Bohms deterministischer Interpretation der Quantenphysik erhalten, und sie stellt einen noch stärkeren Bruch mit den Gewohnheiten unserer Trivialintuition dar als der Indeterminismus – möglicherweise ist auch dies ein Grund dafür, dass sich Bohms Deutung nicht durchsetzen konnte: Er konnte zwar den Indeterminismus, nicht jedoch die Nichtlokalität wegdiskutieren.

Die Quantenverschränkung widerspricht nicht der Aussage der Relativitätstheorie, dass Information nicht schneller als mit Lichtgeschwindigkeit übertragen werden könne, wenn man die Informationsübertragung durch den Raum als eine Art »äußere« Übertragung sieht, während es sich bei der Quantenverschränkung dann eher um Teilchen handeln würde, die bis zur Messung durch eine »innere« Kopplung miteinander verbunden blieben. Diese Kopplung wäre dann durch die Nichtlokalität ermöglicht. Sie transzendiert den Raum, sie liegt jenseits des Raums. Man kann die Situation wohl vergleichen mit dem Erfahrungswert/Gerücht/Aberglauben, dass eineiige Zwillinge durch eine innere Verbundenheit manchmal dasselbe spüren wie der jeweils andere, aber hier müssen wir aufpassen, dass wir uns nicht versteuern und mit unserem Wagen im Kornfeld der Esoterik landen (und dort steckenbleiben). Eine Spekulation über Telepathie werde ich mir in Kapitel 10 dennoch erlauben, jedoch nicht mit physikalischen, sondern mit metaphysischen Argumenten. Ich werde erläutern, wie Telepathie grundsätzlich möglich sein könnte, ohne dass physikalische Wechselwirkungen – auch die Quantenverschränkung – für sie überhaupt notwendig wären.

Den Ball flach halten

Max Planck war bestrebt, die scheinbaren Widersprüche zwischen Naturwissenschaft und Religion als Eitelkeiten zu entlarven und dadurch aufzulösen. Er sah beide als verschieden in ihrer Funktion und folglich komplementär zueinander an. Wir können nun auflösen, dass das dieses Kapitel einleitende Zitat (»Es gibt keine Materie an sich!«) sicherlich von seiner wissenschaftlichen Arbeit angefacht wurde, letzten Endes aber seinen philosophischen beziehungsweise religiösen Ansichten entstammt, was aus vielen anderen seiner Beiträge deutlich hervorgeht.

> Die Naturwissenschaft braucht der Mensch zum Erkennen, die
> Religion aber braucht er zum Handeln.[249]

Diese Betrachtungsweise offenbart jedoch einen verborgenen Reduktionismus, ein Einknicken vor der scheinbaren Allmacht der Wissenschaft: Religion wird so auf reine Lebenspraxis reduziert. Die Geistigkeit der Materie, von der Planck spricht, ist somit nur geistig insofern, als Gott als Erstursache des Seins und als formgebende Kraft herhalten muss – doch wahrhaft Übernatürliches, Übersinnliches hat in dieser Anschauung keinen Platz mehr; folglich muss die »Seele des Menschen« schlechterdings für obsolet erklärt werden, auch wenn er es nirgends direkt ausspricht. Indem er der Naturwissenschaft die Deutungshoheit *in puncto* Erkenntnis zuspricht, leugnet Planck zudem das intuitive Erkennen des Göttlichen. Wir werden später darauf zurückkommen, wie man den Erfolgen der Wissenschaft trotzen und sich aus dieser Zwickmühle und diesem Reduktionismus befreien kann.

Die Erkenntnis, die Naturwissenschaft bringt, ist an sich zunächst Erkenntnis über den Aufbau der physischen Welt. Weiter oben wies ich bereits auf die Schwierigkeit hin, daraus wasserdichte metaphysische Rückschlüsse zu ziehen. Überschneidungen können vorhanden sein, aber bereits die Frage, welcher Teil der Physik sich mit welchem Teil der Metaphysik tatsächlich überschneiden solle, stellt eine Herausforderung dar. So besteht für Philosophen stets die Gefahr, aus der Physik das herauszupicken, was ihnen nützlich erscheint beziehungsweise ihrem Weltbild entspricht, alles andere jedoch unter den Tisch zu kehren. Vor allem in der Esoterik – die immer auch philosophische, wenngleich undifferenzierte Elemente enthält – wird die Quantenmechanik überinterpretiert, man könnte fast sagen »missbraucht«. Ihr Indeterminismus wird als scheinbarer Beleg für Aussagen wie »Alles ist Bewusstsein« oder »Gedanken erschaffen die Realität« verwendet, die, werden sie auf diese Art, also ohne weitere Differenzierung oder überhaupt Hinterfragen solcher Behauptungen, wörtlich genommen, bereits in sich jede lebendige Entwicklung des Geistes töten. Sie töten den Geist, da sie die Rückbindung an die Materie auflösen, womit jedoch auch die Rückbindung an den lebendigen Körper verloren geht. Auf psychologischer Ebene stellen sie eine psychische Inflation dar und führen in das selbe Nichts, in das auch die Betrachtung von »Maya«, der sinnlich erfahrbaren Welt, als traumartiges oder wenigstens »zweitrangiges« Phänomen führt.

In weniger extremen Fällen landet man bei Praktiken wie der »Quantenheilung«, die letztendlich aus Entspannungsübungen und ähnlichem besteht und vielleicht in Form von Placeboeffekten beziehungsweise Autosuggestion, ja, vielleicht auch über tiefgreifende psychosomatische Zusammenhänge positive Wirkung zeigen kann, jedoch mit Quantenphysik nichts zu tun hat. Vielleicht handelt es sich ja auch tatsächlich um einen paranormalen Vorgang, um eine Wunderheilung. Gerade den angeblich wissenschaftlichen Aspekt scheinen Anbieter jedoch zu betonen, wenn sie für ihre Methode Werbung machen. Außerdem stand er dem Begriff »Quantenheilung« schließlich Pate. Die »Quanten« umgibt in Zeiten wissenschaftlicher Autorität und neureligiöser Sinnsuche eine mystische Aura – da denkt man doch gerne zurück an die Vergangenheit, als mit »Quanten« noch große, stinkende Füße gemeint waren.

Aufschlussreich erscheint in diesem Zusammenhang auch, dass eine derartige Vereinnahmung der Wissenschaft durch die Esoterik nichts Neues ist, sondern beispielsweise bereits in der Romantik in Form des Magnetismus geschah, dem damals quasi-übersinnliche Heilkräfte unterstellt wurden, welche mit den Aussagen der Quantenheilung verdächtige Ähnlichkeiten aufweisen. Diese Idee ging auf den Arzt Franz Mesmer (1734-1815) zurück, dessen Name sich noch heute im Begriff »mesmerisieren« – der im Englischen (als *to mesmerize*) gebräuchlicher ist als im Deutschen – mit der Bedeutung von »hypnotisieren«, »bezaubern«, »fesseln« (natürlich im übertragenen Sinn) wiederfindet.

Andererseits schafft die Physik, indem sie nach immer fundamentaleren Naturgesetzen sucht, Einheit zwischen den Erscheinungen. Einheit schafft sie, indem Erscheinungen, welche zuvor für unabhängig voneinander gehalten wurden (wie zum Beispiel Raum, Zeit, Energie und Materie, alternativ dazu Wellen und Teilchen), nun in Relation zueinander gesetzt werden können. Dadurch werden sie gerade dies: relativ. Das gehört zur Natur der Sache. Diese Relativierung kann für eine Relativierung der gesamten sinnlich erfahrbaren Welt sorgen und so den Blick auf metaphysische Fragen ausrichten. Sie kann uns zeigen, dass wir letzten Endes oft gar nicht so genau wissen, womit wir es eigentlich zu tun haben bei diesem Ding, das wir »Welt« nennen, und in dieser Hinsicht sehr anregend wirken.

Die Metaphysik kann außerdem von den Erkenntnissen insofern profitieren, als die Physik »Anschauungsmaterial« liefert, mit welchem sich metaphysische Sachverhalte leichter formulieren lassen. Hier besteht jedoch eben die Gefahr, durch undifferenzierte Betrachtungen die Analogien, welche sich aufzwingen, unkritisch für Identitäten zu halten. Korrelation bedeutet nicht zwangsläufig Kausation. Neben der eingeschränkten Perspektive auf die Physik ist dies das Problem esoterischer Interpretationen der Quantenphysik. Der Schritt von Physik zu Metaphysik ist stets mit großer Vorsicht zu machen. In umgekehrter Richtung ist vielleicht noch mehr Vorsicht geboten, hat sich doch gezeigt, als wie affektiv und vorurteilsbehaftet metaphysische Annahmen über die physische Natur sich entpuppen können. Beispiele hierfür sind die früher weit verbreitete Annahme, dass es kein Vakuum geben könne sowie die Absurdität, in welcher uns der Welle-Teilchen-Dualismus erscheint, nur, weil wir nicht imstande sind, ihn unmittelbar wahrzunehmen. Schlussendlich lässt sich wohl sagen, dass Physik und Metaphysik nicht voneinander abhängig sind, aber voneinander profitieren können, letztere vielleicht mehr von ersterer als umgekehrt.

Was Plancks Anschauungen betrifft, können wir zusammen mit sämtlichen bisher angeführten Argumenten abschließend festhalten, dass die Quantenphysik keinerlei *Beweis* für den Geist in der Materie darstellt, jedoch ein deutliches *Indiz*, das gerade durch seine Subtilität außerordentlich kraftvoll wirken kann. Die Geistigkeit der Materie lässt sich intellektuell vor allem anhand einer sorgfältigen und unvoreingenommenen Beobachtung des Bewusstseins und, wollen wir im physikalischen Rahmen bleiben, eher anhand der Vorgehensweise der Physik als an ihren Resultaten erkennen. Sämtliche *vor* diesem Kapitel angeführten Argumente konnten schließlich auch genannt werden, ohne überhaupt auf quantenphysikalische Begebenheiten zurückgreifen zu müssen.

9.

Fragen über Fragen

*Voneinander getrennte, scheinbar völlig unabhängige Phäno-
mene zugleich erklären zu können, Erscheinungen miteinander
in Beziehung zu setzen, wo kaum jemand gedacht hätte, dass
hier ein Zusammenhang bestehe, gehört in tiefverwurzelter Weise
zum Wesen der Physik.*

~ Wolfgang RÖßLER: *Eine kleine Nachtphysik*[250]

Die Relativitätstheorie ist wunderbar. Sie verschmilzt die starren
Bestandteile des Newtonschen Kosmos miteinander, sublimiert sie,
manifestiert sie wieder, betreibt mit ihnen die reinste Alchemie und
lässt das Universum schließlich erblühen in einem bunten Farbenspiel, in welchem wir kleinen Menschen diffundieren wie leuchtende
Moleküle. Über die Quantentheorie lässt sich Ähnliches sagen. Sie erscheint weniger mystisch, dafür aber umso mysteriöser. Ihr flüchtiges,
schattenhaftes Wesen erinnert uns daran, dass die Dinge mitunter
ganz anders sein können, als sie auf den ersten Blick erscheinen. Bei
unseren Schlussfolgerungen müssen wir stets auf der Hut sein.

Passt das zusammen?

Ein herrliches, ja, entzückendes Grundproblem der modernen Physik
besteht jedoch darin, dass sie mit ihren Modellen nicht eins, sondern
gleich zwei Abbilder der Realität geschaffen hat: eines, welches sich in
der Regel auf den Makrokosmos beschränkt und eines für den Mikrokosmos. Das geht selbstverständlich gut, solange wir uns in einer der
beiden Domänen bewegen und die Effekte der jeweils anderen vernachlässigen können (oder solange sich beide vernachlässigen lassen, wie
es im Mesokosmos unserer Alltagswelt meistens der Fall ist). Bei vielen Phänomenen ist diese Trennung jedoch nicht machbar. Dennoch
vertragen sich Relativitätstheorie und Quantentheorie auch dann
noch miteinander – jedenfalls, nachdem anfängliche Schwierigkeiten
überwunden werden konnten –, sofern die Gravitation außer Acht
gelassen wird, solange wir also nicht die ART einbeziehen, sondern
bei der SRT bleiben. Der wandelbare Charakter der Raumzeit lässt
sich in der Quantenphysik berücksichtigen und stellt bei den leichten
und oftmals außerordentlich schnellen Elementarteilchen sowie bei

Kernreaktionen sogar einen wichtigen Faktor dar. Kernreaktionen sind aufgrund ihrer Kleinheit quantenmechanische Prozesse, bei denen jedoch auch Masse in Energie umgewandelt wird – also sind sie ebenso relativistisch.

Die Nichtlokalität der Quantenmechanik scheint zunächst eine absolute Gleichzeitigkeit zu fordern und somit der Relativität der Gleichzeitigkeit in der SRT zu widersprechen. Dieser scheinbare Widerspruch lässt sich am besten anhand der Quantenverschränkung betrachten.

Wenn zwei Teilchen A und B miteinander verschränkt sind, beispielsweise über den Spin, dann kann bei einem passenden Versuchsaufbau die Situation mittels relativistischer Effekte so beeinflusst werden, dass in einem Bezugssystem erst der Zustand von Teilchen A gemessen wird (was augenblicklich den von Teilchen B festlegt), während in einem anderen Bezugssystem erst der Zustand von Teilchen B gemessen wird (was augenblicklich den von Teilchen A festlegt). Die Relativität der Gleichzeitigkeit, welche wir anhand des Raumschiff-Hangar-Problems diskutierten, ermöglicht dies. Dennoch gibt es nur eine Realität, in der, so nehmen wir zunächst an, die Kausalität gelten muss. Wer beeinflusst hier also wen? In Bezug auf die Zustände der Teilchen A und B stellt sich die Frage: Welcher ist Ursache, welcher ist Wirkung? Man könnte zunächst argumentieren, dass – da beide Beobachter räumlich voneinander getrennt sind und die Kommunikation über die Messung nur mit Unterlichtgeschwindigkeit übertragen werden kann – die Kommunikation erst im Anschluss an die Messung stattfinden könne, wofür quantenmechanische Effekte dann keine Rolle mehr spielen.

Das löst jedoch nicht das Problem, da die Messergebnisse der Beobachter, sind sie einmal festgelegt, davon unberührt bleiben. Die eigentliche Lösung besteht darin, *dass es egal ist*, welcher Beobachter zuerst gemessen und damit den Zustand des anderen, fernen Teilchens festgelegt hat. Da der Gesamtspin beider Teilchen *in jedem Fall* null ergibt, lässt es sich allein anhand der Messergebnisse nicht feststellen, ob der an einem einzelnen Teilchen gemessene Spin unmittelbar durch den momentanen Kollaps der Wellenfunktion zustande kommt oder schon zuvor durch den von der Messung am anderen Teilchen verursachten Kollaps bedingt ist. Ähnlich wie beim Welle-Teilchen-Dualismus entsteht hier also eine Art Ursache-Wirkung-Dualismus, bei welchem der gemessene Zustand des Teilchens (je nach Bezugssystem) entweder die Ursache für den Zustand des anderen ist oder die Wirkung der zuvor erfolgten Messung am anderen. Den Begriff

»Ursache-Wirkung-Dualismus« habe ich mir hier eigenmächtig ausgedacht; anders als der des Welle-Teilchen-Dualismus stellt er keinen offiziellen Terminus dar, was an der Begebenheit jedoch nichts ändert.

Die Folge ist, dass man (wenigstens gemäß Kopenhagener Deutung) die Vorstellung von irgendwie verschränkten Teilchen, die durch den Raum fliegen, mal wieder aufgeben muss. Stattdessen ist bis auf Weiteres davon auszugehen, dass das eigentliche Geschehen der Quantenphysik in der Natur ein seltsam verborgenes, vielleicht unerkennbares, vielleicht auch nur extrem unanschauliches ist, und es lediglich die Mathematik und unsere Messergebnisse sind, die wir wirklich verstehen und mit denen wir arbeiten können – so unbefriedigend das auch klingen mag. Während die deterministische Quantenmechanik nach Bohm zwar das Mysterium des Welle-Teilchen-Dualismus ein Stück weit relativiert, bleibt das der Nichtlokalität selbst in ihr uneingeschränkt erhalten. Die Nichtlokalität ist nicht nur eine Nichtlokalität im Raum, sondern – durch die Verknüpfung von Raum und Zeit in der SRT – innerhalb der durch die SRT gegebenen Grenzen auch eine Nichtlokalität in der Zeit. Innerhalb dieser Grenzen ist sogar die Kausalität aufgehoben. Ursache und Wirkung sind nicht mehr genau festlegbar – das ist aber nur möglich, weil die Wirkung in beiden Fällen (Beobachter bei Teilchen A misst zuerst/Beobachter bei B misst zuerst) die gleiche bleibt! Als Konsequenz lässt sich sagen, dass sich das Geschehen im Mikrokosmos nicht mehr vollends durch eine chronologische Abfolge von Ereignissen beschreiben, »durch eine Geschichte erzählen« lässt – aber dennoch besteht kein Widerspruch zur SRT! So sind SRT und Quantenphysik tatsächlich miteinander vereinbar.

Schwierig wird es, wenn in der Quantenphysik die Raumzeitkrümmung der ART berücksichtigt werden muss. Dies ist genau dann der Fall, wenn sich sehr große Massen in sehr kleinen Volumen sammeln – kurz gesagt im Fall von extrem großen Dichten –, wie sie bei schwarzen Löchern und beim Urknall gegeben sind. An die Wellenfunktion ist stets die Bedingung zu stellen, dass die Wahrscheinlichkeitsdichte, wenn sie über den gesamten Raum integriert wird, eins ergibt. Die Aussage dieser Bedingung lautet anschaulich: Irgendeinen aller möglichen Zustände muss das System bei einer Messung schließlich annehmen. Diese Normierung auf eins ist bei Inklusion der allgemeinen Relativitätstheorie jedoch nicht mehr möglich. Tatsächlich können Wahrscheinlichkeiten entstehen, die ins Unendliche gehen oder sogar negativ sind, was als sinnlos erachtet wird.[251]

Abgesehen von dieser theoretischen Unvereinbarkeit zwischen den zwei (scheinbar nicht ganz so) fundamentalen Theorien beschäftigen die Kosmologen aber auch Fragen, welche an experimentelle Befunde geknüpft sind, die schlicht anders ausfallen, als es laut Theorie der Fall sein sollte. Es gibt Dutzende solcher Fragen. Bereits angesprochen wurde in dieser Hinsicht die kosmologische Konstante, welche die Expansionsrate des Universums beschreibt. Die Postulate der »dunklen Energie« und der »dunklen Materie« fallen in die gleiche Rubrik.

Weiters wird mit der Entdeckung immer fundamentalerer Naturgesetze die Anzahl der freien Parameter, welche ausreichen, um sämtliche Naturkonstanten festzulegen, stetig reduziert. Bei dieser ständigen Reduktion stellen sich mittlerweile auch Kosmologen die Frage, *warum* diese Parameter genau die Werte haben, die sie eben haben. Bei Naturkonstanten, die sich nicht auf andere Naturkonstanten zurückführen lassen, stellt sich die Frage, wer ihren Wert festgelegt hat. War es Gott? Doch diese Antwort scheint hier zu pauschal; befriedigend wäre es zunächst, wenn sich irgendwann eine Theorie ergäbe, die gar keine Naturkonstanten mehr braucht, sondern aus der diese zwangsläufig folgen würden, sodass plötzlich glasklar würde, dass »dieunddie« Konstante den Wert »soundso« haben muss, weil es gar nicht anders sein könnte.

Die nächste Frage wäre dann aber: Warum ist die Theorie so, wie sie ist? War es Gott? Freilich fiele diese Antwort hier genauso pauschal aus wie eben, würde an dieser Stelle aber schon befriedigender wirken.

So weit sind wir jedoch noch nicht. Wir können aber festhalten: Wenn es einen noch unbekannten Mechanismus gibt, der die Parameter miteinander verknüpft, können aus ihnen vielleicht Rückschlüsse auf diesen Mechanismus gezogen werden. Auf Seite 146 wurde darauf hingewiesen, dass die elektromagnetische Wechselwirkung zwischen Elementarteilchen deutlich stärker ist als die Gravitation, sich bei großen Massen jedoch aufhebt, weshalb die Gravitation im Makrokosmos schließlich dominiert. Die Frage, *wodurch* dieser gewaltige Unterschied zustande kommt, ist eine solche Frage, welche auch als *Hierarchieproblem* bezeichnet wird.

Auf der Suche nach Symmetrie

Um die verschiedenen Kernreaktionen, welche radioaktive Prozesse verkörpern, gemäß der bekannten physikalischen Gesetze erklären zu können, war es notwendig, die Existenz zusätzlicher Teilchen – neben

Protonen, Elektronen, Neutronen und Photonen – zu postulieren, welche zum entsprechenden Zeitpunkt noch von keiner von Menschenhand geschaffenen Maschine beobachtet wurden. Als Beispiel seien die *Neutrinos* genannt, welche die geringe Masse der Elektronen und gleichzeitig die elektrische Neutralität der Neutronen besitzen. Dadurch sind sie schwer zu detektieren. Viele von ihnen fliegen, aus dem All kommend, einfach durch die gesamte Erdkugel hindurch, ohne überhaupt irgendwo anzuecken. Entdeckt wurden sie Jahrzehnte nach ihrer theoretischen Vorhersage trotzdem.

Auf eine ähnliche Weise wurde in den 1960er Jahren das *Higgs-Boson* postuliert, das eine weniger triviale Aufgabe als das Neutrino zu erfüllen hatte: Das Higgs-Boson sollte den Elementarteilchen über das mit ihm assoziierte Higgs-Feld (aufgrund des Welle-Teilchen-Dualismus sind die Begriffe »Teilchen/Boson« und »Feld/Welle« hier mehr oder weniger äquivalent) ihre Masse erst verleihen. Sein Nachweis ließ vergleichsweise lang auf sich warten, da erst der riesige Teilchenbeschleuniger namens *Large Hadron Collider* (LHC) am CERN in der Schweiz die benötigten Energien und Häufigkeiten von Teilchenkollisionen erzeugen konnte. 2012 wurde das flüchtige und kurzlebige Teilchen schließlich inmitten der Datenmengen explodierter Quanten entdeckt. Das Higgs-Boson wurde mitunter »Gottesteilchen« getauft – eine Bezeichnung, die mit seriöser Wissenschaft nichts zu tun hat. Sie geht auf den Verlag des Physikers Leon Lederman zurück. Lederman wollte sein Buch ursprünglich bloß »The Goddamn Particle« (»Das gottverdammte Teilchen«) nennen, was ihm der Verlag jedoch untersagte und kurzerhand durch »The God Particle« ersetzte. Der Begriff »Gottesteilchen« wurde bereits von Peter Higgs selbst, dem Menschen, der das Teilchen postuliert hatte, kritisiert.[252]

Andererseits sind humorvolle Bezeichnungen unter den Teilchennamen durchaus nicht unüblich. Hierzu zählen die *Quarks*, welche unter anderem die Bausteine der Protonen und Neutronen darstellen und deren Name tatsächlich vom deutschen Wort »Quark« herrührt. Erwähnenswert sind auch die *Gluonen*, welche zunächst höchst wissenschaftlich, da griechisch klingen. Tatsächlich kommt diese Bezeichnung aber vom englischen »glue« (Klebstoff) und wurde lediglich um ein pseudogriechisches »-on« ergänzt.

Die Gluonen halten in einem Atomkern dessen Einzelteile zusammen. Dafür müssen sie mittels der *starken Wechselwirkung* (deren Namensgebung offensichtlich weniger kreativ ausfiel) die elektrische Abstoßung der positiv geladenen Protonen überwinden, was nur möglich scheint, indem die Protonen und Neutronen sprichwörtlich

»zusammengeklebt« werden. Die Reichweite der starken Wechselwirkung geht nicht über den Durchmesser eines Atomkerns hinaus. Ergänzend sei noch angemerkt, dass neben der Gravitation, der elektromagnetischen und der starken Wechselwirkung die *schwache Wechselwirkung* die vierte der fundamentalen Wechselwirkungen der Physik darstellt. Die schwache Wechselwirkung tritt immer nur kurzzeitig bei Kernreaktionen in Erscheinung, sorgt im Gegensatz zur starken Wechselwirkung also nicht für gebundene Zustände. Sie konnte mittlerweile auf die gleiche Basis wie die elektromagnetische Wechselwirkung zurückgeführt werden, weshalb man auch von einer vereinigten *elektroschwachen Wechselwirkung* spricht.

Das Repertoire der Teilchenphysik wurde Teilchen um Teilchen erweitert. Als Elementarteilchen, also fundamentale Teilchen, die (vermutlich) keine tiefere innere Struktur mehr besitzen, gelten heute im *Standardmodell der Teilchenphysik* nicht weniger als 17 verschiedene Entitäten.

Von diesen stellen die jeweils sechs Quarks und *Leptonen* mit Spin $\hbar/2$ die *Fermionen* dar, die Bausteine der Materie, wobei die Leptonen (Elektronen, Positronen, Neutrinos etc.) sich vor allem dadurch von den Quarks unterscheiden, dass sie nicht der starken Wechselwirkung unterliegen. Zu sämtlichen Fermionen kommen noch die jeweiligen »Antiteilchen« hinzu, welche ein zwangsläufiges Nebenprodukt deren Entstehung sind, und mit welchen sie sich unter Freisetzung von Energie wieder gegenseitig annihilieren können. Die fünf *Bosonen* (vier mit Spin $\hbar$, darunter Photonen und Gluonen, sowie die »gottverdammten« Higgs-Bosonen mit Spin 0) schließlich sorgen für die Wechselwirkungen zwischen den Fermionen.[253]

Die große Vereinigung der Elemente, welche die Erkenntnis des Aufbaus sämtlicher Atome aus Protonen, Elektronen und Neutronen zunächst brachte, ist heute wieder in etliche Richtungen aufgezweigt. Sie erwies sich nicht als Ende des Wegs, sondern als Tor zu einer neuen Welt. Diese mannigfache Aufzweigung legt wiederum nahe, dass es eine tiefere Ebene geben muss, in welcher die Teilchen bezüglich ihrer Existenz in Relation zueinander gesetzt werden können, sodass die Existenz eines Teilchens die der anderen bedingt und umgekehrt, frei nach dem Motto: »Einer für alle, alle für einen!« Abgesehen von diesem Wunsch, der wieder menschliche Sehnsüchte auf das Naturgeschehen überträgt, gibt es tatsächlich auffällige Ähnlichkeiten zwischen den einzelnen Gruppen von Teilchen. So ist zum Beispiel die Differenz der elektrischen Ladung innerhalb der Quarks die gleiche wie die Differenz der Ladung innerhalb der Leptonen, und außerdem sind gleich viele Quarks und Leptonen bekannt. Die Frage, ob dies »Zufall« sein könne oder ob hier nicht vielmehr ein systematisches Muster vorliege, erscheint berechtigt.[254]

Eine *Symmetrie* liegt in der Physik immer dann vor, wenn eine *Invarianz* bezüglich einer *Transformation* vorhanden ist. Was das bedeutet, lässt sich anhand von Beispielen veranschaulichen.

So assoziieren wir den Begriff »Symmetrie« im Alltag am ehesten mit »Spiegelbildlichkeit«. Im Fall von zweidimensionalen Objekten spricht man hierbei von einer »Achsensymmetrie«. Zu solchen Objekten zählt beispielsweise der berühmte Rorschach-Klecks aus der Psychodiagnostik, dessen Symmetrie durch Faltung des Papiers gewährleistet wird. Die »Transformation«, bezüglich der solch ein Objekt »invariant« (also »unveränderlich«) ist, ist in diesem Fall die Spiegelung an der gegebenen Symmetrieachse, welche beim Rorschach-Klecks mit dem Knick im Papier zusammenfällt.

Bei dreidimensionalen Objekten wird die (eindimensionale) Symmetrieachse zur (zweidimensionalen) Symmetrieebene. So sind bei den meisten Tieren zum Beispiel die rechte und linke Körperhälfte von außen annähernd symmetrisch zueinander – aber wirklich nur annähernd, und wirklich nur von außen, also unter Vernachlässigung der inneren Organe. Die Symmetrieebene ist hier eben diejenige Ebene, welche von oben nach unten durch den Körper verläuft und ihn in eine rechte und linke Körperhälfte »teilt«. Ein weiterer bekannter Begriff ist die Punktsymmetrie. In einem zweidimensionalen Koordinatensystem kommt diese einer Spiegelung erst an der x-, dann an der y-Achse gleich oder einfach einer 180°-Drehung um den Ursprung, vorausgesetzt, dass der Ursprung das Symmetriezentrum selbst ist. Beides führt zum selben Ergebnis.

Nicht immer jedoch muss eine Symmetrie mit einer Spiegelung einhergehen. Angenommen, dass wir einen unendlich langen Zaun vor uns hätten, sähe dieser wieder genau gleich aus, wenn wir ihn um einen Betrag verschöben, der ein Vielfaches des Lattenabstandes ist. Er erwiese sich dann als invariant bezüglich dieser Verschiebung. Eine Torte, die von einer nur dreiköpfigen, jedoch besonders hungrigen Kaffeegesellschaft in drei gleich große Teile geschnitten wird, ist (zusätzlich zu den drei vorhandenen Symmetrieebenen) invariant bezüglich einer Drehung, die ein Vielfaches von 120° ist, einem Drittelkreis.

Es muss sich nicht immer um räumliche Transformationen handeln. Die Bewegung eines reibungslosen Pendels beispielsweise ist symmetrisch in der Zeit: nach einer vollständigen Schwingung sieht das System wieder aus wie zuvor. Nach einer halben Schwingung und anschließenden räumlichen Spiegelung wäre das ebenso der Fall.

Während es in den obigen Beispielen immer um die Symmetrien von einzelnen Objekten ging (im Fall des Pendels um die Bewegung eines Objekts), lassen sich Symmetrien auch auf das gesamte Universum übertragen. Das *kosmologische Prinzip* beinhaltet zwei Grundannahmen der modernen Kosmologie über den makroskopischen Aufbau des Universums: Erstens sei das Universum *isotrop*, das heißt, dass es, abgesehen von statistischen Fluktuationen, in allen Richtungen gleich aussieht. Diese Isotropie nahm man grundsätzlich bereits in der Antike an. Sie ist im geozentrischen Modell mit den Himmelssphären enthalten, solange die Erde als kugelförmig angenommen wird, es also kein absolutes »oben« und »unten« gibt (was nämlich wieder eine Richtung gegenüber allen anderen Richtungen »auszeichnen« würde, womit die Isotropie aufgehoben wäre).

Zweitens sei das Universum *homogen*, was bedeutet, dass alle Orte im Universum »gleichberechtigt« sind, dass es keinen absoluten Bezugspunkt gibt, der sich irgendwie hervorheben ließe, wie es bei der Existenz eines oder mehrerer Zentren der Fall wäre. Diese Erkenntnis ist deutlich jünger und geht auf die kopernikanische Wende zurück, in der sich eine Verschiebung des Zentrums von der Erde zur Sonne vollzog. Mittlerweile geht man davon aus, dass es gar kein Zentrum gibt. Der Urknall ändert nichts daran, da er an allen Orten des Universums gleichermaßen stattfand. Wir werden später im Detail darauf zu sprechen kommen. In beiden Aussagen des kosmologischen Prinzips handelt es sich wohlgemerkt um heuristische Annahmen, nicht um endgültig bewiesene Tatbestände.

Das kosmologische Prinzip bezieht sich auf die Verteilung der Materie im Raum, lässt sich jedoch auf die nicht-materiellen Naturgesetze, die ja gerade diese Verteilung bewirken, übertragen: die Naturgesetze sind homogen und isotrop. Die Milchstraße bewegt sich ständig durch den Raum, aber dadurch ändern sich die Verhältnisse auf der Erde nicht – die Naturgesetze sind homogen. Die Milchstraße dreht sich, aber auch dadurch ändert sich nichts – die Naturgesetze sind isotrop. Sollte sich etwas ändern, ist das einer veränderten Umgebung zuzuschreiben, was in den Naturgesetzen einer Änderung der Variablenwerte entspräche, aber keiner Änderung der Naturgesetze selbst. Dazu kommt noch die Invarianz in der Bewegung, welche durch die Relativitätstheorie gegeben ist, die ja explizit alle Inertialsysteme für »gleichberechtigt« erklärt. Auf großen Skalen sind diese Symmetrien erfahrungsgemäß vorhanden. Auf kleinen Skalen werden sie im Rahmen des Standardmodells restlos ausgenutzt, es werden alle möglichen Register gezogen, um sicher zu gehen, dass das Modell vollständig ist. Sidney Coleman und Jeffrey Mandula konnten 1967 sogar beweisen, »daß man keine weiteren auf Raum, Zeit oder Bewegung bezogenen Symmetrien mit den soeben erörterten Symmetrien verbinden und eine Theorie erhalten kann, die irgendeine Ähnlichkeit mit unserer Welt aufweist«[255].

Eine mögliche Symmetrie, welche nicht mit Raum und Zeit, sondern mit inneren quantenmechanischen Vorgängen zu tun hat, wurde dabei jedoch außer Acht gelassen, und das ist die Symmetrie bezüglich des *Spins*, welcher im vorherigen Kapitel im Zusammenhang mit dem Gedankenexperiment zur Quantenverschränkung eingeführt und im vorherigen Abschnitt noch einmal aufgegriffen wurde.

Das heißt, dass eine Invarianz aller anderen Teilcheneigenschaften bezüglich einer Verschiebung des im Fall der Fermionen halbzahligen, im Fall der Bosonen ganzzahligen Spins denkbar wäre. Diese Symmetrie wird als *Supersymmetrie* bezeichnet. Sollte sie existieren, wäre die Konsequenz, dass es zu sämtlichen bereits vorhandenen Teilchen und Antiteilchen jeweils einen »Superpartner« gäbe. Dies erscheint zunächst relativ spekulativ, und die Konsequenz, dass zum bereits vorhandenen »Teilchenzoo« noch ein zweiter, spiegelbildlicher hinzukäme, gefällt den bodenständigeren unter den Physikern nicht besonders. Generell sind Theorien, die allzu viel Neues postulieren, nicht gern gesehen. Das hat aber nichts mit einer Angst vor dem Neuen oder Fremden zu tun, sondern beruht auf rein pragmatischen Erwägungen: An eine naturwissenschaftliche Theorie ist nämlich stets der Anspruch zu stellen, dass sie experimentell falsifizierbar (also widerlegbar) ist, und je mehr unbekannte Parameter eine Theorie mit sich bringt, desto schwieriger wird das. Physikalische Theorien sollten also stets möglichst »sparsam« sein – nicht, weil diese Sparsamkeit der Natur selbst unterstellt würde, sondern einfach nur, um mit ihnen überhaupt arbeiten zu können.

Für die Supersymmetrie konnten bisher keine experimentellen Nachweise erbracht werden. Das legt den Schluss nahe, dass die Superpartner deutlich schwerer sein müssen als die Teilchen des Standardmodells, da dies zur Folge hätte, dass die bisher in Beschleunigern bereitgestellten Energien für die Erzeugung der Superpartner noch nicht ausreichend waren. Obwohl der LHC seit Mitte 2015 mit noch höheren Energien als zuvor läuft, konnten bisher noch keine Superpartner entdeckt werden.

Indem die Natur diese letzte der bekannten möglichen Symmetrien ebenfalls nutzen würde, ließen sich jedoch gleich mehrere Probleme beseitigen. Das Hierarchieproblem würde sich möglicherweise als mathematische Konsequenz aus der Supersymmetrie ergeben, womit es beseitigt wäre. Fermionen und Bosonen würden sich zu einer einzigen Teilchengattung vereinigen. Auch die Gravitation ließe sich hier integrieren, sie ist ja geknüpft an das Hierarchieproblem. Die neuen Teilchen wären außerdem ein Kandidat für die ominöse dunkle Materie.

Ist die Supersymmetrie zu schön, um wahr zu sein? Im Dunstkreis der Suche nach der Weltformel, einer *» theory of everything «*, stellt sie jedenfalls erst den Anfang dar. Im Folgenden wollen wir noch einen kurzen Blick auf zwei solcher Weltformel-Kandidaten werfen. Danach wird es thematisch wieder etwas leichter werden; sowohl die Supersymmetrie als auch der folgende Abschnitt werden im weiteren Verlauf des Buchs dann keine große Rolle mehr spielen.

Alles schwingt

In der klassischen Elektrodynamik beschreibt das *Coulomb-Gesetz* die gegenseitige Anziehung beziehungsweise Abstoßung zweier Ladungen. Es weist die selbe Abstandsabhängigkeit auf wie das Gravitationsgesetz nach Newton. Entsprechend lässt sich der gesamte quantentheoretische Formalismus auch auf die Gravitation anwenden. Als Austauschteilchen des Gravitationsfeldes erhält man dann das *Graviton*, welches allerdings noch nicht experimentell nachgewiesen werden konnte (wie es jedoch auch mit Neutrinos und dem Higgs-Boson zunächst jahrzehntelang der Fall war!). Ein Unterschied zu den übrigen Bosonen besteht beim Graviton darin, dass Teilchen an mehr als ein Graviton gleichzeitig koppeln können. Eine Quantentheorie, die die Gravitation inkludiert, bezeichnet man als *Quantengravitation.*[256]

Einen möglichen Kandidaten für eine Theorie der Quantengravitation stellt die *Schleifenquantengravitation* (SQG) dar, welche ihren Namen von den *Wilson-Loops* hat (»loop« wird im Deutschen dann mit »Schleife« übersetzt), die wiederum bestimmte Lösungen von Gleichungen aus der Elementarteilchenphysik darstellen. In der SQG erhält auch der Raum selbst den Charakter einer quantenphysikalischen Größe. Das heißt vor allem, dass er »gequantelt« wird, dass er also in kleinste, diskrete Elemente aufgeteilt wird, welche sich größenmäßig nicht weiter reduzieren lassen, ähnlich wie die Pixel eines Bildschirms. Die Einheiten des Raums sind deutlich kleiner als sämtliche atomaren und subatomaren Strukturen, sodass sie bisher in noch keinem Experiment beobachtet werden konnten. Der Raum wird zu einer Art Netz, einem Geflecht, an dessen »Knotenpunkten« die einzelnen Raumelemente sitzen. Wie in der Relativitätstheorie handelt es sich bei diesem Netz nicht um eine Art Objekt, welches sich irgendwie innerhalb des Raums befinden würde, sondern um den Raum selbst, welcher ein weiteres Mal vom hohlen Container zum dynamischen Objekt verwandelt wird. Aus der Quantelung des Raums folgt auch eine Quantelung der Zeit. Diese Quantelung kann auch jene Probleme lösen, welche im Zusammenhang mit extremen Teilchendichten stehen, da extreme Dichten zwar nach wie vor möglich bleiben, aber aufgrund der gegebenen Mindestgröße der »Raumkörner« immerhin nicht mehr *unendlich* groß werden können.

In Bezug auf den Urknall folgt aus der SQG, dass dieser aus einem zuvor kollabierenden Universum entstanden ist. Das wiederum legt nahe, dass unser Universum eines Tages das gleiche Schicksal ereilen wird, dass es ab dem Erreichen einer gewissen Größe wieder in sich zusammenfällt und sich mit einem neuen Urknall in ein neues Universum verwandeln wird. Die Expansion beziehungsweise Kontraktion des Raums lässt sich dabei verstehen als eine Neuerzeugung beziehungsweise Vernichtung von Raumelementen. Diese zyklische Auffassung wird im Gegensatz zum reinen Urknallmodell, dem »Big Bang«, als *Big Bounce* bezeichnet.

Die SQG ist bisher allerdings noch nicht weit genug ausgearbeitet, um als widerspruchsfrei in Bezug auf die bekannten physikalischen Phänomene beziehungsweise Theorien gelten zu können. Es ist nicht sicher, ob sie es jemals sein wird.

Einen weiteren Versuch einer Quantengravitation stellt die *String-theorie* dar. »String« ist hier im Sinn von »Saite« zu verstehen, wie bei einem Musikinstrument. Die Elementarteilchen werden durch Schwingungsmuster einzelner Strings ersetzt. Diese können offen sein, also wie bei einem Saiteninstrument oder der vielzitierten Wurst zwei Enden besitzen (»Alles hat ein Ende, nur die Wurst hat zwei«), oder geschlossen und zyklisch, also ringförmig. Der »Saitencharakter« ist dabei nicht zu verwechseln mit dem »Wellencharakter« aus dem Welle-Teilchen-Dualismus. Während es sich bei letzterem um Wahrscheinlichkeitswellen handelt, steht ersterer für eine *materiell manifestierte* Schwingung, welche dem »Teilchencharakter« den Garaus macht, indem sie ihn ersetzt, anstatt ihn »nur« komplementär zu ergänzen. Bei Teilchenreaktionen verschmelzen Strings oder teilen sich auf und ergeben so aus den reagierenden Teilchen die entsprechenden Reaktionsprodukte. Unendliche Dichten verhindert die Stringtheorie somit durch die immer vorhandene räumliche Ausdehnung der Strings. Stringtheorie und SQG widersprechen sich bisher erstaunlicherweise nicht. Theoretisch wäre es möglich, dass erst beide zusammen eine vollständige *theory of everything* ergeben.

Unbequem wird die Stringtheorie allerdings, weil sie aus mathematischen Gründen eine Vielzahl von bisher unbekannten räumlichen Dimensionen mit sich bringt. Um wie viele es sich genau handelt, hängt dabei von der genauen der zahlreichen Varianten der Stringtheorie ab. Die insgesamt fünf verschiedenen *Superstringtheorien*, welche die Supersymmetrie in ihren Formalismus integrieren, benötigen eine zehndimensionale Raumzeit, um zu funktionieren. Abzüglich der vier bekannten Dimensionen (bei welchen der zeitliche Wandel wieder auf das mathematische Ticken der Uhr reduziert wird) erhalten wir damit sechs neue räumliche Dimensionen. Diese müssen sich von den anderen dreien irgendwie unterscheiden, denn es muss ja einen Grund dafür geben, dass wir gerade die drei Dimensionen wahrnehmen können, welche wir eben wahrnehmen, während das bei den anderen nicht der Fall ist.

Der Grund hierfür besteht darin, dass die zusätzlichen Dimensionen auf (sub-)mikroskopisch kleinen Skalen gleichsam »aufgewickelt« sind. Das heißt, dass sie nur eine sehr kleine endliche Ausdehnung besitzen. »Aufgewickelt« bedeutet hier, dass man, wenn man sie durchläuft, am Ende wieder dort ankommt, wo man angefangen hat – wie bei einem Flug um die Erde. Die Erweiterung des Raums, die durch diese Dimensionen geschieht, ist jedoch unmessbar klein und für unsere Sinne erst recht nicht erfahrbar. Dennoch ist sie vorhanden. Eventuell sind auch die »normalen«, makroskopischen drei Raumdimensionen nicht unendlich, sondern ebenso wie die der Superstringtheorie endlich – dennoch besäßen sie auch in diesem Fall eine Ausdehnung, welche vermutlich deutlich größer als das beobachtbare Universum ist, und unterscheiden sich in dieser Hinsicht doch gewaltig von den Zusatzdimensionen.[257]

Ohne Weiteres werden Sie, lieber Leser, sich irgendwelche endlichen, aber aufgewickelten und dadurch grenzenlosen Dimensionen vermutlich nicht vorstellen können. Wie das prinzipiell geht, werden wir in Kapitel 15 erörtern, wenn wir die Form des makroskopischen Universums besprechen. Die Beschreibung, welche Sie dort vorfinden, lässt sich dann analog auf die mikroskopischen Dimensionen übertragen.

Was die Form dieser mikroskopischen Dimensionen betrifft, ist für diese eine enorm große Auswahl gegeben. Tatsächlich kommen mehr Varianten in Frage, als Teilchen im Universum vorhanden sind. Aus dieser Möglichkeit schließen manche Physiker, dass es entsprechend viele Paralleluniversen geben müsse, sodass jede Möglichkeit irgendwo einmal realisiert wird, aber hierfür gibt es keinerlei erkenntnistheoretische Grundlage und erst recht keinen empirischen Beleg.

Die Stringtheorie zeigt hier, dass die Physik sich mittlerweile an Möglichkeiten herantastet, wie Paralleluniversen beschaffen sein könnten, *wenn* es sie geben sollte (was vorher nur philosophische Spekulationen waren), beweist damit aber noch lange nicht, *dass* es sie gibt. Hierin unterscheidet sich die Stringtheorie von der Viele-Welten-Interpretation der Quantenphysik, welche die Existenz von Parallelwelten ja als unabdingbare Konsequenz mit sich bringt.

Mittlerweile wurden die fünf Superstringtheorien in einer sogenannten *M-Theorie* zusammengefügt. Es konnte gezeigt werden, dass keine von ihnen ganz vollständig war und vor diesem Hintergrund schließlich, dass sie sich überhaupt nicht widersprechen, sondern im Gegenteil gegenseitig ergänzen. Die Lage ist und bleibt aber ungeheuer kompliziert – zunächst auf mathematischer Ebene, auf welcher die Stringtheorie ein Monster darstellt, und andererseits wegen der enormen Schwierigkeit der experimentellen Überprüfung. Die Strings sind so klein, dass sie sich kaum aufspüren lassen sollten, und die Vielzahl der möglichen Aufwicklungsstrukturen würde die Interpretation der Messergebnisse zusätzlich erschweren. Kritische Stimmen sehen in der Stringtheorie eine Verschwendung von Zeit, Forschungsgeldern und vor allem eine Abkehr von den Idealen der Physik, welche sich auch in der Theorie an beobachteten oder wenigstens beobachtbaren Phänomenen zu orientieren habe, eine Bankrotterklärung also. Befürworter wie David Gross sind sich dessen jedoch durchaus bewusst:

> Einst gingen die Experimentalphysiker bei der Besteigung des Bergs Natur voraus. Wir faulen Theoretiker hinkten weit hinter ihnen her. Von Zeit zu Zeit traten sie einen Experimentalstein los, der uns auf den Kopf fiel. Dann begriffen wir, was es damit auf sich hatte, und folgten dem Pfad, den sie für uns gebahnt hatten. Wenn wir unsere Freunde erreicht hatten, erklärten wir ihnen die Aussicht und wie sie dorthin gelangt waren. Das war die alte und (zumindest für Theoretiker) leichte Methode, den Berg zu erklimmen. Wir sehnen uns alle nach den alten Zeiten zurück. Doch heute müssen möglicherweise die Theoretiker die Führung unternehmen. Das ist ein sehr viel einsameres Unterfangen.[258]

Worauf Kritiker zu Recht hinweisen, ist jedoch, dass die Stringtheorie nicht »Stringtheorie« heißen müsste, sondern »Stringhypothese«, da sämtliche ihrer Aussagen bisher eben nur hypothetischer Natur sind. (Das Gleiche gilt natürlich auch für die M-Theorie.) Zu einer physikalischen Theorie gehöre, dass sie an allen Ecken und Kanten experimentell überprüft und für wasserdicht befunden worden ist. Die Mindestanforderung aber wäre Falsifizierbarkeit.

Mit diesen Worten wollen wir unseren Grundlagenkurs in moderner Physik beenden, um später auf spezifischere astrophysikalische und kosmologische Phänomene zu sprechen zu kommen.

10.
Die Grenze der Wissenschaft

(D)as Spiel der westlichen Philosophie und Wissenschaft besteht darin, das Universum im Netzwerk von Worten und Ziffern einzufangen, so daß die Versuchung, die Regeln oder Gesetze der Grammatik und Mathematik mit den tatsächlichen Vorgängen der Natur zu verwechseln, ständig gegeben ist.

~ Alan WATTS: *Der Lauf des Wassers*[259]

Wo liegt die Grenze der Wissenschaft? Liegt sie vor dem Urknall? Liegt sie jenseits des Standardmodells? Vermutlich wird man sie dort nicht plötzlich antreffen. Ihre Grenze aufzuzeigen ist keine triviale Angelegenheit. Das gilt heute mehr denn je. Die Wissenschaft hat sich bewährt in der Erklärung so zahlreicher Phänomene, in der Entdeckung so vieler neuer Phänomene, in zahlreichen Revolutionen unseres Weltbildes, dass man nicht mehr einfach ankommen, sich ein Phänomen herauspicken und sagen könnte: »Das da! Das kann die Wissenschaft nicht erklären. Das muss von Gott stammen.«

Die gesuchte Grenze lässt sich heutzutage also nicht mehr anhand des gerade aktuellen Wissensstandes der Wissenschaft ablesen, sondern muss, sofern sie vorhanden ist, in ihrer Vorgehensweise von vornherein angelegt sein. Die so gefundene Grenze ist eine zeitlose Grenze, wobei ich mich hierbei nicht zu weit aus dem Fenster lehnen möchte. Die wissenschaftliche Methodik von heute muss nicht für die Zukunft gelten, und wer weiß, was man in zehntausend Jahren oder mehr unter »wissenschaftlicher Methodik« verstehen wird. Die Grenze gilt also mit Hinblick auf unser heutiges Verständnis von exakter, falsifizierbarer Wissenschaft.

Die Wissenschaft beruft sich auf empirische Erfahrung und die Kausalität, das Prinzip von Ursache und Wirkung. Im Grunde beruft sie sich auf gar nichts (Einstein nannte ihre philosophische Position einen »skrupellosen Opportunismus«), sondern werkelt in einem undurchschaubaren, schwindelerregenden Erkenntnisprozess einfach vor sich hin. Und irgendwie klappt es.

Doch würde sich die Welt absolut akausal verhalten – gäbe es keine Naturgesetze, sondern nur kosmische Anarchie – würde sie wohl nicht funktionieren. In der Physik spielt auch die Mathematik eine große Rolle, welche die Logik zur Voraussetzung hat, aber Empirie ist bei der physikalischen Modellbildung ebenso grundlegend. Empirische Erfahrung ist jedoch immer die Erfahrung der Vergangenheit, bestenfalls ist sie die eines endlichen Intervalls von der Vergangenheit bis zur Gegenwart. Sie ist nie die Erfahrung der stets »infinitesimal« kurzen Gegenwart selbst, *da die Wirkungen von Ursachen für uns Menschen erst in der mathematisch linearisierten Zeit überhaupt beobachtbar werden.* Streng genommen scheint die Vergangenheit aber nur in Form von Erinnerungen in unserem Gehirn zu existieren, und die Zukunft scheint lediglich aus Antizipation zu bestehen. Um die Methodik der Naturwissenschaft an ihre Grenzen zu bringen, müssen wir uns folglich mit der Gegenwart auseinandersetzen.

»Esse« und die Gegenwart des Seienden

»Cogito ergo sum« – »Ich denke, also bin ich« – schrieb René Descartes (1596-1650) und hoffte, damit die fundamentale Grundlage seines Daseins erfasst zu haben. An und für sich betrachtet ist die Aussage wohl richtig, aber fundamental ist sie deswegen noch nicht mehr als die ebenso wahre Aussage: »Ich mag Schokopudding.« Weiter oben wies ich darauf hin, dass Naturwissenschaft Einheit zwischen den Erscheinungen schafft, indem sie sie mittels Naturgesetzen in Relation zueinander setzt. Es darf jedoch nie vergessen werden, dass die so erzeugte »Einheit« sich in uns selbst stets auf der Ebene der Gedanken abspielt. Diese Ebene ist nur eine Ebene im Spektrum unserer Wahrnehmung, und ein übermäßiger Fokus auf sie, ja, ihre ausschließliche Verwendung, kann auf Dauer nicht gesund sein. Werden die anderen Ebenen ausgeblendet, ist die von der Wissenschaft erzeugte Einheit eine, welche eine Komprimierung, eine Verflachung des Wahrnehmungsspektrums zur Folge haben kann. Die ganze Dimension der Wahrnehmung geht verloren, indem sie zusammengequetscht wird wie von einer Müllpresse, was sich schlussendlich in der gesamten Auffassung von Realität und Wirklichkeit widerspiegelt. Der amerikanische Philosoph Ken Wilber spricht in dieser Hinsicht vom »Flachland«.[260]

Dass ich *bin*, brauche ich nicht zu denken. Dass ich bin, spüre ich, das erlebe ich einfach. Dass sie sind (beziehungsweise »waren«), wussten bereits unsere Vorfahren, bevor es die Sprache gab, um diese Erfahrung überhaupt in Form eines Gedankens fassen zu können. Novalis erkannte dies und schrieb: »Der Geist führt einen ewigen Selbstbeweis.«[261] Der Geist beweist sich dadurch selbst, dass er sich selbst erlebt. So gesehen könnte man anstelle von Descartes' willkürlichem »Ich denke, also bin ich« genauso gut sagen: »Ich fühle, also bin ich.« Oder: »Ich nehme etwas wahr, also bin ich.« Oder: »Ich wandle auf Erden, also bin ich.« Der Informationsgehalt der Aussage bliebe selbst dann noch erhalten, wenn man sagen würde: »Ich mag Schokopudding, also bin ich«, da das Mögen bereits eine qualitative Empfindung darstellt, wie sie nur von einem bereits seienden Subjekt erlebt werden kann. Dieses wird bei Descartes im Grunde schon dadurch vorausgesetzt, dass »cogito« – »ich denke« – in der ersten Person Singular steht, wobei dieser Umstand in der lateinischen Sprache durch die Abwesenheit des Pronomens weniger deutlich hervortritt als in der deutschen (aber dennoch vorhanden ist, denn auch im Lateinischen *meint* das auf diese Weise flektierte Verb das schon seiende Subjekt).

Schlussendlich lässt sich Descartes' Aussage verallgemeinern zu: »Ich bin, also bin ich.« Auf lateinisch hieße das: »Sum ergo sum.« Dieser Satz mag auf eine fröhliche Art an die Biene Maja erinnern, taugt als logischer Schluss aber nicht viel, denn dass aus einer Aussage A ebendiese Aussage A folgt, gilt für jede beliebige Aussage A. Das bezeichnet man als »Identität« und das ist der Selbstbeweis, den Novalis meinte. »Sum ergo sum« zu folgern ist also gänzlich überflüssig, und man könnte Descartes' Aussage ebenso gut verkürzen und einfach nur sagen: »Sum.« »Ich bin.«

Ohne auf dem armen Descartes zu viel herumreiten zu wollen, lässt sich spekulieren, pathologisieren und ein wenig polemisieren, dass dieser Mensch – natürlich bezeichnend und stereotypisch für das sogenannte »abendländische Denken« – sich so ausschließlich auf seine Gedanken konzentrierte, dass er schlichtweg vergaß, die anderen Aspekte seiner Wahrnehmung in der ihr jeweils gemäßen Eigenheit zu würdigen. Indem seine Wahrnehmung seiner selbst und der Welt kontinuierlich an Tiefe, an Dimension einbüßte, verlor er sie. Von »Flachland« sprach Wilber (Anm.: Descartes lebte noch vor der »Aufklärung«, aber das spielt in dem diskutierten Zusammenhang keine Rolle):

> Gemäß dem grundlegenden Paradigma der Aufklärung wurde die ganze Wirklichkeit... in empirischen und monologischen Begriffen kartographiert. Dies war ein gutgemeinter, aber völlig untauglicher Versuch, Bewußtsein, Ethik, Werte und Sinn unter dem Mikroskop des monologischen Blicks verstehen zu wollen. Was war die Folge? Die inneren Tiefen gerieten völlig aus dem Blick. Das monologische Sehen konnte sie nicht fassen, weshalb sie bald für nicht vorhanden, illusorisch, abgeleitet oder epiphänomenal erklärt wurden – höflichen Begriffen für »ist nicht wirklich wirklich«. Alles Ich und Wir wurde auf

ein bloßes Es reduziert – atomistisch oder holistisch, je nach
persönlichem Gusto –, das aber im günstigsten Fall nur noch
funktionelles Passen besaß.
Keine dieser verflochtenen Es-heiten kann als besser, tiefer,
höher oder wertvoller gelten: Es sind lauter gleich flache und
unendlich fade Oberflächen, die in objektiven Systemen umherhuschen, von denen keines mehr etwas von Wert, Tiefe,
Qualität, Güte, Schönheit und Würde weiß.[262]

Die idyllischen Eindrücke der Berglandschaft – das Plätschern des
Bachs, das Zirpen der Grillen, der Duft der Tannen – sie gehen verloren. Sie werden eingestampft, und die majestätischen Berge gleich
mit. Was bleibt, ist das Flachland, eine wüste Einöde, bei der dem
wandernden Ich nichts bleibt, als in der Abenddämmerung mühsam
den unerreichbaren Horizont anzustarren. Während es zunehmend
dunkler wird, verschwimmt dieser vor seinem vor Anstrengung trä-
nenden Auge, und tatsächlich ist sich unser Wanderer gar nicht mehr
so sicher, ob er eigentlich »ist«, oder ob er es jemals war. Er muss
dies aus scheinbar logischen Erwägungen schlussfolgern, weil seine
Wahrnehmung, die er dumpf ausgeblendet hat, ihm hierüber keine
verlässliche Information mehr zu liefern scheint. Er denkt und denkt
und ist in seinem Flachland hermetisch abgeschlossen von allem, was
um ihn herum geschieht, über ihm, unter ihm – vor allem aber in
ihm. Indem er seine Innenwelt vergisst, erlebt er sich selbst nur noch
als leere Hülle.

Die Erscheinungen der Welt präsentieren sich uns auf eine so mannigfache Weise. Sicher, da sind zunächst einmal unsere Gedanken,
welche wir verinnerlicht hören wie Sprache. Diese können sich laut-
stark über alles andere erheben. Neben dem reinen, sachlichen Informationsgehalt tragen sie häufig eine gewisse Melodie, einen gewissen
Ausdruck in sich und werden bereits dadurch mit unseren Emotionen
verknüpft. Gedanken zeigen sich uns aber auch in Form von Bildern,
in Form von Klängen, in Form von sämtlichen Sinneseindrücken wie
Gerüchen, Temperaturempfindungen, Berührungen, Schmerzen und
so weiter. Zu jedem Sinneseindruck, welchen wir ausschließlich in der
Gegenwart erfahren, haben wir passende Gedanken, welche in einem
inneren Raum Vergangenes mit dieser Gegenwart vergleichen und
Vorhersagen für die Zukunft machen, oder sich auch einfach, scheinbar
ziellos, im Kreis zu drehen scheinen. Der Klang, den wir als Sprache
verarbeiten, fällt dabei in eine eigene Kategorie, da Sprache von
keinem Sinnesorgan aus erster Hand vermittelt wird, sondern in sich
bereits ein abstraktes Konstrukt ist. Sprache ist natürlich etwas Wunderbares – aber durch die fehlende Unmittelbarkeit kann der reine

Fokus auf den abstrakten sprachlichen Inhalt unserer Gedanken uns
von der Bedeutung der Gegenwart trennen. Dieser Aspekt ist nicht zu
unterschätzen, denn es ist viel, was in uns abläuft. Gewissermaßen ist
es die gesamte Welt – »unsere« gesamte Welt – denn was außerhalb
dieses Raums liegt, zu dem haben wir prinzipiell ja gar keinen Zugang.
Hiermit mache ich noch keine Aussage darüber, ob und inwiefern unser Bewusstsein durch unser Gehirn oder unseren Körper begrenzt ist.

Der Mensch hörte auf, Teil der Natur zu sein, als er begann, sich als
Mensch zu begreifen, als er begann, sein menschliches Ego herauszu-
bilden. Für die Herausbildung eines solchen Egos ist die Fähigkeit
zu einer kognitiven Trennung zwischen Subjekt und Objekt nötig,
zwischen der inneren Welt und der äußeren – oder eben dem, was ein
Mensch gerade für seine innere Welt hält unter der steten Annahme,
dass er wirklich aus seinem Innersten heraus handelt und empfindet,
sowie dem, was er für die äußere Welt hält, angenommen, dass er
sie nicht in jedem Moment durch das eigene festgefahrene Weltbild
filtert oder gar verzerrt, entstellt, indem er seinen Geist nach einem
festen Halt suchen lässt, einer Theorie, einer Denkweise, einer Weltanschauung, die er zum Erschaffen seiner Identität benötigt – die
Gesamtheit dessen, womit er sich »identifiziert«, wie man sagt – oder
bereits, indem er den Erscheinungen der Welt *Namen* gibt, indem er
von ihnen spricht.

Guten Gewissens kann kein Mensch diese Annahmen jemals machen, und so wird eine akkurate, oder auch nur adäquate Trennung
zwischen der inneren und der äußeren Welt, dem eigenen Selbst und
den anderen, dem Menschen und der Natur unmöglich. Diese Grenze
ist letzten Endes ein Konstrukt, das dem Menschen geholfen hat, sich
an die Spitze der Nahrungskette zu kämpfen. Objektivität, die wissenschaftliche Überprüfbarkeit von Aussagen, die Reproduzierbarkeit
von Experimenten, kann zwar insbesondere in den Naturwissenschaf-
ten ein Schlüssel zur Erkenntnis sein, aber dennoch kann sie nur
in einem subjektiven Rahmen entstehen. Ein jeder kann überhaupt
nichts anderes kennen als das, was ihm über das eigene Bewusstsein
gerade vermittelt wird – neben den Sinneseindrücken sind hierbei
sämtliche Gefühle und Gedanken, auch Erinnerungen, eingeschlossen,
und neben diesen noch vergleichsweise greifbaren Gegebenheiten auch
intuitive Ahnungen sowie jene Stimmungen und Verstimmungen, für
die unsere Sprache keine angemessenen Worte kennt und die wir allenfalls in einem psychopathologischen Rahmen als »Psychosen« und
ähnliches phänomenologisch kategorisieren können, wobei wir stets

Gefahr laufen, sie als Nur-Krankheiten zu trivialisieren. So bleibt bei angeblich objektiven Erkenntnissen stets die Frage offen, inwiefern die Interpretation durch die persönlichen Ansichten des Erkennenden die Ergebnisse beeinflusst.

Wenn man wissenschaftliche Überprüfbarkeit zur Grundlage nicht nur seiner Wissenschaft, sondern seiner gesamten Weltanschauung macht, dann gehen jegliche ethischen Maßstäbe verloren. Die Natur wird dabei so weit seziert, entstellt, bis von ihrem lebendigen Geist nichts mehr übrig bleibt. Der Mensch verhält sich hierbei wie ein kleines Kind, das mit gefährlichen Stoffen im Chemielabor spielt wie sonst in seinem Kinderzimmer mit Bauklötzen und sich dabei womöglich noch besonders erwachsen fühlt. Im Bestreben, Objektivität zu erschaffen, wird die innere Wirklichkeit verleugnet. Gedanken werden als elektrische Ströme im Gehirn abgetan, Erinnerungen als Langzeit-potenzierung von Synapsen. Übergangen wird dabei der Umstand, dass es in der Außenwelt *nichts* gibt, was die Art und Weise erklären oder überhaupt *beschreiben* könnte, *wie* ich mich in genau diesem Moment als Ich erfahre und Sie, lieber Leser, dagegen... auch als Ich, aber als ein »anderer Ich«, zu welchem meine Wenigkeit keinen direk-ten Zugang besitzt. Ebenso können Sie immer nur mittelbar, niemals unmittelbar erleben, wie dieser Schreiberling hier sich gegenwärtig als Ich erlebt.

Geht es hierbei ums Bewusstsein? Ja, aber nicht im naturwissen-schaftlichen Sinn, denn auch, wenn das Gehirn des Menschen komplett kartographiert würde, wenn das Bewusstsein, die Ich-Erfahrung als Summe aller bewussten Sinneseindrücke und innerer Vorgänge im Ge-hirn »gefunden« würde, und wenn ich einen Apparat hätte, mit dem ich dieses in jedem Detail in Echtzeit verfolgen könnte, selbst dann wüsste ich als Wissenschaftler immer noch, dass ich eben Ich wäre und nicht der Proband, den ich gerade durchleuchte. Und selbst wenn ich mich klonen würde, nicht nur genetisch, sondern wenn ich einen kompletten Doppelgänger meiner selbst erschüfe, eine exakte Kopie mit all den momentanen Quantenzuständen im Gehirn, gesetzt den Fall, dass dies möglich wäre – dann wäre das eine sehr befremdliche Erfahrung, aber selbst dann wüsste ich es wohl immer noch. Für diese allgegenwärtige Erfahrung meiner selbst kann es keine nach heutigen Standards naturwissenschaftliche Erklärung geben, da die reine Na-turwissenschaft, so tief sie auch ins Gehirn vordringt, sich immer nur an der physischen Realität orientiert und somit letzten Endes doch nur an der Oberfläche kratzt. Diplomatischer formuliert könnte man sagen, dass sie eben die harte Oberfläche, die äußere Hülle unserer

Realität untersucht. Die Erfahrung ebendieser kommt jedoch aus der Tiefe, von innen. In Bezug auf das Tao schreibt Richard Wilhelm hierzu treffend:

> Das Erleben des Tao selbst kann nie Gegenstand wissenschaftlicher Erforschung werden. Es handelt sich hier um ein Urphänomen im höchsten Sinn, das man nur ehrfurchtsvoll anstaunen, aber weder ableiten noch ergründen kann. Es ist mit der Erfahrung des Tao wie mit allen unmittelbaren Erlebnissen. Wenn ich z.B. die Empfindung gelb oder blau habe, so lassen sich die Vorgänge im Auge, bei denen diese Empfindung eintritt, vielleicht untersuchen – wie wohl auch hier die Hypothese einen breiten Spielraum behält –, aber über die Empfindung ist damit noch gar nichts ausgesagt.[263]

Wilhelms Worte haben bereits einige Jahre auf dem Buckel. Heute nähert man sich immerhin langsam der Möglichkeit an, rein technologisch Gedanken zu visualisieren, also anhand der elektrischen Signale im Gehirn deren Inhalt zu rekonstruieren, wie er sonst nur subjektiv vom Individuum erlebt wird. Führt jemand entsprechende Experimente durch oder bedient den Apparat, der die Gedanken liest, verbleibt jedoch *immer noch* das Bewusstsein des Experimentators als letzte Instanz, als »Zeuge und Beobachter«, wie sich Shankara über den Atman äußerte. Die Software und Bildschirmanzeige des Computers, welche dem Experimentator die Gedanken des Probanden »anzeigt«, wird außerdem auf unsere subjektiven Empfindungen von vornherein gemünzt sein; sonst könnten wir mit ihr ja gar nichts anfangen.

Andersherum formuliert könnte man sagen, dass der Vergleich unseres Gehirns mit einem Computer daran scheitern muss, dass wir zu einem Computer für gewöhnlich die Ausgabegeräte wie Bildschirm und Lautsprecher dazu zählen. *Diese Ausgabegeräte sind im Fall des Gehirns jedoch einfach nicht vorhanden.* Wenn in Chirurg ein Gehirn öffnet, findet er dort kein Display vor, auf welchem er die inneren Bilder seines Patienten zu sehen bekäme, und für alle anderen Bewusstseinsvorgänge gilt diese Aussage analog. Das Gehirn stellt im Computer-Vergleich bestenfalls die CPU dar, mit den Sinnesnerven als Analog-Digital-Wandler; die restlichen Teile, die das neuronale Datenformat in die konkrete Erfahrung wandeln, fehlen jedoch einfach: Was? Wie kann das sein? Wie kann es sein, dass die Ausgabe vom Probanden auch ohne Ausgabegerät einfach so erlebt wird? Dieser Umstand stellt keine Nebensächlichkeit dar, sondern ändert *alles*, nämlich die gesamte Hierarchie von Außenwelt und Innenwelt. Er stülpt sie gleichsam um, denn nun muss erkannt werden, dass auch das Gehirn erst im Bewusstsein existieren kann, *dass das Gehirn die Begleiterscheinung darstellt, nicht das Bewusstsein* – dass das Bewusstsein ontologisch auf einer höheren Ebene eingeordnet werden muss. Niemals lässt sich sagen, dass der Zustand unseres Gehirns unsere Bewusstseinsinhalte *verursacht* – denn das ist prinzipiell nicht möglich –, sondern stets nur, dass er mit ihnen *korreliert*, womit nicht gesagt ist, dass wirklich mit *jedem* noch so leisen intuitiven Bauchgefühl in mir auch ein messbares Aufflackern meiner Neuronen einherginge (was sich ohnehin kaum beweisen ließe). Dies ist, anglizistisch gesprochen, ein *game changer*, mehr noch als die Erkenntnis der Geistigkeit der Naturgesetze und der Materie. Wer sich in diese Angelegenheit einmal wirklich vertieft und sich für radikal veränderte Sichtweisen der Wirklichkeit öffnet, wird das erkennen.

Wenn man das eigene Bewusstsein – das Bewusstsein jetzt im metaphysischen Sinn, die bewusste Erfahrung meiner eigenen Präsenz und der Präsenz der Welt um mich herum, vielleicht nicht die Erkenntnis, jedoch das *Erlebnis* »sum« – jetzt betrachtet als die Projektionsfläche, auf welcher die gesamte Welt nicht nur erfahrbar wird, *sondern erst erscheinen kann*, dann wird die Frage nach dem Bewusstsein nicht nur zu der Frage nach dem Ursprung dieser Welt, sondern auch nach dem Ursprung ebendieser gegenwärtigen Erfahrung, durch welche sich die Welt mir zu erkennen gibt, mich selbst als Zeuge und Beobachter, mein Bewusstsein und alles Weitere hinter meinem Gesicht mit eingeschlossen. Sie wird wieder zu der Frage, weshalb es überhaupt etwas gibt und nicht nichts, aber diese Frage schließt nun die Notwendigkeit einer Gegenwart ein.

Das schlichtweg gigantische, paradoxe, absurde und in seiner alltäglichen Handfestigkeit wunderbare Faszinosum – das Wunder –, dass »ich bin«, wird nun auch noch von dem Mysterium des eigentlichen Verhältnisses zwischen mir und der Welt, zwischen Subjekt und Objekt, überlagert, durch welches, wie ich oben C. G. Jung zitierte, Bewusstsein erst ermöglicht wird.

Doch wer oder was ist »Ich« nun, wo es doch so schwer oder gar unmöglich ist, zwischen Ich und Welt zu trennen? Die Antwort fällt zunächst etwas pauschal, dafür aber erstaunlich einfach aus: eine für immer festgelegte, definierte Grenze zwischen Ich und Welt ist nicht vorhanden. Für gewöhnlich grenzen wir unser Ich ein, indem wir uns mit unserem Körper identifizieren. In Wahrheit jedoch identifizieren wir uns mit lauter verschiedenen Dingen: mit Objekten, von denen wir meinen, dass wir sie in irgendeiner Weise besitzen würden, mit unserem Partner, den wir lieben oder von dem wir meinen, dass wir ihn lieben würden, mit anderen Menschen in unserem Leben, mit unserem Land, welches sowieso erst über erdachte Grenzen definiert werden kann, mit unserer Vergangenheit, mit einem Bild, welches wir von uns selbst haben, mit einer Zahl auf unserem Konto, mit Haustieren, sogar mit fiktiven Filmcharakteren. All diese Identifikationen sind, auf einer fundamentalen Ebene betrachtet, pure Willkür, Kontingenz.

Das mag noch einleuchten. Berechtigterweise kann man nun fragen, ob die Identifikation mit unserem Körper deswegen ebenso willkürlich sein muss. Alle Dinge, die oben aufgezählt waren, sind schließlich welche, die wir uns außerhalb unserer selbst denken und für uns haben wollen, während unser Körper offensichtlich ein Teil von uns ist, welchen wir gar nicht loswerden könnten, selbst, wenn wir es wollten.

Hier kann es helfen, nach der Grenze unseres Körpers zu fragen. Wo hört er auf? Die Antwort lautet: Nirgends. Unser Körper befindet sich in einem ständigen Austausch mit seiner Umgebung. Da er kein im physikalischen Sinn abgeschlossenes System ist, wäre jede ihm zugewiesene Grenze eine willkürliche. Wir atmen die sauerstoffreiche Luft der Pflanzen ein und atmen sauerstoffarme Luft aus. Nicht umsonst weisen verschiedenste Meditationspraktiken auf die Bedeutung des Atems hin. Wir nehmen Stoffe über die Haut, das größte unserer Organe, auf und geben Schweiß und Duftstoffe über sie ab. Wir nehmen Nahrung auf und scheiden sie wieder aus. Wir wechselwirken mit unserer Umgebung, wir können sie gestalten, verändern, und unsere Umgebung hat zweifelsohne Auswirkungen auf unseren Leib und auf unsere Psyche.

Sämtliche Technik lässt sich bis zu einem gewissen Grad auffassen als kondensierte, als materialisierte Gedanken, und Kunst, analog dazu, als kondensiertes Gefühl. Diese Realität, die sich der Mensch konstruiert – nennen wir sie die »Realität der Politiker« – ist eine Reflexion seiner kollektiven Innenwelt. Sie ist vielleicht intersubjektiv, aber niemals objektiv. Mit dieser oft als Außenwelt missverstandenen Innenwelt verbaut der Mensch sich (gleichermaßen bildlich wie buchstäblich gesprochen) die Sicht auf das wahrhaft »Andere seiner Selbst«[264], als welches ihm beispielsweise die unberührte Natur gegenüberträte, wenn sie es denn noch täte. Wie in einem Spiegelkabinett sieht der Mensch dann nur noch sich selbst. Die Sehnsucht nach der Natur ist der Wunsch nach einem Ausbruch aus diesem »Gefängnis der Spiegel«, um es einmal auf recht düstere Weise auszudrücken. Natürlich brauchen wir diese Spiegel, um uns selbst und damit die Welt überhaupt zu erkennen – doch sie können auch einengen und der

Seele eine Möglichkeit zum Bad im Meer des Seins nehmen, welches für die seelische Hygiene unerlässlich ist. Die Augen entspannen sich, wenn sie auch mal in die Ferne blicken dürfen.

Wo hört unser Ich wirklich auf, wo fängt unsere Umgebung an? Ist sie überhaupt eine Um-Gebung, oder ist sie eher eine »Mit-Gebung«, eine »In-Gebung« gar? Ich mahne mitunter dazu, Analogien Analogien sein zu lassen, aber in diesem Fall handelt es sich um mehr als bloße Analogie. Der Umstand, dass unser Körper keine hinreichend definierbare Grenze besitzt, lässt sich auch auf unsere Psyche übertragen und schließlich auf das Bewusstsein selbst, wie wir weiter unten noch sehen werden.

Wenn Ich alles ist, dann vereinen sich Subjekt und Objekt. Wenn Subjekt und Objekt sich vereinen, dann ist es falsch, im Satz »Ich bin« von einem Subjekt zu sprechen, ohne das Objekt mit einzubeziehen. Tatsächlich ist es besser, beide wegzulassen. Entgegen grammatikalischer Regeln wird die unmittelbare Erfahrung dann von einem »Ich bin« zu einem nicht weiter flektierbaren »Sein«. Auf lateinisch heißt dies: »Esse«. War das »Sum« eine Reduktion von Descartes' Aussage auf das Wesentliche, stellt Esse, Sein, nun eine Erweiterung derselben dar, weil sie auch die Welt als Gegenüber einbezieht.

Das erinnert uns wieder an Advaita-Vedanta. Ich ist alles, die ganze Welt (Brahman), oder nichts, das Geheimnis des Lotus im eigenen Herzen, das gleichzeitig auf mystische Weise alles überstrahlt (Atman). In Wahrheit aber sind beide gleich, indem sie sich gegenseitig bedingen. Vom Zentrum, vom Urgrund des eigenen Seins ausgehend mutiert Atman zum gesamten Sein überhaupt, Brahman. »Esse« zu sagen, bedeutet, zu akzeptieren, dass die Unterscheidung zwischen dem Erkennenden, dem Erkannten und auch dem Erkennen als sich ewig wandelnde Gegenwart ein Erfahrungswert ist, gewonnen aus einer eigenen, subjektiven Erfahrung, die zwar keine »objektiv« überprüfbare Wahrheit ist, dafür aber so unmittelbar, dass sie einer weiteren Überprüfung gar nicht erst bedarf.

Der Clou ist dabei folgender: Es ist gerade *durch* ihre Unmittelbarkeit nicht möglich, sie objektiv zu überprüfen, und dem Gesetz von Ursache und Wirkung entzieht sie sich erst recht. Ein Forscher, welcher sie irgendwie objektiv-empirisch überprüfen möchte, käme einem Schatzsucher gleich, der an der falschen Stelle gräbt. Zur Grenze der Wissenschaft können wir nach diesem Exkurs also sagen: Die Naturwissenschaft wird zwar von Subjekten durchgeführt, kann aber eben nur Objekte untersuchen. Ausschließlich auf der Domäne der Objekte agierend, weist sie stets über sich hinaus – zum untersuchenden Subjekt, welches niemals Gegenstand ihrer Untersuchung werden kann.

Kausalität und Causa sui

Wen selbst seine unmittelbare Erfahrung noch nicht überzeugt, den überzeugt vielleicht der rein rationale, auf der Ebene der Dinge agierende Diskurs. Um diesen zu vereinfachen übersehen wir einmal rigoros, dass wissenschaftliche Theorien, die die Erscheinungen der Natur beschreiben, etwas völlig anderes sind als die wirklichen, spürbaren, manifestierten Erscheinungen der Natur selbst. Die Weltformel ist nicht die Welt. Die Physik, die Lehre von der Natur, ist nicht »Physis«, die Natur selbst. Das gälte selbst dann noch, wenn die Theorien allumfassend und korrekt wären und wir tatsächlich in einem völligen »Flachland« lebten, einem in Wahrheit nur-materiellen, nur-mechanischen Universum. Mit der Annahme, dass dieser Unterschied nicht vorhanden ist, schwächen wir unsere Position künstlich, um sie auf ihre Robustheit zu überprüfen. Wir sind dabei so großzügig, die Konsequenzen aus dem obigen Abschnitt einfach unter den Tisch zu kehren, um uns wieder in die materialistische Perspektive zu begeben, die wir aus unserem Zeitgeist heraus gewohnt sind. Im nächsten Abschnitt werden wir von dieser dann endgültig abspringen.

Angenommen, die Weltformel, die *theory of everything* würde irgendwann gefunden – angenommen, das physikalische Wissen könnte »vervollständigt« werden. Dann könnten wir lückenlos erklären, wie die Naturgesetze beziehungsweise das eine, fundamentale Naturgesetz Raum, Zeit und die Welt (das heißt unser Universum und sämtliche etwaigen Paralleluniversen) erschaffen und so erscheinen lassen, wie sie sich uns zeigen. Wir wüssten aber immer noch nicht, wie es kommt, dass dieses Naturgesetz gerade diese eine, diese bestimmte Gestalt hat und keine andere. Man könnte auch sagen: Die Weltformel kann alles erklären, bis auf sich selbst. Sich selbst kann sie nicht erklären.

An dieser Stelle bietet sich das *anthropische Prinzip* an, um mit ihm zu sagen, dass es uns eben nicht geben würde, wenn das Naturgesetz anders beschaffen wäre. Das würde aber immer noch nicht erklären, woher dieses fundamentale Naturgesetz, welches auf kein weiteres Naturgesetz mehr zurückgeführt werden kann, nun seine Beschaffenheit hätte. Die Feststellung wäre richtig, würde aber eben nicht mehr als ein kurzes Am-Kopf-Kratzen darstellen und uns sonst keinen Deut weiter bringen. Auch der »Zufall« könnte an dieser Stelle unmöglich herhalten. Der Zufall ist keine Erklärungsmöglichkeit für die Entstehung des Kosmos, des Weltgefüges, aus dem Nichts, und ein Weltprozess, der nach mechanistischer Sichtweise prinzipiell kausal abläuft, aber aus einer rein »zufälligen« – ontisch zufälligen – Begebenheit heraus erst entstanden sein soll, erscheint völlig absurd. Kann das Nicht-Zufällige, welches die universelle Weltformel zwangsläufig darstellen würde, etwa aus dem Zufall heraus entstehen? Spätestens hier sollte man aufmerken und fragen: Welche Kraft ist es, die, irgendwo jenseits von Raum und Zeit, den Naturgesetzen ihre Gestalt verleiht? Woher kommt diese Kraft?

Die Frage, woher sie käme, ließe sich gemäß unserer Bedingungen nicht mehr physikalisch beantworten, da die Physik ja bereits als vollständig vorausgesetzt wurde. Ließe sich ihr Ursprung dennoch physikalisch erklären, wäre das vorher für fundamental gehaltene Naturgesetz eben doch nicht fundamental, und das neu gefundene, noch tiefere Gesetz würde an seine Stelle treten. Erkenntnistheoretisch wären wir dann aber wieder an der gleichen Stelle wie zuvor, weshalb diese Möglichkeit für unser Gedankenexperiment also keine Rolle spielt. Mit anderen Worten: Nach der Kausalität, dem Prinzip von Ursache und Wirkung, lässt sich jede Wirkung auf eine Ursache zurückführen. Die Weltformel wäre jedoch eine Wirkung ohne Ursache. Ließe sich für sie eine physikalische Ursache benennen, dann wäre nicht sie die echte, fundamentale Weltformel, sondern erst ihre noch »fundamentalere« Ursache würde sich als »echte« echte Weltformel erweisen. Um ihren Ursprung zu klären, könnte man eben jene Kraft annehmen, ihr ein geistig-schöpferisches Potenzial zugestehen und sie »Gott« nennen. Doch woher käme Gott? Wer hätte Gott geschaffen? Hätte er sich etwa selbst geschaffen? Womit wir wieder bei der altbekannten Frage wären: Wie kommt es, dass überhaupt etwas existiert und nicht einfach nichts?

Der einzige Ausweg aus dieser Notlage – bevor uns die Sicherung durchbrennt wie in einem Science Fiction einem Roboter, der in einer logisch widersprüchlichen Endlosschleife festhängt – besteht darin, zuzugestehen, dass die Kausalität kein universelles Prinzip ist. Sie ist vielleicht universell innerhalb des physikalischen Universums, aber selbst in diesem Fall muss irgendwo ein transzendenter Funke vorhanden sein – und nicht nur das: dieser Funke wäre gleichzeitig die Grundlage des gesamten Universums selbst. Sein transzendenter Charakter würde sich dann dadurch zu erkennen geben, dass dieser Funke Ursache seiner selbst wäre. Für diese Selbstursache prägten einige Philosophen den Begriff *Causa sui*. Dieser kann auch verstanden werden als Beschreibung für etwas, das vielleicht nicht als Ursache seiner selbst existiert, jedoch um seiner selbst willen (wodurch der Begriff keine kausal-ontologische, sondern lediglich eine teleologische Aussage macht). Hier ist er aber im ersteren Sinn gemeint: als etwas, das sich selbst geboren hat (und möglicherweise fortwährend gebiert). Das lateinische Verb »nasci«, auf welches unsere »Natur« zurückgeht, bedeutet unter anderem »geboren werden« und spiegelt sich in unserer Sprache noch in Begriffen wie »pränatal« wider. Damit wären wir wieder bei der jungfräulichen Geburt des kosmischen Christus als Symbol für die Überschreitung der Kausalität, für die Emergenz der Schöpfung. Während diese Verletzung der Kausalität im christlichen Mythos an verborgener Stelle existiert, nimmt die Bhagavad Gita explizit auf sie Bezug (jedenfalls in einer modernen Übersetzung, in welcher eine Verfälschung des ursprünglichen Inhalts nicht ausgeschlossen werden kann):

> Es ist wirklich angemessen, o Gott, dass die Welt dich verehrt...
> Du bist die Ursache der Ursache, das Ewige, das schon vor
> Brahma dem Schöpfer existierte. Du transzendierst die Zeit
> selbst, den Raum und sogar das Kausalprinzip![265]

Bei diesen Betrachtungen haben wir noch außer Acht gelassen, dass die Logik selbst niemals bewiesen wurde. Zu sagen, dass die Logik richtig ist, weil sie logisch ist, wäre ein logischer Zirkelschluss in Reinform. Die Logik lässt sich nicht mit Mitteln der Logik beweisen, sondern emergiert anscheinend einfach aus dem Logos. Die konkret formulierte Logik, die Lehre des korrekten Schlussfolgerns, fußt auf Erfahrungswerten des gleichzeitig schöpferischen und abstrahierenden menschlichen Geistes, der sie als Modell zur Beschreibung von Naturvorgängen (im weitesten Sinn) entwickelte. Logik basiert, wie Mathematik und Physik auch, auf Axiomen, wobei diese im direkten Vergleich der drei für die Logik am fundamentalsten, für die Physik als empirische, wandelbare Wissenschaft dagegen am wenigsten fundamental sind. Selbst, wenn am Ende die Axiome der Logik selbst die Weltformel (den »Weltformalismus«) darstellen sollten: Die Logik lässt sich nicht logisch beweisen, und da jeder Beweis nach den Gesetzen der Logik abläuft, lässt sie sich gar nicht beweisen.

Ein Axiom ist eine Grundaussage, welche nicht weiter begründet oder abgeleitet werden kann. Wie die Erfahrung unserer Gedanken und Sinneseindrücke, wie die Gesamtheit des lebendigen menschlichen Geistes, ist auch die Logik letzten Endes als Naturerscheinung zu erachten, womit wir von der Ebene der Theorien nun notgedrungen doch wieder zu den Naturerscheinungen gelangen – zu den Erscheinungen des Geistes, wohnt dieser doch zweifelsohne auch in der abstrakten Logik. Dass dieser menschliche Geist wenigstens bis zu einem gewissen Grad imstande ist, sich selbst zu erkennen und die allumfassende Natur zu untersuchen, widerspricht dem nicht.

Selbst für Aristoteles, den Vater der abendländischen Logik, kam die Kausalität an ein Ende, welches sich bei ihm in Form des »unbewegten Bewegers« manifestierte. Auch, wenn das dynamische Moment der Bewegung dadurch verloren geht, lässt sich dieser in diesem Zusammenhang wohl ebenso sehen als »unverursachte Ursache«, als Causa sui. Da jede Ursache alternativ auch als Wirkung von einer tieferen, fundamentaleren (oder einfach chronologisch zuvor erschienenen) Ursache aufgefasst werden kann, ist diese aber nichts anderes als eine Wirkung ohne Ursache.

Nicht zuletzt ist der Indeterminismus aus der Quantenphysik synonym mit einem nicht-kausalen Verhalten der Materie. Überschreitungen der Kausalität finden wir also nicht nur im Vorhandensein der Welt – was sich noch als abstrakte, uninteressante Frage wegdiskutieren ließe –, sondern auch in ihrer konkreten Erscheinung.

Wie steht es in Bezug auf die Kausalität bei unserem Sorgenkind, »Cogito ergo sum«? Besonders im Vergleich mit »Esse« zeigt sich, dass ersteres ein krampfhaftes Festhalten an der Kausalität darstellt und mit dem »Cogito«, der Feststellung – der Erfahrung –, dass ich denke, an einem willkürlichen Punkt ansetzt, der sich bereits irgendwo mittendrin im Sein befindet (indem er ein bereits seiendes Ich als Voraussetzung hat), nicht jedoch an dessen Fundament. Das Problem ist, dass eine solche Schlussfolgerung einer Prämisse bedarf, und eine wirklich fundamentale Prämisse ist, wie gezeigt, immer eine Causa sui. Eine fundamentale Prämisse ist eine »metaphysische Singularität«, ein metaphysischer Urknall, bei dem stets die Frage offen bleibt, wie er – stellvertretend für das Universum – einfach mal eben so, an einem gemütlichen Sonntagnachmittag, aus dem Nichts entstehen kann. (Im Fall des Urknalls weiß man hierüber zugegebenermaßen einiges zu sagen; darauf werden wir später noch zu sprechen kommen. Der Vergleich soll hier nur zur Veranschaulichung dienen.) »Esse« dagegen hält sich gar nicht erst mit der Kausalität auf, sondern erkennt ihre Grenze von vornherein und kann daher locker, natürlich und mit gutem Gewissen aus der eigenen Erfahrung, ja, »aus dem Bauch heraus« gefolgert werden.

Überlegungen zum Bewusstsein

Es dürfte kein Zweifel daran bestehen, dass etwas, das ein Bewusstsein seiner selbst besitzt, lebt. Doch wie ist es andersherum? Besitzt alles, was lebt, auch Bewusstsein? Pflanzen leben. Besitzen sie ein Bewusstsein? Diese Frage ist für uns schwer zu beantworten. Tendieren wir von vornherein zur Negation dieser Aussage, könnte es daran liegen, dass wir dazu neigen, unser aus unmittelbar erfahrbarer Sicht unvergängliches Bewusstsein mit den vergänglichen Inhalten unseres Bewusstseins zu verwechseln. Wir wollen uns ihr zunächst durch die Hintertür nähern, indem wir auf naturwissenschaftlicher Ebene untersuchen, was Leben eigentlich ist. In diesem Abschnitt bewegen wir uns schon jenseits der Grenze der Naturwissenschaft, schaffen mithilfe ihrer Erkenntnisse aber gerade Bewusstsein dafür, was sich dort befindet. Wir »schaffen Bewusstsein« für das Bewusstsein.

Wärme kann in der Natur in zweierlei Form auftreten. Die erste stellte eine submikroskopische *thermische Bewegung* von Molekülen dar, welche ständig aneinanderstoßen und nach statistischen Gesetzen in alle möglichen Richtungen geschleudert werden, bis sie wieder beim nächsten Teilchen anstoßen. Denn auf der Molekularebene gibt es keine Reibung mehr, die diese Bewegung bremsen würde. (Wärme ist ja gerade ein wesentliches *Resultat* von Reibung; Wärme entsteht durch Reibung, aber in ihr ist keine Reibung »enthalten«.) Es gibt nur die Kraftfelder der Teilchen und das Vakuum zwischen den Teilchen. Was einmal angestoßen wird, bleibt zunächst in Bewegung, wie ein Wackelpudding oder ein Spinnennetz.

In Flüssigkeiten und Gasen können feste mikroskopische Partikel wie Staubkörner oder Metallsplitter von den submikroskopischen (also unter dem Mikroskop nicht mehr sichtbaren) Molekülen so angestoßen werden, dass sie wie eine Billardkugel hin und her gestoßen werden. Diese Art der Bewegung wird als *Brownsche Bewegung* bezeichnet. In Festkörpern ist die thermische Bewegung eingeschränkter und keine Brownsche Bewegung vorhanden, aber die Moleküle schwingen dennoch hin und her, in etwa so, als ob sie allesamt über Sprungfedern mit ihren jeweiligen Nachbarn verbunden wären.

Die zweite Form, in welcher Wärme auftreten kann – Wärme an sich ist lediglich Energie – ist elektromagnetische Strahlung im Infrarotbereich. Photonen mit entsprechender Energie wechselwirken mit Atomen so, dass ihre Absorption und Emission mit der thermischen Bewegung verknüpft wird. Infrarotstrahlung bekommen wir zu spüren, wenn wir am lodernden Lagerfeuer sitzen oder aus dem kühlen

Schatten in die heiße Sonne treten. Wärme und Temperatur sind statistische thermodynamische Größen, sogenannte *Zustandsgrößen*, welche nur für »Ensembles« (das heißt große Ansammlungen) von Teilchen überhaupt sinnvolle Aussagen liefern.

Die *Entropie* ist eine weitere solche Zustandsgröße und von allen thermodynamischen Größen vermutlich die, deren Bedeutung am schwersten zu begreifen ist. Anschaulich wird von ihr oft als Maß für die »Unordnung« eines Systems gesprochen, was nur bedingt richtig und deshalb nicht sehr präzise ist, aber besser als nichts und für unsere Zwecke erst einmal ausreichend – später werden wir unsere Perspektive dann erweitern. Der *zweite Hauptsatz der Thermodynamik* besagt, dass die Entropie in einem abgeschlossenen System nur anwachsen, nicht aber absinken kann. Im Fall von Systemen, welche Teilchen enthalten, lässt sich diese Tendenz hervorragend auf die thermische Bewegung zurückführen. Da eine Zunahme der »Hektik« der thermischen Bewegung dafür sorgt, dass ein System schneller »unordentlich« wird, nimmt die Entropie auch mit der Temperatur zu. Hierzu zwei Beispiele:

▷ Wird mit einer Pipette ein Tropfen Farbe in ein Wasserglas gegeben, befindet dieser sich zunächst in einem begrenzten Volumen, breitet sich aber durch Diffusion – welche wiederum durch thermische Bewegung bedingt ist – nach und nach aus. Diese Ausbreitung stellt einen Verlust von Ordnung dar und somit ein Anwachsen der Entropie. Die vorherige Ordnung zeichnete sich dadurch aus, dass der Farbe ein bestimmter Platz zugewiesen war. Nach ausreichend langer Zeit wird sich die Farbe mit dem Wasser gleichmäßig vermischt haben, was einem Maximum der Entropie entspricht. Jedes Volumen im Glas sieht dann gleich aus. Es herrscht maximale

Unordnung und, da sich kein Ort mehr vom anderen unterscheidet, minimale Information.

▷ Im obigen Gedankenexperiment lässt sich die Farbe auch durch einen Eiswürfel ersetzen. Bevor sich die Wassermoleküle des Eiswürfels mit denen des Wassers vermischen können, muss der Eiswürfel schmelzen. Durch thermische Bewegung überträgt das Wasser an der Oberfläche des Eiswürfels Wärme auf das Eis. Die Moleküle lösen sich aus der geordneten Struktur des Eiskristalls und mischen sich mit dem Wasser, bis vom Eiskristall nichts mehr übrig ist. Zunächst besitzen die gerade geschmolzenen Moleküle des Eiskristalls noch eine geringere Temperatur als das restliche Wasser – nämlich dessen Schmelztemperatur von etwa null Grad Celsius – aber die Temperatur wird sich im Glas schließlich überall auf den gleichen Wert einstellen.

Bei der Verteilung des Farbtropfens und dem Schmelzen des Eiswürfels handelt es sich um Prozesse, die *irreversibel* genannt werden, also unumkehrbar. Man könnte zwar das Wasser wieder in eine Eiswürfelform füllen und diese einfrieren, aber hierfür müsste man in das System eingreifen und Energie aufwenden. Damit wäre das System nicht mehr abgeschlossen, wie es eingangs als Bedingung gesetzt wurde. Der Gefrierschrank wäre schließlich nur dadurch imstande, die Entropie wieder zu verringern, dass er die Entropie des Wassers wiederum in Form von Wärme an die Umgebung abgäbe. Er würde Abwärme erzeugen und die Entropie der in ihm enthaltenen Objekte verringern, dabei jedoch die seiner Umgebung erhöhen.

Theoretisch wäre es denkbar, dass die Moleküle von selbst zufällige Stöße derart vollführen, dass in einem Gebiet die Temperatur wieder sinken würde, während sie in einem anderen (aufgrund der Energieerhaltung) dann anstiege. Der Temperaturunterschied könnte dabei, allein durch diesen Zufall, so weit reichen, dass sich wieder ein Eiswürfel bildete, welcher genauso aussähe wie zuvor. Diese Möglichkeit ist jedoch so unwahrscheinlich, dass sie sich in sämtlichen Praxisanwendungen ausschließen lässt. Im Folgenden würde der Eiswürfel ohnehin wieder schmelzen und schnell wäre man wieder am gleichen Punkt wie zuvor. Aus dieser Erfahrung würden wir lernen: *Über lange Zeiträume und viele Versuche hinweg gehorcht das Schmelzen des Eiswürfels statistischen Gesetzen. Diese sind es, welche den Prozess irreversibel werden lassen.*

Theoretisch wäre es auch möglich, dass eine zerbrochene Eierschale von den Teilchen, auf denen sie am Boden liegt, schlagartig genau so beschleunigt wird, dass sie sich wieder zu einem ganzen Ei zusammensetzt – aber auch das ist extrem unwahrscheinlich. Es gilt das Gesetz der großen Zahlen.

Bereits auf Seite 114 wurde darauf hingewiesen, dass Lebewesen eine innere Ordnung besitzen. Wollen wir eine mathematische Größe erhalten, die anstelle der Unordnung die »Ordnung« eines Systems beschreibt, können wir einfach das Vorzeichen der Entropie umkehren und von negativer Entropie, oder kurz von *Negentropie* sprechen. Maxima der Entropie sind Minima der Negentropie, und umgekehrt. Wenn man die Kontur eines Berges nimmt und diese umdreht, erhält man schließlich die eines Tals – und umgekehrt. So verhält sich die Negentropie im Vergleich zur Entropie. Ein Organismus – welcher begrifflich mit »Organisation« zusammenhängt – enthält offensichtlich viel Negentropie, viel Ordnung, was verstanden werden muss als: deutlich mehr Negentropie als seine Umgebung. In mancher Hinsicht kann Ordnung hier mit »Information« gleichgesetzt werden, welche bekanntermaßen als Erbgut zuhauf in der DNS enthalten ist, aber ich weise erneut darauf hin, dass es sich dabei um keine klar definierten physikalischen Begriffe handelt. Wir begeben uns durch diesen sprachlichen Kompromiss aus Anschaulichkeit und Präzision auf dünnes Eis, aber so lange wir am Ufer bleiben – und das werden wir – wird es uns tragen.

Stammzellen können ausdifferenzieren und Organe bilden beziehungsweise sich ihnen hinzufügen. Sie enthalten dann offensichtlich viel Information. Im Lauf des Lebens eines Organismus wird dieser Zustand wenn schon nicht verstärkt, so doch wenigstens aufrechterhalten. Das ist nur möglich, weil wir keine geschlossenen, isolierten Systeme sind, sondern einen Stoffwechsel besitzen und wie der Kühlschrank die Entropie unserer Umgebung erhöhen, um unsere eigene zu senken.

Wir nehmen Nahrung in uns auf. Bei der Verdauung geht die Nahrung von einem geordneten Zustand über in einen Zustand geringerer Negentropie, geringerer Ordnung, bis wir sie schließlich ausscheiden. Dennoch enthält sie noch genug Negentropie, um von Pflanzen weiterverarbeitet werden zu können. Erwin Schrödinger setzte sich in seinem 1944, also noch vor der Entdeckung der DNS erschienen Buch *Was ist Leben?* mit den physikalischen Grundlagen des Lebens auseinander. Er wies darauf hin, dass wir uns in Wirklichkeit nicht von aus Nahrung gewonnener Energie ernähren, sondern von aus ihr gewonnener Negentropie:

> Das, wovon ein Organismus sich ernährt, ist negative Entropie.
> Oder, um es etwas weniger paradox auszudrücken, das Wesent-
> liche am Stoffwechsel ist, daß es dem Organismus gelingt, sich
> von der Entropie zu befreien, die er, solange er lebt, erzeugen
> muß.[266]

Die Ordnung innerhalb des Organismus ist entscheidend für den
Erhalt seines Lebens, nicht die bloße physikalische Energie, welche
ihm schließlich auch durch Rösten über dem Lagerfeuer zugeführt
werden könnte (wovon er bekanntlich stirbt). Energie wird lediglich
benötigt, um die Negentropie aufrechtzuerhalten, ist also Mittel, aber
nicht Zweck des Stoffwechsels. Wenn wir sterben, dann gleichen wir
uns langsam, aber irreversibel unserer Umgebung an. Die Negentropie
sinkt und sinkt und wir werden schließlich zu Erde, Wasser und Luft.

Stellt man sich die Erdoberfläche nun als eine Karte der Negentropie vor, sieht man dort, wo sich Lebewesen befinden, entsprechende
Maxima. Dass unsere Körper physikalisch gesehen keine eindeutige Grenze besitzen, haben wir bereits diskutiert, weshalb wir uns
dort keine isolierten »Negentropie-Wände« denken müssen, sondern
von einem »Negentropie-Gebirge« ausgehen können, wo der Gipfel
das »entropische Zentrum« eines Wesens darstellt und das Tal den
Mittelpunkt zwischen zweien, es sonst aber keine eindeutige Grenze gibt. Schematisch und extrem stark vereinfachend ist das in der
nachfolgenden Abbildung dargestellt. (Die Darstellung ist so nicht
mehr physikalisch richtig; wir werden darauf gleich eingehen.)

Ebenfalls eingezeichnet ist das Bewusstsein nach gewohnter materialistischer Vorstellung, also als etwas, das irgendwo im jeweiligen
Gehirn des Wesens anwesend ist, obwohl ich diese bereits oben wider-
legte. Diese Vorstellung möchte ich hier als *personales Bewusstsein*
bezeichnen.

Grob gesagt lässt sich annehmen, dass der Negentropie-Berg umso
größer wird, je komplexer der Organismus ist, und für die Menschen
entsprechend die höchsten Berge gedacht werden können. Gleichzeitig
verfügen sie über die größte und tiefste Wahrnehmungsspanne, weshalb bei ihnen das Bewusstsein entsprechend voluminös eingezeichnet
ist. Es ist anzunehmen, dass zwischen Negentropie und »Geistesreife«
eine positive Korrelation besteht – sollte das nicht der Fall sein, wäre
es auch nicht schlimm, nur die Abbildung wäre dann weniger exakt,
als sie ohnehin schon ist.
Höheren Tieren gestehen wir vielleicht noch ein Bewusstsein zu,
niederen Tieren (Insekten etc.) vielleicht noch ein ganz klein wenig,
aber bei Pflanzen, die ja nicht einmal ein neuronales Netz besitzen,

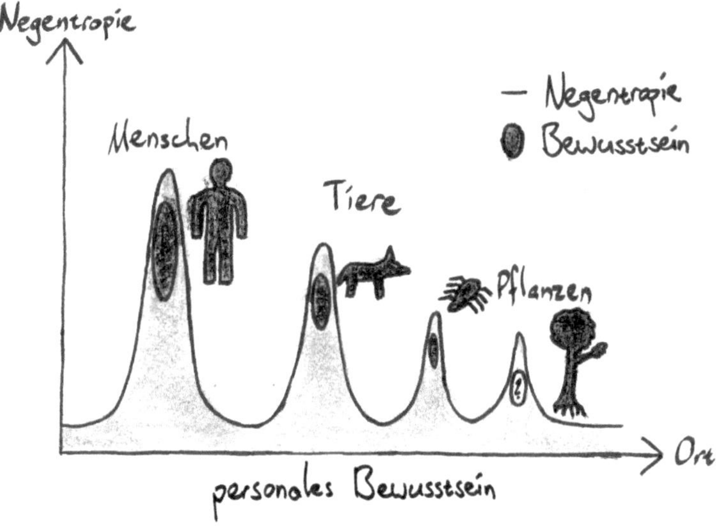

hören wir zunächst auf. Pflanzen können kein Bewusstsein besitzen. Oder?

In der obigen Abbildung drängt sich bereits die Spannung zwischen dem nicht-personalen, weil physikalisch unbegrenzten Körper und dem personalen, auf die eigenen Sinneseindrücke und Gedanken beschränkten Bewusstsein auf. Kann beides miteinander harmonieren? Kann in einem grenzenlosen Körper ein begrenztes Bewusstsein anwesend sein? Hier ist es hilfreich, dass wir heutzutage darüber Bescheid wissen, was zwischen unserer Zeugung und unserer Geburt biologisch geschieht. Der Same und das Ei zweier Körper verschmelzen miteinander, es kommt zur Nidation (die Einnistung der Eizelle in der Gebärmutterschleimhaut), es geschieht Zellteilung um Zellteilung, der neue Körper entwickelt sich – wenigstens bei Säugetieren – bis zur Geburt gemäß des Codes, der in ihm steckt und gemäß der Nährstoffe, die er von seiner Mutter erhält. Die Frage lautet an dieser Stelle: Wo und wann taucht hier das Bewusstsein auf? Mit dem personalen Bewusstsein wäre diese Entwicklung nur vereinbar, wenn es irgendwann ein Schlüsselereignis gäbe, das, salopp gesagt, im Kopf des Embryos dann das Licht anknipsen würde. Denn es sollte mittlerweile klar sein, dass sich das Bewusstsein nicht auf Gehirnaktivität reduzieren lässt, sondern vielmehr eine eigene Dimension darstellt.

Kann dieser Gedanke einem Materialisten behagen? Ein wesentlicher Punkt der Evolutionstheorie ist ja gerade, dass Änderungen stets kontinuierlich vor sich gingen, wenn man einmal von dem »quantensprungähnlichen«, schrittartigen Charakter genetischer Mutationen absieht. Alles muss zunächst wachsen, reifen, *werden*. Einem Fisch wächst nicht plötzlich ein menschliches Bein, und auch seinen Nachkommen in erster und zweiter Generation nicht. Einem Kirschbaum wachsen nicht plötzlich Melonen oder gar Schokoriegel, wenn ihm keine entsprechende DNS eingepflanzt wurde. Und ein komplexer, aber unbewusster Organismus erhält nicht von heute auf morgen plötzlich sein Bewusstsein. Diese Beseelung käme geradezu einer zweiten Befruchtung gleich. Nachdem der Samen von der Eizelle der Frau empfangen wurde, wird schließlich der Geist vom halbentwickelten Embryo oder Fötus empfangen. An eine solche zweite Empfängnis, eine »*spirit conception*«, glauben die Aborigines – sogar mehr als an eine biologische Empfängnis[267] –, aber an sie glaubt doch wohl kein Neurophysiologe. Woher kommt dieser Geist? Kommt er aus dem Nichts?

Wenn es einen solchen Sprung gäbe, dann könnte er meines Erachtens nur mit dem Vorhandensein von jenseitigen Seelen erklärt werden, die sich in diesseitigen Körpern inkarnieren, aber das ist mit einer materialistischen Sicht der Welt erst recht nicht vereinbar. Ferner erscheint die Natur zu stetig, zu kontinuierlich, zu »fest«, als dass sie sich auf einen kollektiven »Traum« verschiedener Seelen reduzieren ließe, und es würde sich die Frage stellen, wie ein solches Kollektiv möglich werden soll, wenn ein entsprechendes Medium als »gemeinsamer Nenner« für die Seelen geleugnet wird. Daher wollen wir zunächst davon ausgehen, dass kein solcher Sprung stattfindet – dann muss die Lösung des Problems allerdings lauten, dass das Bewusstsein – irgendwie – immer schon da gewesen ist.

Das hat allerdings massive Konsequenzen. Das bedeutet, dass wir bei unserem heutigen Bewusstsein anfangen und die Uhr zurückdrehen können. Wir schrumpfen, bis wir ganz klein und niedlich werden und finden uns plötzlich nichtsdenkend in einem dunklen und kuschligen Etwas wieder, in einer Gebärmutter. Wir werden immer kleiner, sehen irgendwann aus wie ein nackter Alien, unsere Organe verschwinden und schließlich werden wir entzwei gerissen, in das glückliche Spermium, dass es kurze Zeit nach unserer Zeugung als erstes schaffte, und in die Eizelle, die geduldig wartete. Wir werden aufgespalten in unsere Eltern, unsere Eltern werden aufgespalten in deren Eltern und immer so fort, bis die Menschen langsam zu Primaten werden. Die gesamte Evolution verläuft rückwärts und irgendwann finden wir uns im Meer wieder. Wir werden zu Einzellern, zu Molekülen, und schließlich, so scheint es wenigstens, verlässt uns das Leben gänzlich. Wir werden zu bloßer Materie.

Das alles legt nahe, dass es in Wahrheit nur ein Bewusstsein gibt, welches am Grund der Materie schlummert und lediglich – irgendwie – subjektiv durch den Körper erfahren wird. Unterhalb der zahlreichen Eindrücke, welche uns davon überzeugen wollen, dass unser Bewusstsein durch unseren Körper begrenzt ist, sind wir durch eine wie auch immer geartete innere Erfahrung miteinander verbunden, die räumlich und zeitlich genau so unbegrenzt ist wie unser Körper.

Wir könnten die Uhr auch noch weiter zurückdrehen, bis zum Urknall, als auch räumlich noch alles eins war, aber an der gemachten Aussage würde das nichts mehr ändern. Diese Vorstellung vom Bewusstsein möchte ich *kontinuierliches Bewusstsein* nennen. Es kursiert auch der Begriff »transpersonales Bewusstsein«, aber dieser ist mir an dieser Stelle zu vorbelastet und führt in die falsche Richtung – eher nach oben als nach unten. Bei dem Bewusstsein, das bereits die Materie am Negentropie-Minimum in sich trägt, handelt es sich eher um eine Art »subpersonales« Bewusstsein. Das kontinuierliche Bewusstsein wird durch das subpersonale und personale Bewusstsein gebildet, welche natürlich fließend ineinander übergehen.

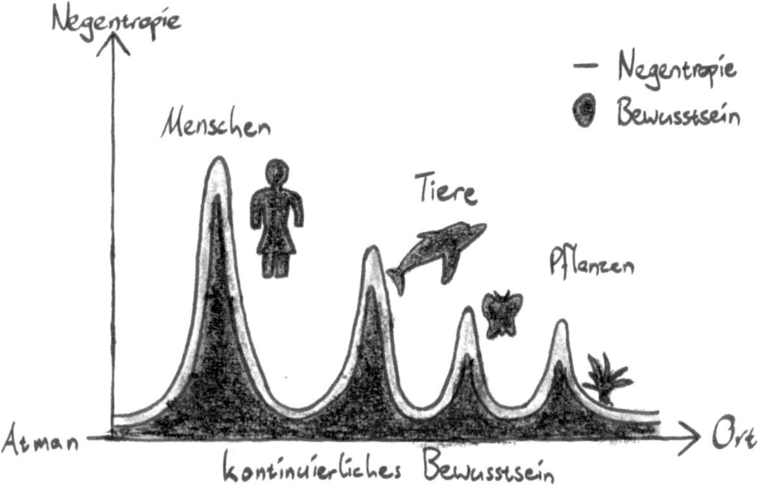

Eingezeichnet ist die »Ausdehnung« des Bewusstseins, die Wahrnehmungstiefe, als ob sie in etwa proportional zur Negentropie wäre, aber so einfach ist das unter Garantie nicht. Wie gesagt ist lediglich davon auszugehen, dass eine positive Korrelation grundsätzlich vorhanden ist. Die Skizze ist grob und schematisch. Je komplexer das Lebewesen, desto tiefer ist seine Wahrnehmung, aber wie viel tiefer sie ist, und wovon genau sie abhängt, ist sicher keine Frage, die sich ohne adäquate neurophysiologische Studien beantworten ließe – falls sie sich überhaupt quantitativ beziffern lässt.

Nach dieser Überlegung besitzen dennoch auch Pflanzen ein Bewusstsein, wobei zunächst unklar bleibt, ob es über das subpersonale Bewusstsein am Grund der Materie hinausgeht. Für das Verständnis sei hier noch einmal angemerkt, dass das »subpersonale Bewusstsein« keinesfalls mit dem »Unbewussten« aus der Psychologie zu verwechseln ist. Das Unbewusste ist kein »Bewusstsein« in dem Sinn, sondern eine Ansammlung potenzieller Bewusstseinsinhalte, die sich aber nicht im Bewusstsein befinden. Wie gesagt ist das Bewusstsein der innere Raum selbst; die Bewusstseinsinhalte sind die Gegenstände, die diesen Raum füllen (oder eben nicht füllen, wenn sie zum Unbewussten zählen). Mit diesen Gegenständen befasst sich die Psychologie zumeist, nicht jedoch mit dem Bewusstsein selbst. Ein nicht wahrnehmbares »Unterbewusstsein«, ein »zweites Bewusstsein« unter dem normalen Bewusstsein, gibt es entsprechend nicht; der Ausdruck ist ein Oxymoron (also ein Widerspruch in sich), da Bewusstsein nur in Form von Wahrnehmung existiert. Das subpersonale Bewusstsein bildet nicht das Fundament der Psyche, sondern das Fundament der *Wahrnehmung*.

Eine weitere Vereinfachung in den beiden obigen Abbildungen besteht darin, dass die Negentropie (und damit die Entropie) als Funktion des Ortes dargestellt wird – der Ort ist auf der x-, die Negentropie auf der y-Achse aufgetragen – während sie sich in Wirklichkeit nicht als Funktion des Ortes angeben lässt. Als Zustandsgröße lässt sich die Entropie immer nur für ein vorher definiertes *System* angeben. Systeme besitzen jedoch immer eine räumliche Ausdehnung; einem einzelnen Punkt im Raum, einem einzelnen Ort, lässt sich somit kein System zuordnen.

Dieses Problem ließe sich lösen, indem man stattdessen von den Entropien einzelner relevanter (Teil-)Systeme wie dem Organismus, den Organen, Zellen, Organellen etc. spricht, aber das ist an dieser Stelle gar nicht nötig. Wir müssen nicht mathematisch exakt arbeiten, da wir das ganze Konzept der Entropie hier ohnehin nur zur Veranschaulichung verwenden.

Es ist ausreichend, wenn wir uns anhand der obigen Grafiken vorstellen, dass die Negentropiemaxima, die Berge, die Komplexität (beziehungsweise die »Ordnung« oder den Informationsgehalt) des

Organismus repräsentieren und dass sich diese Organismen zwar sinnvoll, letzten Endes jedoch nur willkürlich, nicht absolut objektiv voneinander trennen lassen.

Unten auf der Negentropieskala ist Atman eingetragen, das statische, zeit- und eigenschaftslose Selbst. Es ist dasjenige Selbst, welches bei allen Lebewesen »das selbe« ist, das sich höchstens verschiedenartig äußert. Es ist das fundamentale Ich-und-die-Welt-Prinzip, welches wir jedem Lebewesen bereits dadurch unterstellen, dass wir es als einzelnes Lebewesen erkennen. Atman ist natürlich nicht der minimale Negentropie-Wert, sondern das zu diesem Wert gehörende Bewusstsein. Atman ist der Grund des Bewusstseins, welches dadurch nach oben expandiert, dass sich in ihm immer komplexere und tiefgehendere Inhalte manifestieren. Atman ist unvergänglich – vergänglich ist auf physikalischer Ebene alles, dessen Negentropie noch nicht ihren minimalen Wert erreicht hat.

Stimmt die These vom kontinuierlichen Bewusstsein, gibt es in der Welt nur einen Atman, welchen sich nicht nur alle Lebensformen teilen, sondern überhaupt sämtliche Materie teilt, in welchem sie folglich vereint ist. So ergibt die Grundgleichung von Advaita-Vedanta, Atman ist gleich Brahman, auch auf rationale Weise endlich Sinn, ohne in einen Solipsismus münden zu müssen. Erleuchtung bedeutet dann, sich des Ursprungs des eigenen Seins in Atman beständig bewusst zu sein. Indem ich den Berg anschaue, erblickt der Berg auch sich selbst, wobei es eigentlich keinen Sinn mehr macht, in Bezug auf Atman von »ich« zu sprechen, da Ich erst in Getrenntheit von der Welt existieren kann und »ich« somit immer nur die an meinen Organismus gebundenen Bewusstseinsinhalte meinen kann – das ist es ja gerade, was die Einheit von Atman und Brahman meint.

Es sei noch angemerkt, dass die Eintragung von Atman in ein Diagramm eine starke Objektivierung einer Erfahrung darstellt, welche eigentlich Subjekt ist beziehungsweise sich jenseits der Spaltung von Subjekt und Objekt befindet. Ein aufmerksamer Leser könnte geneigt sein, diesen Umstand als Kritik an der obigen Darstellungsweise anzuführen, die ja ohnehin nur schrecklich grob und schematisch ist und unbedingt als ein lediglich erstes Herantasten erachtet werden muss. Meines Erachtens stellt jedoch bereits das *Sprechen* von Atman eine solche Objektivierung dar. Jedes Sprechen von Atman erzeugt bereits ein intellektuelles Konzept desselben; mit dem Eintrag in die obige Grafik gebe ich diesen Umstand nur ehrlich zu, anstatt ihn hinter blumigen Versprechungen zu verhüllen. Für den echten Atman kann jedes intellektuelle Konzept, ja, jedes Wort, nur ein Fingerzeig sein, ein Wegweiser vielleicht, aber niemals eine vollständige Landkarte. Den Weg zu dir selbst kannst schlussendlich nur du finden.

Betrachten wir ein weiteres Mal die Inhalte unseres eigenen, menschlichen Bewusstseins, und vergleichen diese mit denen eines Tieres, welches so hoch entwickelt ist, das wir mit ihm zweifelsohne kommunizieren können. Das ist nicht nur bei Haus- und Nutztieren der Fall, sondern beispielsweise auch bei Delfinen und bei Rabenvögeln. Was Tiere nicht besitzen, ist eine Sprache, welche über das Erkennen einzelner Laute hinausginge. Möglicherweise ist das der Schlüssel, um sich ein Stück weit in ihr Bewusstsein – welches wie gezeigt ja auch eine niedrigere Ebene unseres eigenen Bewusstseins ist – hineinversetzen zu können. Wir müssen uns aus unseren Gedanken die Sprache wegdenken.

Ohne Sprache enthalten Gedanken keine abstrakte Information. Es ist alles konkret, lebendig. Die Information eines Gedankens besteht allein in dem Klang, mit welchem dieser im Bewusstsein erscheint, in seiner Melodie, und in den sinnlich-konkreten Bildern, Klängen, Gerüchen etc., die mit ihr verbunden sind. Woher diese Melodie kommt, wissen wir nicht. Sie ist triebhaft, instinktiv. Sie ist mehr »Regung« als Gedanke. Sie sagt uns, was zu tun ist, und reflektieren tun wir diese Anweisungen nicht, oder kaum. Unser Leben geschieht einfach, wir geschehen einfach, und die Welt, der gegenüber wir unser Ich nicht abgrenzen (weil wir intellektuell dazu gar nicht imstande sind), ebenso.

Für niedere Tiere wie Insekten dürfte die selbe Tendenz nach unten vorhanden sein. Als Insekten haben wir vielleicht keine so starken Gefühle mehr. Vor allem die erstaunliche, da zutiefst menschlich erscheinende Empfindung von Scham, welche bei manchen Tieren bereits zu beobachten ist, ist uns fremd. Wir sind vielleicht ein Stück weit »roboterartig«, vor allem, wenn wir wiederholt gegen Fensterscheiben fliegen oder um Lampen kreisen – aber wir leben, wir haben ein Bewusstsein, und wir sind ein unverzichtbarer Bestandteil der Natur.

Wie steht es nun um Pflanzen? In seinem fantastisch-kosmologischen Roman *Star Maker* (1937) spielt Olaf Stapledon neben entwickelten Schwarmintelligenzen und weiteren Kuriositäten die Idee intelligenter Mischwesen durch, welche sowohl pflanzliche als auch tierische Eigenschaften besitzen. Tagsüber verweilen sie sonnenbadend im Boden, nachts jedoch sind sie als Tiere aktiv. Diese eignen sich für eine Gegenüberstellung vom Wesen des Tiers mit dem der Pflanze.

> [T]he mentality of the plant-men in every age was an expression
> of the varying tension betwen the two sides of their nature, bet-
> ween the active, assertive, objectively inquisitive, and morally
> positive animal nature and the passive, subjectively contem-
> plative, and devoutly acquiescent vegetable nature. *(In jedem
> Zeitalter war die Mentalität der Pflanzenmenschen ein Aus-
> druck der schwankenden Spannung zwischen den zwei Seiten
> ihrer Natur, zwischen der aktiven, bestimmenden, objektiv-
> wissbegierigen sowie moralbejahenden Tiernatur und der pas-
> siven, subjektiv-kontemplativen sowie religiös-ergebenen Pflan-
> zennatur.)*[268]

Diese Charakteristika der »Pflanzennatur« sind für Stapledon bestimmt durch biologische Faktoren:

> Spreading their leaves, they had absorbed directly the essential
> elixir of life which animals receive only at second hand in the
> mangled flesh of their prey. Thus they seemingly maintained
> immediate physical contact with the source of all cosmical
> being. And this state, though physical, was also in some sen-
> se spiritual. It had a far-reaching effect on all their conduct.
> *(Durch das Ausbreiten ihrer Blätter absorbierten sie direkt
> jenes essenzielle Lebenselixier, welches Tiere nur aus zweiter
> Hand erlangen, aus dem gebeutelten Fleisch ihrer Beute. An-
> scheinend behielten sie dadurch einen unmittelbaren physischen
> Kontakt mit der Quelle allen kosmischen Seins bei. Dieser an
> sich physische Zustand war auf eine Weise auch spirituell. Er
> hatte weitreichende Auswirkungen auf ihr Betragen.)*[269]

Das sind natürlich rein fantastische Überlegungen, aber sie betreffen
gerade den Unterschied zwischen Pflanzen und Tieren, das *Verwurzelt-
Sein* auf der untersten Stufe der Nahrungskette, durch welches die
Pflanzen nicht nur der ursprünglichsten Energiequelle der Erde, der
Sonne, näher sind, sondern auch der Erde, und durch die Photosyn-
these auch der Luft: Pflanzen atmen tiefer. Sie haben einen direkten
Draht sowohl zum Himmel, zum Yang-Pol, als auch zur Erde, zum
Yin. Hierdurch unterscheiden sie sich von den umherstreunenden
Tieren, die zwar frei sind, sich diese Freiheit jedoch mit dem Verlust
ihrer Rückbindung an den Kosmos erkaufen mussten. Die *Pflanzen-
neurobiologie* setzt sich unter anderem mit der Frage auseinander,
inwiefern die durch äußere Reize ausgelöste Signalverarbeitung von
Pflanzen mit der von Tieren beziehungsweise Menschen verglichen
werden kann. Kritiker werfen den Forschern aus diesem Gebiet vor,
anthropomorphe Vorstellungen auf Pflanzen zu projizieren. In jedem
Fall dürfte es schwer sein, sich in den nicht vorhandenen Kopf einer

Pflanze hineinzuversetzen, ihr Bewusstsein von innen zu sehen oder wenigstens zu erahnen, anstatt nur von außen biochemische Prozesse zu untersuchen (welche natürlich wichtig sind, an dieser Stelle aber den Rahmen sprengen würden). Das Pflanzenbewusstsein erscheint uns wohl am ehesten wie ein traumloser Schlaf, und das Bewusstsein der unbelebten Materie wie der Tod, denn sie ist es schließlich, zu welcher unser Körper wird, wenn wir sterben. Bei einem »Rest« von Bewusstsein bleibt es dennoch, nämlich beim Aufgehoben-Sein im Atman.

Wir erinnern uns in aller Regel nicht mehr an unsere Geburt. Unsere Erinnerungen verschwinden mit wachsendem Abstand von der Gegenwart irgendwann im Nichts. Entsprechend wissen wir nicht – jedenfalls nicht aus *eigener* Erfahrung, sondern nur durch den Vergleich mit anderen Menschen – wann und wie wir in die Welt gekommen sind. Es fühlt sich an, als wären wir schon immer da gewesen.

Mit dem subpersonalen Bewusstsein erübrigt sich die Frage nach der erstmaligen Erscheinung unseres Bewusstseins, und genauso erübrigt sich die nach seiner letztmaligen Erscheinung zum Zeitpunkt unseres Todes. Es ist richtig, wir waren schon immer da, aber nicht als »wir« oder »ich« oder »du«, sondern als reines, gestaltloses subpersonales Bewusstsein, als Sternenstaub, und so werden wir immer sein. Auf diese Weise erhält nicht nur der schwer fassbare transzendente Geist, sondern auch das Bewusstsein eine kosmologische Bedeutung, die ihre Fühler tief in die Räume des Weltalls erstreckt.

Den bereits im Zusammenhang mit der Quantenmechanik erwähnten Ausspruch »Alles ist Bewusstsein« möchte ich ersetzen durch »Alles hat Bewusstsein«, ohne damit schon eine Aussage über konkrete Bewusstseinsinhalte gemacht haben zu wollen. In dieser Hinsicht unterscheidet sich meine Position vielleicht vom Panpsychismus (der »All-Beseeltheit«) – ich spreche zunächst von einer »All-Bewusstheit«, wenigstens als Ausgangsposition. Seele und Atman sind zwei verschiedene Entitäten, es sei denn vielleicht, man verstünde den Atman als unitäre »Weltseele«.

Die Arbeitshypothese der Neurowissenschaften lautet, dass die subjektiven Bewusstseinsinhalte stets an die objektiven Gegebenheiten gekoppelt seinen. Zu jedem meiner Gedanken gehöre ein elektrisches Signal, zu jeder Empfindung ein Neurotransmitter, und meine Sinne schaffen nur ein mittelbares Abbild von der Welt um mich herum, welches erst in meinem Kopf durch die Konvertierung der Information von außen in das neuronale Datenformat meines Gehirns entstehe.

Die objektiven Gegebenheiten der Welt um mich herum haben einen Ort und eine Zeit, aber wie ist es mit den subjektiven Bewusstseinsinhalten? Ein physischer Ort kann ihnen nicht ohne Weiteres zugewiesen werden. Der Raum, in welchem ich sie erfahre, ist nicht der physische Raum, sondern eben der Raum der Erfahrung, welcher meinem Bewusstsein eigen ist. Tatsächlich muss uns der physikalische Raum vor diesem Hintergrund als eine Abstraktion erscheinen, auf deren Grenzen uns die moderne Physik ja eindrucksvoll hingewiesen hat: die Nichtlokalität der Quantenphysik wohl noch mehr als die Raumzeit der Relativitätstheorie. Dennoch scheint wenigstens der »personale Teil« meines Bewusstseins an meinen physischen Körper gebunden zu sein. Es stellt sich somit die Frage, inwiefern dieses personale Bewusstsein mit seinen detaillierten Bewusstseinsinhalten, den Sinneseindrücken und konkret ausformulierten Gedanken, von dem anderer Menschen getrennt ist, vor allem vor dem Hintergrund, dass eine strikte Trennung zwischen »subpersonal« und »personal« die Idee des kontinuierlichen Bewusstseins *ad absurdum* führen würde.

Bei Menschen, die wir gut kennen und bei denen »die Chemie stimmt«, scheinen wir manchmal genau zu wissen, wie sie empfinden. Um ein unmissverständliches Extrembeispiel zu nennen, spüren wir wenigstens beim Geschlechtsverkehr, wie unser eigenes Lustempfinden eng an das unseres Partners gekoppelt ist. Wir wissen, was unser Partner empfindet, und wir wissen es aufgrund unseres eigenen Erlebens der Situation. Weniger extrem spüren wir es in der Unterhaltung mit guten Freunden. Sind das nur die subtilen Ausdrucksformen durch Gestik und Mimik, Klang der Stimme und vielleicht noch Duftstoffe oder ähnliches, welche wir als rein physische Reize wahrnehmen und in unserem Kopf so verarbeiten können, dass wir in diesen Einzelteilen ein Muster erkennen und aus diesem ein konkretes Bild basteln? Oder könnte es sein, dass neben den sinnlichen Eindrücken auch Bewusstseinsinhalte, also eben die unmittelbare, gar nicht erst durch körperliche Interpretationen beeinflusste Erfahrung des anderen Menschen, wie Wellen über den Beckenrand direkt in unser Bewusstsein schwappen, ohne dass dafür eine physische Übertragung jedweder Art nötig wäre?

Es sei nochmal erwähnt: Unmittelbare Erfahrung ist nicht physikalisch messbar, sie ist kein Teil der materiellen Welt, sie weilt in einem eigenen, metaphysischen Raum, und auch, wenn ich von meinem Gegenüber physisch-räumlich getrennt bin, könnten sich unsere metaphysischen Räume noch überschneiden, sind sie über das subpersonale Bewusstsein schließlich ohnehin miteinander verbunden. Deswegen käme es hierbei auch zu keinerlei Verletzung der Naturgesetze. Jeder Physiker kann erleichtert aufatmen. Für dieses Phänomen gäbe es bereits ein passendes Wort, nämlich »Telepathie«, womit hier weniger das exakte »Gedanken-Lesen« als das empathische »Mit-Erleben« gemeint ist, welches die klassische Bedeutung jedoch einschließt. Auf diesem Weg wäre somit eine rationale Erklärung für Telepathie denkbar, ohne dass die Informationsübertragung überhaupt eine physische Entsprechung haben müsste.

Andererseits scheint diese metaphysische Übertragung immer an eine physische gebunden zu sein. So wissen wir nur sicher, was der andere denkt, wenn wir ihn vor uns sehen, am Telefon hören oder ähnliches. Wenn wir beispielsweise ahnen, dass einem lieben Menschen etwas zugestoßen sein könnte, dann irren wir oft und müssen uns eingestehen, dass es sich hier eher um unsere eigenen Ängste als um reale Begebenheiten gehandelt haben dürfte. Außerdem können wir uns an derartige Erlebnisse ja *erinnern*, und es ist davon auszugehen, dass die Erfahrung dann in Form von Erinnerung in unserem Gehirn »abgespeichert« ist, was wiederum bedeutet, dass eine Wechselwirkung in der physischen Realität geschehen ist. Das spricht tendenziell wieder dafür, dass es sich doch »nur« um unser eigenes Gehirn handelt, welches in den empfangenen Sinneseindrücken Muster erkennt und diese auf den Anderen mehr oder weniger passend projiziert. (Das ist mit Sicherheit ohnehin oft der Fall, vor allem dann, wenn wir Vorurteile, »Voreingenommenheiten« jedweder Art haben.)

Anhand einer einfachen Überlegung lässt sich jedoch feststellen, dass ein immaterieller, nicht-physischer Geist nicht nur parallel zur physischen Welt existiert, sondern auch in sie eingreift. Der Beweis soll hier als eine *reductio ad absurdum* durchgeführt werden – also beginnend bei der Annahme der gegenteiligen Behauptung und endend beim Beweis ihrer Unhaltbarkeit.

Wie gezeigt ist das Bewusstsein selbst immateriell. Es kann nicht als Bestandteil der physischen Welt gedacht werden und ist im physikalischen Raum prinzipiell nicht lokalisierbar. (Überhaupt ist sämtliche Physik eine Abstraktion *innerhalb* des Bewusstseins, aber das spielt hier keine Rolle.) Dennoch nehmen wir gewohnheitsgemäß an, dass das Bewusstsein letztendlich nur eine Art Leinwand für die physikalische Realität darstelle. Gedanken erschaffen nicht die Realität, sondern die Realität erschafft unsere Gedanken. Demzufolge sollte aber eine Welt, in der es kein Bewusstsein und somit keine bewussten Lebewesen gibt (sondern eben nur solche ohne Bewusstsein), die aber sonst so ist, wie unsere eigene, in ihrem physikalischen Zustand *bis ins Detail* der unsrigen gleichen (den Indeterminismus der Quantenphysik einmal außen vor gelassen).

Nun ist es aber so, dass ich an diesem Laptop sitze und über eine Entität schreiben kann, die ich »Bewusstsein« nenne. In unserer Parallelwelt sollte das jedoch nicht möglich sein. Mein *alter ego* wird dort vermutlich gar nicht auf die Idee gekommen sein, ein Buch zu schreiben; doch wenn er es doch tun sollte, dann wird dieser dunkel-unbewusste Bengt nicht imstande sein, sich einen *Begriff* (eine Worthülse, die von mir aber mit Bedeutung *gefüllt* wird) vom Bewusstsein zu bilden, an welchen er sich zweifelsohne auch erinnern könnte, der also in seinem Gehirn auch physisch-materiell »abgespeichert« wäre. Das ist bei mir aber zweifelsohne der Fall.

Natürlich gelange ich nicht völlig selbstständig zu dem Begriff des Bewusstseins; ich bin hierbei beeinflusst von zahlreichen anderen Menschen und deren Werken. Doch irgendwann einmal muss ein Erster sich den Begriff »Bewusstsein« überlegt haben, und hierbei muss er auf sein immaterielles Bewusstsein zurückgegriffen haben. Alles andere würde bedeuten, dass der Begriff ein Zufallsprodukt einer geistigen Verwirrung wäre, aber das ist offensichtlich nicht der Fall; Gott lässt sich leugnen, das menschliche Bewusstsein – wenigstens das eigene – jedoch nicht. Also unterscheidet sich die bewusste Welt physikalisch zwangsläufig von der unbewussten. Von einer unbewussten Welt muss sie sich unterscheiden, weil die beiden Versionen dieses Buchs sich mindestens in diesem Absatz voneinander unterscheiden würden, und wenn der Unterschied nur minimal wäre. (Es muss schon deshalb so sein, weil die Physik eine Abstraktion ist, *die nur innerhalb des Bewusstseins existieren kann.* Wie oben gesagt braucht die Welt die *Gegenwart,* und Gegenwart braucht einen Gegenwärtigen.) Wir sehen: der immaterielle Geist reagiert nicht nur auf die Materie, *er interagiert mit ihr.* Es ist anzunehmen, dass er dies nicht nur bezüglich des Bewusstseinsbegriffs tut, sondern auch in vielerlei anderer, möglicherweise ganz alltäglicher Hinsicht.

Nun stellt sich die Frage nach dem »Wie«. Wie soll es vonstattengehen, dass dieser Geist sich plötzlich in der Materie manifestiert, ohne die Naturgesetze zu verletzen? Hier liefert uns nun die Quantentheorie die Antwort: Die indeterministische Zustandsauswahl beim Kollaps der Wellenfunktion ist vielleicht nicht *ganz* so indeterminiert, wie man bisher annahm. Es wäre vor dem obigen Hintergrund durchaus denkbar, dass dieser Geist die indeterministische Auswahl des einzelnen Zustands aus dem Überlagerungszustand beeinflusst, sie gleichsam

»richtet«. Es wäre auch denkbar, dass er dies im menschlichen Gehirn stärker, deutlich stärker tut als in der unbelebten Materie. Die Quantentheorie stellt, wie wir vermuten, zwar kein vollständiges Modell unserer Realität dar, doch es ist anzunehmen, dass auch in einer *theory of everything* der indeterministische Charakter erhalten bliebe.

Mit dieser Prämisse wäre nun auch die Existenz einer gestalthaften, also personalen Seele denkbar, welche sich bis zu einem gewissen Grad zwischen Jenseits und Diesseits »bewegen« kann und die vielleicht postuliert werden muss, um veränderte Bewusstseinszustände plausibel zu machen. Wie gesagt darf die Seele dabei keineswegs als dem Körper innewohnendes Gespenst gedacht werden, welches ja Teil des physikalischen Raums wäre. Die Seele wäre eine geistige Gestalt, und meine Seele befindet sich vielleicht »an einem anderen Ort«, wenn ich mich innerlich an einem anderen Ort befinde, wie zum Beispiel, wenn ich in Gedanken versunken bin, wenn ich mit höchster Konzentration Musik höre und mich in den Klanglandschaften verliere, wenn ich im Wachkoma liege oder auch unmittelbar nach meinem Tod, wenn es scheint, als habe meine Seele den Körper verlassen.

Hier sollen meine Überlegungen jedoch aufhören, bevor sie zu spekulativ werden. Es soll sich hier um keinen Beweis für derartige Phänomene handeln, sondern zunächst einmal um eine spekulative Beschreibung, wie sie zustande kommen könnten, sollte ihr Wirklichkeitscharakter über die bloß subjektive Erfahrung hinausreichen, wobei mir die Interaktion zwischen Geist und Materie doch wasserdicht zu sein scheint. Für noch tiefere Betrachtungen ist in diesem Buch wenig Platz; wir werden in den folgenden Kapiteln dennoch manchmal auf die Thematik zurückkommen. Vor allem sollen die obigen Zeilen für das Mysterium der unmittelbaren Erfahrung sensibilisieren und zum Hinterfragen dessen, was wir für selbstverständlich halten, anregen. Die Erkenntnis der Fragestellung ist hier wichtiger als ihre Lösung. An dieser Stelle ist Ihnen, lieber Leser, hoffentlich klar, dass wir auch mit der Entdeckung der »Weltformel« erst einen Bruchteil unseres Daseins in der Welt begriffen hätten. Die Weltformel wäre nicht, was die Welt »im Innersten«, sondern »im Äußersten« zusammenhält: ein Exoskelett, eine Stützkonstruktion.

Eine spekulative Überlegung sei doch noch gestattet: Wenn der Geist in die Materie tatsächlich über jene Lücke in der Kausalitätskette der Quantenphysik hineinwirkt, könnte das eine Bedeutung für die Frage nach künstlicher Intelligenz besitzen. Man fragt sich, wann Computer ein Bewusstsein entwickeln. Die Antwort könnte lauten: Wenn einzelne Quantenzustände für die Datenverarbeitung relevant werden. Das Bewusstsein kann zwar niemals als »künstlich« gedacht werden, es ist immer echt, aber wenigstens aus dieser (zugegebenermaßen recht profanen) physikalisch-philosophischen Sicht wäre es nicht auszuschließen, dass sich ein echtes Bewusstsein unter künstlichen Bedingungen entwickeln kann; Klonen geht schließlich auch.

Quantencomputer befinden sich in der Entwicklung, wenngleich es bis zur Funktionsfähigkeit und schließlich Marktreife noch einige Zeit dauern wird. In der Informatik wird gegenwärtig außerdem versucht, künstliche neuronale Netze zu kreieren, die so etwas wie künstliche Lernfähigkeit ermöglichen sollen.

Was passiert, wenn beide Technologien, sind sie einmal etabliert und gereift, zusammentreffen? Kommt dann die Roboter-Invasion, wie sie in den düstersten und dümmsten der Science Fiction-Szenarien dargestellt wird? Oder passiert nichts Unerwartetes, bleiben die Computer einfach nur Computer, weil die Bedingungen für personales Bewusstsein noch viel komplexer sind? Könnte der »Durchbruch des Geistes«, der sich in der Entstehung des Bewusstseins manifestieren würde, durch die allzu binären Strukturen der logischen Schaltungen letztendlich verhindert bleiben? Diese Fragen werden bis zum tatsächlichen Auftreten der künstlichen Intelligenz wohl weitgehend unbeantwortet bleiben müssen.

Auch, wenn es keine Telepathie in dem Sinn geben und selbst, wenn ich bereits mit meinen Überlegungen zum kontinuierlichen Bewusstsein zu weit gegangen sein sollte: Fakt ist, dass das Bewusstsein existiert. Bereits dadurch wird es faszinierend. Wäre das Universum rein materiell, rein physisch, würde das Bewusstsein als metaphysische Instanz nicht existieren. Ein rein materielles Universum bräuchte kein – in dieser Vorstellung niemals agierendes, nur reagierendes – Bewusstsein, um zu funktionieren. Aus materialistischer Sicht stellt das Bewusstsein keine biologische Notwendigkeit dar. Trotzdem ist unser Bewusstsein vorhanden, nicht als Zufallsprodukt oder dergleichen, sondern als wahrlich transzendenter Aspekt unseres Daseins, als dessen Dreh- und Angelpunkt, welcher das physische Geschehen zudem aktiv beeinflusst.

Transzendenz und Zufall vertragen sich nur schlecht. Erscheint es da nicht plausibel, dem Bewusstsein einen größeren Raum zuzusprechen, als es heute oftmals getan wird? Die Esoterik übertreibt es in dieser Hinsicht zwar und differenziert trotz inflationären Gebrauchs des Wortes »Bewusstsein« nicht genug zwischen dem Bewusstsein und seinen subjektiven und intersubjektiven Inhalten, aber wie so ziemlich alles enthält sie einen wahren Kern, und dort befindet er sich, oder irgendwo in der Nähe.

Der zweite Hauptsatz der Thermodynamik besagt, dass in einem abgeschlossenen System die Entropie nur anwachsen kann. Dieser Satz gilt auch für das Universum als Ganzes. Dass die biologische Evolution in diesem immer unordentlicher werdenden Universum zu einer immer höheren und komplexeren Ordnung zu streben scheint, widerspricht dem nicht, da es sich bei Organismen nicht um geschlossene, sondern um offene Systeme handelt – aber es erscheint doch enorm faszinierend, wie es in einem von Naturgesetzen beherrschten Universum tatsächlich geschieht, wie es tatsächlich vor unseren Augen umgesetzt wird. Welche Rolle spielt hier der Geist? Inwiefern steuert er das Geschehen? Das anthropische Prinzip hilft uns hier nicht weiter. Das Vorhandensein des Bewusstseins selbst kann es feststellen, jedoch nicht erklären, und die Verknüpfung von Leben und bewusster Wahrnehmung, an dessen Speerspitze sich auf diesem Planeten der Mensch befindet, legt nahe, dass es hier doch um weitaus mehr geht als ein »bloß« zufälliges, »bloß« gemäß natürlicher Auslese selektiertes Dasein, welches sonst keinen weiteren Sinn besäße.

Der menschliche Geist bringt gewissermaßen auch »Ordnung« in das Naturgeschehen, indem er die ihm zugrundeliegenden Gesetzmäßigkeiten erkennt und nach und nach entschlüsselt. Je weniger Formeln er benötigt, desto besser hat der Physiker das Universum verstanden, desto mehr hat er es »aufgeräumt«. Diese Art der Ordnung ist natürlich eine rein geistige; mit der Entropie, welche sich als quantitative Größe berechnen und bestimmen lässt, hat sie nichts zu tun, und entsprechend ist sie auch nicht an den zweiten Hauptsatz der Thermodynamik gebunden.

> Es ist der innere Drang des unvollkommenen Seienden zu einem Werden einer immer größeren Vollkommenheit. Dieser unstillbare Drang wirkt als Gestaltungselement des Kosmos, führt zu wachsender Ordnung, ermöglicht die Transformation zu immer größer werdender Komplexität in fortschreitender Vergeistigung.[270]

Ich sehe zwei Möglichkeiten, wie sich das bewusste Leben in diesem Universum entwickeln konnte. Die erste besteht darin, dass zu passenden Zeitpunkten innerhalb des physischen Kosmos »Wunder« geschehen sind, welche für eine »Befruchtung« des Leibes mit dem Geist gesorgt haben, für eine »Beseelung« des Menschen, und diese Möglichkeit hat zweifelsohne ihre Daseinsberechtigung, aber sie scheint eher »nach oben« in die transpersonalen als »nach unten«

in die subpersonalen Reiche zu führen, aus welchen wir physisch entstanden sind. Die zweite Möglichkeit besteht darin, dass das Universum samt der ihm innewohnenden Gesetzmäßigkeiten erst aus dem Bewusstsein heraus entstanden ist, und dass dieses Bewusstsein doch nicht so leer ist, wie bisher angenommen, sondern eben jenen Drang zur Transzendenz in sich trägt – dieser Schluss wird durch das kontinuierliche Bewusstsein äußerst nahe gelegt. Wir können hier wagen, die räumliche Expansion des Alls behutsam mit einer Bewusstseinserweiterung, oder vielmehr einer »Bewusstseinsvertiefung« zu assoziieren. (Damit haben wir wieder eine Analogie, bei der wir nicht wissen, wie viel Wahrheit sie enthält. Sei's drum – wir denken ohnehin so viel in Metaphern und Symbolen, dass es gar nicht so leicht ist, »Wahrheit« überhaupt zu definieren, sobald es über rein logische Sachverhalte oder empirische Tatbestände hinausgeht.) Die Naturgesetze wären in diesem Fall Ausdruck eines Willens, der durchaus als göttlich verstanden werden kann. Der zeitgenössische Philosoph Jochen Kirchhoff geht in seinem Buch *Was die Erde will* so weit, im bewegten Universum selbst ein göttliches (oder sogar mehrere) Wesen zu vermuten, das gefallen ist und wieder ganz, wieder heil werden und zurück zum Licht gelangen will. Damit verbindet er implizit beide der oben genannten Möglichkeiten miteinander:

> Die kosmische Evolution kann nur aus der Involution heraus verstanden werden: aus dem Abstieg eines hohen Bewußtseinswesens in das Dunkel der Materie. Der Sternenstaub, aus dem wir gemacht sind, könnte Götterstaub sein; der kosmische Staub gestürzter Götter oder Titanen... Die ins Dunkel der Materie abgestürzten Götter (Titanen) arbeiten sich erneut zum Licht des Bewußtseins empor. Kosmische Evolution ist Götterwerden, Göttererinnerung. Kosmische Evolution ist die Aufstiegsbewegung zum Atman-Bewußtsein. [»Atman-Bewußtsein« meint hier nicht das subpersonale Bewusstsein selbst, sondern das Bewusst-Sein des Ich über seine nichtduale Verbindung mit der Welt, sprich sein Aufgehoben-Sein im Atman.][271]

Wir müssen hierfür allerdings nicht extra die altgriechischen Titanen herbeizitieren. Passende theoretische Grundlagen haben wir hierfür schon erarbeitet, als wir vom kosmischen Christus sprachen, wobei es dabei immer nur um seine fleischliche, jungfräuliche Geburt ging, welche diejenige uns mittlerweile vertraute Überschreitung der Kausalität darstellt, die wir im Vorhandensein der Schöpfung selbst vorfinden. Christus erlebte jedoch nicht nur diese eine Geburt, sondern zwei. Die erste ist seine Fleischwerdung, die zweite seine Auferstehung. Auf den kosmischen Maßstab übertragen ist die erste dann die Emergenz der Materie, die zweite die Emergenz des Geistes. Tatsächlich jedoch sind beide zwei Seiten ein- und derselben Medaille. (Das mag dem christlichen Glauben und der Bibel widersprechen, aber wie an anderer Stelle angedeutet spielt das keine Rolle; möglicherweise ist diese Bedeutungsnuance der reichen Symbolik ja gerade jene, die unserer heutigen Zeit gemäß ist.)

Die Kreuzigung Christi wird so zum »Abstieg ins Dunkel der Materie«, von welchem Kirchhoff spricht. Wie der Fall der Titanen stellt Christi Kreuzestod, seine Opferung, einen leidvollen Akt dar. Über das Leid in der Welt lässt sich sagen, dass es sowohl Geist als auch Materie benötigt, um zu sein. Sämtliches Leid entsteht durch Spannungen zwischen den beiden. Gäbe es nur Geist, aber keine Materie, würde keine Quelle für Leid existieren; der Geist würde friedvoll vor sich hin schweben, in seinem eigenen »Reich Gottes«, in der Ewigkeit. Gäbe es nur Materie, aber keinen Geist, dann gäbe es niemanden, der das Leid erfahren könnte und somit auch kein Leid, da sämtliches Geschehen in der Außenwelt erst durch eine innere Erfahrung zu Leid werden kann – außerhalb der Erfahrung handelt es sich nur um irgendwelche Hormonausschüttungen oder, noch krasser formuliert, um Bewegungen von Elementarteilchen. Leid besitzt keine objektive Realität.

Auf das bewusste Leben trifft jedoch das Gleiche zu. Es benötigt ebenfalls sowohl Geist als auch Materie, um zu sein. Reines Bewusstsein ohne Inhalt wäre kein Leben. Das Leben entsteht erst durch die Bewusstseinsinhalte, die an das Geschehen in der materiellen Welt geknüpft sind, vielleicht gänzlich von ihm abhängen. Die naheliegende Schlussfolgerung ist, dass Leben und Leid Hand in Hand miteinander gehen. Wenigstens lässt sich sagen, dass überall, wo Leid ist, auch Leben ist. Ein Leben ohne Leid hat wohl noch niemand erlebt und es stellt sich die Frage, ob jemand, der die Dunkelheit nicht kennt, nicht bloß in Unwissenheit dahinsiecht. Dennoch war Christus zu seinem Kreuzestod bereit; er wusste ja, was ihn erwarten würde und ließ sich bereitwillig von Judas verraten und von Petrus verleugnen, um schließlich aufzuerstehen. Auf den kosmischen Christus übertragen heißt das: Die Schöpfung war zwar ein aufopferungsvoller, aber auch ein freiwilliger Akt, ein lebensbejahender Akt, der aus einem göttlichen Willen oder einem inneren Drang des Bewusstseins heraus geschah. Er geschah, damit der Vater sich im Sohn erblicken kann, damit Brahman sich im Atman erblicken kann. Dies ist nur möglich in einer Welt der Erscheinungen, wie sie durch Maya beziehungsweise den Heiligen Geist geschaffen wird. Das scheint mir eine natürliche Schlussfolgerung aus der Existenz des Bewusstseins zu sein.

> Buddha hielt die Gott-Existenz für eine schlechte Existenzform, weil sie zu wenig Leiden mit sich bringt und damit zu wenig Ansporn, nach Befreiung und Erlösung zu streben.[272]

Wichtig ist nach wie vor, deswegen nicht in einen blinden »Evolutionsglauben« zu verfallen. Wir könnten, auf kosmischen Zeitskalen gesehen, durch mögliche Störungen unseres empfindlichen Ökosystems immer noch am Rand der Auslöschung sämtlichen Lebens auf der Erde stehen. Für den Fall, dass die Erde der einzige Himmelskörper ist, auf dem jemals Leben möglich war und gewesen sein wird, würde das Universum dann nur noch seinem »Wärmetod« anheimfallen, auf welchen wir später eingehen – oder was sonst in ferner Zukunft mit dem leblosen Chaos, das den Kosmos verloren hat, geschehen mag.

Stattdessen geht es hier vor allem um uns selbst, in der Gegenwart. Wir können vielleicht nicht die Menschheit retten, wenn sie auf dem Weg ins Verderben sein sollte, aber dennoch den Frieden in uns selbst finden. Dieser ist freilich nur dann echt, wenn er keine Abschottung von der Außenwelt, sondern eine Öffnung zu ihr darstellt – doch in einer lediglich konstruiert-intersubjektiven Realität stellt sich auch die Frage, wo jene Außenwelt zu finden ist. Die Antwort hierauf fällt möglicherweise individuell aus. Laut obigen Überlegungen können wir jedenfalls sagen: Gott leidet mit uns. Was wir suchen, liegt gänzlich jenseits der Zeit, und insofern ist es nicht »schlimm«, wenn wir leiden, wenn wir sterben – es sind dies Ereignisse innerhalb der Zeit. Kirchhoff schreibt:

> Alles ist wie nie geschehen oder immer schon geschehen. Wir sind niemals aufgebrochen und kommen doch ewig an. Wir sind immer schon gestorben und harren immer unserer Geburt. – Was sein wird, ist immer schon jetzt. Und was die Erde wird, »irgendwie« ist sie es schon. / Und das wissen wir auch. Wir sind schon jetzt – dort.[273]

Mit diesem philosophischen Rüstzeug im Gepäck sind wir nun bereit, uns in den »Welt(t)raum« zu begeben. Der Welttraum beginnt dort, wo wir im Weltraum Erscheinungen begegnen, die wir nicht mehr von unserer direkten Sinneserfahrung her einordnen können – wo uns Wirbel begegnen, Strudel, und wo sich Abgründe auftun, wo der Weltraum zu einem Ort der Götter zu werden scheint, von welchem wir Menschen höchstens einen flüchtigen Eindruck erlangen können. Der Welttraum beginnt dort, wo der Kosmos zum Chaos wird.

Wir versuchen es trotzdem. Die Menschheit wird in dieser profan-physikalischen Perspektive relativiert bis zur Bedeutungslosigkeit, und alle Dinge, die auf Planet Erde geschehen, erscheinen in ihrer Absurdität wie eine Anomalie, wie eine Unmöglichkeit, die es eigentlich gar nicht geben dürfte. Man wartet nur darauf, dass man erwacht und der ganze Stress und die ganze Hektik so von einem abfallen, dass man die weltlichen Ereignisse nur noch mit einem schmunzelnden Lächeln bedenkt, wie man einen skurrilen Traum bedenkt, wenn man am nächsten Morgen über ihn nachsinnt. Damit diese Dissoziation nicht eintritt, müssen wir uns dessen gewahr bleiben, dass die Reise in den Weltraum zwar die physikalische Realität beschreibt, sich für uns aber dennoch nur auf gedanklicher Ebene abspielt und dabei aus nur mittelbaren Erfahrungen besteht, vor allem aber daran, dass sie erst im Bewusstsein möglich wird.

Verschiedene Bedeutungen des »Traums« habe ich schon an anderer Stelle diskutiert, um zu betonen, dass es sich dabei nicht unbedingt um eine wie auch immer geartete Illusion handeln muss. Zu diesen Bedeutungen kommt nun noch die bunte Farben- und Formenpracht des Alls hinzu, welche – im Gegensatz zu bloß »traumartig« – durchaus auch als »traumhaft« bezeichnet werden kann.

Der Welttraum beginnt da, wo die Vorstellungskraft des Menschen endet.

III

Reise in den Welt(t)raum

Das Eindrucksvolle am *Krebsnebel* ist nicht nur seine fasrige Erscheinung, sondern auch sein für astronomische Maßstäbe junges Alter.
Der Nebel ist noch keine tausend Jahre alt. Er ist der Überrest einer Supernova, welche kurzzeitig so hell aufleuchten kann, dass sie
sogar tagsüber am Himmel erkennbar ist. Aus dem Jahr 1054 sind
zahlreiche Schilderungen dieses Ereignisses überliefert; sie stellt eine der ersten der von der Menschheit dokumentierten Supernovae
dar. Heute durchmisst der Krebsnebel bereits mehrere Lichtjahre und
breitet sich weiterhin mit haarsträubender Geschwindigkeit aus. Sein
Erscheinungsbild wird maßgeblich von dem Pulsar in seinem Zentrum
mitgestaltet.

Bild: NASA/ESA/JPL/Arizona State Univ.

Einen weiteren Klassiker stellen die »Säulen der Schöpfung« im *Adler-nebel* dar. Ihr Name steht in christlicher Tradition, hat allerdings auch eine physikalische Bedeutung: In den Säulen entstehen zahlreiche Sterne, werden erschaffen, eben »geschöpft«, und zwar durch einen gravitativen Kollaps des Gases und Staubs. In ihrer Nähe wurde eine junge Supernova festgestellt, die die äußerst dynamischen Säulen schon vor 6 000 Jahren zerstört haben könnte. Da der Adlernebel jedoch in 7 000 Lichtjahren Entfernung liegt, werden wir das erst in tausend Jahren sehen können.

Bild: NASA, ESA und das Hubble Heritage-Team (STScI / AURA)

Diese traumartigen Gebilde aus frei im Raum schwebender Materie muten einerseits an wie abstrakte Kunst – in diesem Fall fast surreal, fantastisch, und darin wie ein himmlischer Bergsattel mit einem heiligen Hügel im Vordergrund. Andererseits ist es kaum vorstellbar, dass auch ein begnadeter Künstler ihre Erscheinung mit einem solchen Detail, mit einer solchen Präzision in den Lichtverhältnissen darstellen könnte.

Bild: NASA, ESA und J. Maíz Apellániz (Instituto de Astrofísica de Andalucía, Spanien) (zugeschnitten)

Die Galaxie mit dem unpoetischen Namen »NGC 4911« ist zwar das Zentrum des Bildes, jedoch nicht die einzelne in ihm sichtbare Galaxie. Nur wenige Sterne aus unserer Galaxis versperren diesen Blick in die Tiefen des Alls, in denen somit fast jeder einzelne Lichtpunkt eine weitere Galaxie darstellt. Doch auch ungeachtet dessen besitzt NGC 4911 die eine oder andere Begleiterin, erkennbar als besonders helle und ausgedehnte Lichtflecken.

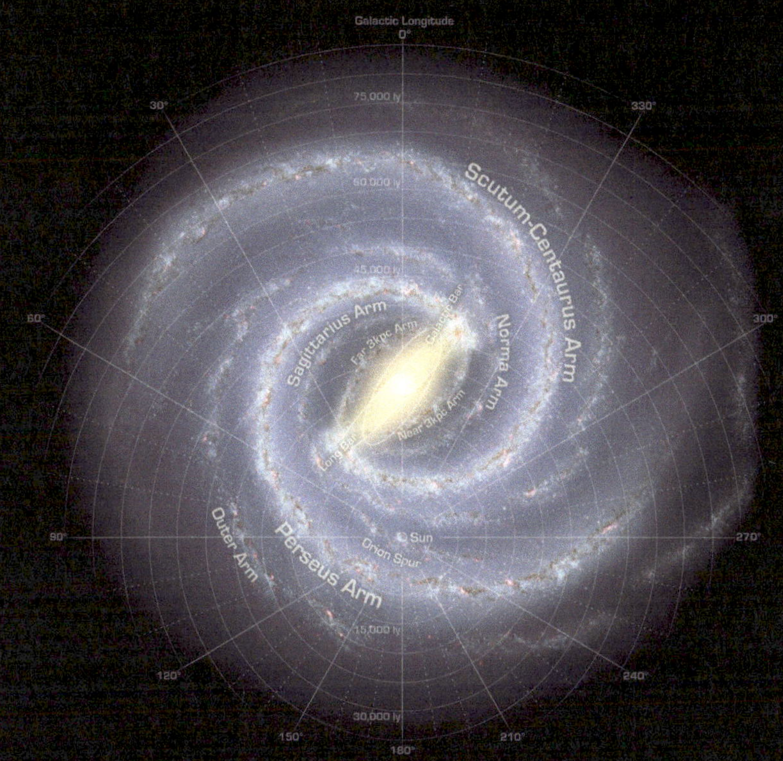

Unsere Milchstraße – kein Foto, sondern eine aktuelle Computersimulation. Beschriftet ist das Bild mit den Namen der Spiralarme. Außerdem ist ein Koordinatensystem eingezeichnet, welches aus praktischen Gründen die Sonne im Ursprung trägt.

Bild: NASA/JPL-Caltech

Das »Hubble Deep Field« ist die Aufnahme einer scheinbar leeren
Region am Nachthimmel, eines kleinen, scheinbar schwarzen Flecks.
Für diese opferten Astronomen unter Benutzung des heißbegehrten
Hubble-Weltraumteleskops eine lange Belichtungszeit, nur um zu sehen, was sich dort befindet, wo sich nichts zu befinden scheint. Es
lohnte sich. Galaxie um Galaxie offenbart sich, treibt umher wie Plankton in einem Ozean, aber so viel majestätischer, so viel mystischer
als alles Plankton, welches sich in Ozeanen hiesiger Breiten tummeln
könnte. Es ist ein Ozean aus Raum. (Zu sehen ist allerdings nicht das
Hubble Deep Field im Original von 1995, sondern sein aktueller Nach-
folger aus dem Jahr 2012, das »Hubble eXtreme Deep Field«, für das
eine Gesamtbelichtungszeit von über 23 Tagen verwendet wurde.)

Bild: NASA, ESA, G. Illingworth, D. Magee und P. Oesch (University of California,
Santa Cruz), R. Bouwens (Leiden University) und das HUDF09-Team

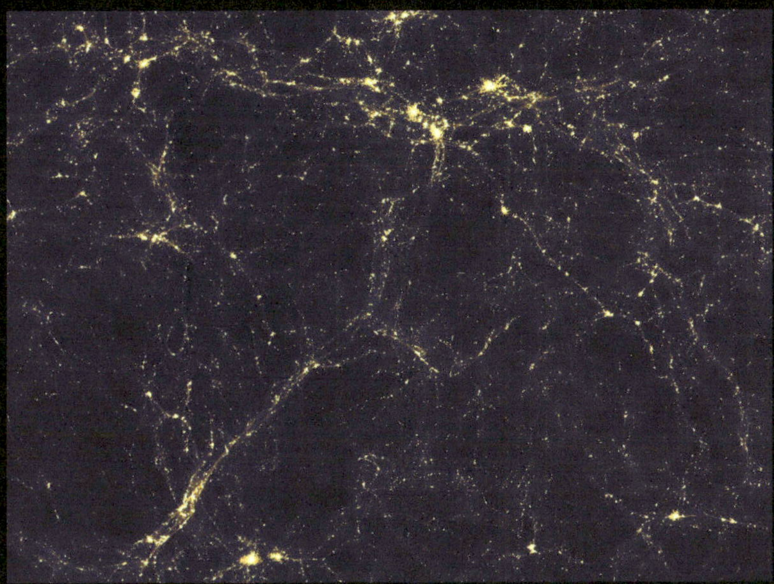

Die großräumige Struktur des Weltalls erscheint anders als alles, was wir sonst vom Himmel kennen. Wir sind es gewohnt, dass sich alle Objekte mehr oder weniger auf ein bestimmtes Volumen eingrenzen lassen. Hier begegnen wir jedoch einem kontinuierlichen, ausgedehnten Netz, bestehend aus Galaxien, welche wir in dieser Entfernung nicht mehr als solche erkennen können, sondern die wie Tropfen im Meer miteinander zu verschmelzen scheinen. Die Maschen dieses Netzes enthalten die weitesten und leersten Räume des Weltalls, die *Supervoids*. Wie schon bei dem Bild der Milchstraße handelt es sich auch hier um eine Simulation.

Bild: Andrew Pontzen und Fabio Governato

11.

Dem Auge entrückt

Ich könnte... stundenlang mich nachts in den gestirnten Himmel vertiefen, weil mir diese Unendlichkeit fernher flammender Welten wie ein Band zwischen diesem und dem künftigen Dasein erscheint.

~ Wilhelm VON HUMBOLDT[274]

Ich erinnere mich daran, wie ich Bilder aus dem Weltall als Kind empfunden habe. Es waren Bilder von leuchtenden Dingen, über die ich erst heute weiß, dass es sich um Nebel oder Galaxien handelt. »Ding« ist dabei ein viel zu substanzieller Begriff, der dem buchstäblich Unbegreiflichen an ihnen keineswegs gerecht wird. Nennen wir sie mit kindlicher Pragmatik lieber »Nichtdinge«. Nicht zufällig erinnert uns das an Begriffe wie »Nichtdualität« und »Nichtsein«.

Damals konnte ich diese Nichtdinge noch in keinerlei physikalischen Kontext einordnen, erschien der Weltraum von der Erde aus doch eher wie verstreutes Salz auf einem schwarzen Tuch. Wo bitte sollten da so bunte Nichtdinge sein?

So wusste ich mir für diese unbekannten, aber seltsam vertrauten Gebilde keinen anderen Ort zu denken als den des Jenseits, keinen anderen Zeitpunkt als den der Ewigkeit. Diese Nichtdinge schienen vor allem eins zu sein: mystisch. Sie wirkten wie aus einem Traum, wie aus einer anderen Dimension, wie aus einer Realität, in der es keine Grenzen gibt, in der alles aufgehoben und zu seiner ursprünglichen Essenz zurückgekehrt ist, alles in diesem bunten, wirbelnden Rauch, als ob darin alles enthalten wäre – die Stimmen aller Menschen, aller Tiere, die Gerüche und Geschmäcker, all die Sinneseindrücke der Natur, alle Musik, jeglicher Lärm, alles gleichzeitig, und dabei so vollkommen zeitlos.

Diese Nichtdinge schienen sich nicht zu bewegen, befanden sich aber auch nicht im Stillstand, nein, anstatt sich profan von einem Ort zum anderen zu bewegen durchlebten sie eine Metamorphose: sie entfalteten sich, schwerfällig, träge, aber unaufhaltsam. Man selbst sah sich dann mittendrin, voller Frieden, vielleicht noch mit einer etwas unbehaglichen Empfindung im Bauch, befallen, belegt von einer sanften Ohnmacht angesichts der Kräfte, die man hier am Walten sah – aber man wusste, dass doch alles gut war, weil es richtig war, weil das hier die Ordnung der Welt war, das Gesetz des Lebens, das Werden und das Vergehen. Das war es. Es konnte nichts anderes geben. Nichts anderes konnte geschehen.

Natürlich war ich als Kind nicht in der Lage, diese Gedanken so zu denken, wie ich sie jetzt aufschreibe. Ich hatte nur mein Bauchgefühl, die instinktive Reaktion meines Körpers auf meine Sinneseindrücke, ohne dass ein wertender Verstand zwischengeschaltet gewesen wäre – oder zumindest hielt dieser sich noch stärker zurück als heutzutage. Es wäre natürlich auch möglich, dass auch das sich nicht genau so abgespielt hat und ich diese Empfindungen nun etwas überschwänglich in meine Erinnerungen projiziere, wie es doch so oft der Fall ist, wenn die Sehnsucht nach einer »goldenen Vergangenheit« jedweder Art ruft. Dennoch glaube ich daran, dass diese Empfindungen wenigstens in Ansätzen da waren, auch wenn ich erst jetzt in der Lage bin, mir hierfür halbwegs passende Worte zu überlegen. Letzten Endes aber spielt der genaue Zeitpunkt meines Lebens, an dem ich Derartiges zum ersten Mal intuitiv spürte oder intellektuell dachte, keine große Rolle.

Was ich mich frage, ist, wie eine abstrakt wirkende Rauchwolke im Menschen überhaupt eine solche Resonanz auslösen kann? Eine Resonanz, die eben auch geschieht, wenn man die physikalischen Hintergründe, vor allem aber die gigantischen, jenseits aller vorstellbaren Proportionen befindlichen Ausmaße dieser Gebilde noch gar nicht kennt? Was für ein Archetypus muss da im Menschen angelegt sein, dass er so empfindet?

Eine Frage der Ästhetik

Diese Frage hat auch mit unserem ästhetischen Empfinden zu tun. Ein nicht namentlich bekannter Schüler Platons sah im Zusammenhang mit dem Schönen das Brauchbare.[275] Während wir im Zusammenhang mit »brauchbaren« Dingen spontan eher an einen Schraubenschlüssel oder an eine alles könnende Küchenmaschine denken, ist es hier im weitesten Sinn zu verstehen.

Beispielsweise wird der Begriff der Schönheit natürlich auch mit dem jeweils begehrten Geschlecht assoziiert. Hierbei geht es zunächst um die körperliche Gesundheit des Partners und somit um gute Gene, welche für die erfolgreiche Fortpflanzung brauchbar erscheinen. Im Fall von Homosexualität erübrigt sich das auf den ersten Blick, auf den zweiten dürfte es sich um eine alternative Kanalisierung dieses ursprünglichen Triebes handeln (falls dem nicht so ist, wird es

sich schon um irgendeine andere Form von Brauchbarkeit handeln –
allein um diese geht es hier). Bei der inneren Schönheit, die sich im
Verhalten, in Handlungen bemerkbar macht, ist es die Hoffnung auf
ein glückliches Zusammenleben, im Zusammenhang mit Fortpflanzung
auf eine gelingende Erziehung, welche selbstredend brauchbar ist.

Neben der Brauchbarkeit ist es womöglich auch die Erkenntnis, die
uns etwas als schön erleben lässt. Die Erkenntnis selbst ist jedoch
ebenso brauchbar – sie kann in der Praxis oder zur Gewinnung
weiterer Erkenntnisse eingesetzt werden.

> Im Griechischen bedeutete Aisthesis [woher der heutige Be-
> griff »Ästhetik« stammt] sowohl »Wahrnehmung, Erkenntnis«
> als auch »sinnliches Empfinden«... Alle Wahrnehmungs- und
> Erkenntnisprozesse werden als potenziell ästhetisch betrach-
> tet.[276]

Bei den Nichtdingen des Weltraums geht es dem Laien, also demje-
nigen, der sie *nicht* zu Forschungszwecken untersucht, vor allem um
die Erkenntnis eher unbrauchbarer Dinge – wie ich an anderer Stelle
schon schrieb, haben die Sterne für die meisten Menschen keinen
offensichtlichen Nutzen –, wobei »unbrauchbar« ein wirklich salop-
per Ausdruck ist, der an dieser Stelle aber in einem wunderbaren
Gegensatz zum Brauchbaren steht: Jede Erkenntnis ist brauchbar.
Somit ist auch die Erkenntnis des Unbrauchbaren brauchbar. Der
Tao Te King bietet hierzu einen passenden Aphorismus, wobei das
darin auftauchende »Werk« durchaus im Sinn von »Brauchbarkeit«
verstanden werden kann:

> Dreißig Speichen umgeben eine Nabe:
> In ihrem Nichts besteht des Wagens Werk.
> Man höhlet Ton und bildet ihn zu Töpfen:
> In ihrem Nichts besteht der Töpfe Werk.
> Man gräbt Türen und Fenster, damit die Kammer werde:
> In ihrem Nichts besteht der Kammer Werk.
>
> Darum: Was ist, dient zum Besitz.
> Was nicht ist, dient zum Werk.[277]

Die Erkenntnis beim Anblick eines jeglichen Bildes aus dem Weltraum
ist zunächst einmal, dass dort oben das gesehene Objekt irgendwie
existiert. Der folgende Schluss ist, dass dort oben Dinge existieren, die
man nicht direkt mit bloßem Auge sehen kann, und das ist auch schon
toll, denn es regt die Fantasie an und erweitert den Horizont. Mit
Ausnahme des Unterschieds, dass dieses Ding anstelle von steinigen,

greifbaren Meteoriten lediglich einen Funken Licht auf die Erde schickt – zu gering, um mit bloßem Auge überhaupt wahrgenommen zu werden – entspricht es sogar der Erkenntnis des Getrenntseins von Himmel und Erde, wie sie in Kapitel 2 vermutet und beschrieben wurde. Diese Erkenntnis, dass der Himmel mehr ist, als er zu sein scheint – dass er größer und mächtiger ist als die Erde –, ist es aber noch nicht, welche die Galaxie oder den Nebel selbst schön erscheinen lässt und ihm zudem diesen mystischen Charakter verleiht, den ich oben zu schildern versuchte.

Dieser Charakter entsteht durch die physikalischen Naturgesetze, welche hier in all ihrer Schönheit am Werke sind. Die räumliche Verteilung von Nebeln wird vor allem von Gesetzen der Thermodynamik und Fluidmechanik bestimmt. Bei Galaxien kommt noch die Gravitation hinzu, wobei diese auch bei den riesigen Nebeln bereits eine Rolle spielt, indem sie für ihren Zusammenhalt sorgt. Die Farbverteilung entsteht durch weitere Prozesse, aber alles in allem sind es schlichtweg fundamentale Naturgesetze, die – nach menschlichen, nicht nach göttlichen Maßstäben betrachtet – frei von jeglicher Intention sind. Intentionslosigkeit ist es, welche den Anblick dieser abstrakt anmutenden Gebilde von dem abstrakten Gemälde eines Künstlers unterscheidet. Ein Künstler möchte in der Regel etwas ausdrücken. Selbst, wenn er einfach drauflos pinselt und so intentionslos wie möglich handelt, ist er immer noch damit beschäftigt, sich selbst und seinen Empfindungen einen Ausdruck zu verleihen, so spontan das auch geschehen mag. Die Natur aber kennt dieses Bestreben nicht. So ist es bereits faszinierend, dass wir dieses Nichtstreben, dieses *Wu Wei* der Natur als schön empfinden. Noch faszinierender ist es jedoch, dass unsere Psyche so auf das Zusammenspiel der Naturgesetze reagiert. Es sind nicht nur die Formen, welche unsere Psyche erkennt, sondern auch und vor allem die nichtmateriellen und somit formlosen Gesetzmäßigkeiten, welche diese Formen erst entstehen lassen!

Doch lotet diese Erklärung unsere Empfindungen wirklich in ganzer Tiefe aus? Was ist mit jenem Gefühl von Heimkehr, oder besser »Heimholung«, welches ich oben schilderte? Löst der Anblick solcher Erscheinungen in uns vielleicht auch eine Erinnerung aus? Eine Erinnerung an den Ursprung unseres Seins, an die griechische »Arche«? Woher sonst sollten unsere mythisch geprägten Ahnen schließlich die treffliche Ahnung erlangen können, dass alles aus dem Wasser oder sogar aus der unsichtbaren Kluft heraus entstanden sei, wenn dies nicht auch bei ihnen in Form einer Erinnerung geschah? Woher erhielten unsere Ahnen überhaupt die *Idee* einer Ursprungs-Kluft, wenn nicht aus dem platonischen Reich von Ideen und Archetypen? Auf die Gebärmutter und den persönlichen Geburtsvorgang können wir uns hier schließlich nicht berufen, denn der Uterus ist zwar dunkel, doch ist er weder »Chaos« noch »wüst und leer« wie im Alten Testament. Wie aber wäre diese Erinnerung in uns angelegt, kann sie doch nicht einmal in Form von DNS vererbt werden, da im Weltraum-Vakuum keinerlei DNS vorhanden ist, um diese Information überhaupt »aufnehmen« zu können? Es ließe sich dann nur folgern, dass diese Erinnerung in einer metaphysischen Domäne gespeichert sein muss, dass es sich bei ihr *um einen konkreten Bewusstseinsinhalt ohne materielle, neurologische Entsprechung handelt* – wobei diese Erinnerung vermutlich dem subpersonalen Bewusstsein zuzuordnen wäre, was die ganze Sache durchaus denkbar machen würde, da ein subpersonales Bewusstsein, sofern es existierte, hinsichtlich seiner physikalischen Komplexität ja unterhalb der neurologischen Ebene liegen würde. Wie diese Erinnerung ins Nervensystem hineinwirken könnte – einerseits von der geistigen in die materielle Ebene hinab, andererseits von der materiell wenig komplexen zur hochkomplexen hinauf – das wurde im vorherigen Kapitel bereits auf physikalisch-philosophischer Ebene erläutert. Ist dieses Hinein-Hinab-Hinaufwirken vielleicht jenes »Einhauchen«, welches das Wort »Inspiration« in Übersetzung vom Lateinischen ins Deutsche bedeutet?

Ist Schönheit vielleicht auch Erinnerung? Man könnte meinen, dass auch Erinnerung eine Form von Erkenntnis sei, aber vielleicht verhält es sich gerade umgekehrt: Ist vielleicht alle Erkenntnis auch Erinnerung? Jeder Mensch, der einmal ernsthaft kreativ war, kennt den Einhauchungs-Moment, an welchem seine Schöpfung eine in sich geschlossene Gestalt annimmt, an welchem er eine konkrete »platonische Idee« von ihr erlangt, die seinem eigenen Schaffen voraus zu sein scheint, die – irgendwie – schon immer da gewesen zu sein scheint. Der Künstler hat das Gefühl, dass seine Schöpfung ein eigenes Dasein führe; der Schöpfer tritt nunmehr eher als Medium auf, als Kanal für eine schöpferische Energie, welche sich aus seinem Unbewussten, *aber vielleicht auch Subpersonalen* heraus manifestiert und der er sich zu fügen hat, was der Möglichkeit eines individuellen Stils keinen Abbruch tut.

Ist der Erkenntnisprozess, welcher sich in der Bewusstwerdung des Menschen auf Erden vollzieht, vielleicht eine Erinnerung Gottes an sich selbst, der sich durch seinen Abstieg in die Materie selbst verloren hat (um sich selbst erblicken zu können)? Mit Bejahung dieser Frage ließe sich auch endlich das Wesen der nicht-materiellen Naturgesetze *und* unsere Erkenntnis derselben verstehen: Das Verwunschensein der Materie entspricht dem Selbstverlust Gottes. Er ist ein gebannter Gott, der – auf unserem Planeten im Menschen – nach Selbsterkenntnis strebt, um sich befreien zu können. Der physikalische Fortschritt (oder eher »Hinschritt«?) wäre eine zwar profane, dafür aber von allzu menschlichen Interpretationen unverfälschte Manifestation dieses Prozesses. Er ließe sich als Projektion des göttlichen Wesens in die Materie verstehen.

Diese berechtigten, aber dennoch spekulativen Fragen seien hier zur Kontemplation in den Raum gestellt.

Konkret lässt sich wohl sagen, dass der Mensch allem, was er gewollt schafft, durch sein Wollen und seine begrenzten Fähigkeiten Ecken und Kanten hinzufügt. Die Erscheinungen der Natur tendieren jedoch eher zu einer fraktalen Struktur, zur Selbstähnlichkeit, in welcher sich scheinbar unendlich viele Details erkennen lassen. (Falls keine Selbstähnlichkeit im mathematischen Sinn vorliegt, lässt sich oft wenigstens eine hierarchische Schachtelung erahnen.) Deswegen besagt ein chinesisches Sprichwort – welches ich hier aus meiner Erinnerung abrufe –, dass auch der größte Weise nicht das kleinste Blatt nachmachen könne.

Der Stamm eines Laubbaums verzweigt sich zu Ästen, diese wiederum zu Zweigen, welche sich zu noch mehr Zweigen aufspalten. Ist der Zweig endlich dünn genug, wachsen an ihm Blätter, und von deren Stängel ausgehend ist oftmals noch eine verzweigende Struktur von der Mitte des Blattes zu seinen Rändern zu erkennen. Je weiter man hineinzoomt, desto mehr erkennt man schließlich winzige Kapillare, welche für den Nährstofftransport zuständig sind und sich auch immer noch weiter verzweigen. Die Kapillare können wir noch genauer betrachten und dort Ströme entdecken, Teilchen entdecken, bis das Bild durch die quantenphysikalische Unschärfe schließlich unscharf wird. Die Lunge und die Blutgefäße des Menschen verzweigen sich ebenso. Ähnliches lässt sich über die großen und kleinen sich überlagernden Wellen eines Ozeans sagen, oder über die raue Beschaffenheit einer Felsenküste. Sicher gibt es – im Gegensatz zu mathematischen, unendlichen Fraktalen – bei diesen Details jene untere Grenze, welche eben durch die Heisenbergsche Unschärferelation gegeben ist. Diese liegt jedoch weit unterhalb unserer nackten sinnlichen Wahrnehmung.

Aufgrund ihres Detailreichtums erscheinen diese fraktalen Strukturen fragil. Sie müssen scheinbar wachsen, ungestört, über einen längeren Zeitraum, und das erlaubt die Natur den Nichtdingen, indem sie nicht »will«, sondern einfach nur »ist«. Einen anderen Zweck kennt sie nicht, und gerade solche Bilder aus dem Weltall, die wir mit alltäglichen, intentionsbehafteten Dingen gar nicht erst verknüpfen können, lassen uns die Natur mit ihren Nichtdingen als solche erkennen. Man könnte auch sagen, dass die Schöpfung bereits der Ausdruck ihrer selbst sei.

Der Anblick eines Waldes, welcher auch schlicht »ist«, kann natürlich ebenfalls vollkommen grandios sein, aber hier kann sich das eigene Denken zum Beispiel auf den Naturschutz ausrichten und so von der eigentlichen Schönheit ablenken. Auch einen Ozean kann man überqueren. Ein Berg lässt sich besteigen oder, wenn das zu anstrengend sein sollte, einfach überfliegen. Man könnte ihn auch als Steinbruch nutzen.

Auch die irdische Natur kann uns Ehrfurcht lehren, gewaltige Ehrfurcht, zweifelsohne, sie ist mit dem aus ihr empor steigenden Leben der kostbarste Schatz, den dieser Planet uns offenbart. Dennoch lässt sich ihr Anblick, wenn man es darauf anlegt, immer mit eigenen, menschlichen Intentionen belegen. Dazu trägt auch unser technologischer Fortschritt bei, das Wissen, dass wir unsere Umgebung formen, dass wir sie gestalten können.

Den Weltraum dagegen werden wir so schnell nicht erobern. Dort haben wir eigentlich überhaupt nichts zu suchen. Er ist die Unbrauchbarkeit in Vollkommenheit. Dies hilft uns, Abstand von unseren eigenen Intentionen zu bekommen, zu prüfen, wie tief diese eigentlich in unserer inneren Natur verwurzelt sind, zu vergleichen, kurzum: in unserem Leben Prioritäten zu setzen. Den Weltraum kann man in dieser Hinsicht als »letzte Wildnis« auffassen. Über die Wildnis schreibt der berühmte Bergsteiger und Abenteurer Reinhold Messner:

> Ständig in der Wildnis unterwegs und vor das Nichts gestellt, zwingt uns die Natur zur Besinnung auf uns selbst... Dabei bröckeln die vielen fragwürdigen Konventionen einer Gesellschaft, die lediglich funktioniert. Mit all der Entfremdung, Regelung und dem Konsum, der sie betäubt.[278]

Seine Erfahrungen in der Wildnis hat Messner natürlich auf der Erde gemacht, nicht als Astronaut. Die unmittelbare Erfahrung einer anstrengenden, vor allem gefährlichen Expedition ist mit Sicherheit ungleich intensiver als das Betrachten bloßer Bilder – wie spektakulär diese auch sein mögen – durchs Teleskop oder auch nur vom heimischen Schreibtisch aus. Der Unterschied ist zweifelsohne groß genug, dass der Vergleich sich eigentlich erübrigt. Das eine geschieht viel unmittelbarer als das andere und vor allem außerhalb sämtli-

cher Komfortzonen und menschengemachter Technologie. Die optische
Astronomie bietet nur leider keine bessere Möglichkeit, sich dieser Phänomene gewahr zu werden. Die Radioastronomie, welche Strahlung
im Frequenzbereich von Radiowellen untersucht und dafür Teleskope
in Form von Satellitenschüsseln verwendet, kann die elektromagnetischen Signale der Himmelskörper in Form von Klängen wiedergeben,
die auch sehr eindrucksvoll ausfallen können und bei aufmerksamer
Vertiefung seitens des Hörers ein faszinierend-unheimliches Gefühl
von den Naturgewalten dieser Weite erzeugen mögen. (Über einschlägige Multimedia-Webseiten sind derartige Aufnahmen jederzeit
abrufbar.) Es bleibt jedoch auch hier dabei, dass die Erfahrung immer nur mittelbar erfolgt, nämlich mittels Technologie, für den Laien
normalerweise vom Schreibtisch aus, bestenfalls in großformatigem
Druck im Museum. Im Fall der mittelbaren Betrachtung können
Erzeugnisse der Astronomie aber nach wie vor spektakulär wirken.
Sie verkörpern das Geheimnisvolle. Sie lassen uns das sehen, was
unser für das irdische Leben ausgestattete Körper allein nicht sehen
kann. So viel zum grundsätzlichen Status der Weltraumerscheinungen
im Vergleich zum Irdischen.

Der Begriff *Nebel* wurde bisher noch nicht definiert. Mit ihm können in der Astronomie verschiedene Objekte – Nichtdinge – gemeint
sein, nämlich im Grunde alle größeren freiäugig oder durchs Teleskop
beobachtbaren Erscheinungen, welche keine Sterne, Planeten oder
kleineren Himmelskörper sind. Darin enthalten sind diffuse Wolken
aus interstellarem Gas und Staub, die etliche Lichtjahre groß sein
können, räumlich ausgedehnte Überreste von Sternen (planetarische
Nebel und Supernovae), aber auch Strukturen, welche aus Sternen
gebildet werden, zu welchen unter anderem *Kugelsternhaufen* zählen
(kugelförmige Ansammlungen von gravitativ aneinander gebundenen Sternen, die aber deutlich kleiner sind als Galaxien) und eben
Galaxien. Dass diese letzteren Strukturen hier mitgezählt werden
ist historisch bedingt. Früher konnte man diese Erscheinungen noch
nicht weit genug auflösen, um zu erkennen, dass es sich lediglich um
Sterne handelt, die vom Beobachter so weit entfernt sind, dass sie
optisch zu einem einzigen Objekt zu verschmelzen scheinen. »Nebel«
wurden dann alle Objekte getauft, die nicht die klaren, deutlichen
Konturen beziehungsweise Leuchtkraft von Sternen aufwiesen. Der
Startpunkt für unsere Reise in den Weltraum sind die interstellaren
Wolken, die diffusen Nebel. In den einleitenden Worten zu diesem
Kapitel nahm ich auf sie bereits unausgesprochen Bezug. Fotografien

solcher Nebel wurden auf Seite 259 bis 261 präsentiert.

Was ist der Unterschied zwischen der Erscheinung einer Wolke auf Erden und einer im Weltraum? Zunächst einmal ist erstere der Gravitation unterworfen. Das ist, wie wir mittlerweile wissen, letztere natürlich auch, da »Schwerelosigkeit« an sich ein irreführender Begriff ist. Während eine Weltraumwolke frei fällt, wird der Fall einer irdischen Wolke jedoch abgebremst. Erst dadurch bekommt sie die Gravitation »zu spüren«. Aufgehalten wird ihr Fall durch dichtere Luftschichten, welche sich unterhalb von ihr ansammeln – auf die gleiche Weise wie Wasser, welches dichter ist als Luft, sich unterhalb der Luft ansammelt, oder wie bei manchen Cocktails verschiedene Flüssigkeitsschichten erkennbar bleiben. Ein weiterer Unterschied besteht in der Beleuchtung. Im Fall der irdischen Wolken ist es mit unserer Sonne *ein* Stern, von dem sie beleuchtet werden, im Fall der Nebel hingegen sind es *viele* Sterne. Nebel können zudem unterschiedlich auf die Bestrahlung reagieren: *Emissionsnebel* aus Gas werden von UV-Strahlung zur Fluoreszenz angeregt (und leuchten meist rot), *Reflexionsnebel* aus Staub reflektieren das Licht (und leuchten meist blau) und *Dunkelnebel* schließlich absorbieren es wie irdische Wolken. Erkennbar werden letztere erst indirekt, nämlich dadurch, dass die hinter ihnen zu erwartenden Sterne nicht gesehen werden können.

Der größte Unterschied zum Irdischen besteht aber zweifelsohne in der Masse und der räumlichen Ausdehnung. Erst dadurch erhalten die gewaltigen Nebel ihren majestätischen Charakter, ihre transzendente Anmut. Nebel sind der Sternenstaub, aus welchem Sterne entstehen. Sie können durch Gravitation unter ihrer eigenen Masse kollabieren. Sie enthalten das gesamte Material, aus welchem Sterne und Sternsysteme geboren werden. Wir können versuchen, uns das Ausmaß ihrer räumlichen Verteilung vorzustellen: *Da sie in der Regel nicht zu einem Stern kollabieren, sondern zu mehreren, waren die Nebel vor dem Kollaps so ausgedehnt, dass sie den gesamten Raum zwischen ebendiesen Sternen überbrücken konnten.* Ich erinnere hier an die Entfernung des von der Erde aus nächstgelegenen Sterns, Proxima Centauri, welche ab Seite 157 in der bildlichen Vorstellung des winzigen Miniatur-Vorgartens, der unser Sonnensystem darstellen sollte, diskutiert wurde. Der Stern ist von der Erde etwa eine Viertelmillion Mal so weit entfernt wie die Erde von der Sonne. Das ist wieder eine Zahl, bei der wir uns hoffnungslos verloren fühlen, und bei der wir uns lieber auf das stille Funkeln der Sterne am Nachthimmel besinnen würden, wie wir es mit bloßem Auge in einer klaren Nacht wahrnehmen. So unermesslich, wie diese Weite scheint, so unermesslich weit ist auch der Nebel, der Sternenstaub, welcher sich schließlich zusammenzieht und außer winzigen, aber kraftvoll strahlenden Sternen nur Leere zurücklässt, erfüllt höchstens von ein paar Planeten und ein wenig Gas und Gestein.

Solche gewaltigen Nichtdinge sind es, die sich vor unseren ungläubigen Augen zeigen, wenn wir uns den Erzeugnissen der Weltraumerforschung zuwenden. Sie wirken wie der Atem des hinduistischen Schöpfergottes Brahma – jetzt wieder mythologisch verstanden und nicht als metaphysische Weltseele Brahman (wobei die Erinnerung, die uns möglicherweise befällt, ja gerade die an den Atman – *Atem* – wäre). Man stelle sich vor, wie dieser Gott einatmet und in seiner Lunge die gewaltigen Nebel zu Sternen transformiert, zu brodelnden Hexenkesseln, welche dafür sorgen, dass im kalten und dunklen Weltall Leben möglich wird, dass dort ein strahlendes Licht aufgeht, welches die schummrigen Nebel bei Weitem überstrahlt. Anschließend atmet er aus, und die Sterne werden zerrissen, und ein neuer Nebel entsteht.

Für uns dauert dieser Vorgang Äonen; für ihn sind es Sekunden. Wir sind wie die Blutkörperchen in seinen Kapillaren, oder die elektrischen Impulse seiner Gedanken, oder vielleicht nicht einmal das. Für ihn sind wir vielleicht nur subatomare Quantensprünge, aber auch als solche bilden wir den Geist in seiner Schöpfung. Das Einatmen und Ausatmen bildet einen ewigen Kreislauf, welcher zum zyklischen Weltbild des Hinduismus doch passend erscheint.

So mystisch, so unbegreiflich wirken die Nebel, weil sie einen so großen Raum umspannen. Diese Nichtdinge zeichnen sich durch den Raum aus, durch das Nichts, wie es im obigen Spruch aus dem Tao Te King bereits angedeutet wurde: *in ihrem Nichts besteht der Nebel Werk*, könnte man sagen. Damit sie sich auf einen so großen Raum verteilen und gleichzeitig sichtbar bleiben können, muss eine entsprechende Menge an Materie vorhanden sein, welche eine ebenfalls entsprechende Trägheit besitzt. Diese Trägheit erkennen wir. Wir wissen um die Langsamkeit, mit der sich die Gestalt der Nebel über die großen Räume kaum merklich verformt. Wir wissen um sie, weil unser Gehirn die Naturgesetze kennt, und zwar besser, als wir meinen.

Sämtliche Prozesse, die dort ablaufen, dauern lange und können anhand irdischer Maßstäbe wohl am ehesten mit der Erosion und den tektonischen Plattenbewegungen verglichen werden. Letztere lässt Gebirge entstehen, erstere lässt sie wieder vergehen, in einem Kreislauf, welcher Jahrtausende und Jahrmillionen dauert. Während Gebirge massiv sind, erscheinen die Nebel jedoch geradezu feinstofflich, wie

»sublimierte Gebirge« also, oder eben wie sublimierte Sterne, was sie oftmals ja tatsächlich sind. Den Raum, den die Nebel umspannen, können wir nicht direkt wahrnehmen, doch er ist vorhanden. Wir spüren ihn intuitiv, denn sein Anblick zieht uns hinaus ins All wie der Brandungssog des Ozeans ins Meer. Unsere Vorfahren wussten noch nichts von diesem Raum, dessen Weite die menschliche Vorstellungskraft übersteigt. Doch auch sie spürten wohl diesen mystischen Sog, wenn sie zum Firmament empor blickten und, wie in den obigen suggestiv-spekulativen Fragen angedeutet, *erinnerten* sie sich vielleicht – dunkel, ahnend – und vielleicht tun wir das selbe.

Was für Klüfte tun sich da auf, was für Schlünde öffnen sich! Wo wir schon dabei sind, können wir noch einen Schritt weiter gehen, in noch größere Dimensionen, und gleichzeitig einen Schritt zurück, nämlich von der mittelbaren, technologischen Erfahrung zurück zu unseren unmittelbaren Sinnen.

Wenn es nachts klar genug ist, wenn der Mond sich zurückhält und wenn man sich nicht gerade in einer Großstadt befindet, dann lässt sich dort oben das Band der Milchstraße zumindest erahnen. Sehr einfach anvisieren lässt es sich zum Beispiel über die Verbindungslinie vom »Großen Wagen« (der kein eigenes Sternbild ist, sondern ein Teil des *Großen Bären*) zum Polarstern. Führt man diese noch ein Stück weiter, trifft diese in einem steilen Winkel auf die Milchstraße, welche kein Ende hat, sondern sich geradlinig über den gesamten Himmel erstreckt.

Sie erscheint bläulich-schummrig und kann leicht mit einer irdischen Wolke verwechselt werden, doch bei ausreichender Betrachtung merkt der geduldige Beobachter, dass von diesem Nichtding eine besondere Ruhe, eine besondere, eine unermessliche Tiefe ausgeht. Wolken ändern ihre Form außerdem relativ schnell, während die der Milchstraße selbstredend statisch erscheint. Auf der Nordhalbkugel schauen wir in Richtung Rand der Milchstraße, auf der Südhalbkugel dagegen in Richtung ihres helleren Zentrums, weshalb sie von dort aus besser zu sehen ist.

Ein gähnender Abgrund öffnet sich schließlich, wenn wir uns vorstellen, dass fast alles, was am Nachthimmel freiäugig zu sehen ist, bereits Teil dieses Bandes ist. Mit wachsendem Abstand verringert sich zwar die *scheinbare Helligkeit* eines Himmelskörpers, die Helligkeit, mit der wir diesen auf der Erde noch wahrnehmen, aber gleichzeitig verdichtet sich die Anzahl der Sterne, die in einem bestimmten Ausschnitt der Himmelskugel enthalten sind. Die Milchstraße nun erscheint sehr dunkel und sehr dicht, das heißt sie ist sehr weit weg – sehr, sehr weit. Am besten werden wir uns dessen gewahr, indem wir wie eben gesagt daran denken, dass wir uns bereits mitten *in* der Milchstraße befinden, und dass das auf alle Sternbilder ebenso zutrifft. Es gibt keinerlei Grenze zwischen den einzelnen, diskret verteilten Sternen am Himmel und der kontinuierlich wirkenden Milchstraße. Unser Gehirn kann diesen Aspekt nicht mehr umspannen; es scheitert daran, zu den auf der Netzhaut gesehenen zweidimensionalen Erscheinungen eine passende Vorstellung von der Tiefe zu konstruieren und Sterne und Milchstraße so miteinander in Verbindung zu bringen. Doch der Gedanke zeigt, in welche Richtung das Schauspiel am Himmel geht. Er zeigt, von welcher Art, von welcher Natur es ist: Es ist ein Schauspiel der Götter, nicht der Menschen, und es ist ein Schauspiel der unermesslichen Leere und Weite des Weltalls.

...und der Authentizität

Sichtbares Licht ist elektromagnetische Strahlung, deren Wellenlänge in einem bestimmten Bereich liegt, nämlich zwischen $400 nm$ (nm = Nanometer, ein Nanometer entspricht einem Millionstel Millimeter) und $700 nm$. Das ist der Bereich, den unsere Augen verarbeiten können, weshalb er auch als *sichtbarer Bereich* des elektromagnetischen Spektrums bezeichnet wird. Unmittelbar oberhalb dieser Wellenlänge (bei geringerer Energie) befindet sich die Infrarotstrahlung, unterhalb von ihr (bei höherer Energie) liegt der Ultraviolett-Bereich. Infrarotstrahlung nehmen wir, wie im vorherigen Kapitel erläutert wurde, als Wärme wahr. UV-Strahlung hingegen macht sich erst verzögert durch Sonnenstich, Sonnenbrand, Bräune, oder noch verzögerter durch Hautkrebs bemerkbar.

Je heißer ein Körper ist, desto kürzer sind die Wellenlängen der von ihm emittierten Strahlung. Wird der Körper heiß genug, emittiert er thermische Strahlung auch im sichtbaren Bereich, was wir dann als Glühen wahrnehmen können. Wird er noch heißer, dringt, wie im Fall der Sonne, die Emission sogar bis in den UV-Bereich vor. Nach oben ist hier keine Grenze gesetzt. Eisen glüht rot, wenn es heiß ist, die Flammenfärbung eines Bunsenbrenners hängt von seiner Temperatur ab, und die Sonne leuchtet gelblich-weiß, weil ihre Oberfläche heiß genug ist, um alle Farben mehr oder weniger gleichmäßig abzudecken.

Dass unsere Augen diese thermische Strahlung erst bei »überirdisch« hohen Temperaturen wahrnehmen, ist evolutionsbedingt. Schlangen beispielsweise können Infrarotstrahlung sehen und verfügen damit auch über Nachtsicht. Für uns reicht es, die Infrarotstrahlung über die Wärmeempfindung unseres Körpers wahrzunehmen, und was die UV-Strahlung betrifft, da müssen wir eben aufpassen.

Eine Infrarot- oder auch Wärmebildkamera macht unseren Augen mittels *Falschfarben* den Infrarotbereich zugänglich. Sie ist so konstruiert, dass sie die Infrarotstrahlung anhand der Wellenlängen charakterisiert, analog zu unserem Auge, welches die Wellenlängen von sichtbarem Licht so charakterisiert, dass sie in unserem Gehirn als verschiedene Farben interpretiert werden können. In einem digitalen Prozess wird jeder Infrarot-Wellenlänge dann eine sichtbare Farbe zugewiesen, welche auf einem Bildschirm angezeigt wird. Angefangen bei »schwarz« werden hierbei meist als kalt empfundene Farbtöne für kühlere Bereiche verwendet und als warm empfundene Töne für heiße Bereiche, wobei »weiß« das Maximum darstellt.

In der Astronomie werden bei der Aufnahme von Bildern verschiedene Bereiche des elektromagnetischen Spektrums verwendet. Man könnte sagen, dass der Fantasie hierbei keine Grenzen gesetzt seien: Neben der sichtbaren und Infrarotstrahlung, welche oben diskutiert wurde, wird zum Beispiel auch der Röntgenbereich berücksichtigt (welcher noch energetischer ist als UV-Strahlung), oder Radiowellen (welche sehr energiearm sind). Sichtbar gemacht werden sie dann mittels Falschfarbendarstellung, wie es auch bei Bildern von Nebeln der Fall ist, welche andere Farbtöne als rot, blau und deren Mischungen zu enthalten scheinen. Wie gesagt lassen sich vor allem Radiowellen auch hörbar machen.

Neben der bei Falschfarben beliebig wählbaren Farbskala können auch mehrere Bilder miteinander kombiniert werden, eine Technik, die jener der modischen Hochkontrastbilder (HDR, »high dynamic range«) ähnelt, mittels welcher Szenerien auf eine surreal anmutende Weise präsentiert werden können. Bei HDR-Bildern werden mehrere Aufnahmen ein und desselben Motivs angefertigt, welche sich voneinander in der Helligkeit unterscheiden. Werden diese Bilder anschließend auf geschickte Weise digital überlagert, können Helligkeitskontraste detailreicher wiedergegeben werden, als sie das menschliche Gehirn für gewöhnlich empfindet. Auch in der Astronomie müssen kombinierte Bilder nicht zwangsläufig weit voneinander entfernten Spektralbereichen entstammen, sondern können beispielsweise auch – klassisch und unkompliziert im sichtbaren Bereich – aus separaten Aufnahmen mit verschiedenen Farbfiltern entstehen.

Handelt es sich bei solchen Bildern nun um Fälschungen? Keineswegs, denn was hätten wir davon, eine Gegebenheit möglichst naturgetreu wiederzugeben, wenn sie dadurch unseren Sinnen weitgehend oder sogar gänzlich verborgen bliebe? Das Wunderbare, was die Astronomie für uns sichtbar macht, ist ja gerade das Verborgene, was wir ohne Hilfsmittel sonst nicht erkennen könnten.

Dass das Objekt, welches wir auf dem Foto sehen, nicht unmittelbar »real« ist, wissen wir bereits dadurch, dass es sich um ein Foto handelt. Dieses Foto ist jedoch ein *Stellvertreter* für das reale, auf ihm präsentierte Objekt, und diesem Objekt nachzuspüren, ihm nachzufühlen, ist dann Aufgabe unserer Vorstellungskraft, welche angetrieben wird von der Resonanz, die der zweidimensionale und auch auf manch andere Weise reduzierte, »gefälschte« Anblick in uns auslöst.

Bereits beim Blick durchs Teleskop erscheint dem Betrachter die Situation weniger wirklich als bei freiäugiger Beobachtung, verflacht, fast wie ein Foto. Und wenn eine werdende Mutter zum ersten Mal ihren Nachwuchs mittels Ultraschall auf einem Monitor erblicken kann, weiß sie schließlich auch, dass es sich bloß um ein Abbild ihres Kindes handelt; trotzdem reagiert sie emotional.

Wichtig ist in diesem Fall, was im verborgenen Inneren ihres Körpers geschicht. Das Bild in der äußeren Realität ist in diesem Fall eine Reflexion, ein Echo des inneren Vorgangs, bei welchem es sich um nichts Geringeres als das Wunder des Lebens handelt.

Letzten Endes sind unsere eigenen Sinne, der ganze Bereich der Welt, den wir sinnlich erfassen können, äußerst beschränkt, während es die Naturgesetze nicht sind. Die Naturgesetze zeichnen sich ja gerade dadurch aus, dass sie – erfahrungsgemäß – universell sind. Mit ihrer Forderung nach der Reproduzierbarkeit von experimentellen Befunden baut die gesamte Physik auf dieser Prämisse auf. Im Gegensatz zu von Menschenhand erschaffenen Gesetzen können sie nicht »verletzt« werden, nicht einmal umgangen. Wenn das doch einmal geschehen sollte, stellt auch dies keine Verletzung der Gesetze dar, sondern liegt daran, dass die bisher entdeckten Gesetze nicht so universell oder fundamental sind, wie bisher angenommen wurde. Ein gängiges Beispiel hierfür wäre die Modifikation und Erweiterung von Newtons Gravitationstheorie durch die ART; ein deutlich exotischeres würde beispielsweise die hypothetische Modifikation des quantenmechanischen Indeterminismus durch den Geist darstellen, wie ich sie im vorherigen Kapitel ersann.

Zahlreiche, wenn nicht alle Schönheitsempfindungen in uns basieren auf unserer inneren Resonanz mit diesen Gesetzen, mit den Proportionen, durch die sie sich in dem uns zugänglichen Teil der Welt manifestieren. Wenn diese gigantischen Objekte, die sich weit außerhalb unserer Reichweite befinden, in uns eine ähnliche Resonanz auslösen, dann ist das schön. Dann sind wir fasziniert davon, dass wenigstens ein Teil von ihnen, ein Aspekt an ihnen – eventuell auch alles an ihnen, als Erinnerung – auch in uns zu finden ist, denn sonst käme es schließlich zu keiner Resonanz. Daran, mittels Falschfarben oder anderer Methoden die Schönheit und Erhabenheit der Natur zu filtern, zu kristallisieren, sie sozusagen *in eine Sprache zu übersetzen, die unseren Sinnen verständlich wird*, ist zunächst nichts Verwerfliches. Es gibt keinen Grund, die Manipulation eines Fotos prinzipiell zu verurteilen, aber die Erweiterung unserer Sehfähigkeit durch der Verwendung eines Teleskops zur Beobachtung weit entfernter Himmelskörper nicht, oder auch die Übersetzung eines chinesischen Buchs ins Deutsche. Das wäre eine Art Doppelmoral, während der einzige konsequente Schluss wäre, alle »Sinnestäuschungen« abzuschaffen, alle Kunst, alle Symbole, alle Metaphern, alle Abbilder, im weitest möglichen Sinn vielleicht alle Kultur. Das wäre absurd.

Bei der Manipulation eines Bildes ist jedoch darauf zu achten, das Objekt immer noch als eine glaubwürdige Naturerscheinung zu vermitteln. Werden die Farben allzu bunt, die Kontraste allzu krass gewählt – wird der Erscheinung alles Sublime, alles authentisch Mystische genommen, um sie verdaulicher, konsumierbarer zu machen in dem (eventuell unbewussten) Versuch, den Betrachter von der Notwendigkeit seiner eigenen Vorstellungskraft (seiner eigenen Erinnerung-Erkenntnis) zu erleichtern, indem man ihm alles auf dem Präsentierteller serviert – dann verlieren die Bilder ihren Wert, dann muten sie eher an wie billige Leuchtreklame denn wie Wunder der Natur. Genau wie sämtliche Kunst und Musik können auch Fotos, die ohne künstlerische Intention gemacht wurden, Konzentration, Meditation erfordern. Sie können erfordern, dass der Betrachter etwas investiert, um später so viel mehr zurückzubekommen, dass er in sich selbst Perlentauchen geht, anstatt die Austern im Supermarkt zu besorgen.

Bei den aus Gas und Staub bestehenden diffusen Nebeln wird fast immer mit Falschfarben gearbeitet, was jedoch nicht nur am Spektralbereich des emittierten Lichts liegt, sondern auch an der Helligkeitsverteilung. Die Kontraste der Natur sind intensiver als die, welche auf einem Foto oder Bildschirm abgebildet werden können, denn bei der Abbildung sind *in puncto* Helligkeit stets Grenzen nach unten und nach oben gesetzt. Im Gegensatz zu Nebeln erscheinen Galaxien auch im sichtbaren Bereich prachtvoll – schließlich enthalten sie Milliarden von leuchtenden Sternen.

12.

Vom Leben und Sterben der Sterne

Es ist alles aus Staub geworden und wird wieder zu Staub.

~ aus dem Buch *Kohelet* (Koh 3, 20)

Sterne entstehen. Sterne vergehen. In der langen Zeit, welche dazwischen liegt, wandeln sie mittels Kernfusion Masse in Energie um. Ihr Werdegang weist verdächtige Ähnlichkeiten zum Leben und Sterben eines Lebewesens auf. Hier stellt sich wieder die Frage nach der Entropie beziehungsweise Negentropie, und während man zunächst meinen könnte, dass ein an einem Punkt im Raum lokalisierter Stern – ganz wie ein im Wasser lokalisierter Eiswürfel – eine höhere Negentropie besäße als ein diffus und eben *unordentlich* verteilter Nebel, ist das tatsächlich nicht der Fall. Das hängt, wie wir noch sehen werden, mit der Gravitation zusammen, welche wir bei sämtlichen vorherigen Überlegungen zur Entropie noch außer Acht gelassen hatten.

Der Aufbau von Sternen ist eigentlich nicht sonderlich komplex, da die Gravitation jeden aufkeimenden Trieb der Komplexität ohnehin zerquetschen würde. Nicht nur auf biologischer, sondern auch auf physikalischer Ebene wird die Vorstellung eines Sterns als Lebewesen somit unhaltbar, aber der Kreislauf von Werden und Vergehen, von Geburt und Tod zeigt sich bei diesen massiven Geschöpfen doch auf eine archetypische Weise, die aufgrund der schieren Größe der an ihr beteiligten Kräfte so eindrucksvoll ist wie vielleicht nirgendwo sonst im Kosmos. »Geschöpf« ist hier freilich im weitesten Sinn zu verstehen – als Entität, die innerhalb der Schöpfung existiert.

Sternenstaub

Wie bereits erwähnt entstehen Sterne aus diffusen Nebeln, aus Wolken interstellarer Materie. Die Kraft, welche die Wolken zu Sternen kollabieren lässt, ist die Gravitation. Jedes Teilchen in der Wolke zieht jedes andere Teilchen an. Im Mittel hat das zur Folge, dass sich im Zentrum der Wolke die auf einzelne Teilchen wirkenden Gravitationskräfte gegenseitig ausgleichen, während die Teilchen am Rand nach innen gezogen werden. Dabei ist zu beachten, dass die Stärke der Gravitation mit der Entfernung zwischen den Teilchen abnimmt.

Die Gravitation hat mit der thermischen Bewegung allerdings einen nicht zu unterschätzenden Gegenspieler. Wir dürfen nicht vergessen, dass wir es hier mit Gas oder Staub *im Vakuum* zu tun haben. Durch die Wärme, welche auf molekularer Ebene nur kinetische und potenzielle Energie sowie Strahlung ist, die die Teilchen im Wechselspiel untereinander austauschen, werden die Teilchen in einem gleichmäßig verteilten Gas hin und her gestoßen. Befindet sich ein Teilchen nun am Rand einer Gaswolke, hämmern von innen lauter Teilchen auf dieses ein, während von außen nur noch wenige dagegenhalten. Die Folge ist, dass das betrachtete Teilchen mit Wucht nach außen geschleudert wird. Aus diesem Grund – und aus keinem anderen – hat Gas das Bestreben, sich ins Vakuum beziehungsweise in Gebiete geringeren Drucks auszubreiten.

Für das Verständnis ist es an dieser Stelle förderlich, sich bewusst zu werden, dass das Vakuum entsprechend keine Kraft besitzt, mit welcher es Materie »in sich hineinsaugt« oder ähnliches. Ganz im Gegenteil ist es eigentlich so, dass im Vakuum lediglich die Teilchen *fehlen*, um gegen den Druck des Gases von der anderen Seite ankämpfen zu können. Das ist die wahre Natur des Unterdrucks. Wenn wir Schwierigkeiten haben, ein frisches Gurkenglas zu öffnen, besteht das Problem also nicht darin, dass der Unterdruck den Deckel »festhält«, wie es sich für uns anfühlen dürfte, sondern darin, dass der Luftdruck *von außen* den Deckel herunterdrückt. Im Inneren des Glases fehlen dann lediglich die für einen ausreichenden Gegendruck notwendigen Teilchen, und beim nachmittäglichen Weltraumspaziergang könnte jeder Astronaut das Glas, welches er beim Frühstück auf der Erde noch nicht öffnen konnte, nun problemlos öffnen. Es bedeutet außerdem, dass ein Staubsauger eigentlich keine Luft einsaugt, sondern dass die Luft von der im Raum befindlichen Luft in den Staubsauger »geschoben« wird. Genauso atmen wir eigentlich keine Luft aktiv ein, sondern werden von ihr »druckbetankt« wie von einer Luftpumpe, während wir durch die Dehnung unserer Lunge nur für eine verringerte Teilchendichte in unseren Atemwegen sorgen.

Nun können wir erahnen, dass beim Kollaps eines Nebels ein großes Kräftemessen vonstattengeht. Zwar wird die Gravitation stärker, je näher sich die Teilchen beim Kollaps kommen. Mit zunehmender Kompression nimmt die Temperatur der Wolke jedoch ebenfalls zu; der thermische Gegendruck, welcher sich aus der thermischen Bewegung der Teilchen – dem *Gasdruck* – einerseits und aus dem *Strahlungsdruck* andererseits zusammensetzt, wird immer heftiger.

Im *Jeans-Kriterium* nach Sir James Hopwood Jeans (1877-1946) ist eine für den Kollaps einer Gaswolke theoretisch notwendige Mindestmasse festgelegt. Diese wächst erwartungsgemäß mit der Temperatur der Wolke und sinkt mit Erhöhung ihrer Dichte. In der Praxis kann es zu Abweichungen nach unten und nach oben kommen, da die Wolke nicht perfekt kugelförmig und homogen ist, und da sie von ihrer Umgebung beeinflusst werden kann.

Was bisher vernachlässigt wurde, ist die Abkühlung der Wolke durch die Emission von thermischer Strahlung, welche bei hinreichend geringer Dichte auch aus den inneren Regionen der Wolke entweichen kann, ohne von anderen Teilchen direkt wieder absorbiert zu werden und auf diese Weise innerhalb der Wolke zu verbleiben. Zunächst bleibt die Temperatur durch diese Abkühlung tatsächlich in etwa konstant. Da die Dichte gleichzeitig größer wird, sinkt die für den Kollaps notwendige Mindestmasse jedoch mit der Zeit, was zur Folge hat, dass verschiedene Gebiete der Wolke wie einzelne Wolken kollabieren können, wobei es zur Entstehung mehrerer Sterne kommen kann. Hierzu tragen vermutlich aber auch noch andere Prozesse bei. Wie dem auch sei: Je dichter die Wolke wird, desto schlechter kann Strahlung aus ihrem Inneren entweichen. Das hat zur Folge, dass sie sich am Dichtemaximum, also in ihrem Zentrum, nun endgültig stark aufheizt, während in den Randgebieten noch Energie abgestrahlt werden kann. Irgendwann wird der thermische Gegendruck dann groß genug, um den weiteren Kollaps durch Gravitation aufzuhalten. Im Inneren bildet sich ein Gleichgewichtszustand heraus, der als *Protostern* bezeichnet wird und in der Abbildung skizziert ist. Seine Masse beträgt typischerweise etwa ein Hundertstel der Sonnenmasse. Da der Kollaps der Gaswolke innen aufgehört hat, außen jedoch fortdauert, kann der Protostern noch weiter wachsen.[279]
Sterne können vor allem in Dunkelnebeln entstehen. Da deren Inneres nach außen gleichsam abgeschirmt ist, sind sie vor der energetischen Anregung durch interstellare Strahlung geschützt. Die in ihnen enthaltenen Staubteilchen können so sehr stark abkühlen, was sie wiederum empfänglich für thermische Anregungen macht. Diese Energie wiederum kann in Form von langwelliger Infrarotstrahlung emittiert werden, für welche die Dunkelnebel in Gegensatz zum sichtbaren Licht durchlässig sind, sodass sie mehr oder weniger ungehindert nach außen entweichen kann.

Protostern mit rotierender Umgebung

Wir basteln uns ein Sternsystem

Durch die obige Betrachtung konnte noch nicht im Geringsten geklärt werden, wie mit einem Stern auch Planeten entstehen können, wie es kommt, dass diese Planeten diesen Stern umkreisen und wie es kommt, dass ein Stern sich wie die Planeten auch um seine eigene Achse dreht.

Sicherlich haben Sie, lieber Leser, schon einmal die Erfahrung gemacht, dass Sie sich bei einer Rotationsbewegung um ihre Längsachse schneller drehen können, je schmaler Sie sich machen. Prädestiniert für einen Selbstversuch sind entsprechende Geräte auf dem Spielplatz oder ein Bürostuhl. Hervorragend sehen lässt sich dieser Vorgang auch bei einer Eiskunstläuferin, welche eine Pirouette vollführt. Bei manchen Pirouetten wird das freie Bein erst seitlich ausgestreckt; je weiter es herangezogen wird, desto schwindelerregender wird dann die Drehung. Physikalisch beschreiben lässt sich dieser Vorgang durch den *Drehimpuls*, welcher in einem abgeschlossenen System eine Erhaltungsgröße darstellt, also immer konstant bleibt. Eine Masse trägt stärker zum Drehimpuls bei, je weiter sie von der Drehachse entfernt liegt. Gleichzeitig wächst der Drehimpuls mit der Frequenz der Drehung. Da der Drehimpuls erhalten bleibt, ist ein Heranziehen der Masse an die Drehachse also mit einer Beschleunigung der Drehung verbunden.

Damit ein Drehimpuls vorhanden ist, muss keine starre Drehung vorliegen in dem Sinn, dass jedes Teilchen gleichmäßig um die selbe Drehachse rotieren würde, oder dass überhaupt eine Drehbewegung erkennbar sein müsste. Es ist bereits ausreichend, wenn sich größere Gebiete des Nebels in unterschiedlicher Richtung bewegen, was in der Realität immer irgendwie gegeben ist. Nicht zu vergessen ist dabei, dass der Nebel sich beim Kollaps, von einem großen Raum ausgehend, auf einen äußerst kleinen Raum zusammenzieht. Im Vergleich zum Ausgangszustand entsteht dabei eine kosmische Pirouette, um die ihn jede Eiskunstläuferin nur beneiden kann. Ist der Drehimpuls sehr hoch, kann die Zentrifugalkraft, welche die Teilchen erfahren, sogar dafür sorgen, dass sie der Gravitation entgegenwirkt und, wie der thermische Druck, den Kollaps verlangsamt. Unbedingt ist bei der Verwendung des Begriffs »Zentrifugalkraft« allerdings anzumerken, dass diese keine echte Kraft darstellt, sondern lediglich eine *Scheinkraft*. Das heißt, dass sie nur in *beschleunigten* Bezugssystemen auftritt und somit nicht mit einer physikalischen *Wechselwirkung*, sondern mit der *Beschleunigung des Systems* zusammenhängt. In Wahrheit gibt es nur eine *Zentripetalkraft*, welche uns auf die Kreisbahn zwingt, und unsere eigene Trägheit, welche diesem Zwang zu widerstreben versucht. Wenn wir in einem Auto um die Kurve fahren, sind schließlich nicht wir es, die nach außen drücken und den Geschwindigkeitsvektor des Autos ändern (auch noch in die unserem Druck entgegengesetzte Richtung), sondern es ist natürlich das Auto, welches *uns* um die Kurve zwingt und *unseren* Geschwindigkeitsvektor ändert. Da aber Kraft und Beschleunigung stets parallel zueinander sind, kann die Zentrifugalkraft somit keine echte Kraft sein. Andernfalls müsste die Zentrifugalkraft in einer Linkskurve das Auto nach rechts lenken, was sich von selbst widerlegt.

Je weiter ein Nebel kollabiert, desto mehr bildet sich ein kugelförmiger Protostern heraus, der um eine festgelegte Achse rotiert. Mit schneller werdender Rotation geht die um ihn herum rotierende Restwolke, von der ursprünglichen Kugelform ausgehend, immer weiter in die Form einer Scheibe über, deren Drehachse mit der Drehachse des Sterns identisch ist. Das liegt daran, dass die Gravitation in der Ebene der Scheibe immer mehr als Zentripetalkraft wirkt und somit keine Abstandsänderung zur Drehachse mehr bewirkt. In der Dimension senkrecht zur Scheibe findet jedoch keine Drehung statt, sodass die

Teilchen geradlinig ins gravitative Zentrum stürzen, welches in dieser Richtung ja gerade durch die Ebene der Scheibe gegeben ist. Auf diese Weise sammelt sich in der *protoplanetaren Scheibe* Materie an. Diese Erklärung mag kompliziert anmuten; anschaulich gesprochen ähnelt der Vorgang dem einer Kugel aus sehr elastischem Material, welche auf einem Stab befestigt und anschließend in Rotation versetzt wird. Rotiert der Stab schnell genug, verformt sich die Kugel zur Scheibe. Der wesentliche Unterschied zum jungen Sternsystem besteht hier lediglich darin, dass die verbindende Kraft in jenem Fall die langreichweitige Gravitation ist, in diesem dagegen die kurzreichweitige molekulare Verbindung zwischen den Teilchen.

Die Hypothese, dass Sternsysteme aus solchen protoplanetaren Scheiben aus Staub und Gas entstehen, reicht historisch zurück bis zu Immanuel Kant (1724-1804) und Pierre-Simon Laplace (1749-1827). Wie Sterne entstehen, weiß man mittlerweile relativ genau, aber die Entstehung von Planeten ist im Detail noch nicht restlos verstanden, weil man es mit einem heillosen Durcheinander von Materie verschiedener Art zu tun hat. Dennoch lässt sich grob beschreiben, was in etwa passiert.

Durch Turbulenzen innerhalb der Scheibe wird Drehimpuls »nach außen transportiert« (indem innere Teilchen kinetische Energie an äußere abgeben), was zur Folge hat, dass innen befindliche Teilchen langsamer werden, in Richtung Stern stürzen und von ihm gleichsam »gefressen« werden. Der Rest trägt zur Planetenentstehung bei.

Typischerweise ist im Vergleich zur Gasmenge nicht viel Staub in der Scheibe vorhanden, nur etwa ein Prozent. Nach und nach klumpen die zuvor verstreuten, einsam im Raum verteilten Staubteilchen jedoch durch Stöße zusammen. Durch die in der dichten Scheibe wirkenden Kräfte kann außerdem neuer Staub gebildet werden, und Gas kann an den Staubteilchen kondensieren. Wachsen die Staubklumpen in einem äußerst langsamen Prozess zunächst durch elektrostatische Wechselwirkungen, wird die Anhäufung ab einer ausreichenden Teilchenzahl merklich durch die Gravitation unterstützt, welche das Wachstum dann rapide beschleunigt. Die Ausdehnung dieser *Planetesimalen* liegt in der Größenordnung von einigen Kilometern. Die Planetesimale wachsen auf diese Weise zu *Protoplaneten*, in welchen die Gravitation die schweren Materialien nach innen sinken lässt.[280] Des Weiteren sorgt ab einem Durchmesser von etwa 400 Kilometern die Gravitation dafür, dass der Himmelskörper eine Kugelgestalt annimmt.

Dass in unserem Sonnensystem die terrestrischen Planeten Merkur, Venus, Erde und Mars weiter innen liegen als die Gasriesen Jupiter, Saturn, Uranus und Neptun, ist vermutlich kein Zufall. Es liegt jedoch nicht etwa daran, dass Festkörper, da sie schwerer sind als Gasmoleküle, sich bei der Planetenentstehung tendenziell weiter innen um den Stern bewegen würden – denn alle Körper fallen im Vakuum schließlich gleich schnell, und der Radius einer kreisförmigen (in Wahrheit leicht elliptischen) Umlaufbahn hängt, wie sonst auch, allein von der Geschwindigkeit des Teilchens ab, nicht von seiner Masse. Hierbei ist es zunächst egal, ob dieses Teilchen ein winziges Wasserstoffmolekül oder ein Brocken von tausenden Kilometern im Durchmesser ist.

Stattdessen ist bei der Bildung der Protoplaneten weiter außen wohl schlichtweg noch mehr Gas enthalten als innen. Sämtliche Gasriesen bestehen nicht komplett aus Gas, sondern besitzen einen festen Kern, der im Fall von Jupiter sogar in etwa so groß ist wie die Erde. Gasplaneten sind sie lediglich, weil das Gas den Löwenanteil ihrer Masse ausmacht. Die Frage muss also lauten, warum die terrestrischen Planeten *keinen* solchen Gasmantel besitzen wie die Gasriesen.

Möglicherweise ist der *Sternwind* des neugeborenen Sterns für die Abwesenheit des Gases in den Innenbezirken des Sternsystems verantwortlich. Beim Sternwind (im Fall unserer Sonne dem »Sonnenwind«) handelt es sich um einen vom Stern ausgehenden Teilchenstrom, der imstande ist, leichte Gasmoleküle fortzustoßen. Mit wachsender Entfernung vom Stern verteilt er sich auf einen größeren Raum und wird dadurch schwächer.

Nun ist es allerdings so, dass viele Gasriesen-Exoplaneten entdeckt wurden, die ihren Stern sehr dicht umkreisen, was der Theorie mit dem Sternwind widerspricht – andererseits sind natürlich große Gasplaneten leichter zu entdecken als kleine terrestrische Planeten. Wie gesagt ist die Planetenentstehung eine komplexe Angelegenheit, deren Modelle noch nicht bis ins letzte Detail als einwandfrei und akkurat gelten können.

Im Hexenkessel

Wenden wir uns wieder dem eigentlichen Zentrum des Geschehens zu, dem Stern. In unserem Sonnensystem wiegt die Sonne etwa 700 mal so viel wie alle Planeten zusammen. Damit einhergehend ist die Gravitation an ihrer Oberfläche etwa 28 mal so stark wie auf der Erde, was zur Folge hat, dass die äußeren Schichten mit einem gewaltigen Druck auf den inneren lagern.

Damit ein Stern am Himmel erstrahlt, muss die Temperatur im Inneren groß genug werden, um die Bedingungen für *Kernfusion* zu erfüllen. Die im Kern erzeugte Energie heizt dann auch die äußeren Bereiche des Sterns auf und lässt an seiner Oberfläche die Wärmeemission in den sichtbaren Bereich gelangen und darüber hinaus, also in den UV-Bereich.

Kernfusion stellt das Gegenstück zur radioaktiven Kernspaltung dar. Während bei der Kernspaltung, wie sie in Atomkraftwerken geschieht, ein Atomkern in zwei leichtere Kerne gespalten wird, werden bei der Kernfusion zwei Atomkerne zu einem schwereren zusammengefügt. Nun wird bei *beiden* Prozessen Masse in Energie umgewandelt, ohne dass dabei Materie verlorenginge, und dass dies in beiden Fällen möglich ist, erscheint zunächst paradox; das *perpetuum mobile* widerspricht den Gesetzen der Physik.

Die Erklärung hierfür ist, dass Energiegewinnung durch Kernspaltung nur mit schweren Kernen möglich ist, solche durch Kernfusion dagegen nur mit leichten Kernen. Die jeweilige Energiebilanz (positiv oder negativ) ergibt sich aus den speziellen Eigenschaften der Kerne. Die Grenze zwischen »schwer« und »leicht« liegt hier bei bestimmten Isotopen von Eisen und Nickel, also um eine Nukleonenzahl (das heißt »Summe von Protonen- und Neutronenzahl«) von 60 herum. Für die Kernfusion sowohl in Sternen als auch in der langwierigen Entwicklung von Fusionsreaktoren sind zunächst allerdings die beiden leichtesten Elemente des Periodensystems am interessantesten: Wasserstoff und Helium.

Bei Sternen, die schwer genug sind – unsere Sonne zählt nicht zu ihnen – steigt die Dichte im Inneren so weit an, dass neben dem thermischen Gegendruck noch ein quantenphysikalischer Effekt dem gravitativen Kollaps entgegenwirkt und den Stern somit stabilisiert: Werden die Atome stark genug aneinander gepresst, kommt es zu einer Überlappung der Wellenfunktionen der Elektronen, welche für die leichten und flüchtigen Elektronen relevant wird. Durch die sich überlappenden Wellenfunktionen erhalten die Elektronen die »Fähigkeit«, sich mit zunehmend relevanter Wahrscheinlichkeit im gesamten Stern aufzuhalten. Da sie sich frei bewegen können, spricht man von einem Elektronengas. Aufgrund des *Pauli-Prinzips*, welches in diesem Fall besagt, dass zwei Elektronen sich in einem quantenphysikalischen System nicht im exakt gleichen Zustand befinden können, müssen die Elektronen höhere Energieniveaus besetzen. Das liegt daran, dass hier jedem Zustand genau ein Energieniveau zugeordnet werden kann. Ein Energieniveau ist nichts anderes als die Gesamtenergie, welche ein Teilchen, in diesem Fall eben ein Elektron, besitzt. In einer sehr groben Veranschaulichung könnte man sagen, dass die Elektronen, die vorher nebeneinander auf dem Fußboden herumlagen, nun übereinandergestapelt werden, was Energie erfordert. Diese Situation findet man bereits im gewöhnlichen Atom vor, wo die Elektronen nach und nach die verschiedenen »Schalen«, die Orbitale, auffüllen – aus Sicht der Elektronen wird nun, stark vereinfacht gesprochen, der ganze Stern zu einem einzigen Atom. Die Kraft, die notwendig wird, um den Stern noch weiter zusammenpressen zu können, steigt aufgrund der höheren kinetischen Energien an. Materie, in der quantenphysikalische Effekte für eine Abweichung vom klassischen Verhalten sorgen, heißt *entartete Materie*, und der zusätzlich zum thermischen Gegendruck entstehende Druck heißt *Entartungsdruck*.[281]

Erinnern wir uns daran, dass auf mikroskopischer Ebene, also für einzelne Teilchen, keine Wärme existiert, weil diese erst in Wechselwirkungen mit einer Vielzahl von anderen definiert (und empfunden) werden kann. Für einzelne Teilchen existiert nur kinetische Energie, welche durch zahllose Stöße mit anderen Teilchen ausgetauscht und variiert wird. Je höher die Temperatur ist, desto größer wird allerdings die Wahrscheinlichkeit, dass beim Zusammenprall zweier Atomkerne die kinetische Energie ausreicht, um die elektrische Abstoßung zwischen ihnen zu überwinden. Die elektrische Abstoßung kann als überwunden gelten, sobald sich die Kerne so nah kommen, dass zwischen ihnen die von den Gluonen vermittelte starke Wechselwirkung für den Zusammenhalt sorgen kann. Anschaulich kann man sich den Atomkern hier vorstellen als einen Skateboarder, welcher die Seite einer »Half Pipe« hinauf rollt. Um nach oben zu gelangen, braucht dieser eine gewisse kinetische Energie, eine ausreichende Geschwindigkeit also, die wir ihm in unserer Vorstellung mal gönnen wollen. Oben wartet dann ein Freund von ihm, der andere Atomkern, welcher ihn am Handgelenk packt und so verhindert, dass er wieder zurückrollt. Dieser Handgriff repräsentiert die starke Wechselwirkung, die Half Pipe (in dieser Vorstellung also die Gravitation) repräsentiert die elektrische Abstoßung. Für die klassische Betrachtung ist dieses Bild zwar nicht exakt, aber ausreichend. Was jedoch auch noch eine wesentliche Rolle spielt, ist wieder ein quantenphysikalischer Effekt, nämlich der *Tunneleffekt*. Dieser sorgt dafür, dass energetische Barrieren mit einer gewissen Wahrscheinlichkeit kurzzeitig vom Teilchen »ignoriert« und auf diese Weise überwunden werden können. Es ist, als ob ein Tunnel durch die Barriere aus potenzieller Energie führen würde – daher der Name. Die Wahrscheinlichkeit für das Tunneln wird geringer, je größer die Barriere wird. Im obigen Bild können wir uns das vorstellen wie ein übernatürliches »Flackern« der Position des Skateboarders nach oben und unten, wie ein »Fehler in der Matrix«, wodurch er hin und wieder die Gelegenheit bekommt, die ersehnte Hand seines Freundes zu packen, selbst, wenn seine anfängliche Geschwindigkeit dafür eigentlich zu gering wäre.[282]

Ab einer Temperatur von etwa 6 Millionen Grad Celsius setzt das Deuteriumbrennen ein, die niederschwelligste der Fusionsreaktionen. *Deuterium* ist Wasserstoff, der neben einem Proton im Kern – welches stets die chemischen Eigenschaften des Elements festlegt – auch ein Neutron besitzt. Ein Deuteriumkern und ein Proton verschmelzen dann zu einem Heliumkern samt frei werdender Energie in Form eines hochfrequenten Photons. Da dieser Heliumkern drei Nukleonen besitzt, heißt er Helium-3.

Um die Elektronen muss man sich bei diesen Temperaturen zunächst keine Gedanken machen, da die Materie ionisiert vorliegt, das heißt, die Elektronen sind von den deutlich schwereren Kernen dissoziiert und schwirren frei umher. Man spricht von einem *Plasma*, welches einen zusätzlichen Aggregatzustand für Temperaturen weit oberhalb des gasförmigen Zustands darstellt. Kernreaktionen zählen zum Aufgabengebiet der Physik, nicht zur Chemie, und unterscheiden sich von chemischen Reaktionen insofern, als letztere nur die Elektronenhüllen von Atomen betreffen, erstere jedoch eben die Kerne.

Wird die Temperatur weiter erhöht, gewinnt die *Proton-Proton-Kette* zunehmend an Bedeutung, eine Reihe von aufeinander aufbauenden Fusionsreaktionen, von der die oben beschriebene einen Teilabschnitt darstellt. Die Proton-Proton-Kette produziert aus zwei Protonen das für das Deuteriumbrennen notwendige Deuterium, wobei ein Proton unter Aussendung eines Positrons und eines Neutrinos in ein Neutron umgewandelt wird. Manchmal ist hieran auch eines der umherschwirrenden Elektronen beteiligt.

Nach dem Deuteriumbrennen können zwei Helium-3-Kerne zu einem schwereren, aber stabileren Helium-4-Kern sowie zwei überschüssigen Protonen fusionieren, welche dann wieder Ausgangsmaterial für den Anfang der Kette darstellen. In Sternen wie unserer Sonne ist dieser Prozess dominant. Unter Beteiligung von Helium-4 kann es zusammen mit Helium-3 aber auch über den Umweg schwererer Elemente zur Entstehung weiterer Helium-4-Kerne kommen.

Ist im Stern Kohlenstoff vorhanden, kann er zusammen mit Wasserstoff den *Bethe-Weizsäcker-Zyklus* zünden, bei welchem Stickstoff und Sauerstoff als Zwischenprodukte entstehen und schlussendlich wieder zu Kohlenstoff und natürlich Helium zerfallen. Da in dieser Reaktionskette genau so viel Kohlenstoff entsteht wie am Anfang investiert wird, geht der Kohlenstoff unverändert aus ihr hervor und wirkt somit als Katalysator. Die im Stern vorhandene Menge an Kohlenstoff bleibt davon unbeeinflusst.

Die Intensität des Wasserstoffbrennens ist stark von der Temperatur abhängig. Für sehr schwere und damit heiße Sterne kann das Wasserstoffbrennen daher in einigen Millionen Jahren abgeschlossen sein, für leichtere dauert es bis zu 100 Milliarden Jahre, also 10 000 mal so lang und deutlich länger als das bisherige Alter des Universums.

Unsere Sonne sollte für etwa 11,5 Milliarden Jahre Wasserstoff verbrennen.[283] Da sie zusammen mit den Planeten vor 4,6 Milliarden Jahren entstand, befindet sie sich gerade in ihrer Blütezeit. Dennoch wird sie sich nach und nach erhitzen, was nicht ohne Folgen für das empfindliche Ökosystem auf unserem Planeten bleiben wird. Sollte die Menschheit sich nicht zuvor selbst zerstören, muss sie sich früher oder später interplanetaren und interstellaren Herausforderungen stellen oder jegliche Hoffnungen auf einen Verbleib in dieser Welt aufgeben. Wie schon vorher angemerkt, wird es bis zu diesem Zeitpunkt aber noch etliche Jahrmillionen dauern, sodass es unsinnig wäre, deswegen schon jetzt in Aktionismus zu verfallen.

Das Helium, welches sich durch das Wasserstoffbrennen bildet, sinkt nach innen. Es bildet sich mehr und mehr von dem Zeug, weshalb von innen heraus sozusagen eine Kugel aus Helium wächst. Da ein einzelner Heliumkern bei gleicher Masse weniger Platz einnimmt als eine entsprechende Anzahl an Protonen, wird eine höhere Dichte möglich. Das hat zur Folge, dass der Entartungsdruck im Stern sinkt und der Stern weiter kontrahiert, bis das im Zentrum befindliche Helium schließlich entartet. Wie in der Entstehungsphase des Sterns sorgt diese Kontraktion für eine Temperaturerhöhung im Inneren. Ist die Masse des Sterns groß genug (mindestens die Hälfte der Sonnenmasse), wird schließlich die Fusion von drei Heliumkernen zu Kohlenstoff gezündet – das Heliumbrennen. Die im Zentrum erreichte Temperatur beträgt zu diesem Zeitpunkt etwa 100 Millionen Grad Celsius und befindet sich schon längst im Reich des Unvorstellbaren.

Wir erinnern uns daran, dass Entartung zur Folge hat, dass die Elektronen höhere Energien erlangen müssen, bevor der Stern weiter kontrahieren kann. Bildlich gesprochen wird der Raum so eng, dass die vorher am Boden liegenden Elektronen nun übereinander gestapelt werden müssen, wobei das dafür nötige Anheben Energie erfordert; vorher kann keine weitere Kontraktion des Sterns erfolgen. Die Besetzung dieser Energieniveaus wird erst möglich, wenn die Temperatur ausreichend hoch wird. Im Fall des Heliumbrennens ist die Temperatur dabei von vornherein so hoch, dass die Entartung des Wasserstoffs keine Rolle mehr spielt. Stattdessen ist jedoch die Entartung des Heliums relevant, und die durch Heliumbrennen erzeugte Energie wird zunächst aufgewendet, um die Elektronen auf die nötigen Energieniveaus zu bringen.

Mit der Besetzung dieser Energieniveaus einher geht jedoch eine Erhöhung der Temperatur. Die Temperaturerhöhung beschleunigt wiederum die Kernreaktionsrate und diese wieder die Temperaturerhöhung – ein Rückkopplungsmechanismus. Der Anstieg findet so rapide statt, dass es daraufhin zu einem sehr kurzen, sehr hellen Aufblitzen des Sternenzentrums kommt. Dieser *Helium-Blitz* dauert nur wenige Sekunden und seine Leistung, also die Energieerzeugung pro Zeit, ist um einen Faktor von etlichen Milliarden höher als die gewöhnliche Leistung unserer Sonne. Allerdings wird der Helium-Blitz von den äußeren Regionen des Sterns absorbiert und ist somit nicht von außen sichtbar.

Während des Heliumbrennens können in zusätzlichen Fusionsreaktionen bereits Sauerstoff, Neon, Magnesium und Silizium gebildet werden. In Sternen, die mindestens das Achtfache der Sonnenmasse besitzen, kann es zum Kohlenstoffbrennen kommen, wobei Magnesium, Neon und – als neues Element – Natrium entstehen. Für noch schwerere Sterne schließen sich das Sauerstoff- und das Siliziumbrennen an. Bei ersterem entstehen zusätzlich zu den vorhandenen Elementen Schwefel und Phosphor, bei letzterem handelt es sich um Aluminium, Kobalt, Nickel und ein stabiles Eisenisotop, für das weitere Fusionsreaktionen Energie verbrauchen würden, anstatt sie zu liefern, weshalb sie praktisch nicht mehr stattfinden – sie werden zu unwahrscheinlichen und damit seltenen Ereignissen, welche gegenüber den häufigen ins Hintertreffen geraten.

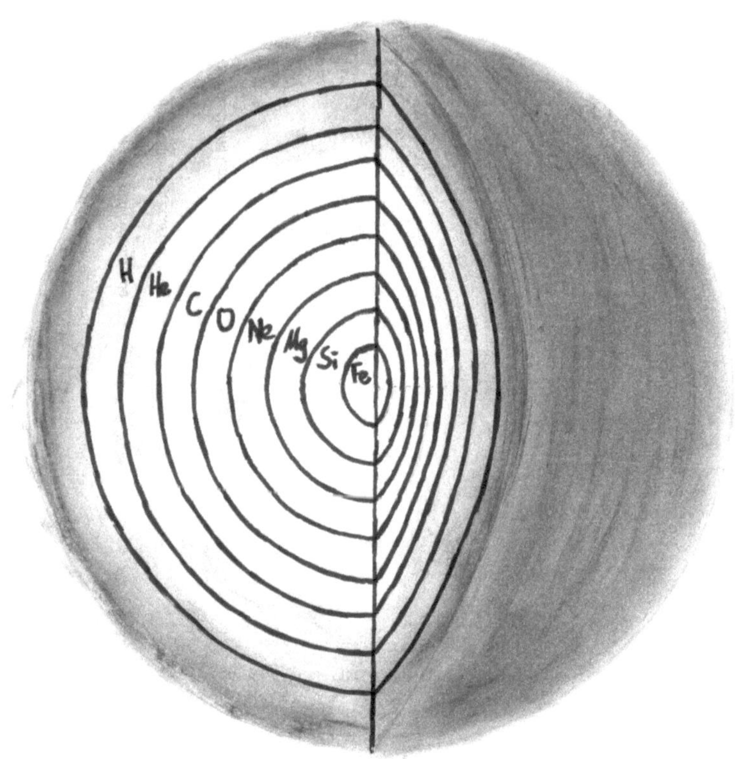

Sämtliche nach dem Wasserstoffbrennen einsetzenden Brennphasen dauern nur einen Bruchteil der Zeit, welche das Wasserstoffbrennen in Anspruch genommen hat. Das Sauerstoffbrennen dauert in der Regel höchstens eine handvoll Jahre und das Siliziumbrennen nur einige Tage.[284] Ein alter Riesenstern mit Eisenkern ist in der Abbildung gezeigt; schriftlich eingetragen in die Schalen ist das chemische Kürzel für den jeweiligen Brennstoff, wobei das Eisen im Kern ja nicht mehr weiter fusioniert und somit keinen Brennstoff mehr darstellt.

Wir bestehen aus Sternenstaub. Die meisten im Universum enthaltenen Atome der oben genannten Elemente bildeten sich durch stellare Kernfusion. Jede einzelne unserer Zellen, jedes DNS-Molekül enthält massenweise Material, welches einst im Inneren von Sternen geschmiedet wurde. Nach dem Sternentod trieb es dann ziellos durch gigantische Wolken und Weiten und fand sich schließlich, noch ehe es wusste, wie ihm geschah, auf einem zunehmend lebensfreundlicher werdenden blauen Planeten wieder. Die allermeisten der Kohlenstofatome, von denen wir als kohlenstoffbasierte Lebensformen so viele in uns tragen, sind Milliarden von Jahre alt. Sie wurden von einem Vorgänger unserer Sonne erzeugt und müssen dementsprechend älter sein als das Sonnensystem. Sie wurden unendlichfach recycelt, und auch auf diese Weise tragen wir die gesamte Evolution, oder auch das gesamte Universum in uns. Ist das nicht faszinierend? Sicher, im Vergleich zu den metaphysischen Erkenntnissen, die wir im Verlauf unserer Reise gesammelt haben, und zu den Spekulationen, denen wir uns hingegeben haben, mag dieser Umstand eher profan anmuten – doch wenn wir uns auf ihn einlassen, ihn uns auf der Zunge zergehen lassen, dann werden wir mit selbiger schließlich zufrieden schnalzen, denn wir werden hierin eine zentrale Pointe unserer physischen Existenz erkennen.

In Sternen können noch schwerere Elemente produziert werden, allerdings nicht durch Kernfusion, sondern durch den Einfang von freien Neutronen. Aufgrund ihrer elektrischen Neutralität müssen diese keine energetische Barriere überwinden, um mit einem Atomkern in Kontakt zu treten. Anstatt in der Half Pipe, von der oben gesprochen wurde, gegen die Gravitation ankämpfen zu müssen, bewegen sie sich mühelos in einer flachen Ebene. Fängt ein Atomkern ein Neutron ein, ändert sich das Element dadurch zunächst nicht, da dieses bereits durch die Zahl der Protonen eindeutig festgelegt ist und von den elektrisch neutralen Neutronen unbeeinflusst bleibt. Je größer der Neutronenüberschuss im Kern wird, desto instabiler wird dieser jedoch. Früher oder später kommt es zum radioaktiven β^--*Zerfall*, bei welchem ein Neutron in ein Proton umgewandelt wird. Die Masse des Kerns bleibt dabei zwar ungefähr gleich, es liegt infolge dieser Umwandlung jedoch ein anderes Element vor, welches sich durch eine höhere Ordnungszahl auszeichnet.

Wenn Sonnenlicht senkrecht auf die Erde einfällt, erbringt es pro Quadratmeter der Erdoberfläche eine Leistung von etwa 1,4 Kilowatt, was aufgerundet in etwa zwei Pferdestärken entspricht. Auf die gesamte Erdoberfläche verteilt ergibt das – unter Berücksichtigung des sich ändernden Einfallswinkels – rund 170 Billiarden Watt. Diese Zahl ist mehr als fünf Millionen mal so groß wie der derzeitige technische Energieverbrauch durch die gesamte Menschheit. Davon, eine adäquate Vorstellung von der Leistung der Sonne zu erhalten, sind wir hier aber noch weit entfernt, denn die Erde kreist in einem riesigen Abstand um die Sonne und fängt nur einen Bruchteil ihrer Strahlung auf. Folglich muss die Sonnenstrahlung, welche von der Sonne aus in alle übrigen Richtungen des Raumes entfleucht, ohne auf die Erde zu treffen, ebenfalls berücksichtigt werden. Berücksichtigt man diesen Umstand, findet man, dass die Leistung der Sonne etwa 12 Billiarden mal so groß ist wie die der Menschheit.

Um diese Zahl in einen halbwegs vorstellbaren Maßstab zu setzen, hätte ich nun gerne die Leistung der gesamten Menschheit mit dem metabolischen Grundumsatz eines einzelnen Insekts verglichen, konnte hierzu aber keine passenden Daten finden. Immerhin für eine winzige, gerade mal zehn Gramm leichte Zwergmaus liegen mir welche vor – deren Grundumsatz liegt bei etwa 0,2 Watt.[285] Wenn man nun behaupten würde, dass der Energieumsatz der Zwergmaus sich zum Energieverbrauch der Menschheit verhielte wie der der Menschheit zur Sonne, läge man noch um einen Faktor 20 000 daneben. Maßstabsgetreu wäre der Vergleich also erst, wenn man in ihm die Zwergmaus *durch ein Zwanzigtausendstel dieser Zwergmaus ersetzte*, vielleicht durch ihren kleinen Zeh, oder durch ihr Ohrläppchen, aber auch diese Körperteile wären möglicherweise noch zu groß. Stattdessen zeigt sich, *dass das Gewicht einer Fruchtfliege gerade dieses Zwanzigtausendstel betragen würde* (ein halbes Milligramm), sodass diese sich für den Vergleich halbwegs eignen dürfte. Unglaublich! Es ist so schon unvorstellbar, aber zu bedenken bleibt noch, dass die Sonne ihre Energie bereits seit Milliarden von Jahren liefert, die Menschheit ihre erst seit einigen Jahrzehnten, jedenfalls im heutigen Umfang, der bekanntlich von technologischem Fortschritt, Globalisierung und Bevölkerungswachstum geprägt ist.

Schicksale

Haben wir uns bisher auf das Innere von Sternen konzentriert, so wenden wir uns nun dem Gesamtbild zu. Hierbei begegnen wir verschiedenen Typen von Sternen, verschiedenen Schicksalen, welche vor allem von der Masse des Sterns abhängen, ja, durch sie von vornherein festgelegt sind.

Sterne können sehr viel größer werden als unsere Sonne, aber die meisten bleiben doch relativ – allerdings wirklich nur relativ – klein. Entsprechend werden sie sogar als *Zwergsterne* bezeichnet. Sämtliche Sterne, die ihre Energie durch Wasserstoffbrennen erzeugen, fallen in diese Kategorie. Auch Sterne, die zu leicht sind, um überhaupt das Wasserstoffbrennen zünden zu können, werden aufgrund ihrer Farbe *braune Zwerge* genannt. Braune Zwerge sind in etwa so groß wie Jupiter, aber um einen einige Dutzend betragenden Faktor schwerer. Ihre Energie beziehen sie größtenteils aus der in Wärme umgewandelten potenziellen Energie, deren Umwandlung ja während der Kontraktion des Sterns durch die Gravitation geschieht – einen kleineren Beitrag liefert noch das Deuteriumbrennen, die Kernfusionsreaktion, an der Deuterium, schwerer Wasserstoff, beteiligt ist. Da Deuterium naturgemäß aber selten ist, fällt der Beitrag entsprechend gering aus. Die braunen Sterne glimmen vor sich hin wie ein Lagerfeuer, das nicht richtig zünden will. Sobald sie sich in einem Gleichgewichtszustand zwischen Gravitation und Entartungsdruck befinden und somit keine Gravitationsenergie mehr frei wird, kühlen sie langsam ab. Himmelskörper, welche leichter als etwa 13 Jupitermassen sind, sind auch keine braunen Zwerge mehr, sondern nur kalte Planeten – im Zweifelsfall sind sie Einzelgänger-Planeten, welche keinen Stern umkreisen, sondern direkt das Zentrum ihrer Galaxie, in ewiger Dunkelheit.

Für die Farbe eines Sterns ist lediglich seine Oberflächentemperatur verantwortlich, welche jedoch an die Temperatur seines Zentrums gekoppelt ist. Rote Zwerge, welche mittels Proton-Proton-Kette Wasserstoff fusionieren und somit die kleinsten »richtigen« Zwergsterne darstellen, besitzen eine Oberflächentemperatur von etwa 3 000 Grad Celsius, wobei es nach unten und nach oben zu Temperaturfluktuationen kommen kann. Sie können nur durchs Teleskop gesehen werden. Unsere Sonne hat eine Oberflächentemperatur von 5 500 Grad Celsius, ihre Farbe ist im interstellaren Vergleich hellgelb. Noch schwerere Sterne erscheinen weißlich, die größten der Zwergsterne mit einer Temperatur von über 30 000 Grad jedoch wieder blau, was daran liegt, dass das Maximum der abgestrahlten Strahlung sich vom sichtbaren Bereich des elektromagnetischen Spektrums in den UV-Bereich verschiebt. (Kurioserweise ist unsere subjektive Farbempfindung von blau als »kalter« und rot als »warmer« Farbe genau umgekehrt, was wohl daran liegt, dass unsere Empfindung an zahlreiche Erscheinungen auf der Erde geknüpft ist, blaues Feuer in der irdischen Natur aber nicht vorkommt.)

Bereits bevor im Stern die Heliumbrennphase zündet, bläht er sich auf. Er wird vom Zwerg zum Riesen. Das hängt letzten Endes damit zusammen, dass die steigende Temperatur im Inneren zwar durch eine erhöhte Dichte kompensiert werden kann – wie gesagt brauchen die kompakten Heliumkerne weniger Platz als einzelne Protonen – sie in den außerhalb der Kernfusion liegenden Schichten jedoch für einen erhöhten thermischen Druck sorgt. Da für die der Gravitation entgegengerichtete Expansion des Sterns Energie aufgewandt werden muss, kühlen die expandierenden Schichten ab, während der Stern im Kern immer heißer und dichter wird und die Expansion so vorantreibt.

Wie spektakulär dieser Prozess ausfällt, hängt wieder von der Masse des Sterns ab. Unsere Sonne wird mehr als zweitausendfach so hell erstrahlen wie bisher und ihren Durchmesser um mehr als das Hundertfünfzigfache vergrößern – man stelle sich diesen Anblick an unserem Himmel vor! Merkur und Venus werden von den äußeren Schichten der Sonne vaporisiert werden. Sonnencremehersteller werden sich über neue Technologien Gedanken machen müssen, mit Lichtschutzfaktoren in ganz neuen Größenordnungen – nur leider wird niemand mehr auf der Erde sein, der ihre Produkte anwenden könnte. Die Erde wird als Planet zwar erhalten bleiben, bis dahin jedoch restlos verkohlt sein. Die Farbe der Sonne wird aufgrund deren geringerer Temperatur zu rot wechseln, aber gleichzeitig wird sie so hell erstrahlen, dass das auch keine Rolle mehr spielen wird.

In einem solchen Zustand ist auch die Gravitation an der Sonnenoberfläche deutlich geringer. Da die einzelnen Teilchen eine geringere gravitative Bindung aufweisen, können sie leichter fortgetrieben werden, und die Intensität des Sternwinds nimmt zu. Auf diese Weise wird der Stern insgesamt leichter, und mit der Zeit bekommen das auch die ihn umkreisenden Objekte zu spüren – nämlich dann, wenn die Teilchen des Sternwinds an ihnen vorbeigezogen sind. Die Umlaufbahnen der Planeten verlagern sich infolgedessen langsam, aber stetig nach außen. Größere Masseverluste geschehen schließlich mit dem Einsetzen des Heliumbrennens. Helium-Blitze sind im Leben eines Sterns keine einmaligen Ereignisse, sondern treten immer wieder auf. Es dauert einige Jahrhunderte, bis ihre Energie an die Oberfläche des Sterns gewandert ist; im Vergleich zu stellaren Zeitskalen sind dies aber bloße Augenblicke. Die Folge ist, dass es zu dramatischen Fluktuationen der Leuchtkraft und sogar des Sternenradius kommt. Der Stern pulsiert gewissermaßen. Bei diesem Geschehen wird die dünne Hülle irgendwann gänzlich abgestoßen sein und sich ins interstellare Medium ausbreiten. Man spricht von einem *planetarischen Nebel*, welcher für einige Jahrtausende durchs Teleskop sichtbar sein wird. Die Bezeichnung »planetarisch« ist hierbei allerdings irreführend; mit Planeten hat dieser Nebel nichts zu tun. Sie kommt lediglich daher, dass planetarische Nebel den Astronomen früher wie ferne Gasplaneten erschienen. Solche Namensgebungen werden in der Physik oft als »historisch bedingt« gekennzeichnet, und dieses Prädikat trifft auf den planetarischen Nebel eben zu.[286]

Ist die Hülle abgestoßen, bleibt der vorher verborgene, nun aber nackte Kern übrig, welcher dann als *weißer Zwerg* bezeichnet wird. Kennt man die Masse des Sterns noch nicht, wird es nun besonders spannend, da ihr konkreter Wert über zwei gänzlich verschiedene Schicksale entscheidet. Das vergleichsweise harmlose, unspektakulärere Schicksal, welches auch unsere Sonne treffen wird, besteht darin, dass der Stern als weißer Zwerg einfach nur vor sich hin glimmen wird. In einem weißen Zwerg finden keine Fusionsprozesse mehr statt, da er nicht heiß genug ist. Er wird vom Entartungsdruck stabilisiert und besitzt keine Hülle mehr, aus deren Kontraktion er Energie zur Erhitzung gewinnen könnte. Stattdessen kühlt er nur nach und nach aus, indem er an der Oberfläche Wärme in Form von Strahlung verliert. Ein weißer Zwerg, der in etwa so schwer ist wie die Sonne, hat ungefähr die Größe der Erde. Bleibt er von außen ungestört, glimmt er für dutzende Milliarden von Jahren weiter, bis er in ferner Zukunft schließlich erlischt. Dann wird er, so vermutet man, ein *schwarzer Zwerg* sein. Das klingt plausibel, und es spricht auch nichts dagegen, dass es so passiert – nur konnten bisher noch keine schwarzen Zwerge beobachtet werden. Der Grund dafür ist ausnahmsweise jedoch einfach: das Universum ist mit seinen 14 Milliarden Jahren noch zu jung, um solche Sternleichen überhaupt hervorgebracht zu haben.

Wenn der weiße Zwerg schwerer ist als etwa 1,5 Sonnenmassen (beziehungsweise der Ausgangsstern, samt Hülle, schwerer als acht Sonnenmassen), dann hat die Kernfusion alle Phasen bis zum Schluss durchlaufen und der Stern besitzt einen Kern aus Eisen. Dieser kann zwar noch einen Entartungsdruck, durch die mangelnde Kernfusion jedoch keinen Strahlungsdruck mehr aufbauen. Die Folge ist, dass die Gravitation den Gegendruck überwiegt und die Atome immer dichter zusammengedrängt werden. Der Stern kollabiert. Ab einer bestimmten Temperatur wird ein »inverser β^--Zerfall« möglich, bei welchem Protonen in Neutronen umgewandelt werden. Hierbei entstehen nicht nur leichtere Elemente, sondern eben auch Neutronen. Während der Entartungsdruck der Elektronen nicht mehr ausreichend ist, können nun diese einen zusätzlichen Entartungsdruck aufbauen und den Kollaps des Kerns ein weiteres Mal stoppen. Da beim inversen β^--Zerfall pro Neutron auch ein Elektron investiert werden muss, übernehmen die massiveren Neutronen nach und nach die Rolle der leichten Elektronen. Da die Elemente wieder leichter werden, dehnt der Eisenkern sich außerdem wieder aus.

Nun befindet sich die Spannung auf dem Höhepunkt. Das große Finale, das spektakuläre Abdanken des Sterns geschieht. Der pompöse

Schlussakkord ertönt. Die äußeren Schichten, welche keine Neutronen enthalten, stürzen mit unvorstellbarer Wucht auf den praktisch unzerstörbaren, sich dazu noch ausdehnenden Kern. Die Details dieses Vorgangs sind kompliziert, aber kurz gesagt wird eine Schockwelle erzeugt, deren Energiemenge der von der Sonne abgestrahlten Energie über einen Zeitraum von *Billionen* von Jahren entspricht! Die Stoßrichtung wird umgekehrt und das Material wird mit der entsprechenden Wucht nach außen geschleudert. Was hier passiert, ist eine *Supernova*, ein kosmisches Feuerwerk, welches für einige Tage so hell ist wie eine ganze Galaxie, obwohl nur ein kleiner Teil ihrer Energie überhaupt in Strahlung umgewandelt wird. Eine Supernova, die in unserer Galaxie geschieht, ist so hell, dass sie unter günstigen Umständen mit bloßem Auge am Tageshimmel gesehen werden kann, selbst, wenn sie tausende von Lichtjahren entfernt liegt.

Die erste Dokumentation dieser Himmelserscheinung stammt von chinesischen Astronomen aus dem Jahr 185. Ob es sich damals wirklich um eine Supernova handelte, war lange umstritten, konnte jedoch bejaht werden, nachdem man einen passenden Überrest am Himmel entdeckte. Die am hellsten erscheinende Supernova geschah 1006 und wurde nicht nur in China, sondern auch in Japan, im Irak, in Ägypten und in der Schweiz dokumentiert, möglicherweise auch in Frankreich und Syrien. Nur 48 Jahre später kam es zu jener Supernova, deren Überrest heute unter dem Namen *Krebsnebel* (auf Englisch »crab nebula«) bekannt ist. Dieser stellt in der Astronomie ein beliebtes Motiv dar und war auf Seite 259 zu sehen.[287] Die Supernova bedeutet zwar den Tod eines Sterns; dennoch kann sie dazu führen, dass in nahe gelegenen Nebeln Inhomogenitäten entstehen, welche die Entstehung und somit die Geburt neuer Sterne anregen. Zu Supernovae kann es auch kommen, indem beispielsweise ein ursprünglich zu leichter weißer Zwerg noch weiter Masse akkretiert (zum Beispiel in einem Doppelsternsystem, von seinem Begleitstern) und die Grenzmasse schließlich auf diese Weise überschreitet. Da diese Grenzmasse für alle Sterne gleich ist, leuchten solche *Typ Ia Supernovae* stets mit vergleichbarer Helligkeit, wobei diese im Detail doch noch stark schwanken kann. Dennoch können sie aus diesem Grund zur Entfernungsbestimmung bei sehr großen Distanzen verwendet werden.[288]

Das Zentrum des Sterns, welches diese Supernova, diese gewaltigste aller Explosionen überstanden hat, scheint nicht mehr von dieser Welt zu sein. Es ist wahrlich mit allen Wassern gewaschen worden. Es ist durchs Fegefeuer gegangen. Dennoch existiert es. Wie dieses Etwas aussieht, hängt wieder von seiner Masse ab.

Im Fall der geringeren Masse ist dieses Etwas ein *Neutronenstern* mit einem Durchmesser von typischerweise nur 20 Kilometern, jedoch mit einer Masse von rund einer bis zu zwei Sonnenmassen. Ein Liter dieses im heißesten aller Feuer geschmiedeten Etwas wiegt demzufolge etwa 300 Milliarden Tonnen. Das ist, als würde man einen ausgewachsenen Berg in eine ganz gewöhnliche Wasserflasche pressen! Die Dichte des Neutronensterns kann sogar die eines Atomkerns übersteigen – es sei betont, dass hier nicht die Dichte eines Atoms samt leerer Hülle gemeint ist, welches ja einfach die Dichte gewöhnlicher Materie repräsentieren würde, sondern ausschließlich die seines winzigen, aber für seine Masse verantwortlichen *Kerns*, was bedeutet, dass der kilometergroße Neutronenstern in dieser Hinsicht wie einziger, unvorstellbar riesiger Atomkern gedacht werden kann. Bei Typ Ia Supernovae verbleibt kein solch »kompaktes Objekt« mehr als Zentrum; sämtliche Materie wird von der Explosion ins All geschleudert.

In der Nähe von Neutronensternen herrschen durch die Raumkrümmung merkliche relativistische Effekte. So wird beispielsweise sämtliche von ihm ausgehende Strahlung gekrümmt, was zur Folge hat, dass ein Beobachter immer auch ein Stück von der Rückseite des Neutronensterns sehen kann. Entsprechend erscheint der Stern größer, als er wirklich ist. Dadurch, dass ein noch schwererer Neutronenstern nicht größer, sondern aufgrund der massiven Gravitation kleiner ist, wird dieser Effekt stärker, je kleiner der Stern wird. Ein Neutronenstern erscheint folglich umso größer, je kleiner er ist – das erinnert ein wenig an den »Scheinriesen« aus *Jim Knopf und Lukas der Lokomotivführer*, welcher umso größer erscheint, je weiter entfernt er sich vom Beobachter befindet.

Neutronen sind zwar elektrisch neutral, besitzen jedoch einen Spin und mit diesem magnetische Eigenschaften. Rotiert ein Neutronenstern, entstehen Magnetfelder, die Billionen mal so stark werden können wie das natürliche Magnetfeld der Erde, nach welchem sich Kompassnadeln ausrichten und Vögel orientieren, und Millionen mal so stark wie das eines Kernspintomographen, welches immerhin bereits Rohrzangen, Rollstühle und alles Magnetisierbare, welches nicht niet- und nagelfest ist, vom Boden abheben lässt sowie Bildschirmanzeigen verzerren kann. Geladene Teilchen werden von diesen Magnetfeldern auf annähernd Lichtgeschwindigkeit beschleunigt. Solche Neutronensterne heißen *Pulsare*, da sie bei ihrer Rotation Radiowellen abstrahlen, auf eine Weise, die mit dem Scheinwerfer eines Leuchtturms verglichen werden kann – dieser dreht sich ebenfalls und entsprechend »pulsartig« kommt die Strahlung bei den Messgeräten an. Der Ener-

gieverlust durch Radio- und Gravitationswellen schlägt sich in einer
Verlangsamung der Rotation nieder, weshalb ein Pulsar höchstens
für einige Millionen Jahre rotiert. Bis dahin erscheinen seine kurzen
Rotationsdauern von Sekunden oder Sekundenbruchteilen jedoch sehr
regelmäßig. Von dieser Regelmäßigkeit überrascht, zogen Forscher
bei der Entdeckung des ersten Pulsars sogar eine außerirdische Zivilisation als mögliche Quelle in Erwägung und tauften die Erscheinung
zunächst *Little Green Men 1* (LGM1), bevor man schließlich auf die
Idee des rotierenden Neutronensterns kam.[289]

Neutronensterne werden bei hinreichender Ausgangsmasse des
Sterns nur noch von einer Erscheinung übertroffen, und das sind
die berühmt-berüchtigten *schwarzen Löcher*. Im Fall von schwarzen
Löchern wird die Gravitation so stark, dass sie alle anderen Kräfte
übersteigt. Da sämtliche räumliche Ausdehnung von Materie einem
äußeren Druck entgegen nur durch abstoßende Kräfte aufrecht erhalten werden kann, besteht das Resultat darin, dass der Radius
des Sterns immer weiter schrumpft – bis er null wird. Alle Materie
konzentriert sich schlichtweg in einem Punkt. Je näher man diesem
Punkt kommt, desto stärker wird die Gravitation, bis sie für einen
unendlich kleinen Abstand schließlich ins Unendliche geht. Aber auch
für größere Abstände ist sie stark genug, um selbst Licht, hat es einen
kritischen Abstand einmal unterschritten, nicht mehr entkommen zu
lassen: mit der Folge, dass der unendlich kleine Punkt, der das eigentliche schwarze Loch ausmacht, von einer schwarzen Kugel umgeben
zu sein scheint. Dieser kritische Abstand heißt *Ereignishorizont*, da
kein Ereignis in seinem Inneren mehr das Geschehen in der Außenwelt beeinflussen kann. Mit anderen Worten kann keine Information
von innen nach außen gelangen. Schwarze Löcher haben mit Sternen
allerdings nicht mehr viel zu tun, und wir wollen uns mit ihnen in
Kapitel 15 weiter beschäftigen.

Olaf Stapledon sieht in *Star Maker* auch in Sternen Formen bewussten
Lebens. Diese Erkenntnis, welche dort technologisch sowie psychisch-
kulturell fortschrittliche Zivilisationen schließlich erlangen, stellt für
sie eine Art letzte Horizonterweiterung dar, einen finalen gewagten
Blick über den Tellerrand des beschränkten Bewusstseins, welches
immer nur sich selbst als Maß aller Dinge sieht, hinaus. Die Folge
dieser Erkenntnis ist schließlich, dass Sterne nicht als Energiequellen
für intergalaktische Reisen benutzt werden dürfen, sondern sozusagen
unter Artenschutz gestellt werden, wofür die Möglichkeit intergalakti-
scher Reisen allerdings geopfert werden muss. Andernfalls würden die

Sterne diese Reisen ohnehin verhindern, da sie eine Störung der galaktischen Harmonie bedeuten, welche für die Sterne wichtiger ist als alles andere – wird diese Harmonie verletzt, explodieren die aus der Reihe getriebenen Sterne. Dieser Gedanke ist nobel, aber wir wollen die Situation noch einmal aus wissenschaftlicher Sicht betrachten.

In Kapitel 10 hatten wir das Leben und gleichzeitig das Bewusstsein mit der Entropie (»Unordnung«) beziehungsweise Negentropie (»Ordnung«) in Verbindung gebracht. Wenn ein Stern sich aus einer ausgedehnten, quer durch den Raum verteilten Wolke bildet und alle Materie fein säuberlich in seiner Kugelgestalt gesammelt wird, sollte man zunächst meinen, dass das ein Zustand höherer Ordnung sei und die Negentropie bei diesem Prozess zunehme.

Dieses Argument würde für Stapledons Fantasievorstellung sprechen. Es scheitert jedoch daran, dass »Ordnung« und »Unordnung« wie schon angekündigt umschreibende, qualitative Begriffe sind, während die Entropie eine quantitative Größe ist, die sich wie jede physikalische Größe eiskalt berechnen lässt. An dieser Stelle nun stößt diese qualitative Veranschaulichung an ihre Grenzen. Mit einbezogen werden muss hier nämlich die Temperatur, welche im Nebel niedrig, im Stern jedoch hoch ist. Beim Kollaps des Nebels wird Gravitationsenergie in Wärme umgewandelt. Dies ist ein irreversibler Prozess, ein Prozess, der »von selbst geschieht« und sich dadurch auszeichnet, dass sein Geschehen in der tatsächlichen Zeitrichtung deutlich wahrscheinlicher ist als das Geschehen in umgekehrter Zeitrichtung. So, wie es in einem Glas Wasser eben äußerst unwahrscheinlich ist, dass etliche Moleküle genau *so* von anderen Molekülen angestoßen werden, dass sie einen Eiswürfel bilden, ist es unwahrscheinlich, dass die thermische Bewegung in einem Stern so stattfindet, dass er plötzlich wieder auseinander birst und einen Nebel bildet, bevor seine Zeit gekommen ist. Der Nebel strebt aufgrund der Gravitation zum Kollaps, während der Eiswürfel gerade zum Schmelzen und somit zum diffusen Zustand strebt, welcher eher mit dem des Nebels als mit dem Stern vergleichbar zu sein scheint. Hier liegen somit zwei völlig unterschiedliche Situationen vor, die dadurch bedingt sind, dass die Gravitation im Nebel beziehungsweise Stern eine wesentliche Rolle spielt, während sie im Wasserglas vernachlässigbar ist.

> Während der nichtgravitative Anteil der Entropie sein Maximum für einen homogenen Zustand erreicht, trifft dies im Falle der Gravitation aufgrund ihrer universellen Attraktivität gerade umgekehrt auf einen möglichst »klumpigen« Zustand zu.[290]

Eventuell lässt sich sagen, dass das Verständnis der Entropie als räumliche Unordnung nur auf Systeme zutrifft, in denen die Gravitation keine wesentliche Rolle spielt, was sich auf sämtliche anziehenden Kräfte ausweiten lässt. (Die starke Wechselwirkung, eine anziehende Kraft, ist zwar auch in den Atomkernen der Moleküle im Wasserglas vorhanden, sie hat mit dem Schmelzprozess des Eiswürfels und der thermischen Bewegung jedoch nichts zu tun, da die nukleare Ebene von diesem Prozess ja unberührt bleibt.) Generell ist Wärme durch ihren statistischen Charakter die Energieform mit der höchsten Entropie, und deshalb geht die Entstehung von Wärme stets mit einer Erhöhung der Entropie einher. Im Zentrum des Sterns wird die Temperatur so weit erhöht, dass mit der Kernfusion schließlich die Negentropie-Reserven angezapft werden können, welche in den Zuständen der leichten Atomkerne gespeichert sind. Die Masse beziehungsweise Bindungsenergie wird zunächst umgewandelt in hochenergetische Strahlung und schließlich in Wärme. Die Entropie steigt dabei an.

Was aber lässt Sterne so lebendig erscheinen, dass viele Menschen von einem »Sternenleben« sprechen, wenn auch bei weitem nicht so radikal wie Stapledon? Darauf, dass das Entstehen und Vergehen hier eine große Rolle spielt, wies ich bereits hin. Während seines Lebens ist ein Stern – wie ein lebender Organismus und wie Feuer – zudem ständig in Bewegung. Er befindet sich dauerhaft in einem Fließgleichgewicht, welches jedoch stets seinem Ende, und sei es noch so fern, geweiht ist. Möglicherweise trägt zum Eindruck seiner Lebendigkeit aber auch der Werdegang eines Sterns bei, vor allem sein Ausgangs- und sein Endstadium. Lässt man vor dem inneren Auge ein Sternenleben rückwärts ablaufen, dann entsteht der Babystern erst aus einem schwarzen Loch, aus einem Neutronenstern oder aus einem weißen Zwerg – wie aus einer Eizelle. Anschließend nimmt er mit dem Supernovaüberrest oder planetarischen Nebel eine Menge Nahrung in sich auf und wächst und lebt. Er lebt lange. Schlussendlich, wenn er, hoffentlich lebenssatt, seine Daseinsfrist beendet hat, verwest er, hört auf zu leuchten, wird eins mit seiner Umgebung, breitet sich aus in den Raum. Die Flamme des Lebens erlischt in ihm wie in einem sterbenden Lebewesen, während der Prozess der Verwesung sogleich beginnt. Vor allem vor dem gerade aufgezeigten Hintergrund, dass im Zusammenhang mit der Gravitation für die Entropie scheinbar umgekehrte Gesetzmäßigkeiten gelten wie sonst, erscheint das Ergebnis dieser Zeitumkehrung logisch.

13.

Galaxien

O Krishna, es ist atemberaubend. Ganz gleich, wie weit ich mich in jede Richtung wende, in die Höhe oder Tiefe, rings nach allen Seiten – ich kann kein Ende deiner Gestalt erkennen. Alles, was ich sehe, ist deine ungeheure Größe, die den Himmel und die Horizonte streift...

~ aus der *Bhagavad Gita*[291]

Unsere Galaxis, die Milchstraße, ist zunächst einmal eine Scheibe, bestehend aus einem leuchtenden Kern und einigen spiralförmigen Armen, welche dieser bei einer langsamen Rotation mit sich zu schleppen scheint. Sie besteht aus Milliarden von Sternen, aus Nebeln, Planeten und allen kleineren Objekten, die sonst noch durchs Weltall treiben. Ihren Durchmesser können wir uns nicht mehr vorstellen, aber wer zwingt uns überhaupt dazu? Wenn wir möchten, dann können wir auch einfach fühlen. Dann können wir loslassen und diese warme Schwere in unserem Bauch wahrnehmen, dann können wir ehrfurchtsvoller Beobachter sein im Namen der Schöpfung. Dann lassen wir uns ganz ein auf den Sog, den die Leerheit der Weite dieses Nichtdings auf uns ausübt.

Weil die Menschheit noch kein Objekt weiter ins All geschickt hat als die *Voyager I*, gibt es von der Milchstraße keine Fotos aus der Totalen. Sämtliche Bilder, die die Milchstraße in all ihrer Pracht aus großer Ferne zeigen, sodass ihre Spiralarme in aller Deutlichkeit zu sehen sind in den leuchtenden, gleichzeitig fast pastellartigen Blau- und Rottönen, mit dem hellen, elliptoiden Schein im Zentrum – sämtliche Bilder dieser Art sind Computersimulationen. Zwar können fremde Galaxien von der Erde aus mit Teleskopen beobachtet werden, aber so, wie wir mit den Augen in unserem Kopf zwar andere Menschen vollständig erblicken können, aber ohne Hilfsmittel nicht einmal unser eigenes Gesicht sehen, gibt es von der uns eigenen Milchstraße eben nur die Ansicht aus der Ich-Perspektive. Dabei ist zu berücksichtigen, dass die Erde sich in unserer Galaxis nicht unbedingt außen, aber dennoch abseits des Zentrums befindet, so, wie sich unsere Augen eher peripher in unserem Kopf befinden. Somit können wir ein gutes Stück an unserem Körper herabblicken, aber einen vollständigen Eindruck von uns erhalten wir niemals, nicht ohne Hilfsmittel wie einen

Spiegel oder Fotos. Im Fall der Milchstraße müsste die fotografierende Raumsonde jedoch tausende Lichtjahre von unserem Planeten entfernt sein.

Eine Fotografie, die einen Menschen vollständig zeigt, ist doch auch irgendwie schöner, eindrucksvoller und vor allem aussagekräftiger als eine, bei der jemand an sich selbst herunter fotografiert, sodass nur die Region von der Brust abwärts zu sehen ist, oder? Während vollständige Bilder von der Milchstraße Computersimulationen sind, gibt es von anderen Galaxien immerhin echte Fotos. Normalerweise würde ich Fotos Computersimulationen vorziehen, aber beim Anblick der Milchstraße werde ich schwach. Da mache ich eine Ausnahme.

Blick auf die Heimat

Der Anblick der Milchstraße, wie sie auf Seite 263 zu sehen war, weckt heimatliche Gefühle, und ohne sentimental zu werden, wollen wir diese kontemplieren. Wir wissen, dass dort, in unserer Milchstraße enthalten, wir sind. Das ist unser Zuhause, wo sich nicht nur unser eigenes Leben, sondern auch gleich die gesamte Menschheitsgeschichte abgespielt hat und wo alles war, was vor uns in unserem Sonnensystem existierte. Alles geschah dort, in dieser kleinen Ecke, in diesem Punkt, kleiner noch als ein Fliegendreck, gleich dort drüben, im Orionarm, zwischen dem Sagittariusarm und dem Perseusarm, die mit ihren identischen Wortendungen anmuten wie Straßennamen, wie unsere nächste Nachbarschaft.

Gleichzeitig enthält unsere Milchstraße all die Lichtpunkte, die wir – nun wieder von der Erde aus – mit bloßem Auge überhaupt am Nachthimmel sehen können, mit Ausnahme weniger fremder Galaxien, die unter idealen Umständen nah genug für freiäugige Beobachtungen sind. Durch diese Eigenschaft ist sie, übersieht man großzügig jene fremden Galaxien, die gesamte Welt, wie wir sie ohne technische Hilfsmittel erblicken können.

Dieses Gefühl von Heimat hat natürlich nichts mit einem patriotischen Stolz zu tun. Es geht nicht darum, dass ich in ihr leben könnte wie in einem »Vater Staat«, der mich ernährt und der mir alle materiellen Güter gibt, die ich brauche, oder dass ich bereit wäre, für dieses mein Vaterland in den Krieg zu ziehen. Ich neige eher dazu, sie wie eine Mutter zu betrachten, die mich behütet und bei der ich stets Geborgenheit und Wärme finden kann, einen heißen Kakao im Winter und ähnliche kleine Aufmerksamkeiten, welche das Leben lebenswert machen.

Die alten Griechen und Römer wussten noch nicht, dass sie selbst Teil der Milchstraße waren. Dennoch ordneten sie ihr ebenfalls weibliche Attribute zu, indem sie die Milchstraße auf ihre jeweils eigene Weise als verspritzte Muttermilch der Göttin *Hera* beziehungsweise *Ops* deuteten, woher letzten Endes auch ihr heutiger Name stammt. Auch die Begriffe »Galaxis« und »Galaxie« stammen vom altgriechischen Wort für Milch ab, γάλα (gala), und existierten natürlich bereits vor dem der »Milchstraße«, wie er nun im Deutschen und analog in anderen Sprachen zu finden ist. Der Begriff »Galaxis« bezeichnet nur die Milchstraße, »Galaxie« dagegen sämtliche Galaxien, unsere eigene Milchstraße eingeschlossen.

Doch auch diese Beschreibung, diese mütterliche Interpretation erscheint etwas unpassend, sobald wir uns wieder die gewaltige Größe unserer Heimat vor Augen führen: Sie ist alles, was uns zu umgeben scheint, was somit überhaupt *ist* (beziehungsweise »zu sein scheint«, auf materieller Ebene natürlich), und kann niemals mit nur einer einzigen Person assoziiert werden, mit keiner Göttin, wenn es außer dieser Göttin – wie im Polytheismus ja gegeben – noch weitere Gottheiten geben soll. Das ist einfache Logik. Um trotzdem bei dem mütterlichen Attribut zu bleiben, ist der nächste Schritt, sie als die allumfassende »Mutter Natur« zu sehen, als *Gaia*.

Für die alten Griechen war Gaia die Urmutter Erde, die Erde als Lebewesen, als Organismus. Wo immer wir diesen Organismus auf unserem Planeten heute erkennen könnten, zwängt sich, wie weiter oben erwähnt, der Gedanke auf, dass der Mensch sich schon lange an die Spitze der Nahrungskette gekämpft hat, die Welt erobert hat, oder dass er die Natur zerstört. Vor allem die Weite und Größe der Erde hat sich relativiert, wusste man in der Antike doch noch nicht einmal vom fernen Kontinent Amerika, welcher sich nur über eine lange, riskante Seereise erreichen ließe, eine Odyssee geradezu. Diese Reise ist heute ein »Hüpfer über den großen Teich«, welcher einen halben Tag dauert, und wer es für nötig hält, der kann kurzfristig ein Shopping-Wochenende in New York verbringen.

Wenn wir die Erde schon nicht erobert haben, so haben wir es uns auf ihr zumindest außerordentlich bequem gemacht, und dabei geht die Ehrfurcht leicht verloren, jedenfalls so weit, dass wir tief in uns suchen müssen, um sie wieder zu finden. Der Anblick der Milchstraße in ihrer augenscheinlichen Organisiertheit gibt uns diese Ehrfurcht vor unserer eigenen Heimat, vor unserem Zuhause wieder, wo wir nicht einfach tun und lassen können, was wir wollen, weil sie schlichtweg zu gewaltig ist, zu weit, als dass ein Mensch sie bereisen, zu schwer, als dass eine Maschine sie heben oder ihr auf andere Weise Herr werden könnte. In der Größenordnung von 100 000 Lichtjahren liegt ihr Durchmesser.[292] Versuchen wir, uns vorzustellen, wie von einem Punkt am Rand der Milchstraße ein Lichtstrahl an den gegenüberliegenden Punkt gesendet wird, ruft unser Gehirn bei der Vorstellung, dass dieser Vorgang 100 000 Jahre dauern soll, verständlicherweise direkt wieder nach seinem berechtigten Timeout. Mit diesen Erstreckungen gehört unsere Galaxie zu den größeren Kandidaten, fällt aber noch vergleichsweise durchschnittlich aus.

Der Sprung an Größenordnungen, den wir beim Schritt von unserer Galaxis zum intergalaktischen Raum machen, ist allerdings nicht mehr so groß wie der Sprung beim Schritt vom Sonnensystem zu interstellaren Entfernungen. Wenn man die Milchstraße auf die Größe der Erde schrumpfen würde, dann könnte man einige weitere Galaxien innerhalb des normales Abstands zwischen Erde und Mond finden, also in überraschender Nähe. Doch die interstellaren Abgründe verschwinden deswegen nicht. Die Leere, welche nach wie vor zwischen den einzelnen Sternen herrscht, bleibt schließlich erhalten. Im Vergleich zur Reise zu einer neuen Galaxie, oder auch zur vollständigen Durchquerung unserer eigenen, entspräche dann die Reise nach Proxima Centauri nicht mehr den 7 000 Kilometern, von denen in vorherigen Vergleichen die Rede war, sondern nur noch einem zehnminütigen Spaziergang vor unserer Haustür, dem morgendlichen Gang zum Bäcker. Die Ausdehnung unseres Sonnensystems entspräche dann allerdings auch nicht mehr der unseres beschaulichen Vorgartens, sondern nur noch den Maßen eines winzigen, undifferenzierten Punktes, den wir noch gerade mit dem bloßen Auge wahrnehmen könnten – und hiermit ist das gesamte Sonnensystem gemeint, nicht nur die Sonne, der kleine, weiße Fleck im Zentrum dieses noch eben so wahrnehmbaren Punktes.

Mit Ausnahme von wechselwirkenden Galaxien, ein Schicksal, welches uns in den nächsten Milliarden Jahren mit der Andromeda-Galaxie ebenfalls bevorsteht, ist jede einzelne Galaxie eine ganz in sich abgeschlossene Welt, eine »Welteninsel«, wie Kant sie damals nannte, eine Insel im kosmischen Ozean. Das gilt nicht nur für unsere Milchstraße, die uns subjektiv ein wenig wie Gaia erscheinen mag, sondern objektiv gesehen für alle Galaxien gleichberechtigt. Der Plural »Welten« stellt hierbei einen Bezug zu den zahlreichen Sternen und Planeten her, die, wie man beim Anblick einer Galaxie eben leicht vergessen kann, ebenfalls von Leere und Weite umgeben sind, als wäre jede Welt jenseits des eigenen Sternsystems unerreichbar.

Ihre Größe ist so unvorstellbar weit, dass sogar ein paar in der Leere verteilte Sterne aus der Ferne anmuten wie Wolken aus leuchtendem Rauch.

Dabei sind es in aller Regel nur Fotos, die wir zu sehen bekommen, und natürlich kann die Betrachtung eines Fotos, welches auf dem Computerbildschirm auch noch eine begrenzte Auflösung und vor allem einen mangelhaften Kontrast besitzt, niemals so intensiv sein wie der reale Anblick im intergalaktischen Raum, umgeben von nichts als Schwärze und einer Vielzahl von weiteren Galaxien. Wie wäre es wohl, diesen Anblick live erleben zu dürfen, schwebend in einer Höhe von Hunderttausenden von Lichtjahren über dem nächsten Stern, mit bester Aussicht auf die gewaltige Lichtkugel im Zentrum? Wäre das nicht ein Anblick, für den ein Wort wie »unvergesslich« als Beschreibung maßlos untertrieben schiene? Ein Anblick, für den wir neben unermesslicher Ehrfurcht auch ewige Dankbarkeit empfinden würden, Dankbarkeit für diese Möglichkeit, Zeuge unserer grandiosen Schöpfung zu sein?

In dem Film *Contact*, basierend auf dem gleichnamigen Roman von Carl Sagan, wird Schauspielerin Jodie Foster in ihrer Rolle als Wissenschaftlerin während einer Forschungsmission ebendieser Anblick ermöglicht. Sie wirkt völlig entrückt. Der Anblick scheint sie so sehr zu durchströmen, dass er keinen Platz mehr lässt für alles, was sie sonst beschäftigt, was sie nur ein kleines Stück von diesem Moment, in welchem sie zur Zeugin dieser Manifestation der Ewigkeit wird, von dieser Losgelöstheit entfernen könnte. In der deutschen Version des Films lauten ihre Worte schlicht:

> Was für ein kosmisches Ereignis. Keine Worte... keine Worte... keine Worte reichen aus, um es zu schildern. Poesie... wir hätten einen Dichter schicken müssen. Es ist so wunderschön, wunderschön... so wunder, wunderschön. Ich hatte keine Ahnung. Ich hatte keine Ahnung.[293]

Zwischendurch kichert sie fast hysterisch vor Freude, vor der Wonne, die sie empfindet. In diesem Moment hat sie all ihre Ängste, alle Gefahren der außergewöhnlichen Reise, auf die sich begeben hat, vergessen.

Bei der Betrachtung von Bildern der Milchstraße aus der Vogelperspektive wirkt es allerdings ernüchternd, dass es, da es sich nur um Simulationen handelt, verschiedene Darstellungen von ihr gibt. In manchen wirkt die Milchstraße deutlich größer als in anderen. Bis heute ist man sich nicht ganz sicher, wie sie wirklich aussieht. In den 1990er Jahren sammelten sich erste Hinweise darauf, dass das Zentrum der Milchstraße, der *Bulge*, nicht wie zuvor angenommen kugelförmig ist, sondern eher »balkenförmig«, elliptoid.[294] Darstellungen unserer Galaxie mit einem rein kugelförmigen Schein im Zentrum sind also veraltet. Dadurch musste unsere Galaxis von einer Spiralgalaxie zu einer *Balkenspirale* umklassifiziert werden. 2004 entdeckte man bei der Untersuchung der Relativgeschwindigkeit von Strahlungsquellen dann Spuren eines neuen Arms.[295] Durch den *Doppler-Effekt*, welchen wir in Kapitel 15 genauer betrachten werden, verschiebt sich die Wellenlänge der charakteristischen Emissionslinie von Wasserstoff geschwindigkeitsabhängig und dieser Umstand kann dabei helfen, innerhalb der Galaxie Entfernungen zu ermitteln. 2008 schließlich ergaben akribisch mit dem *Spitzer Space Telescope* gesammelte Messdaten, dass die Milchstraße unter sämtlichen ihrer Spiralarme eigentlich nur zwei Hauptarme besitzt anstatt vier.[296] Ihr simuliertes Erscheinungsbild verändert sich dadurch dahingehend, dass sie auf Bildern weniger regelmäßig erscheint und eventuell weniger majestätisch, dafür aber dynamischer, lebendiger. Erst 2015 jedoch stellte man fest, dass ihr Durchmesser nicht nur rund 100 000, sondern bis zu 150 000 Lichtjahre beträgt.[297] Wie eine Galaxie von oben überhaupt aussieht, weiß man wohl am ehesten durch das Betrachten anderer Galaxien, und bei den Erforschungen unserer eigenen Galaxis wird uns sicher noch die eine oder andere Überraschung heimsuchen.

Der offensichtlichste Unterschied zwischen der Erscheinung eines diffusen Nebels und einer Galaxie besteht darin, dass Galaxien symmetrischer wirken, organisierter. Im Mittelpunkt des Bulges befindet sich stets ein massereiches Zentrum, bei welchem es sich nach heutigem Kenntnisstand oftmals um ein besonders massereiches (»supermassives«) schwarzes Loch handelt, welches im Fall der Milchstraße mehrere Millionen Sonnenmassen besitzt, alle konzentriert in einem einzigen Punkt. Darauf, dass das zwar faszinierend, jedoch kein Grund zur Beunruhigung ist, werde ich noch eingehen. Das Zentrum bindet alle in der Galaxie befindliche Materie per Gravitation an sich, wobei nicht vergessen werden darf, dass alle Himmelskörper sich auch untereinander anziehen.

In Bezug auf die Schwerkraft sind die Verhältnisse in einer Spiralgalaxie so aufgebaut, dass, Berechnungen zufolge, die Rotationsgeschwindigkeit der Himmelskörper – welche auf einer kreisförmigen Bahn ja der ersten Fluchtgeschwindigkeit entspricht – mit wachsendem Abstand vom Zentrum zunächst zunehmen, am Rand des Bulges ein Maximum erreichen und schließlich abfallen sollte.

Im Widerspruch zu dieser theoretischen Vorstellung steht allerdings die Beobachtung. Tatsächlich wird eine unveränderte oder mit dem Abstand vom Zentrum sogar leicht anwachsende Geschwindigkeit beobachtet, was nahelegt, dass es in den Galaxien mehr Masse geben muss, als bisher angenommen wurde, da sie sonst auseinander fliegen würden.[298] Diese Masse ist offensichtlich nicht durchs Teleskop sichtbar, weil man sie sonst ja längst entdeckt hätte. Jedes Teleskop aber arbeitet mit elektromagnetischer Strahlung. Aus dem offensichtlichen Umstand heraus, dass sich die zusätzliche Materie nicht per Teleskop beobachten lässt, wird entsprechend geschlussfolgert, dass sie prinzipiell nicht mit Strahlung wechselwirkt. Entsprechend wird sie *dunkle Materie* genannt. Ein als »dunkel« bezeichnetes Objekt – wie zum Beispiel ein Dunkelnebel – wird für gewöhnlich so genannt, weil es Strahlung absorbiert, aber auch das tut dunkle Materie nicht, sondern sie lässt die Strahlung einfach hindurch, als ob es entweder die Strahlung oder die dunkle Materie nicht geben würde; mehr oder weniger so, als ob sie ein Gespenst wäre. Nach unserem heutigen Kenntnisstand macht sie sich ausschließlich durch ihre Gravitation bemerkbar, durch keine andere Wechselwirkung, wenngleich sich das nicht restlos ausschließen lässt. »Transparente Materie« wäre für diese Materie, die nicht den Aufbau von Atomen haben kann, wohl ein geeigneterer Begriff, klänge aber weniger mysteriös.[299]

Von dieser Problematik unabhängig besteht ein zweites Indiz für die Existenz dunkler Materie in der durch Galaxien hervorgerufenen Raumkrümmung. Generell haben sehr massereiche Objekte im Kosmos die Eigenschaft, den Raum und damit die Bahnen von Lichtstrahlen so stark zu krümmen, dass für den Beobachter Objekte sichtbar werden, welche sich eigentlich hinter ihnen befinden und somit – naiv gedacht – von ihnen verdeckt werden sollten. Da sie sich auf den Verlauf des Lichts effektiv auswirken wie ganz gewöhnliche Sammellinsen in optischen Geräten, werden sie auch *Gravitationslinsen* genannt.[300] Da das Licht auf diese Weise verschiedene Wege um die Gravitationslinse nehmen kann, können dem Beobachter mehrere (s. Abbildung), in jedem Fall verzerrte Bilder (nicht in der Abbildung gezeigt) des eigentlich verdeckten Objekts erscheinen.

Je massereicher eine solche Gravitationslinse ist, desto stärker ist die durch sie hervorgerufene Raumkrümmung. Bei Galaxien zeigt sich, dass die Raumkrümmung stärker ist, als sie aufgrund der in ihr enthaltenen Masse sein sollte. Sie müssen daher schwerer sein als die sichtbare Materie nahelegt, und für diese zusätzliche Masse erscheint die Existenz dunkler Materie wieder als einzige Erklärung. Da in

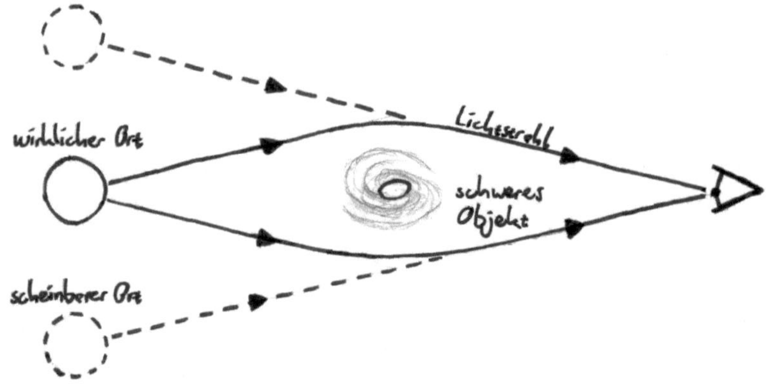

diesem Fall nicht die innerhalb der Galaxie relative Massenverteilung, sondern die absolute Gesamtmasse ausschlaggebend ist, bliebe dieses Argument selbst dann noch bestehen, wenn das obige – also die in der Beobachtung von der Theorie abweichende Rotationsgeschwindigkeit – widerlegt werden sollte. Auch Überlegungen über die Expansion des Universums legen nahe, dass in ihm zusätzliche Masse enthalten sein muss. Die Dichte der dunklen Materie sollte dabei etwa fünfmal so groß sein wie die der sichtbaren Materie.[301]

Ferne Welten

Jetzt sind wir thematisch bereits bei dunkler Materie angelangt, ohne uns überhaupt mit der Entstehung von Galaxien beschäftigt zu haben. Tatsächlich ist diese allgemein nicht so gut verstanden wie die oben ausführlich geschilderte Entstehung von Sternen, was neben dem unbekannten Wesen der dunklen Materie auch mit dem hohen Alter der Galaxien zusammenhängt. Aus heutiger Sicht lassen sich ihre Geburten oft zurückdatieren bis zu Zeitpunkten kurz nach dem Urknall, welcher noch viele Rätsel birgt. Werfen wir zunächst einen Blick auf verschiedene Typen von Galaxien. Hierfür bietet sich als Ausgangspunkt die *Hubble-Sequenz* an, welche aufgrund ihrer Struktur auch als »Stimmgabeldiagramm« bezeichnet wird und die in der Abbildung gezeigt ist.
Auf der rechten Seite sind Spiralgalaxien zu sehen, wie man sie typischerweise mit Galaxien assoziiert. Oben sind dabei gewöhnliche Spiralgalaxien gezeigt – als Beispiel für solche Galaxien gilt die freiäugig beobachtbare Andromedagalaxie –, unten Balkenspiralen wie

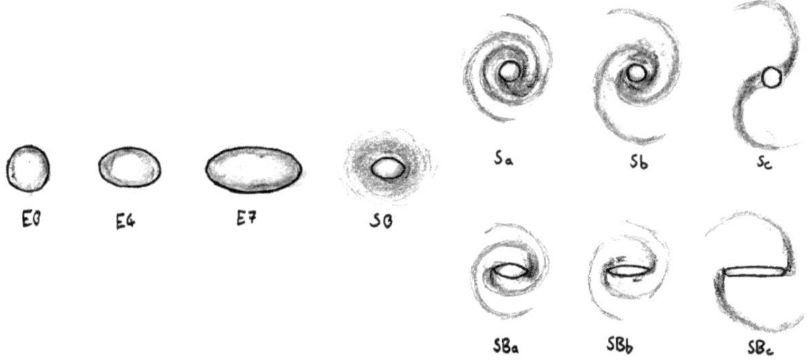

unsere Milchstraße. Von links nach rechts ist der spiralartige Charakter immer stärker ausgeprägt, sofern man diesen hier als Abweichung von einer vollständig rotationssymmetrischen, also ringförmigen Massenverteilung auffasst.

Auf der linken Seite des Diagramms sind elliptische Galaxien abgebildet. Diese Galaxien sind nicht flach und scheibenförmig, sondern ausgeprägt dreidimensional, elliptoid geformt. Die Sterne umkreisen zwar grob das Zentrum, wirbeln ansonsten aber wild umher. Es sind keine räumlich begrenzten Verdichtungen zu erkennen, wie sie in Spiralgalaxien durch deren Arme gegeben sind. Mathematisch betrachten lassen sich solche Galaxien als ein *Sterngas*, also ein »Gas«, für welches nicht Moleküle, sondern ganze Sterne als Teilchen gedacht werden, die jedoch ebenso wie Gasmoleküle umherwirbeln. Die Gravitation darf dabei natürlich nicht vergessen werden und ein weiterer Unterschied zum gewöhnlichen Gas besteht darin, dass zwischen Sternen keine Stöße stattfinden, jedenfalls nicht in der traditionellen Form. Statt der thermischen Bewegung bestimmt schließlich die Gravitation die Trajektorien, wobei Phänomene wie Swing-bys, welche mathematisch auch als Stöße aufgefasst werden können, dennoch möglich bleiben.

Der Galaxientyp, welcher in der Hubble-Sequenz den Übergangstyp zu den beiden Zweigen der Spiralgalaxien bildet, heißt *linsenförmige Galaxie*. Von rechts nach links nähert sich die scheiben- beziehungsweise oblatenähnliche Gestalt immer mehr einer Kugelgestalt an. Nicht im Schema gezeigt sind *irreguläre Galaxien*, die erkennbarer Symmetrie entbehren und zum Beispiel nicht nur ein, sondern gleich mehrere Zentren haben können. Kleinere Galaxien (»Zwerggalaxien«) gehören oft diesem Typ an, da in ihnen die gravitative Bindung und somit Strukturbildung zwischen den Sternen geringer ausgeprägt ist.

Die *kleine* und *große Magellansche Wolke*, welche beide die Milchstraße in relativer Nähe umkreisen, gelten als solche Zwerggalaxien – dennoch enthalten auch sie Milliarden von Sternen.

Die Hubble-Sequenz wurde 1936 von Edwin Hubble entwickelt, der erst 13 Jahre zuvor belegen konnte, dass unsere Galaxis nicht die einzige Galaxie in diesem enormen Weltall ist, dass also einige der am Himmel beobachteten Nebel – wie zum Beispiel die Andromedagalaxie – eigene Galaxien darstellen, welche sich jedoch außerhalb der Milchstraße befinden. Inzwischen sind einige Jahre vergangen, und die technischen Möglichkeiten haben sich beträchtlich erweitert.

Zum einen hat sich die räumliche Auflösung und Empfindlichkeit von Teleskopen verbessert. Wir können heute viel tiefer ins Weltall blicken als noch vor 80 Jahren. Da das Licht entfernter Galaxien sich mit Lichtgeschwindigkeit auf uns zu bewegt, vergeht auf seiner weiten Reise eine Zeit, die bei den entferntesten Galaxien mittlerweile fast bis zum Urknall zurückreicht. Ein besonders tiefer Blick ins All wird dadurch zu einem Blick in die Vergangenheit, und je weiter wir in die Vergangenheit schauen, desto jünger erscheinen demzufolge die Galaxien, die wir dort finden. Hubble war im Vergleich zu heute also nur in der Lage, ältere Galaxien zu beobachten und besaß eine eingeschränkte Stichprobe, welche auf wenige hundert Exemplare beschränkt war. Zum anderen bezieht sich die Hubble-Sequenz nur auf den sichtbaren Spektralbereich, während Galaxien in anderen Spektralbereichen durchaus andere Formen annehmen können.

Außerdem muss beachtet werden, dass die Hubble-Sequenz ein rein morphologisches (also an der räumlichen Gestalt orientiertes) Schema ist, welches keinerlei Aussage über den tatsächlichen Prozess der Galaxienbildung und -entwicklung macht, welcher in Wahrheit wohl deutlich komplexer ist und teilweise in umgekehrter Richtung abläuft.

So wird heute vermutet, dass elliptische Galaxien erst aus der Verschmelzung zweier Galaxien entstehen. Aufgrund der Weite des interstellaren Raums kommt es bei einer Kollision von Galaxien dabei nicht wirklich zu einer Kollision. Für einzelne Sternsysteme ist die Gefahr, mit einem Stern der anderen Galaxie zu kollidieren, kaum höher als die grundsätzlich vorhandene Gefahr, mit einem Stern innerhalb der eigenen Galaxie zu kollidieren – die Wahrscheinlichkeit beider Ereignisse ist verschwindend gering. Bei der Verschmelzung von Galaxien kommt es vielmehr zu einer intensiven gravitativen Wechselwirkung, welche die etablierte Struktur stört und bis auf das verbleibende Zentrum schließlich ganz auflöst. Die Galaxien rühren sich sozusagen gegenseitig um, bis sie eine homogene Masse ergeben. Ein Nebeneffekt der Gravitation ist die Anregung von Gaswolken zum gravitativen Kollaps, was eine deutlich erhöhte Sternentstehungsrate zur Folge hat. Vielleicht ist die Kollision aber auch nur eine von mehreren Möglichkeiten auf dem Weg zur Entstehung einer elliptischen Galaxie.

Einige Objekte am Himmel sind solche Galaxien, die bereits »ineinander fließen«, aber noch als ursprünglich zwei Galaxien erkennbar bleiben, was natürlich auch in den nächsten Jahrmillionen noch der Fall sein wird – die Bewegung der Galaxien ist zwar nicht langsam, doch die Galaxien sind so groß, dass sie unendlich behäbig erscheint. Diese astronomischen Objekte sind in der Hubble-Sequenz noch nicht verzeichnet. Ferner kennt man heute *Starburst-Galaxien* mit hoher Sternentstehungsrate (wie beispielhaft im vorherigen Absatz beschrieben) sowie *aktive Galaxien*, welche sich durch ein besonders leuchtstarkes Zentrum auszeichnen, dessen Strahlung zu großen Teilen nicht von Sternen stammt.

Unter letzteren stellen die *Quasare* die hellsten langfristig stabilen Objekte des Alls dar. Sie werden höchstens kurzzeitig übertroffen von der Erscheinung der Supernovae und der *Gammablitze*, welche noch eine um ein Vielfaches höhere Leistung besitzen. Im Zentrum einer solchen Galaxie sitzt ein supermassives schwarzes Loch, welches wie ein Protostern umliegende Masse akkretiert und einen Teil von ihr schließlich in einem stetigen Ausbruch nach »oben« und nach »unten«, also senkrecht zur Galaxieebene, ins All schleudert. Dabei werden mitunter relativistische Geschwindigkeiten erreicht, und ein solcher *Jet* erstreckt sich hunderttausende Lichtjahre weit ins Weltall, wird damit zu einer Leuchterscheinung, welche das Erscheinungsbild der ganzen Galaxie dominiert. Entsprechend kleinere Jets sind auch bei der Entstehung von Sternen zu sehen, vor allem bei »T-Tauri-Sternen«, einer späteren Phase des Protosterns.

Hinsichtlich der Mächtigkeit nimmt der Quasar unter allen astrophysikalischen Erscheinungen zweifelsohne den Platz Nummer eins ein. Seine räumliche Ausdehnung ist dabei, da es sich bei einem Quasar strenggenommen nur um den aktiven *Kern* der Galaxie handelt, verhältnismäßig klein, aber sein Leuchten kann mitunter über zehn Milliarden Lichtjahre weit durchs Teleskop gesehen werden, was sie zu wichtigen Studienobjekten für die Kosmologie macht.

Durch diese Eigenschaften lässt sich sein Jet als eine Art »Urschrei« auffassen, ein archaisches Aufwallen der sich bündelnden Materie, welches bis in unsere heutige Zeit nachhallt; als Schrei eines in den

Tartaros, in die unterste Unterwelt stürzenden Titanen; oder als solcher des in die Hölle hinab taumelnden Luzifers, der astrologisch sonst mit der Venus identifiziert wird.

»Luzifer« heißt »Lichtbringer«, und Licht ist es ja, was der Quasar uns bringt, mehr als jede andere Himmelserscheinung, wenn wir die unermesslichen Entfernungen einmal außer Acht lassen und uns die künstlerische Freiheit nehmen, mit dem Begriff »Licht« auch den umfassenden nicht-sichtbaren Bereich des elektromagnetischen Spektrums zu meinen. Auf der anderen Seite strahlen die Quasare nämlich vor allem im Bereich der Radiowellen, was wiederum die Auffassung der Strahlung als akustisches Phänomen, als Schrei, plausibel macht.

Was die Entstehung von Spiralgalaxien betrifft, gingen diese vermutlich aus einer immer stärkeren »Verklumpung« der Materie in einer Zeit hervor, in der das Universum noch deutlich kleiner und seine Dichte somit deutlich höher war, sodass sich sämtliche Materie gleichmäßig und strukturlos, homogen und isotrop, im Raum verteilt befand. Der Prozess fußt zunächst auf dem gleichen Prinzip wie der gravitative Kollaps eines diffusen Nebels mit dem Resultat neugeborener Sterne, wobei er anfänglich vermutlich durch Anhäufungen dunkler Materie ausgelöst wurde, denen die sichtbare Materie dann durch die Gravitation folgte. Von der Sternentstehung aus diffusen Nebeln unterscheidet sich die Galaxienentstehung insofern, als die relativen Abstände geringer ausfallen und Galaxien, auf entsprechenden Zeitskalen betrachtet, dynamischer und instabiler sind als Sternsysteme, weshalb sie zu deutlich intensiveren Wechselwirkungen neigen. Vermutlich haben sich erst kleinere Galaxien gebildet, welche dann zu größeren fusionierten.[302]

Natürlich nehmen wir beim Anblick einer Spiralgalaxie an, dass sie sich drehen würde wie der Wasserstrudel in unserem Duschausguss, oder wie ein Tornado. Der Anblick legt nahe, dass sich der Bulge dreht und dabei die umliegenden Sterne mit sich reißt, wodurch die Spiralarme zustande kommen. Das hätte allerdings zur Folge, dass sich die Galaxien sehr schnell »aufwickeln« würden, da sich die Sterne außen mit einer langsameren »Winkelgeschwindigkeit« bewegen, das heißt, dass sie für eine Umkreisung des Bulges einen längeren Zeitraum benötigen. Hieran würden auch die im Zusammenhang mit der dunklen Materie erhöhten Rotationsgeschwindigkeiten nichts ändern, weil der Weg, den die außen liegenden Sterne für die Umkreisung zurücklegen müssen, im Vergleich zu den inneren Sternen so viel länger ist, dass der Effekt verpuffen würde.

Eine solche Aufwicklung einer Galaxie, bei welcher die Spiralarme immer länger gezogen würden und sich immer öfter um das Zentrum schlängen, wird jedoch nirgendwo beobachtet. Diese Aufwicklung hätte bei den gegebenen Geschwindigkeitsverteilungen tatsächlich die Folge, dass die Spiralstruktur nach nur wenigen Drehungen der Galaxie verschwunden wäre und wir eine lentikuläre oder elliptische Galaxie vorliegen hätten. Dafür existieren im Weltall aber viel zu viele und viel zu alte Spiralgalaxien.

Hieraus können wir schon einmal schließen, *dass die Spiralarme einer Galaxie sich anders bewegen müssen als die Sterne, welche ja gerade die Spiralarme bilden.* Doch wie ist das möglich? Es ist möglich, indem die Spiralarme nicht fortlaufend aus den gleichen Sternen bestehen, sondern vielmehr von Sternen durchströmt werden. Auf ihren Umlaufbahnen »fließen« Sterne hinein in die Verdichtungen, welche die Spiralarme darstellen, und nach Durchquerung des jeweiligen Spiralarms wieder hinaus. Die Situation lässt sich hervorragend vergleichen mit einem Stau auf einem Autobahnring, welcher, statt um das Zentrum einer Galaxie, um ein Stadtzentrum führt. Jedes Auto fährt irgendwann in den Stau hinein und wieder heraus. Der Stau hat einen Anfang und ein Ende und in der Mitte zwischen beiden einen Mittelpunkt, der eine Art Schwerpunkt darstellt. Dieser Schwerpunkt (und damit der ganze Stau) kann sich mit der Zeit langsam vorwärts bewegen, rückwärts bewegen oder stillstehen, wobei vor allem im Fall der Rückwärtsbewegung klar wird, dass es für das Erkennen der Staubewegung nicht ausreichend ist, nur die Bewegung eines einzelnen Autos zu betrachten, denn einzelne Autos bewegen sich im Stau stets vorwärts, nicht rückwärts. Somit müssen immer viele Autos gleichzeitig betrachtet und miteinander verglichen werden. Natürlich stellen in diesem Vergleich die Autos die Sterne unserer Spiralgalaxie dar und der Stau den Spiralarm, wobei sich auf einer unrealistisch breiten Autobahn verschiedene Abschnitte des Spiralarms nach »links« und »rechts« noch mit verschiedenen Spuren des Autobahnrings assoziieren ließen.

Der Vergleich hinkt insofern, als Autos in einem Stau *langsamer* fahren, während Sterne auf dem Weg in Richtung der Spiralarme aufgrund der erhöhten Dichte des vor ihnen liegenden Gebiets durch entsprechend stärkere Gravitation *beschleunigt* werden müssten. Es ist zudem nicht einfach, die komplizierten Massenverhältnisse in einer Galaxie zu berücksichtigen – hier könnten auch noch andere Effekte eine Rolle spielen. Nimmt man allerdings an, dass die in der Galaxie herrschende Gravitation vom Bulge dermaßen dominiert wird, dass

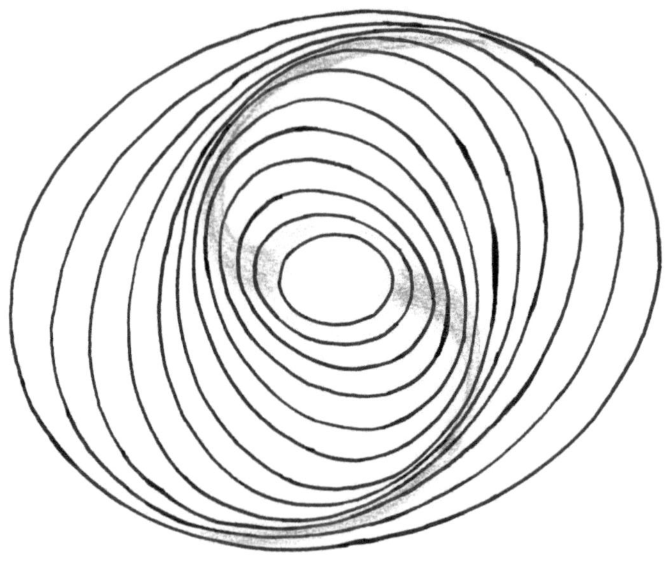

alle anderen Einflüsse in erster Näherung vernachlässigbar werden, lassen sich die Spiralarme auch mit ganz gewöhnlichen – lediglich relativ zueinander gedrehten – Keplerschen Ellipsen konstruieren, wie die Abbildung zeigt. Hier sind noch viele Fragen offen.

14.

Jenseits der Galaxien

Ich sehe diese Staunen erregenden Räume des Universums, die mich umschließen und finde mich gebannt in einen Winkel dieser weiten Ausdehnung, ohne zu wissen, warum ich vielmehr an diesen Ort gestellt bin als an einen anderen… Von allen Seiten sehe ich nichts als Unendlichkeiten, die mich verschlingen wie ein Atom und wie einen Schatten, der nur einen Augenblick dauert ohne Rückkehr.

~ Blaise PASCAL: *Gedanken über die Religion*[303]

Galaxien sind nicht die größten Strukturen im Weltall. Allerdings sind sie die größten Strukturen, welche halbwegs kompakt und organisch wirken, als hätten sie so etwas wie ein schlagendes Herz, welches wenigstens bei den regulären Galaxien in Form des Bulges gegeben ist. Wenn wir den Blickwinkel noch stärker erweitern, dann erscheint der Weltraum nun endgültig »abstrakt«, unwirklich, sofern er das nicht schon längst tut. Auf unserer Reise in Richtung Makrokosmos sind Galaxien gewissermaßen die letzte Grenze vor dem Abstrakten, wenn man dieses Wort etwas unscharf auffassen darf als das, was unserem Verständnis der physischen Welt – auch im buchstäblichen Sinn – »unbegreiflich« erscheint. Es lässt sich nicht mit den Händen be- oder ergreifen. Es entfleucht uns.

Haufen und Superhaufen

Zunächst fängt es noch relativ harmlos an. Galaxien ziehen sich gravitativ an und bilden eine Gruppe, welche in der deutschen Sprache platt als *Haufen* bezeichnet wird, wie ein Misthaufen. Im Englischen ist dagegen von einem »*cluster*« die Rede. Unsere *lokale Gruppe* enthält einige Dutzend Galaxien, von denen die meisten jedoch deutlich kleiner sind als die Milchstraße; diese stellt zusammen mit der Andromedagalaxie den prominentesten Vertreter dar. Gefolgt sind diese beiden von der *Dreiecksgalaxie*, deren Durchmesser zwischen 50 000 und 60 000 Lichtjahren beträgt.

Im Rahmen der lokalen Gruppe stellt unsere Heimat also ausnahmsweise einen ausgezeichneten Punkt dar, der nicht unaufhörlicher Relativierung durch noch und nöchere Dimensionen zum Opfer fällt.

Der Preis hierfür besteht allerdings darin, dass wir die Milchstraße nicht von außen sehen können: Würde das Sonnensystem mit Planet Erde in einer Satellitengalaxie der Milchstraße enthalten sein, die sie umkreist wie ein Mond seinen Planeten, hätten wir am glasklaren Nachthimmel, oder wenigstens im erdnahen Orbit, vielleicht eine fantastische Aussicht. Wie weiter oben diskutiert, müssen wir auf den Anblick aus der Totale leider verzichten. Für den Fall, dass in einigen Milliarden Jahren noch ein bewusster Beobachter in der Milchstraße anwesend sein sollte, wird sich diesem allerdings ein atemberaubendes Naturschauspiel bieten – dann wird nämlich die Milchstraße mit der Andromedagalaxie verschmelzen. Beide Galaxien werden dabei durch die angeregte Sternentstehung hell aufleuchten.

Die lokale Gruppe erstreckt sich über einige Millionen Lichtjahre, was eben gerade den weiter oben beschriebenen Schritt von den galaktischen zu den intergalaktischen Dimensionen darstellt: schrumpft man die Milchstraße auf die Größe der Erde, entspricht das Ausmaß der lokalen Gruppe in etwa dem Abstand zwischen Erde und Mond.

Entfernen wir uns von dem Archipel an Welteninseln, welches unsere lokale Gruppe darstellt, ist die nächstgrößere Struktur, der wir begegnen, der *Virgo-Superhaufen*, benannt nach dem *Virgo-Haufen* im Sternbild Jungfrau (Virgo), welcher bereits weit mehr als tausend Galaxien enthält und damit den massivsten und dichtesten Teil des Superhaufens darstellt. Die Erweiterung zum Superhaufen, welche unsere – nun bereits wieder »ländliche«, bescheidene – lokale Gruppe einschließt, ist nicht willkürlich, sondern beruht darauf, dass die Galaxien dieser Struktur gravitativ aneinander gebunden sind.

Aus dieser Entfernung erscheinen auch Galaxien nur noch wie leuchtende Punkte, Sternen ähnlich. Allerdings sind sie anders angeordnet als die Sterne am Nachthimmel, was unter anderem damit zusammenhängt, dass die relativen Abstände geringer sind und die gravitative Wechselwirkung demnach stärker ausfällt. Im Virgo-Superhaufen erscheinen die Segmente als Flocken, als »zusammengeflockte« Galaxienpunkte, während einzelne Galaxien jedoch noch frei durch den Raum schwirren. Diese Flocken, manchmal als »Wolken« bezeichnet, stellen Verdichtungen dar und machen es auf diese Weise möglich, dass zwischen ihnen die Gravitation auch über leere Räume, welche sich über Millionen von Lichtjahren erstrecken, ihre Wirkung zeigt. Der Virgo-Superhaufen besitzt bis auf einige Abweichler eine längliche Gestalt, an welcher die Galaxienhaufen aufgereiht sind wie Perlen an der Schnur einer Halskette. Hieran ist bereits eine Tendenz zu erkennen, die auf noch größeren Skalen noch ausgeprägter erscheint.

Der Virgo-Superhaufen ist in Bewegung. In 200 Millionen Lichtjahren Entfernung – was nun immerhin schon rund 0,4 % des beobachtbaren Universums ausmacht – befindet sich der *Große Attraktor*, ein Superhaufen, welcher den unseren anzieht. Er ist allerdings nur schwer zu beobachten, da er sich, von der Erde aus gesehen, zu großen Teilen hinter der Milchstraße befindet und seine Strahlung von ihren Sternen und Nebeln überlagert wird. Außerdem nähern wir uns dem *Hydra-Centaurus-Superhaufen* an, der sich in einer ähnlichen Entfernung befindet. Eine weitere erwähnenswerte, in der Nachbarschaft des Virgo-Superhaufens befindliche Struktur ist die *Große Mauer* (*great wall*), welche mit Maßen von 500 mal 15 mal – mindestens – 300 Millionen Lichtjahren diesen Namen verdient hat (die »Million« ist natürlich auf alle der drei Zahlen bezogen). Zwar ist sie nicht die größte bekannte wandartige Struktur; jedoch versagt ab einem gewissen Verhältnis von Länge zu Tiefe auch die Gravitation als Klebstoff. Die Struktur dürfte instabil werden und gegebenenfalls zerfallen wie einst das Römische Reich. Es herrscht dann keine wirkliche gravitative Bindung mehr vor und insofern ist es fraglich, inwieweit man noch von einer zusammenhängenden Struktur sprechen kann.

Bis 2014 wurden Superhaufen allein anhand der *Positionen* von Galaxien definiert. Dabei wird außer Acht gelassen, dass es sich bei ihnen, wie bei Galaxien auch, um dynamische Gebilde handelt. Ihre Dynamik wird zunächst bestimmt von Massenträgheit und Gravitation. (Hierbei vergessen wir noch einen dritten Effekt, auf den wir jedoch gleich eingehen werden.)

Die Relativgeschwindigkeit von Galaxien untereinander wird als *Pekuliargeschwindigkeit* bezeichnet. Es liegt somit nahe, einen Superhaufen nicht nur anhand der Galaxienpositionen zu definieren, sondern auch anhand ihrer Pekuliargeschwindigkeiten. Galaxien, welche sich auf das gravitative Zentrum des Superhaufens zu bewegen, können zum Superhaufen dazugerechnet werden; solche, welche sich entfernen, zählen nicht mehr hinzu.

Das dachten sich jedenfalls der auf Hawaii forschende Richard B. Tully und seine Arbeitsgruppe. Sie fanden heraus, dass diese Herangehensweise die Positionsbestimmung hervorragend ergänzt. Für unseren lokalen Superhaufen entsteht dabei nämlich eine klare Grenze, ab welcher sich Galaxien nicht mehr auf sein Zentrum zu, sondern von ihm weg bewegen, auf das Zentrum eines anderen Superhaufens zu. Vorstellen kann man sich diese Grenze wie einen schmalen Gebirgsgrat. Alles, was zur Seite fällt, bewegt sich unaufhaltsam weiter

in dieser Richtung, bis es irgendwann unten angelangt ist. Sie lässt
sich auch mit einer Wasserscheide vergleichen, bei welcher das Wasser
auf der diesseitigen Seite eben in die diesseitige Richtung fließt, das
Wasser auf der jenseitigen dagegen in die jenseitige. Die so gefundene
Struktur tauften die Forscher *Laniakea*, was hawaiianisch für »unermesslicher Himmel« ist. Laniakea enthält rund 100 000 Galaxien,
erstreckt sich über rund 500 Millionen Lichtjahre und ist noch einmal
deutlich größer als der alte Virgo-Superhaufen, welcher in Laniakea
eingeschlossen bleibt.[304]

Heißt das also, dass Superhaufen durch die anziehende Gravitationskraft immer weiter verklumpen, in ferner Zukunft gar zu einer
einzigen Riesengalaxie verschmelzen werden? Die Antwort hierauf ist
ein klares »Jein«. Laut obiger Überlegung würden sie es, sofern man
die Möglichkeit ausblendet, dass sich für manche Galaxien stabile
Orbits ausbilden könnten, in welchen sie sich gegenseitig umkreisen
würden. Wie angekündigt wurde hier jedoch noch ein Effekt ignoriert,
und der ist die Expansion des Raums, welcher auf diesen Größenskalen langsam zum Tragen kommt. Es ist noch nicht endgültig geklärt,
ob das Universum sich in Zukunft abgebremst oder beschleunigt
ausdehnen wird. Wenn die Expansion stark genug ist, wird Laniakea
in Zukunft – hier ist von etlichen Milliarden von Jahren die Rede –
keinen Gravitationskollaps als Ganzes erleben, sondern in kleinere
Klumpen zerfallen. »Klein« ist hier natürlich wieder relativ zu verstehen, denn jeder dieser Klumpen bestünde noch immer aus etlichen
Galaxien. Gayoung Chon *et al.* schlugen 2015 vor, die Definition
von Superhaufen anhand der Pekuliargeschwindigkeit beizubehalten,
jedoch solche, deren Kollaps schneller stattfindet als die Expansion
des Raums, als *Superste-Haufen* zu bezeichnen. Die Ähnlichkeit zum
Begriff »Superhaufen« beruht auf einem Wortspiel. »Superste« ist
lateinisch und heißt »Überlebender«. Superste-Haufen werden die
Expansion des Raums überleben; sie werden von ihr nicht in Stücke
gerissen werden, um es dramatisch zu formulieren.[305]

Voids und Supervoids

Wollen wir Laniakea ins Auge fassen, schwinden in den meisten Fällen
auch die Leerräume zwischen den Galaxien dahin, weil die Galaxienpunkte miteinander zu verschmelzen scheinen, ganz so, wie wir
beim Anblick einer Galaxie die einzelnen Sterne nicht mehr auseinan-
derhalten können. Wir sehen nur noch kontinuierliche Verteilungen
von Licht, und außerhalb dieser Verteilungen, da ist nichts; da sind

vielleicht noch ein paar verwaiste Galaxienhaufen zu finden, aber ansonsten ist dort nur leerer Raum zu sehen – leerer Raum mit ein paar quantenmechanischen Vakuumfluktuationen, wenn man es genau nehmen möchte. Dieser Kontrast ermöglicht es uns endlich, die großräumige Struktur des Universums zu erkennen. Endlich greift das kosmologische Prinzip – die Aussage, dass das All homogen und isotrop sei, wovon bisher noch nicht wirklich die Rede sein konnte. Doch wie sieht die großräumige Struktur des Universums nun aus?

Galaxienhaufen tun sich zunächst zusammen und bilden Filamente, fadenartige Strukturen, welche zusammen ein dreidimensionales »Netz« entstehen lassen, wie es auf Seite 265 dargestellt ist. Superhaufen stellen vor allem die Knotenpunkte dieses Netzes dar. So entsteht eine wabenartige Struktur, aber sowohl von sechseckigen Bienenwaben als auch von den quadratischen Maschen eines Fischernetzes unterscheidet sie sich dadurch, dass sie nicht regelmäßig geordnet ist. Die vorherrschende Ordnung ist statistischer Natur; eine geometrische Ordnung anhand vorgegebener Formen vermisst man hier. Allerdings sind die Ausmaße des im Wesentlichen leeren Raums innerhalb der Waben recht gleichmäßig verteilt, weshalb wir nun auch von einer Homogenität des Kosmos sprechen können. Die Ausdehnung solcher *Supervoids* beträgt meistens rund 300 Millionen Lichtjahre – kleinere Leerräume, die zu dieser großräumigen Struktur keinen nennenswerten Beitrag leisten, heißen analog zu den Haufen einfach nur *Voids*. Die größten bekannten Supervoids erstrecken sich über mehr als eine Milliarde Lichtjahre.

Supervoids sind die »abstrakten Nichtdinge« schlechthin. Sie sind die leersten Regionen des Weltalls. Stellen wir uns vor, wir befinden uns mitten in einem solchen Nichtding, sicher in einem Raumanzug verpackt, ansonsten aber frei und ungestört durchs All schwebend. Wenige Millionen Lichtjahre unter uns sei vielleicht noch ein kleiner Galaxienhaufen zu sehen, in welchem sich zwei oder drei Spiralgalaxien befinden. Werfen wir zunächst einen Blick auf diese Galaxien. Sämtliche Beleuchtung unseres Anzugs schalten wir dafür natürlich aus, sodass die Galaxien zu den hellsten Objekten in unserem Sichtfeld werden. Sterne am Himmel gibt es keine – die existieren schließlich nur, solange wir uns innerhalb einer Galaxie aufhalten, was hier jedoch nicht der Fall ist. Unsere Augen müssen sich an die Dunkelheit zunächst gewöhnen, aber das können sie von Natur aus eigentlich sehr gut. Obwohl sie normalerweise mit Milliarden von Photonen bombardiert werden, reichen bereits einige wenige aus, um einen Sinnesreiz auszulösen (aufgrund des Welle-Teilchen-Dualismus hängt dies eher von der Energie einzelner Photonen ab als von der Anzahl der Photonen), und wenn sonst völlige Dunkelheit herrscht, dann können wir diesen Punkt bewusst wahrnehmen. Unsere Pupillen weiten sich.

Wir erkennen die Spiralgalaxien, wie sie leuchten, wie ihre Spiralarme sich kringeln. Doch sie drehen sich zu langsam, als dass wir ihre Rotationsbewegung tatsächlich wahrnehmen könnten. Die meisten Sterne brauchen Millionen von Jahren für eine Umkreisung des Bulges, und während dadurch noch nicht die Geschwindigkeit der Spiralarme festgelegt ist – diese könnten auch über Jahrmillionen hinweg einfach still stehen, wir wissen es noch nicht –, werden auch diese sich nicht viel schneller bewegen, sofern sie sich überhaupt bewegen. Selbst für den Fall, dass wir mit tausend Kilometern pro Sekunde durchs All rasten – dieser Wert stellt erfahrungsgemäß eine obere Grenze für Pekuliargeschwindigkeiten von Galaxien dar – erschiene ohnehin alles unbewegt. Unsere Geschwindigkeit betrüge dann etwa ein Dreihundertstel der Lichtgeschwindigkeit, und bereits für das Zurücklegen einer Strecke von einer Million Lichtjahren bräuchten wir demzufolge 300 Millionen Jahre. Was Galaxien im Allgemeinen betrifft, wird davon ausgegangen, dass sie im Kosmos etwa an der Stelle entstanden sind, wo man sie heute vorfindet – denn um sich seit dem Urknall um eine nennenswerte Strecke bewegt zu haben, dafür sind sie einfach noch zu jung. Das ganze Universum ist dafür noch zu jung. Die Galaxien unter uns ziehen uns an, aber davon merken wir nichts, genauso wenig, wie Astronauten in der ISS es spüren, dass sie von der Erde angezogen werden. Wie bereits diskutiert spürt man diese Anziehung erst dann, wenn ein Widerstand gegen sie vorhanden ist. Doch wir sind frei, frei und »schwerelos«, wie der Volksmund sagt.

Millionen Lichtjahre unter uns befinden sich also diese Galaxien. In einer von ihnen, vielleicht auch in allen, befindet sich Leben – Leben wie wir es von unserem Heimatplaneten her kennen. Vielleicht sind es nur Einzeller, vielleicht Tiere, vielleicht Zivilisationen, vielleicht tausende von ihnen. Wir wissen es nicht. Um aus dieser Entfernung einen Funkspruch zu senden, reicht die Leistung unseres Geräts nicht aus. In einigen Millionen Jahren würde die Nachricht zwar ankommen, doch selbst wenn wir sie auf nur eine Galaxie verteilen würden, würde das Signal zu schwach sein, um empfangen werden zu können. Schließlich sind wir kein kosmisches Fusionskraftwerk wie ein Stern – und selbst ein solches könnte man, überstrahlt von den Sternen in der Galaxie dort unten, wahrscheinlich kaum noch wahrnehmen. Wir sind nur ein Mensch in einem Raumanzug. Für die umgekehrte Möglichkeit, dass eine Zivilisation vor Jahrmillionen einen Funkspruch ins All gesandt hätte und dieser just in diesem Moment an uns vorbeizöge, gälte ähnliches: Die Zivilisation hätte ihn wahrscheinlich höchstens konzipiert, um Kontakt innerhalb ihrer Galaxie aufzunehmen. Das Signal hätte sich, von seinem Ursprung aus gesehen, gleichmäßig auf sämtliche Raumrichtungen verteilt und wäre in unserem winzigen Raumwinkel viel zu schwach, als dass wir mit unseren bescheidenen Antennen etwas von ihm mitbekommen könnten. Und selbst, wenn wir es empfangen könnten, wüssten wir nicht einmal, ob diese Zivilisation jetzt noch existieren würde.

Wir verweilen noch ein wenig beim Anblick dieser Galaxie, aber ob dieser Gedanken wenden wir uns bald ab. Mithilfe der kleinen Düsen an unserem Anzug machen wir eine halbe Drehung. Dadurch kehren wir dem kleinen Galaxienhaufen den Rücken zu und schauen nun die wahrlich unermesslichen Räume des Universums. Zunächst finden wir uns umgeben von Finsternis vor. An sich ist diese Stille friedvoll, aber unser Gehirn hält diese Kombination von Stille, Dunkelheit und Schwerelosigkeit kaum aus. Wir beginnen schon fast, zu halluzinieren, als unsere Augen es doch noch schaffen, sich an die Situation zu gewöhnen. Unsere Pupillen sind weit wie nie, und mehr und mehr erkennen wir von der großräumigen, von der homogenen und isotropen Struktur des Kosmos. Schließlich werden wir ruhig. Wir entspannen uns.

Was wir sehen, ist schwer zu beschreiben. Ja, da sind diese wabenartigen Gebilde, bestehend aus schwach und dunkel in der Ferne glimmenden Galaxien, aber es ist vor allem wieder diese Leere in ihrem Inneren, die für uns wieder einmal so schwer zu fassen ist, dieser Raum. Diese Räume muten zunächst an wie Korridore, wie die dunklen Korridore eines Labyrinths, aber das ist es noch nicht ganz, denn sie sind so unregelmäßig verteilt, und sie scheinen doch wieder so dynamisch, wie es sonst nur Dinge tun, die leben, im weitesten Sinn des Wortes – als etwas, das wird und wieder vergeht, Details wie »Entropie« und »Stoffwechsel« hin oder her. Die Filamente wirken außerdem zu dünn, sie können keine Wände sein, sondern erscheinen eher wie die Fäden eines Spinnennetzes, oder eines solchen Netzes, wie manche Raupen es weben.

Viele Seiten zuvor, als wir uns gedanklich wenigstens noch innerhalb unserer eigenen Galaxis befanden, kamen wir auf die Idee, die dortigen diffusen Nebel poetisch als »Atem Brahmas« zu beschreiben, als Atem

des hinduistischen Schöpfergottes. Vielleicht könnte man jetzt auch
vom Atem des Uranos, des griechischen Himmelsgottes sprechen, denn
im Gegensatz zu den Nebeln, die ja der Sternenstaub sind, aus dem wir
bestehen (dieser unglaubliche Umstand lässt sich gar nicht oft genug
wiederholen), erkennen wir nicht mehr unmittelbar die schöpferische
Potenz dieser Umgebung, in der ja auch der expandierende Raum
alles auseinander zieht. Die Voids im Kosmos muten nun fast wie das
Innere seiner Lunge an, wie Lungenbläschen. Der Raum expandiert
und seine Lunge expandiert, zumindest tut sie das im Moment; wie
die Zukunft aussieht, das wissen wir noch nicht. Unser Gott atmet
ein und wir fühlen wieder seinen Sog, den Sog des leeren Raums, in
den uns zu ergießen wir Drang verspüren – wie eine kleine Gaswolke,
welche sich ins Vakuum des Alls verteilen möchte, auf dass sie nimmer
gesehen ward.

Die Leere zieht uns. Sie zieht uns nach oben, nach unten, in alle
Richtungen zugleich. Mehr und mehr scheinen sich unser Blick und
unsere Pupillen zu weiten; denn wir wollen das Nichts mit all seinen
Facetten in uns aufnehmen, mitsamt den dunklen Korridoren seiner
Zellwände, um es auf den Grund unserer Seele sinken zu lassen. Ist
es dort einmal angekommen, lösen wir uns auf. Wir fühlen uns, als
würden wir wieder zu dem Sternenstaub werden, aus welchem wir
entstanden sind, und von uns scheint nichts mehr übrig zu bleiben
als ein kalter flüchtiger Hauch. Es war einige Male vom »Aufgehoben-
Sein im Atman« die Rede; »aufheben« kann auch als »verschwinden
lassen« verstanden werden, und diese Aufhebung ist es, welche mit
uns nun geschieht.

Ansonsten bleibt uns nichts mehr, als in einem andächtigen Schweigen uns selbst zu vergessen. Retten kann uns ohnehin niemand mehr.
Hier draußen fehlt uns jegliche lebenserhaltende Energiequelle. Befände sich in unserer Nähe ein Raumschiff, wäre dieses Raumschiff
der Ort, an dem wir den Rest unseres kurzen Lebens verbringen
würden – und auch dieses müsste genug Energiereserven besitzen,
um diesen Zweck erfüllen zu können, jedenfalls ohne fortgeschrittene
Portal-Technologien. Es ist jedoch ohnehin kein Raumschiff in der
Nähe. Wir erinnern uns nicht mehr, wie wir an diesen unwirtlichen
Ort gekommen sind. Wir warten nur noch darauf, dass uns, ruhig
und friedlich wie wir sind, der ewige Schlaf überkommt, um unsere
tiefe Wachheit zu vervollkommnen.

Manchmal wird die großräumige Struktur des Universums auch mit
dem Aussehen des Netzwerks von Neuronen, Nervenzellen, verglichen,

wie wir es in den Nervensystemen sämtlicher Tiere vorfinden, den Menschen natürlich eingeschlossen. Dieser Vergleich führt dann schnell zu einer Gleichsetzung des Universums mit dem »Gehirn Gottes« oder ähnlichem. Der logische Fehlschluss, der dem zugrunde liegt, ist mal wieder, dass eine Korrelation, eine Analogie, für Identität gehalten wird. Korrelation bedeutet nicht automatisch Kausation. Ein Walnusskern sieht auch aus wie ein Gehirn; niemand käme jedoch auf die Idee, dass die Walnuss deswegen intelligenter wäre als andere Nüsse. Der Vergleich hält aber ohnehin nur auf dieser sehr oberflächlichen Ebene stand, da offensichtlich eine hoffnungslose Verwechslung von Seinsebenen vorliegt. Wie schon gesagt, ist diese Struktur außerdem nur der momentane Zustand des Universums. Dennoch zeigt sich in dieser Erscheinung wieder auf wundersame Weise die Universalität der Naturgesetze, welche auf ganz verschiedenen Größenskalen vergleichbare und damit fraktalähnliche Formen erschaffen können.

Zugegebenermaßen weiß ich übrigens nicht sicher, ob das Leuchten der Filamente wirklich stark genug ist, um von einem (natürlich ungestörten, an die Dunkelheit angepassten) menschlichen Auge überhaupt wahrgenommen werden zu können. Eine abschätzende Berechnung ergibt, dass es aus der sehr großen Entfernung von einer halben Milliarde Lichtjahren *längst* nicht mehr möglich wäre, doch für die obige Beschreibung musste ich es zwangsläufig annehmen; man müsste sich ja nicht mitten in die größte der Supervoids begeben, sondern könnte sich auch in den Randgebieten einer kleineren aufhalten. Zwar ist unser Auge imstande, sehr sensibel auf die winzigsten Anregungen zu reagieren und steht hierin Teleskopen kaum in etwas nach. Allerdings ist erstens sein Spektralbereich beschränkt auf sichtbares Licht. Zweitens stellt das größere Problem die Belichtungszeit dar, welche biologisch auf Sekundenbruchteile festgelegt ist. Nach dieser Zeit »vergisst« unser Auge die Information beziehungsweise kehrt in seinen Ausgangszustand zurück, um ein neues Bild aufzunehmen, während die Chips in Teleskopen mitunter über Stunden oder sogar Tage hinweg belichtet werden. Dabei können sie natürlich viel mehr Photonen einsammeln und liefern so ein vollständigeres und vor allem kontrastreicheres Bild.

Würden wir da draußen gar nichts mehr sehen, bliebe es bei den Halluzinationen, vor denen uns in der obigen Erzählung nur der Anblick der Filamente bewahrte. In diesem Fall würde unser Zustand dem in einem »Floating-Tank« ähneln, einem kleinen, mit warmem Salzwasser gefühlten Becken, welches außerdem vollständig abgedunkelt werden kann. Der Salzgehalt ist dabei so hoch, dass man wie

im toten Meer nicht untergeht, was ansatzweise der Schwerelosigkeit ähnelt; jedoch darf nicht vergessen werden, dass die Organe im
Körper noch von innen gegen denselben drücken. (Die Abwesenheit
sinnlicher Stimulation, auf welche die Apparatur ja abzielt, wäre im
Weltall, allein in der Supervoid, also noch stärker ausgeprägt.) An-
wender berichten, neben tiefgehender Entspannung hierbei optische
und akustische Halluzinationen wahrzunehmen. Vielleicht würden
wir ja etwas ähnliches erleben wie der Filmcharakter Dr. Dave Bow-
man, als er im Schlussabschnitt von *2001: A Space Odyssey* aus dem
Raumschiff steigt. Eine sprachliche Schilderung dieser visuellen Szene
erspare ich Ihnen hier.

Der ehemalige Astronaut Franklin Story Musgrave erzählt, dass
er, zwar in der »Schwerelosigkeit«, aber sonst sicher verwahrt in der
Raumstation schwebend, mitunter das Gefühl gehabt habe, seinen
Körper zu verlassen und sich außerhalb der Raumstation durchs All
zu bewegen. Diesen Zustand beschreibt er wortwörtlich als »really
delicious«[306]. Mit der Frage, ob ihm eine Realität jenseits des subjektiven Erlebens zugeschrieben werden könne – also ob es sich um
mehr handeln könnte als eine bloße Illusion –, setzt er sich kaum
auseinander. Vermutlich ist sein Erlebnis jedoch das, was gemeinhin
»Astralreise« oder, weltanschaulich etwas neutraler, »außerkörperli-
che Erfahrung« genannt wird. Die Schwerelosigkeit scheint für dieses
Erlebnis eine günstige Rahmenbedingung darzustellen.

15.
Der Horizont des Alls

Die alte Frage nach den Grenzen der Welt ist immer auf Raum und Zeit bezogen worden, genauer auf bestehende Ausdehnungen (Strecken und Längen) und gegebene Zeitabschnitte, und da kommt man weder philosophisch noch physikalisch ins Reine. Wenn man sich aber von diesen statischen Gegebenheiten ab und den dynamischen Gegenstücken der Welt zuwendet und die Relation (das Verhältnis) aus Raum und Zeit bzw. aus Strecke und Dauer betrachtet, wenn man also Geschwindigkeiten in den Mittelpunkt des Betrachtens stellt, dann erscheinen Grenzen, und mit ihnen kann man sich sogar anfreunden. Sie wirken maßvoll und sinnvoll zugleich und erscheinen oben wie unten.

~ Ernst Peter FISCHER: *Der Blick an den Himmel*[307]

Nachdem wir Laniakea und die unermesslichen Räume des Alls geschaut haben, wenden wir uns in diesem Kapitel zunächst wieder Fragen zu, die physikalisch-theoretischer Art sind. Wir werden uns mit den Grenzen des Weltalls in jeder erdenklichen Hinsicht befassen. Hat das All einen Rand? Wenn ja, was liegt jenseits dieses Rands? Gibt es Paralleluniversen? Natürlich werden wir dabei einen ausführlichen Blick auf den Urknall werfen. Bei sämtlichen dieser Gedanken darf jedoch nicht außer Acht gelassen werden, dass auch unser Wissen über diese Dinge innerhalb seiner Grenzen eingeordnet werden muss. Der scheinbare Horizont des Alls könnte auch bloß der Horizont unseres Wissens sein. Dieses Wissen erscheint manchmal weniger wie ein Flickenteppich als wie ein unsauber gearbeitetes Puzzle, bei dem die Teile so aussehen, als ob sie eigentlich passen müssten, es bei genauer Betrachtung aber irgendwie doch noch nicht tun. Beginnen wir zunächst an einer unerwarteten Stelle, nämlich innerhalb des Ereignishorizonts schwarzer Löcher, dessen Existenz uns bereits zeigt, wie komplex nicht nur die Antwort, sondern bereits die Frage nach dem Horizont oder der Grenze des Alls werden kann.

Glühende Schwärze

Schwarze Löcher werden oftmals als gefräßige Monster personifiziert. Weniger personifizierend werden sie vielleicht als kosmische Staubsauger beschrieben. In beiden Fällen sollen sie alle Materie in sich aufsaugen beziehungsweise vertilgen, falls diese es wagt, sich in ihr Jagdrevier zu begeben. Das ist unheimlich, erzeugt Unbehagen und ist vor allem eine vereinfachende Sichtweise, weshalb ich an dieser Stelle zunächst für eine neutrale Sicht plädieren möchte, die allerdings dem Zugeständnis weichen müssen wird, dass schwarze Löcher die wohl seltsamsten »Nichtdinge« des Weltalls sind.

Wir erinnern uns, dass ein schwarzes Loch im Wesentlichen sich auf einen unendlich kleinen Raum, auf einen Punkt zusammendrängende Materie ist. Die Gravitation ist eine anziehende Kraft, welche theoretisch unendlich stark wird, wenn der Abstand zwischen zwei Massen unendlich klein wird. Normalerweise gibt es abstoßende Kräfte, die den Kollaps der Materie, welcher auf diese Weise geschieht, verhindern. Wenn die Masse einen kritischen Wert überschreitet, dominiert die Gravitation jedoch alles andere, selbst das, was wir für die fundamentale Struktur der Materie halten. Das ist in einem schwarzen Loch der Fall. Da die Raumzeit jedoch so gekrümmt wird, dass für einen außenstehenden Beobachter der Gravitationskollaps immer langsamer geschieht, kollabiert in jedem Bezugssystem außerhalb des schwarzen Lochs das Loch ewig weiter, von einer winzigen zu einer noch winzigeren räumlichen Ausdehnung, ohne jemals ganz bei null anzukommen.

Sehen tun wir davon aber ohnehin nichts, denn das Loch ist ja »schwarz«. Dieses Adjektiv wurde erwählt, um dem Umstand gerecht zu werden, dass keine Information von innen nach außen gelangen kann. Auch Licht wird dementsprechend von der Stärke der Gravitation festgehalten, weshalb das Loch – so nehmen wir berechtigterweise zunächst an – dunkel erscheinen sollte, schwarz eben. Da die Empfindung von Schwärze nicht durch Photonen auf unserer Netzhaut ausgelöst wird, sondern durch deren Abwesenheit, ist schwarz physikalisch gesehen keine Farbe, sondern die Abwesenheit aller Farben.

Was die Bewegung von außen nach innen anbelangt, existiert eine Grenze, ab welcher es kein Zurück mehr gibt, der *Ereignishorizont*, welcher durch einen bestimmten, von der Masse abhängigen Abstand vom schwarzen Loch festgelegt ist. Dieser heißt *Schwarzschildradius* und hat, wie man bei schwarzen Löchern meinen könnte, nichts mit »schwarzen Schildern« zu tun, sondern geht wie so oft auf seinen Entdecker zurück, den Physiker Karl Schwarzschild (1873-1916). Das »Ereignis« im »Ereignishorizont« war ein Begriff aus der Relativitätstheorie. Ein Ereignis ist nicht anderes als ein Punkt in der vierdimensionalen Raumzeit, und der Begriff »Ereignishorizont« soll verdeutlichen, dass Ereignisse jenseits des Ereignishorizonts keinen Einfluss auf diesseitige Ereignisse haben können – sofern man sich außerhalb des schwarzen Lochs befindet. Das ist der Aussage, dass keine Information von innen nach außen gelangen könne, äquivalent. Als »Loch« wird das schwarze Loch bezeichnet, da der Ereignishorizont kugelförmig ist und wie gesagt das, was ihn einmal überschreitet, mit unserem Teil der Raumzeit nicht mehr in Berührung kommen wird. Im Grunde wird mit dem Begriff »schwarzes Loch« also eher der immaterielle Ereignishorizont beschrieben als die Materie, durch welche dieser definiert wird, allerdings gehören beide untrennbar zusammen. Je schwerer das schwarze Loch ist, desto größer ist der Ereignishorizont.

Zwar haben schwarze Löcher dramatische Auswirkungen auf die Raumzeit. Charakterisieren lassen sie sich jedoch bereits anhand von Masse, Drehimpuls und elektrischer Ladung – und natürlich ihrer raum-zeitlichen Koordinaten, also Ort und Bewegungszustand.

Der Effekt der Masse, die Erweiterung des Ereignishorizonts und natürlich die Verstärkung der Gravitation, wurde bereits genannt. Der Drehimpuls eines schwarzen Lochs entsteht dadurch, dass auch beim Gravitationskollaps der vorherige Drehimpuls des Sterns noch erhalten bleibt. Durch das Vorhandensein des Drehimpulses kommt es zum *Lense-Thirring-Effekt*. Dieser empirisch bestätigte Effekt ergibt sich aus der ART und besagt, dass die Rotation eines Objekts gleichsam »Verdrillungen« der Raumzeit zur Folge hat, durch welche sich Rotationseigenschaften auch auf in der Nähe befindliche Objekte übertragen. So ist in der Umgebung eines rotierenden schwarzen Lochs jeder Körper gezwungen, »strudelartig« mitzurotieren, was sich in einem Umkreisen des Lochs äußert. Am Ereignishorizont entspricht die Dauer eines Umlaufs dabei der Periodendauer des schwarzen Lochs und wird mit zunehmendem Abstand größer, das heißt die Rotation wird immer langsamer, bis sie bei einem großen Abstand unmerklich klein wird und schließlich ganz verschwindet. Im Fall von geladenen schwarzen Löchern existiert zusätzlich zum Gravitationsfeld ein elektrisches Feld. Das widerspricht dem Diktum, dass keine Information von innen nach außen gelangen könne, nicht, da diese Felder statisch sind, also zeitlich konstant. Ein Feld, welches sich in der Zeit nicht ändert, kann auch keine Information übertragen.

Was würde passieren, wenn wir, wir Menschen auf unserem Planeten im Sonnensystem, die Sonne durch ein schwarzes Loch gleicher Masse ersetzten? Zunächst einmal würde mit dem Verschwinden der Sonne die wichtigste Energiequelle unseres Planeten versiegen, aber Probleme, die damit im Zusammenhang stehen, sollen uns hier nicht interessieren. (Hauptsächlich wäre es dunkel und würde sehr schnell sehr kalt werden.) Unsere Umlaufbahn bliebe die gleiche wie zuvor, da das Gravitationsfeld einer kugelsymmetrischen Massenverteilung nur von ihrer Masse abhängt, nicht von ihrer Dichte – jedenfalls solange man sich außerhalb dieser Massenverteilung befindet.

Um überhaupt etwas erleben zu können, müssten wir uns schon näher an das schwarze Loch heranwagen. Damit wir besondere durch die Gravitation hervorgerufene Effekte am eigenen Leib zu spüren bekämen, müsste die Distanz sogar deutlich geringer sein als der Radius der Sonne, denn wie gerade gesagt verhält sich das Gravitationsfeld in diesem Abstand noch nicht anders als das der Sonne; erst innerhalb ihres Radius wird es zu Unterschieden kommen. Insofern wäre das schwarze Loch für uns sogar *ungefährlicher als die Sonne*, weil wir ein Eintauchen in deren glühend heißes Plasma garantiert nicht überstehen würden, ganz zu schweigen von der ganzen Strahlung, die beim schwarzen Loch – so nehmen wir zunächst an – nicht existiert. An das Zentrum des schwarzen Lochs könnten wir uns in jedem Fall näher heranwagen als an das Zentrum der Sonne.

Wir könnten ein Raumschiff so starten, dass wir das schwarze Loch in einem elliptischen Orbit umkreisen würden, dessen Mindestabstand vom Zentrum dem Radius der Sonne entspräche. Auf der Sonnenoberfläche ist die Fallbeschleunigung 28 mal so stark wie auf der Erde. An unserer *Periapsis* – so lautet der Fachbegriff für die genannte Position – wäre die Beschleunigung im Fall des schwarzen Lochs ebenso stark, aber davon würden wir nichts mitbekommen. Wie nun schon mehrfach erwähnt, macht sich Gravitation erst bemerkbar, wenn es etwas gibt, das ihr einen Widerstand entgegensetzt – abgesehen von relativistischen Verzerrungen der Raumzeit. Das ist hier nicht der Fall, und wir könnten im Raumschiff ganz normal Kaffee trinken, Schach spielen, gefährliche Chemie-Experimente durchführen oder was uns auch immer in den Sinn käme, während wir an der Periapsis von einer vergleichsweise hohen Gravitationskraft herumgewirbelt würden wie ein Wurfhammer von einem Hammerwerfer.

Interessant wird es allerdings, sobald die *Gezeitenkräfte* ins Spiel kommen. Damit ist die Situation gemeint, dass ein auf einen Körper wirkendes Gravitationsfeld *innerhalb des von diesem Körper einge-*

nommenen Gebiets merkliche räumliche Variationen aufweist.

Gezeitenkräfte sind auf der Erde für die Entstehung von Ebbe und Flut verantwortlich – das Gravitationsfeld des Mondes variiert auf der Erde bedeutsam und ist auf der ihm zugewandten Seite stärker als auf der ihm abgewandten, weshalb auf ersterer Flut herrscht, auf letzterer Ebbe. Im Gegenzug verformt die Erde den Mond, was übrigens die Ursache dafür ist, dass der Mond uns immer die gleiche Seite zuwendet.

Das Gleiche macht Mars mit seinem Mond Phobos: in diesem Fall so extrem, dass Phobos in einigen Millionen Jahren vermutlich zerbrechen und um den Mars einen Planetenring aus feinem Gestein bilden wird, welcher dann dem des Saturn ähneln wird. Kommen wir dem schwarzen Loch zu nah, wird es uns also ähnlich ergehen wie in ferner Zukunft Phobos.

Läge unsere Periapsis 3 000 Kilometer vom Zentrum des schwarzen Lochs (dessen Schwarzschildradius bei einer Sonnenmasse übrigens bei ungefähr drei Kilometern läge), erreichten wir dort eine Geschwindigkeit von mindestens 6 700 Kilometern pro Sekunde – das wäre jedenfalls die erste Fluchtgeschwindigkeit, der Wert für eine kreisförmige Umlaufbahn; je stärker elliptisch die Umlaufbahn wäre, desto schneller wären wir hier. Dieser näherungsweise berechnete Wert stellt folglich ein Minimum dar, eine untere Grenze. In dieser Entfernung vom schwarzen Loch würde eine Distanzänderung von einem Meter eine Änderung der Fallbeschleunigung um einen Betrag bedeuten, welcher der Beschleunigung auf der Erde entspräche. Für den Fall, dass unsere Füße in Richtung schwarzes Loch zeigen, würde es sich in etwa anfühlen, als ob jemand an unseren Füße hinge. Auch das Raumschiff bliebe nicht vom Zerren der Gezeitenkräfte verschont und käme langsam ins Rütteln, womöglich auch ins Schleudern. Zwar gäbe es nichts außerhalb unserer selbst, was der Gravitation im Weg stünde – weshalb wir sie nach unseren bisherigen Überlegungen gar nicht spüren dürften –, doch in Bezug auf die Gezeitenkräfte *wären eben wir selbst es*, die Kräfte, welche unseren Körper beziehungsweise unser Raumschiff zusammenhalten, die ihnen entgegen wirkten. Und das wäre es, was die Angelegenheit langsam unangenehm werden ließe.

Wir wollen noch näher heran. Dafür starten wir eine neue Mission, die nun geradewegs auf das schwarze Loch zu fliegt, sodass uns auch keine Zentrifugalkraft (Trägheit) mehr retten kann. Wir könnten versuchen, unseren freien Fall auf das schwarze Loch mit möglichst viel Gegenschub abzubremsen, aber das würden wir nicht einmal schaffen, sollten wir auf der Sonnenoberfläche landen wollen – keine Rakete schafft die 28-fache Erdbeschleunigung und kein Mensch würde sie lange aushalten; beim Start von der Erde handelt es sich ja lediglich um das Sechsfache. Piloten von Düsenjets und Kunstflugzeugen ertragen mitunter noch etwas mehr, aber auch das nur für wenige Sekunden.

Wir lassen uns also einfach auf das schwarze Loch zu fallen. Unterhalb der genannten 3 000 Kilometer wird es schnell unangenehm, an den Gezeitenkräften ändert auch unser freier Fall nichts mehr. Es tritt das ein, was manchmal als »Sphagettifizierung« bezeichnet wird. Neben dem Umstand, dass wir wie auf einer Streckbank in die Länge gezogen werden, kommt dabei noch hinzu, dass wir, da jeder Teil unseres Körpers genau auf das Zentrum des schwarzen Lochs zufällt, auch noch wie von einer schrumpfenden, stetig einlaufenden Zwangsjacke zusammengeschnürt werden. Die Feldlinien des Gravitationsfeldes werden immer enger wie die Speichen eines Rads, wenn man sie von außen in Richtung Nabe verfolgt. Der Effekt wird so heftig, dass wir niemals lebend am Ereignishorizont ankommen können. Dazu kommen noch extreme Temperaturanstiege, welche uns schlicht vaporisieren würden. Das alles würde, je nach Ausgangszustand, nur Sekunden oder Sekundenbruchteile dauern.

Es bleibt dennoch dabei, dass die »Gefährlichkeit« eines Himmelskörpers eher von seiner Masse abhängt als davon, ob es sich um ein schwarzes Loch handelt oder nicht – wie gesagt wären wir bei der Sonne schon tot, lange bevor wir den Absurditäten des schwarzen Lochs überhaupt begegnen würden, und vorher wären die Schwerkraftverhältnisse identisch.

Wie steht es denn beispielsweise um das supermassive schwarze Loch im Zentrum unserer Galaxis? Auf jeden Fall lässt sich sagen, dass uns nichts passieren wird, solange wir uns auf einem stabilen Orbit befinden. Allerdings darf hier nicht verschwiegen werden, dass im Bulge einer Balkenspiralgalaxie, wie unsere Milchstraße eine ist, der Orbit über lange Zeiträume nicht unbedingt als stabil gedacht werden kann. Wie an anderer Stelle besprochen ist eine Galaxie aufgrund der Vielzahl der Sterne eine kompliziertere Angelegenheit als ein Sternsystem. Die Umlaufbahnen sind nicht immer quasi-elliptisch, sondern von gravitativen Wechselwirkungen mit anderen Sternen geprägt. Im Rahmen dieser Wechselwirkungen geschieht oftmals eine Übertragung des Drehimpulses von innen nach außen. Damit einher geht eine Übertragung von kinetischer Energie, welche sich mit dem Swing-by vergleichen lässt, der ja auch einen Austausch von kinetischer Energie über die Gravitation darstellt. Dieser Drehimpulsübertrag geschieht vor allem im Balken, also im Bulge unserer Balkenspiralgalaxie. Gibt ein Stern seinen gesamten Drehimpuls ab, stürzt er ins Zentrum der Milchstraße, in das schwarze Loch *Sagittarius A**, dessen Ereignishorizont einen Durchmesser besitzt, welcher etwa zweimal so groß ist wie der der Sonne. Für das schlagende Herz einer Galaxie erscheint das überraschend klein, entspricht jedoch einer Masse von mehreren Millionen Sonnen.

Bevor wir nun anfangen, ein gefräßiges Monster im Zentrum unserer Galaxis zu wähnen, müssen wir uns hier aber wirklich wieder die Größe der Milchstraße vergegenwärtigen. Der Menschheit drohen ganz andere Gefahren. Das alles ist weit weg, und selbst, wenn es nicht so wäre – eine gute Formel, um nicht zu verzweifeln, lautet hier: Das Universum ist, wie es ist, und es ist außerdem immer gut, die Kehrseite der Medaille zu betrachten. Gäbe es nichts Massereiches, was Galaxien zusammenhielte, wären im heutigen All die Ausgangsbedingungen für die Entstehung von Sternen und Planeten nicht gegeben, sodass es auch uns nicht geben könnte. Es gäbe keine ausreichend dichten Nebel. Erst das Chaos bringt den Kosmos hervor, erst der Tod das Leben. Zwar existieren tatsächlich verwaiste Sterne, die außerhalb von Galaxien einsam ihre Bahnen ziehen. Es wird jedoch davon ausgegangen, dass diese innerhalb von Galaxien entstanden sind und erst später herausgeschleudert wurden.

Außerdem kann Drehimpuls keineswegs »einfach so« abgegeben werden. In obiger Beschreibung eines schwarzen Lochs mit Sonnenmasse war zwar die Rede davon, geradewegs, direkt auf die Sonne zuzufliegen. Aufgrund der Bahngeschwindigkeit der Erde ist das jedoch gar nicht ohne Weiteres möglich. Ohne uns abbremsende Swing-by-Manöver müssten wir die gesamte Bahngeschwindigkeit der Erde ausgleichen, indem wir in die zur Erdbewegung entgegengesetzte Richtung starten, und zwar mit 30 Kilometern pro Sekunde (der Bahngeschwindigkeit der Erde), also schneller als jede bisherige Rakete. Selbst wenn wir mit dem Sturz in ein schwarzes Loch einen spektakulären Suizid begehen *wollten*, bräuchten wir hierfür eine Menge Power oder eine lange Zeit, um zur Verkleinerung unseres Orbits zahlreiche Swing-bys durchführen zu können.

Der Umstand, dass bei einem schwarzen Loch keine Information von innen nach außen gelangen kann, sorgt für Schwierigkeiten mit Grundannahmen der Physik. Wir erleben ja, dass die Zeit nur in einer Richtung verstreicht, nämlich von der Vergangenheit über die Gegenwart in Richtung Zukunft. Physikalische Gesetze kennen diese Richtung jedoch nicht; auch die Relativitätstheorie ändert daran nichts. Alle bekannten physikalischen Gesetze sind in der Zeit reversibel.

Einfach veranschaulichen lässt sich das anhand eines Volleyballspiels, bei welchem ein Spieler einen Pass an einen anderen Spieler durchführt. Betrachten wir dieses Geschehen gedanklich in Form eines Videos. Handelt es sich um einen sanften, »gepritschten« Pass, und wird dieser Pass vom anderen Spieler ebenso erwidert, halten die Spieler ihre Hände einfach in Richtung Ball und bewegen sich kaum. Somit können wir ohne weitere Informationen womöglich nicht erkennen, ob das Video »normal«, also vorwärts, oder vielleicht doch in umgekehrter Zeitrichtung, also rückwärts, abgespielt wird. Beides erscheint uns gleichermaßen plausibel. Eine Wurfparabel, wie sie vom Ball ja beschrieben wird, ist bezüglich ihres Scheitelpunkts, also ihres höchsten Punkts, eben symmetrisch, und die physikalischen Gesetze sind in Bezug auf die Zeitrichtung ebenfalls symmetrisch. Dass die physikalischen Gesetze in der Zeit grundsätzlich umkehrbar sind, ist hier also noch leicht zu akzeptieren.

Etwas schwieriger wird es, wenn der sanfte Pass jetzt durch einen harten Schmetterball ersetzt wird. Der eine Spieler haut drauf, der andere wirft sich auf den Boden und »baggert« den Ball noch gerade von unten, bevor er dann unangenehm die harte Realität des Untergrunds zu spüren bekommt. Nun wird es spannend: Spielen wir das Video jetzt rückwärts ab, hebt der baggernde Spieler, der erst ruhelos auf dem Boden lag, plötzlich auf unerklärliche Weise ab, schleudert den Ball in die Luft, landet auf den Füßen und es wird klar erkennbar, dass die Situation so nicht stattgefunden haben kann. Hier müssen wir uns darüber klar werden, was genau vorgefallen ist.

Während der Spieler nach unten stürzt, wird potenzielle, gravitative Energie in kinetische Energie umgewandelt. Knallt er schließlich auf den Boden, hört seine Bewegung auf, die kinetische Energie geht verloren. Da die Energie eine Erhaltungsgröße ist, kann sie jedoch nicht wirklich verloren gehen, sondern lediglich in eine andere Form umgewandelt werden. Hierbei kann es zu einer leichten Verformung des Bodens und des Spielers kommen; außerdem wird Energie über Reibung in Wärme umgewandelt. In beiden Fällen jedoch handelt es sich schlussendlich um Bewegungen von Teilchen.

Wenn wir das Video rückwärts abspielen, begegnen wir somit der Situation, dass sich die thermischen Bewegungen der Teilchen genau so arrangieren, dass der Boden spontan in Schwingung gerät und den Spieler nach oben schleudert. Dieser Fall ist so unwahrscheinlich wie der, dass sich in einem Wasserglas plötzlich ein Eiswürfel bildet oder der, dass ein Stern lange vor seiner Zeit mir nichts, dir nichts auseinanderfliegt. Er ist jedoch nicht *absolut* unmöglich und widerspricht daher nicht den physikalischen Gesetzen, jedenfalls nicht den mechanischen (welche hier die einzelnen Teilchen auf mikroskopischer Ebene betrachten).

Mit den thermodynamischen (statistischen) Gesetzen, die hier gleichberechtigt behandelt werden müssen, verhält es sich zugegebenermaßen schwieriger. Der zweite Hauptsatz der Thermodynamik besagt ja gerade, dass die Entropie in einem abgeschlossenen System nur zunehmen könne, dass dort nur irreversible, also »unumkehrbare« Prozesse ablaufen können. Mit Wärme wird jedoch auch Entropie erzeugt. Wenn wir das Video rückwärts ablaufen lassen, lassen wir den Prozess der Wärmeerzeugung rückwärts ablaufen und die Entropie des betrachteten Systems muss demzufolge sinken. Wie lässt sich der zweite Hauptsatz, der doch eine objektiv-mathematische Unterscheidung von Vergangenheit und Zukunft zu ermöglichen scheint, mit der ansonsten nicht festgelegten Richtung des »Zeitpfeils« vereinbaren?

Die Lösung besteht in einer Erweiterung unserer Perspektive auf den zweiten Hauptsatz. Letzten Endes ist er zurückzuführen auf die Bewegungsgesetze von Teilchen, welche bezüglich der Zeitrichtung ja symmetrisch sind. Auf mikroskopischer Ebene existiert sozusagen nur Pritschen, kein Schmettern oder Baggern; dass es dort keine beziehungsweise wenig Reibung gibt, wurde schon angesprochen. Was der zweite Hauptsatz eigentlich besagt, ist, dass die Entropie, ausgehend von einem definierten Anfangszustand, mit zunehmendem zeitlichen Abstand von diesem Zustand anwachsen wird. Rein mathematisch kann der zeitliche Abstand jedoch sowohl über einen entsprechenden Schritt in die Zukunft als auch über einen Schritt in die Vergangenheit erreicht werden.

Programmiert man eine Computersimulation mit einer großen Anzahl sich voneinander abstoßender Gasmoleküle in einem Kasten, welche sich zu Beginn der Simulation konzentriert in einer kleinen Ecke des Kastens befinden und sich anschließend durch den Raum ausbreiten, wird diese Ausbreitung stattfinden, egal, ob in den Bewegungsgleichungen der Teilchen eine vorwärts oder eine rückwärts laufende Zeit verwendet wird. Wenn man dann noch die Entropie vor und nach der Simulation berechnet und miteinander vergleicht, wird man unabhängig von der gewählten »Zeitrichtung« einen Anstieg feststellen. Die Abbildung veranschaulicht diesen Gedankengang. Auch der zweite Hauptsatz macht somit gar keine Aussage über die Richtung des Zeitpfeils!

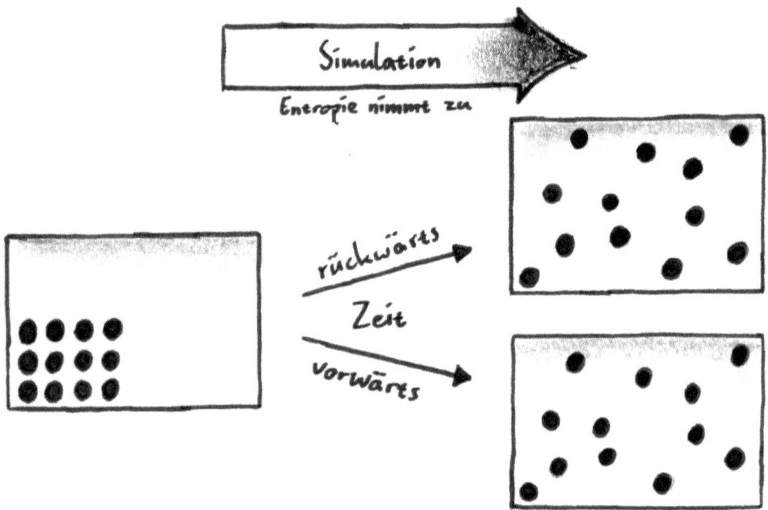

Er deutet aber auf etwas hin: In einem System mit maximaler Entropie kann kein »Kosmos« – im ursprünglichen Sinn eines Seinsgefüges, einer »Ordnung« – mehr entstehen, da in keinem Teil dieses Systems die Entropie dann noch reduziert werden kann. Denn eine Reduktion an einer Stelle hätte eine Erhöhung an einer anderen Stelle zur Folge, was aber nicht möglich ist, wenn die Entropie dort bereits maximal ist. Die Existenz unseres Universums beweist daher, dass das Universum am Anfang aus einem Zustand niedriger Entropie hervorgegangen sein muss. Seitdem wächst im Gesamtbild die Entropie. Die Zeit scheint einfach die Eigenschaft zu besitzen, zu vergehen, welche wir an dieser Stelle noch nicht verstehen können, und vermutlich wird sich Zeit, als beständiger Wandel, in einem starr-mathematischen Modell niemals auf gebührende Weise verstehen lassen. Wir wissen nun aber immerhin, dass das, was wir »Vergangenheit« nennen, die Richtung geringerer Entropie ist, die Richtung höherer Entropie dagegen ist unsere Zukunft. Außerdem muss der Urknall ein Zustand niedriger Entropie gewesen sein.

Wir weichen gerade sehr vom eigentlichen Thema, den schwarzen Löchern, ab. Aber wo wir schon dabei sind, können wir auch noch einen kurzen Blick auf das Messproblem der Quantenmechanik werfen, welches für die folgende Rückkehr zu den schwarzen Löchern dann eine geeignete Brücke darstellt. Der Kollaps der Wellenfunktion – der Wechsel vom verwaschenen Zustand eines mehr oder weniger abstrakten Indeterminismus zum konkreten, schwarz auf weiß verfügbaren Messergebnis – erscheint zweifelsohne als Prozess, der nur von der Vergangenheit in Richtung Zukunft geschehen kann, jedenfalls in der Kopenhagener Deutung der Quantenphysik, auch unter Inklusion der Dekohärenz. Diese Deutung hat sich allerdings von dem Anspruch losgesagt, mit ihrem Formalismus die physikalischen Vorgänge zu beschreiben, welche zum Erhalt des Messergebnisses führen. Sie beschreibt nur das Messergebnis selbst, das heißt sein Zustandekommen ist nur noch mathematischer Natur, von ontologischen Aussagen über eine physische Qualität sieht sie ab (»shut up and calculate«, vgl. Seite 198); entsprechende Begriffe benutzt sie allenfalls zur Veranschaulichung. Für andere Deutungen mag das Problem hier anders klingen, aber keine kann einen wirklichen Beitrag zur Frage nach der physikalischen Ursache des Zeitpfeils liefern.

Im Fall der Quantenphysik mag man den plötzlichen Übergang von einer Situation zu einer anderen Situation abstrahieren und ein paar Zentimeter in Richtung Metaphysik rücken, sodass sich die Physik noch so eben vorbeidrängen kann. Bei schwarzen Löchern finden wir jedoch eine verhältnismäßig greifbare Situation vor, in welcher mit dem Ereignishorizont eine Grenze gegeben ist, die eindeutig nur in *einer* Richtung überquert werden kann. Dieser Umstand verträgt sich tatsächlich nicht mit der prinzipiellen Reversibilität der Naturgesetze und ist deswegen als *Informationsparadoxon* bekannt geworden. Natürlich müssen die physikalischen Gesetze im Grunde nicht reversibel sein – im Gegenteil wäre es ja gerade wünschenswert, wenn sie die Richtung des Zeitpfeils irgendwann erklären könnten – aber die Reversibilität stellt in der Quantenphysik, wie sie heute ist, einen wichtigen Grundsatz dar. Ohne Reversibilität müssten an ihr einige Änderungen vorgenommen werden.

Stephen Hawking postulierte 1975 einen Mechanismus, laut welchem der Bereich am äußeren Rand des Ereignishorizonts dafür verantwortlich sei, dass schwarze Löcher Strahlung abgeben, ohne dass dafür etwas von innen nach außen gelangen müsste.[308] Diese *Hawking-Strahlung* komme durch die immer vorhandenen Vakuumfluktuationen zustande.

Im Vakuum entstehen laufend virtuelle Teilchen-Antiteilchen-Paare, welche sich wieder gegenseitig vernichten und von keinem Messgerät direkt detektiert werden können. Entsteht ein solches Paar außerhalb des schwarzen Lochs, aber in unmittelbarer Nähe zum Ereignishorizont, könne es passieren, dass eines der beiden Teilchen ins schwarze Loch fällt, das andere jedoch nicht. Dadurch werde das überlebende Teilchen vom virtuellen zum realen Teilchen. Wenn es dann mit seinem realen, auf die gleiche Weise aus einer zweiten Fluktuation entstandenen Antiteilchen rekombiniert, werde Energie in Form eines Photons frei, welches nach außen abgestrahlt werden kann. Das Photon verliere beim Verlassen des Gravitationsfeldes des schwarzen Lochs zwar viel Energie, werde die Reise jedoch schaffen, da es sich außerhalb des Ereignishorizonts befinde.

Die virtuellen Teilchen, welche ins schwarze Loch gefallen sind, sorgen dort für einen negativen Energiebeitrag, der die Masse des schwarzen Lochs verringert und es so zum Schrumpfen bringt. Das schwarze Loch »verdampfe« folglich mit der Zeit, wobei dieser Prozess für kleine schwarze Löcher – welche zum Beispiel in der hohen Dichte kurz nach dem Urknall entstanden sein könnten – relativ schnell geschehe, für große jedoch um ein Vielfaches länger dauere als die Zeitspanne, welche das derzeitige Alter des Universums umfasst.

Die abgestrahlten Photonen könnten der Schlüssel zum Informationsparadoxon sein, sofern man annimmt, dass die Information gar nicht ins Innere des schwarzen Lochs gelangt, sondern an dessen »Oberfläche«, am Ereignishorizont, gleichsam abgelegt wird. In diesem Fall könnte man den Ereignishorizont schwarzer Löcher tatsächlich als einen Horizont des Alls sehen.

Unter der Annahme, dass die Hawking-Strahlung existiert – im Gegensatz zu anderen Eigenschaften schwarzer Löcher ist sie aus großer Entfernung kaum messbar und konnte noch nicht nachgewiesen werden – läuft die Frage also darauf hinaus, wie der Sturz von Materie, beispielsweise einer Raumsonde, in ein schwarzes Loch genau ablaufe. Zunächst einmal hätte die immense Raumzeitkrümmung zur Folge, dass ein entfernter Beobachter aufgrund der Zeitdilatation nie sehen würde, wie die Sonde den Ereignishorizont tatsächlich überschreitet. Das bezieht sich allerdings nur auf den optischen Eindruck. Die echte *Singularität* – das reale Wachsen einer physikalischen Größe bis zur Unendlichkeit – existierte erst im Zentrum des schwarzen Loches, sodass für unseren Beobachter die »Eigenzeit« der Sonde erst dort still stünde, nicht schon am Ereignishorizont. (Diese Unterscheidung ist wichtig, denn wäre sie nicht gegeben, hätte das die Konsequenz, dass schwarze Löcher nicht wachsen könnten, weil sich ihnen nähernde Materie nie den Ereignishorizont überschreiten würde.) Während uns die Sonde immer langsamer erschiene, würde sie außerdem immer blasser und das von ihr ausgesandte Licht immer energieärmer; man spricht diesbezüglich von einer *Rotverschiebung*, da rotes Licht energieärmer ist als alle anderen Farben, wobei dieser Begriff sich in diesem Zusammenhang auf sämtliche Strahlung bezieht, nicht nur auf den sichtbaren Bereich. (Verschiebungen von violett zu blau, von Gamma- zu Röntgenstrahlen oder von Mikro- zu Radiowellen wären demzufolge auch Fälle von Rotverschiebung.) Wir werden einen Sturz in ein schwarzes Loch also nie vollständig beobachten können und entsprechend auch nicht »sehen«, wie die Information, welche uns lieb und teuer ist, dort verloren geht.

Das Informationsparadoxon ist noch nicht gelöst, und entsprechend viele Lösungsansätze gibt es. 2013 kam eine Arbeitsgruppe um Ahmed Almheiri zu dem Ergebnis, dass sich in der äußeren Umgebung des Ereignishorizonts eine enorm heiße »*firewall*« befinden könnte, eine Wand aus Feuer, die heiß genug sei, um alles, was ihr zu nahe kommt, restlos zu vaporisieren – und zwar wirklich *alles*, einschließlich der subatomaren Strukturen, so sehr, dass Information jedweder Art schon dort verloren ginge, also *vor* Überschreitung des Ereignishorizonts, sodass das Problem auf diese Weise gelöst wäre.[309] Es käme einer kosmischen Bücherverbrennung gleich. Ob das richtig ist, weiß niemand. Sicher scheint nur, dass eine Lösung des Informationsparadoxons einen wichtigen Schritt auf dem Weg zur Vereinigung von Relativitätstheorie und Quantentheorie bedeuten würde.

Sofern man es irgendwie schaffen würde, weder spaghettifiziert noch gebraten zu werden, würde die Reise durch den Ereignishorizont übrigens vergleichsweise unspektakulär verlaufen in dem Sinn, dass keine plötzliche, also sprunghafte, mathematisch gesprochen »unstetige« Veränderung einträte. Nehmen wir an dieser Stelle an, dass keine Hawking-Strahlung oder dergleichen existiert, gehen wir also von einem rein relativistischen Ansatz (also ohne Quantenphysik) aus, würde man das Überschreiten gar nicht bemerken, da Licht von außerhalb ja nach wie vor ins schwarze Loch gelangen könnte.

Unglaubliches geschähe durch die immer stärker werdende Raumzeitkrümmung dennoch. Wir sind es ja gewohnt, dass die Zeit unaufhaltsam vergeht. Wir können sie nicht stoppen. Und auf die gleiche unaufhaltsame Weise ginge im Inneren eines schwarzen Lochs die *Annäherung an sein Zentrum* vonstatten, was natürlich an der starken Gravitation liegt.[310] Tatsächlich ist es jedoch so, dass diese Annäherung im Raum, die aufgrund der Raumzeitkrümmung als irreversibel gedacht werden muss, nicht einfach »in« der Zeit stattfände, sondern die Zeit als solche »ersetzte«. Zeit und Raum würden einige ihrer Eigenschaften untereinander »austauschen«, angefangen mit der erwähnten »Unaufhaltsamkeit«, der Irreversibilität. Die bemerkenswerteste Konsequenz hiervon wäre, dass freie Bewegungen durch die Zeit möglich würden, beziehungsweise Erscheinungen zu unterschiedlichen Zeiten gleichzeitig aufträten, wobei »gleichzeitig« hier natürlich eine außerordentlich schlechte Wortwahl darstellt, haben wir doch ohnehin schon die Relativität der Gleichzeitigkeit kennengelernt. (Die sprachliche Formulierung ist hier nur eine sehr grobe Annäherung an das, was uns die Gleichungen anzeigen.) Die Singularität im Zentrum des schwarzen Lochs übernähme von der Zeit, die sonst auch nur als Zeit*punkt* in der Gegenwart erfahrbar wird, zudem ihre eigentliche Unendlichkeit, weshalb sie im schwarzen Loch auch irgendwie entsprechend ausgedehnt erscheinen dürfte. Das Innere eines schwarzen Lochs erschiene möglicherweise unendlich groß. Diese Ergebnisse sind freilich alle rein theoretischer Natur.[311]

Alles aus Einem

Der »Urknall« ist heute ein fast archetypischer Begriff, von dessen primordialer Wirklichkeit die meisten Menschen wie selbstverständlich ausgehen. Er prägt unser kosmologisches Weltbild. Dabei hat nie ein Mensch einen Urknall »gesehen«, und am Anfang des 20. Jahrhunderts ging man unter Wissenschaftlern auch noch von einem zeitlich konstanten Universum aus. Das kosmologische Prinzip von der Homogenität und Isotropie des Alls sollte darin nicht nur für den Raum, sondern auch für die Zeit gelten – in dieser Form heißt es heute *perfektes kosmologisches Prinzip*. Selbst Einstein hatte mit diesem Paradigma insofern zu kämpfen, als seine Relativitätstheorie kein statisches Universum zuließ. Um seine Gleichungen einem statischen Universum anzupassen, führte er eine zusätzliche Rechengröße ein, die *kosmologische Konstante*. Er sollte später bereuen, aufgrund dieses statischen Dogmas kein Vertrauen in seine revolutionäre Theorie gehabt zu haben. Dennoch sollte sich die kosmologische Konstante noch als nützlich erweisen.

Die Urknalltheorie liefert natürlich wichtige Beiträge zu der Frage, ob und inwiefern das Universum endlich oder unendlich sei. Allerdings fiel bereits Kepler auf, dass sich das perfekte kosmologische Prinzip, also das statische Universum, nicht ohne Weiteres mit einem unendlichen Universum vereinbaren lässt. So ist es nachts, wenn die Erde, auf der wir stehen, den Weg zwischen uns und der Sonne versperrt, offensichtlich dunkel. Es lässt sich jedoch leicht zeigen, dass eine unendliche Anzahl von Sternen im Universum bedeuten würde, dass unendlich viel Licht auf die Erde träfe – der Umstand, dass mit der Entfernung eines Sterns seine scheinbare Helligkeit abnimmt, würde hierbei durch die zusätzlichen Sterne, welche sich in dieser Entfernung befinden, kompensiert. Selbst interstellare Dunkelwolken und unsere Atmosphäre könnten hieran nichts ändern, da sie sich, thermisch angeregt vom Sternenlicht, auf die Temperatur der Sterne erhitzen würden und selbst anfingen zu glühen. Als einzig vernünftige Erklärung erschien Kepler ein All, das auf eine räumlich begrenzte Region beschränkt ist.

Heute nehmen wir an, dass es vor allem eine zeitliche Beschränkung ist, welche durch den Urknall gegeben ist – das Licht weit entfernter Sterne hatte aufgrund der Endlichkeit der Lichtgeschwindigkeit einfach noch nicht genug Zeit, uns zu erreichen, und dies ist der Grund, weshalb der Nachthimmel dunkel ist. Ohne Opferung der Idee eines perfekt homogenen Alls ließe sich der Widerspruch noch lösen, indem man einen Raum annimmt, der so gekrümmt ist, dass die uns von den Sternen erreichende Lichtmenge mit der Entfernung schneller abnimmt, als sie es in einem flachen Raum täte.[312] Da sich Anfang des 19. Jahrhunderts vor allem der Arzt und Astronom Heinrich W. Olbers mit diesem Problem auseinandersetzte, ist es heute als *Olberssches Paradoxon* bekannt.

Wie weiter oben bereits erwähnt wurde, konnte Hubble erstmals empirisch nachweisen, dass die »Spiralnebel« und einige andere astronomische Objekte in Wahrheit Galaxien sind, die zusätzlich zu unserer eigenen Galaxis existieren. Bei der Spektralanalyse stellte sich heraus, dass Galaxien umso stärker rotverschoben sind, je weiter entfernt sie sich von uns befinden. Die Rotverschiebung konnte über den *Doppler-Effekt* mit einer Geschwindigkeit assoziiert werden, und es stellte sich heraus, dass sich die Galaxien im Mittel von uns fortbewegen, und zwar, analog zur Rotverschiebung, umso schneller, je größer die Entfernung bereits ist.

Der Doppler-Effekt ist ein Phänomen, welches wir auch aus dem Alltag kennen. Fährt ein Krankenwagen an uns vorbei, wird der Ton seiner Sirene tiefer, die Frequenz also zu einem geringeren Wert verschoben. Der Grund hierfür liegt in der Art und Weise, wie die Luft den Klang transportiert. Friert man eine Schallwelle in der Zeit ein, »sieht« man an wohldefinierten Stellen Amplitudenmaxima und -minima, also Dehnungen und Stauchungen der Räume zwischen den Luftmolekülen. Innerhalb der Zeit bewegen sich diese relativ zur Luft mit Schallgeschwindigkeit fort. Der Knackpunkt besteht hier gerade darin, *dass die Schallgeschwindigkeit für das Bezugssystem der Luft gilt, nicht für das des Krankenwagens.* Kommt der Krankenwagen auf uns zu, so können wir annehmen, dass seine Sirene zunächst ein Amplitudenmaximum aussendet. Dieses bewegt sich mit Schallgeschwindigkeit durch die Luft, aber die Geschwindigkeit relativ zum Krankenwagen ist nur die Schallgeschwindigkeit abzüglich der Geschwindigkeit des Krankenwagens. Nach kurzer Zeit sendet die Sirene ein entsprechendes Minimum aus.

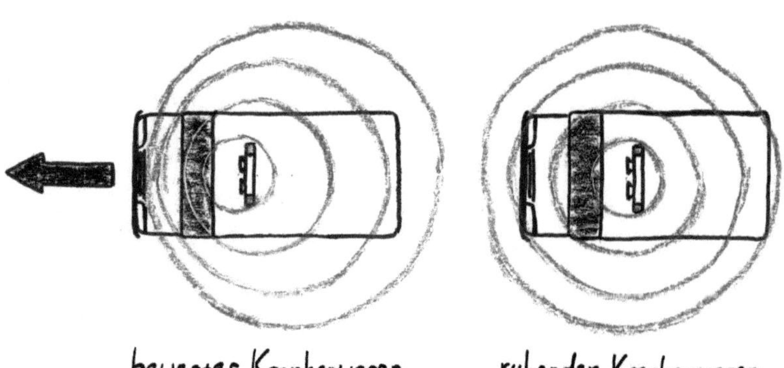

In dieser Zeit ist der Krankenwagen jedoch dem Maximum hinterher geeilt mit der Folge, dass der Abstand zwischen Maximum und Minimum geringer ist, als er wäre, wenn der Krankenwagen sich in Ruhe befunden hätte. Dadurch wird die Wellenlänge der Schallwellen verkürzt. Da die Schallgeschwindigkeit jedoch die gleiche bleibt, schwappen die Schallwellen häufiger an unser Trommelfell, sprich mit einer höheren Frequenz, was einem erhöhten Ton entspricht. Bewegt der Krankenwagen sich von uns fort, hören wir die Schallwellen, welche sich nach hinten bewegen. In diesem Fall hat die Bewegung eine Vergrößerung des Abstands zwischen Maximum und Minimum zur Folge. Die Wellenlänge nimmt zu, die Frequenz nimmt ab und der Ton wird tiefer. Da die Modulation der Wellenlänge außerdem vom Betrachtungswinkel abhängt, nehmen wir bei der Vorbeifahrt des Krankenwagens einen kontinuierlichen Abfall der Tonfrequenz war.

Ein wesentlicher Unterschied zwischen Schall und Licht besteht darin, dass Licht sich laut SRT in *jedem* Bezugssystem mit der gleichen Geschwindigkeit ausbreitet – mit Lichtgeschwindigkeit. Trotzdem existiert der »optische Doppler-Effekt« analog zum »akustischen«. Das Bezugssystem der Luft muss lediglich durch das subjektive System des Beobachters ersetzt werden, ansonsten funktioniert alles analog. Wenn die Galaxie sich zwischen Abstrahlung eines Amplitudenmaximums und -minimums von uns fort bewegt, erscheint die Lichtwelle uns verlängert, trifft daher mit geringerer Frequenz auf unsere Instrumente (was bei Licht einer geringeren Energie entspricht) und ist somit rotverschoben. Falls eine Galaxie auf uns zukommt, wie es in wenigen, nahen Fällen gegeben ist – zum Beispiel bei der Andromedagalaxie – handelt es sich um *Blauverschiebung*. Zusätzlich berücksichtigt werden muss die Zeitdilatation.

Dass sich alle Galaxien von uns umso schneller fortbewegen, je weiter entfernt sie sind, muss laut dem kosmologischen Prinzip für alle Galaxien gelten, nicht nur für unsere Galaxis. Diese Situation kann nur verstanden werden, indem man annimmt, *dass der Raum als Ganzes expandiert*. Galaxien werden hierbei gerne verglichen mit Rosinen in einem Hefeteig. Wenn der Teig aufgeht, entfernt sich jede Rosine von jeder anderen. Zwischen zwei weit voneinander entfernten Rosinen befindet sich mehr Hefeteig als zwischen zwei, die sich näher liegen. Entsprechend nimmt der Abstand zwischen ihnen umso schneller zu, je größer er im Vorhinein bereits ist.

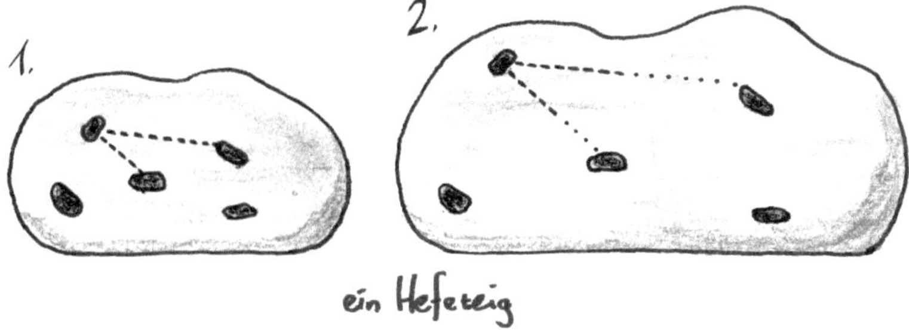

Die räumlichen Strukturen der Galaxien beziehungsweise Himmelskörper, Moleküle und Atome expandieren nicht mit dem Raum mit, wie ja auch die Rosinen im Hefeteig vom Aufgehen des Teigs unbeeinflusst bleiben. Würde mit dem Raum sich alles andere ebenso ausdehnen, wäre es vermutlich sinnlos, von einer Expansion zu sprechen. Wir würden gar nichts davon merken, weil sich all unsere Messinstrumente ebenfalls ausdehnen würden. Einzig die Lichtgeschwindigkeit würde wohl mit der Zeit absinken, aber da das ohnehin nicht der Fall ist, ist es sinnlos, davon zu sprechen. Zumindest geht man heute davon aus, dass eine solche »Lichtermüdung« nicht existiert.

Um ein anschauliches Bild von der Expansion des Raums zu bekommen, sie intellektuell zu »durchdringen«, wie man sagt, kann man sie zunächst als eine zusätzliche physikalische Kraft sehen, welche bestrebt ist, alles, was miteinander verbunden ist, auseinander zu ziehen. Mit Zunahme dieser Kraft, wie sie für die Zukunft mitunter postuliert wird, würden zuerst die Filamente der großräumigen Struktur des Universums desintegriert, da sie sich auf den größten Distanzen ja am stärksten auswirkt. Es würden die Superhaufen folgen, dann die »Superste-Haufen«, die Galaxienhaufen, Galaxien, Sternsysteme und so weiter, bis schließlich sogar sämtliche im All enthaltenen Moleküle, Atome, Atomkerne und sogar Nukleonen betroffen wären. Diese beschleunigte Expansion ist ein mögliches Zukunftsszenario, *Big Rip* genannt, auf welches ich weiter unten noch detaillierter zu sprechen kommen werde.[313]

Die Auffassung der Expansion als Kraft ist jedoch insofern beschränkt, als eine Kraft ohne Gegenkraft immer eine Beschleunigung zur Folge hat und eine Beschleunigung eine Änderung der Relativbewegung zum bisherigen Bezugssystem. Das ist hier nicht der Fall, die Expansion des Raums ist keine »Bewegung« in dem Sinn, und was auf den ersten Blick wie Erbsenzählerei erscheinen mag, hat weitreichende Konsequenzen: Die Expansion des Raums ist nicht durch die Lichtgeschwindigkeit begrenzt. Weit entfernte Galaxien können sich mit Überlichtgeschwindigkeit von uns entfernen, was zur Folge hat, dass von ihnen ausgesandtes Licht uns niemals erreichen wird, egal, wie lange wir warten. Tatsächlich wurden schon Signale von Galaxien beobachtet, die sich zum Zeitpunkt der Emission noch nicht mit Überlichtgeschwindigkeit von uns fortbewegten (sonst hätte das Signal uns ja nicht erreichen können), es jedoch heute tun müssten, sodass diese Galaxien früher oder später vom sichtbaren Himmelszelt verschwinden werden. Eine weitere Konsequenz dieser Expansion des Raums besteht darin, dass sich mit ihr auch Lichtwellen ausdehnen. Auch Photonen sind von der Ausdehnung betroffen; sie werden langgezogen, frequenzreduziert, rotverschoben. *Die Expansion des Raums ist also eine zweite Quelle der Rotverschiebung und die eigentliche Entdeckung Hubbles.*

Die Frequenzverschiebung des Lichts besitzt somit zwei Konstituenten, die sich gegenseitig überlagern: Der erste ist der Doppler-Effekt, welcher durch die Pekuliargeschwindigkeit der Galaxien im Raum hervorgerufen wird und Rot- und Blauverschiebung gleichermaßen zur Folge haben kann, da diese Bewegung statistischen Gesetzen folgt. Der zweite Konstituent ist die Expansion des Raums, welche ausschließlich Rotverschiebung zur Folge hat. Die Expansion des Raums hat für die meisten beobachtbaren Galaxien eine schnellere

Geschwindigkeit (an dieser Stelle unscharf als »Distanzänderung« verstanden) zur Folge als die Pekuliarbewegung, weshalb diese ab einer gewissen Entfernung vernachlässigt werden kann. Die meisten Galaxien erscheinen demzufolge rotverschoben, und das umso stärker, je weiter entfernt sie sich von uns befinden. Ein Beispiel für eine blauverschobene Galaxie ist wie gesagt die Andromedagalaxie, mit welcher wir uns ja auf Kollisionskurs befinden. Ihre Nähe ermöglicht, dass der Doppler-Effekt für die Frequenzverschiebung eine größere Rolle spielt als die Expansion des Raums.

Was sich in alle Richtungen ausdehnt, muss, sofern es sich schon immer ausgedehnt hat, einmal in einem einzigen Punkt – in einer Singularität – vereint gewesen sein. Das nehmen wir an dieser Stelle zumindest an und sind damit beim Urknall angelangt, wobei wir gleich sehen werden, dass es noch zu vereinfachend gedacht ist. Es geht – mal wieder – nicht um Dinge *im* Raum, sondern um den Raum selbst.

Mit der Vereinigung von so viel Masse in einem so winzigen Volumen gibt es zwar Probleme, da vertragen sich Quantenphysik und ART gar nicht mehr. Sie benehmen sich wie zankende Geschwister, die man nicht zu nah beieinander setzen darf, sofern man seine Ruhe haben möchte. Als Lösung geht man jedoch einfach nicht bis zum »Zeitpunkt null« vor rund 13,8 Milliarden Jahren zurück, sondern fängt einen Sekundenbruchteil später an, bei einer extremen, jedoch immerhin nicht unendlich großen Dichte.

Seinen Namen hat der Urknall (englisch *Big Bang*) nicht von seinen Verfechtern, sondern von den Gegnern der Theorie bekommen. Er war ursprünglich als Spott gemeint, hat sich begrifflich aber trotzdem durchgesetzt.

Ein harmonischeres Bild als das einer gigantischen Explosion lässt sich im Urknall sehen, indem man ihn als »kosmische Eizelle« betrachtet, oder gar als Ur-Ei wie in der Hindu-Kosmogonie, in welchem mit den Naturgesetzen bereits die DNS des Kosmos festgeschrieben stand. Aus diesem Ei erwuchs dann das, was wir heute Universum nennen. Der Urknall war ein schöpferischer Akt, kein zerstörerischer, und kommt vielmehr einem Aufspannen von Raum, Zeit und Materie gleich, der Bühne des Universums, als einem In-Schutt-und-Asche-Legen desselben.

Das Bild vom Urknall als leuchtende Explosion ist – wenigstens für den Anfang – sogar fehlerhaft. Am Anfang war zwar alles unfassbar heiß, aber eben auch unfassbar dicht, weshalb sämtliche entstandenen Photonen sofort wieder absorbiert wurden. »Durchsichtig«, also durchlässig für Strahlung, wurde das Universum erst nach rund 380 000 Jahren. Zu diesem Zeitpunkt war es mit einer Temperatur von 3 000 Kelvin (also etwa 2 700 Grad Celsius) weit genug abgekühlt, um vom reinen Plasma in den gasförmigen Zustand überzugehen. Protonen und Elektronen verbanden sich zu Wasserstoffatomen und neutralisierten sich dadurch gewissermaßen, was die Wechselwirkung mit den Photonen reduzierte. Dieser Prozess wird als *Rekombination* bezeichnet. Die damals hervorgebrochene Strahlung erreicht uns noch heute, und zwar isotrop verteilt aus allen Raumrichtungen. Sie stellt gleichsam das Echo – oder, präziser gesprochen, den Hall – des Urknalls dar. Sie wird als *kosmischer Mikrowellenhintergrund* (»cosmical microwave background«, CMB) bezeichnet, wobei das Wörtchen »Mikrowelle« daher rührt, dass sie von ihrer langen Reise stark rotverschoben ist. Was ursprünglich energiereiche Gammastrahlung war, befindet sich heute im deutlich langwelligeren Bereich der Mikrowellen, welche im elektromagnetischen Spektrum zwischen Infrarotstrahlung und den behäbigen Radiowellen anzusiedeln sind.

Mit zunehmender Rotverschiebung sinkt auch die Temperatur von Strahlung, sodass der CMB heute nur noch 2,7 Kelvin warm ist; das entspricht etwa minus 270 Grad Celsius und befindet sich vergleichsweise dicht am absoluten Nullpunkt von null Kelvin (oder minus 273 Grad Celsius), an welchem keine thermische Bewegung mehr existiert und keine thermische Strahlung mehr entsteht. Der Ursprungsort des CMB stellt einen weiteren Horizont des Alls, einen weiteren Ereignishorizont dar und gleichzeitig die Grenze des beobachtbaren Universums, also desjenigen Teils des Alls, der immerhin noch nah genug ist, dass von ihm ausgehendes Licht uns seit der Rekombination vor 14 Milliarden Jahren erreichen konnte.

Der Horizont des Alls ist somit zum einen zeitlich gegeben durch die Rekombination, zum anderen räumlich durch die Endlichkeit der Lichtgeschwindigkeit und die überlichtschnelle Expansion des Raums. Der Radius des beobachtbaren Universums beträgt nicht, wie manchmal behauptet wird, 14 Milliarden Lichtjahre, weil das Licht ja 14 Milliarden Jahre unterwegs gewesen sei. Das wäre nur der Fall, wenn der Raum nicht expandieren würde.

Als der CMB, den wir heute empfangen, ausgestrahlt wurde, lagen die entsprechenden Orte im Universum dem unseren noch deutlich näher. Heute sind sie dagegen weiter entfernt, als sie erscheinen: die derzeitige Theorie gibt 46,6 Milliarden Lichtjahre für den Radius des beobachtbaren Universums an. Es darf nicht vergessen werden, dass es eigentlich nicht wir sind, die »in den Raum« und »in die Vergangenheit« sehen können, sondern dass es sich stets nur um diejenigen Photonen handelt, welche unsere Augen beziehungsweise Teleskope hier und jetzt erreichen. In unserem Bewusstsein ist so gesehen überhaupt nie ein anderer Ort oder eine andere Zeit vorhanden als das Hier und das Jetzt.

Der CMB wurde zwar schon früh von vereinzelten Wissenschaftlern vorhergesagt, seine Entdeckung geschah jedoch ungeplant, als 1964 die beiden Radioingenieure Arno Penzias und Robert Wilson eine Radioantenne mit einem Durchmesser von über sechs Metern testeten. Sie empfingen das Signal des CMB, konnten es aber nicht zuordnen. Da es sich als *isotrop* erwies, also unabhängig von der Ausrichtung der Antenne empfangen wurde, folgerten sie, dass es keine echte Radioquelle, sondern ein technisches Problem sein musste, welches diese Art von Rauschen verursachte. In langwieriger Arbeit schlossen sie eine mögliche Fehlerquelle nach der anderen aus, bis schließlich Bernard Burke, der von diesem Problem unterrichtet war, einen Artikel über die kosmische Hintergrundstrahlung erhielt. Dann war sofort klar, dass das lästige Rauschen kein geringeres war als der Nachhall des Urknalls persönlich.[314] Noch heute stellt der CMB einen kleinen Teil des statischen Rauschens analoger Fernseh- und Radiogeräte dar.

Wie schon aufgezeigt funktioniert das kosmologische Prinzip hervorragend. Auf kleineren Skalen finden wir jedoch diverse Strukturen vor: angefangen bei Superclustern, über Galaxien bis hinunter zu Sternsystemen. Zwischen diesen Strukturen gibt es andere Strukturen und leere Räume, weshalb hier von Homogenität keine Rede sein kann. So, wie der Kollaps eines diffusen Nebels durch gravitative oder andere Wechselwirkungen beschleunigt wird, muss es im frühen Universum einen Auslöser für die lokalen Verdichtungen gegeben haben, welche wir heute vorfinden – eine ursprüngliche Inhomogenität als strukturbildende Kraft. Irgendwo müssen räumliche Schwankungen in der Teilchendichte aufgetreten sein, denn wären diese Schwankungen nicht vorhanden, dann gäbe es überhaupt keine durch Gravitation bewirkte Struktur im Universum, da sich die Gravitationskräfte sämtlicher Teilchen exakt gegenseitig aufheben würden. Es gäbe bloß diese einzelnen Teilchen, welche sang- und klanglos durch den expandierenden Raum schwirren würden, ohne sich jemals zu Sternen zu verklumpen oder zu Galaxien und Clustern zu organisieren, und natürlich gäbe es auch uns nicht.

Das wäre ein Zustand hoher Entropie, und die Frage, warum das Universum nicht *so* ist, sondern so, wie wir es vorfinden, ist entsprechend die Frage nach der niedrigen Entropie des Universums: Wie lässt sich eine niedrige Entropie vereinbaren mit dem homogenen, isotropen und extrem heißen Plasma aus Elementarteilchen, welches wir zum Zeitpunkt des Urknalls zunächst vorfinden? Sollte ein solches Plasma, in welchem alles nach Gutdünken umherschwirrt, nicht eigentlich eine hohe Entropie besitzen?

Zu letzterer Frage lässt sich sagen, dass hier die Rechnung ohne die Gravitation und ohne Berücksichtigung des Volumens des Universums gemacht wurde. Ein größeres Volumen hat eine höhere Entropie zur Folge, da es für die Teilchen dann mehr Möglichkeiten gibt, sich räumlich anzuordnen. Es gibt mehr mögliche Aufenthaltsorte. Das passt hervorragend zusammen mit dem Umstand, dass in unserem Universum der Raum expandiert und die Entropie gleichzeitig zunimmt. An anderer Stelle wurde außerdem erklärt, dass, wenn in einem System die Gravitation die dominierende Kraft darstellt, ein möglichst verklumpter Zustand einer hohen Entropie entspricht, kein ausgedehnter. Im Umkehrschluss heißt das, dass in einem solchen System ein homogener, also diffuser, nicht-klumpiger Zustand *gerade mit einer geringen Entropie assoziiert werden kann*, wie es schon in Bezug zur Sternphysik angesprochen wurde.

Hiermit gelangen wir jedoch schon zur nächsten Frage: Offensichtlich war unmittelbar nach dem Urknall die Dichte des Universums so groß, dass es eigentlich zu einem schwarzen Loch hätte kollabieren müssen. Warum ist das nicht geschehen? Warum haben sich die Teilchen unter diesen extremen Bedingungen voneinander entfernt, obwohl heute, bei weniger extremen Bedingungen, die Entstehung schwarzer Löcher an der Tagesordnung ist?

Hier muss beachtet werden, dass ein schwarzes Loch erst dadurch seine gängigen Eigenschaften erhält, dass es den Raum *außerhalb* seiner selbst krümmt. Dieser war im Fall des Urknalls jedoch nicht vorhanden; es gab und gibt kein »außerhalb« des Urknalls. Gewissermaßen sind wir immer noch »im« Urknall, dem ja schließlich auch keine absolute zeitliche Grenze zugeordnet werden kann. Die Expansion des Raums ist keine Expansion in ein dunkles Nichts hinein, sondern die Expansion des dreidimensionalen Raums selbst – das klingt jetzt noch völlig unverständlich, aber wir werden das Thema gleich detaillierter beleuchten. Zudem wird heute von einer anfänglichen Phase extrem schneller Expansion des Raums ausgegangen, welche als *Inflation* bezeichnet wird.

Die Inhomogenitäten, welche die heutige groß- und letztendlich auch kleinräumige Struktur des Universums entstehen ließen, werden auf Quantenfluktuationen zurückgeführt. Aufgrund der hohen Dichte hatten diese stärkere Konsequenzen, als es heute im Vakuum der Fall ist, und konnten sich in dem kosmischen Maßstab auswirken, in welchem wir sie heute vorfinden. (Hieran zeigt sich wieder, dass sich die Quantenphysik nicht immer auf den Mikrokosmos beschränken lässt! Für die massiven Sterne spielte sie ja auch eine große Rolle.) Tatsächlich müssen sie so »ruckartig« und intensiv gewesen sein, dass anstelle der Gravitation das Higgs-Feld einen Kollaps des frühen Universums hätte bewirken müssen. Die Annahme einer passenden Wechselwirkung zwischen Gravitation und Higgs-Feld – welche sich aufgrund einer fehlenden Vereinheitlichung von Gravitation und den übrigen Kräften noch nicht wasserdicht aus der Theorie folgern lässt – würde im Gegensatz zu obiger Überlegung sogar dafür sorgen, dass die Gravitation als stabilisierender Faktor gewirkt hat (und eben nicht als »kollabierender« Faktor).[315] Die ersten Inhomogenitäten waren wahrscheinlich nur innerhalb der dunklen Materie vorhanden, da diese weniger sonstigen Wechselwirkungen ausgesetzt ist.

Unser Universum ist demzufolge ein riesiges Kaleidoskop, welches, durchgeschüttelt von den primordialen Quantenfluktuationen, das Muster entstehen ließ, welches wir heute in ihm vorfinden. Manche Kosmologen gehen auch davon aus, dass der Urknall beziehungsweise unser Universum als Ganzes eine Art Quantenfluktuation darstellt. Dies ist jedoch wieder sehr spekulativ, solange die physikalischen Theorien bei der Beschreibung des allerersten Moments versagen. Motiviert wird diese Spekulation auch dadurch, dass die »Feinabstimmung« unseres Universums schwindelerregend ist: Variiert man manche Naturkonstanten, also die quantitativen Parameter in den mathematischen Gleichungen nur geringfügig, zeigt sich, dass beispielsweise die Entstehung von Sternen oder kohlenstoffbasiertem Leben schnell unmöglich wird – sofern nicht bereits Kohlenstoff selbst instabil wird. Es handelt sich hier wieder um das anthropische Prinzip beziehungsweise um die Frage, inwiefern unser Universum »Zufall« ist und inwiefern es »gewollt« ist, seine Gestalt also eine Notwendigkeit darstellt. Woher kommt die gepriesene Weltformel? Was bedeutet sie für den Menschen? Das metaphysische Argument, welches hier wieder angeführt werden kann, muss natürlich lauten, dass ein Gott, der Fleisch geworden ist um sich selbst zu erblicken, eben jene komplexen Strukturen benötigt, welche sein Fleisch darstellen – dieses Argument sollte nicht die physikalische Forschung verhindern, kann die Weltformel-Jäger, die ebenfalls dazu neigen, in fast metaphysische Spekulationen zu verfallen (und diese dann als Physik zu verkaufen), gegebenenfalls aber auch auf den Boden der beobachtbaren Tatsachen zurückholen.

Es ist ohnehin schwer möglich, die Existenz einer solchen Feinabstimmung zu beweisen, da bei der Variation der Parameter gar nicht alle Auswirkungen auf die physikalischen Gegebenheiten vorhergesagt werden können – die Angelegenheit wäre schlichtweg zu komplex. Zudem würde eine vereinheitlichende Theorie die Anzahl der freien Parameter reduzieren, sodass eine voneinander unabhängige Variation der in Wahrheit nicht unabhängigen Parameter einer »Verletzung« der Naturgesetze gleichkäme – und die Verwunderung über die Feinabstimmung käme dann einem Menschen gleich, der sich über die Ähnlichkeit seiner beiden Hände wundert bis er schließlich realisiert, dass deren Spiegelbildlichkeit von vornherein in ihm angelegt ist. Sollte eine Variation der Naturkonstanten dennoch theoretisch möglich und »erlaubt« sein, wäre eine mögliche Erklärung eben, dass unser schwer zu fassendes Universum eine Fluktuation in einem größeren, noch schwerer zu fassenden Etwas darstellt. In diesem Medium würden dann zahlreiche Universen entstehen und vergehen, von denen die allermeisten wohl »tot« wären, das heißt unbelebt. Solche spekulativen Überlegungen erscheinen jedoch, angesichts ihrer Einfalt, schon fast regressiv; mit Physik haben diese Überlegungen jedenfalls nicht viel zu tun, lassen sie sich doch nicht einmal aus einer überprüfbaren physikalischen Theorie folgern, und erst recht nicht aus empirischen Beobachtungen. Auf das jahrtausendealte Thema der Paralleluniversen kommen wir noch zu sprechen.

Kehren wir zurück zu den primordialen Quantenfluktuationen *in* unserem Universum. Die Inhomogenitäten schlugen sich bei der Rekombination nieder (wie zu allen anderen Zeitpunkten auch) und sind heute somit als Anisotropien im CMB beobachtbar, in Form von Temperaturschwankungen der kosmischen Hintergrundstrahlung. Diese können aufschlussreiche Informationen über den Urknall enthalten. Zunächst einmal ist die Hintergrundstrahlung jedoch äußerst isotrop. Hatten wir uns zuvor noch gefragt, wie die Inhomogenitäten unmittelbar nach dem Urknall entstehen konnten, müssen wir uns an dieser Stelle noch einmal umgekehrt fragen, wie das Universum 380 000 Jahre später überhaupt noch so homogen sein konnte, wie es sich in Form des CMB nun mal präsentiert.

Diese Frage stellt sich vor dem Hintergrund, dass bereits Gebiete des CMB, die auf der Himmelskugel mehr als nur zwei Grad voneinander entfernt liegen, vor der Rekombination keine kausale Verbindung zueinander besitzen konnten. Der Abstand zwischen ihnen war schon vorher zu groß beziehungsweise das Universum zu jung, als dass von einem Ort ausgehende Information (also ein »Signal«) den anderen Ort innerhalb dieser Zeit hätte erreichen können.

Dabei ist anzumerken, dass das kosmologische Prinzip keine Selbstverständlichkeit ist, sondern lediglich eine Annahme, eine Arbeitshypothese, die schlussendlich auf die mit der kopernikanischen Wende eingeleitete »Verdrängung« der Erde aus dem Zentrum des Alls zurückgeht. Wie konnten also beispielsweise die Region in einer Richtung und die Region in entgegengesetzter Richtung trotz fehlender Wechselwirkung miteinander ins thermische Gleichgewicht kommen, das heißt eine gleichmäßige Temperatur erreichen?

Die Antwort hierauf besteht gerade in der oben angekündigten »Inflation« des frühen Universums, der frühen Phase extrem schneller Expansion. Durch diese wird der Zeitraum, seit welchem die verschiedenen Regionen am Himmel voneinander abgeschnitten sind, enorm verkürzt. Das bedeutet folglich, dass zum Zeitpunkt der Rekombination der seit ihrer »Verselbstständigung« vergangene Zeitraum noch verhältnismäßig kurz war. Für die Inflation gibt es noch weitere Indizien, welche ich hier jedoch nicht diskutieren werde, um nicht den Rahmen zu sprengen.[316]

Die Inflation ist gerade das erste von zwei Phänomenen, durch die die von Einstein eingeführte und wieder verworfene kosmologische Konstante ihre Renaissance erlebte. Während es sich bei diesem um eine theoretische Überlegung handelt, besteht das zweite Phänomen in der konkreten Beobachtung, dass sich das Universum beschleunigt ausdehnt. Diese ist möglich durch die Betrachtung der Rotverschiebung von Supernovae in weit entfernten Galaxien, welche eben hell genug leuchten, um von Teleskopen noch registriert werden zu können. Die kosmologische Konstante sollte ja ursprünglich für ein statisches Universum sorgen; entsprechend war sie mathematisch von vornherein konzipiert, um sich auf dessen Expansionsverhalten auszuwirken. Heute wird sie mit einem anderen Wert verwendet, um die beschleunigte Expansion des Alls zu erklären, und für die Inflation wird sie ebenso benötigt, wobei ihr Wert sich im Lauf der Zeit drastisch geändert hat (und der Begriff »Konstante« somit missverständlich ist; er ist mal wieder »historisch bedingt«). Als physikalische Ursache der zunächst nur mathematischen kosmologischen Konstante wird heute die *dunkle Energie* angeführt. Diese ist zunächst auch nur hypothetisch. In Kapitel 8 und 9 wies ich bereits darauf hin, dass der Versuch, sie mit Vakuumfluktuationen in Verbindung zu bringen, qualitativ plausibel erscheinen mag, quantitativ jedoch rigoros fehlschlägt. Das war das bisher ungelöste »Problem der kosmologischen Konstante«. Wie bei der dunklen Materie sprechen jedoch zahlreiche Indizien für die Existenz einer solchen dunklen Energie.[317]

Die Anisotropien des CMB sind in den letzten Jahrzehnten sorgfältig und mit immer besserer Auflösung vermessen worden. Von 1989 bis 1993 war der Satellit *Cosmic Background Explorer* (COBE) hierfür zuständig und von 2001 bis 2010 die *Wilkinson Microwave Anisotropy Probe* (WMAP), welche in einem fliegenden Wechsel schließlich von der Raumsonde *Planck* abgelöst wurde, die wiederum bis 2013 ihren Auftrag erfüllte.

Mit COBE konnte unter anderem festgestellt werden, dass eine scheinbar systematische Anisotropie vorliegt, welche auf einer Seite des Himmels in einer Temperaturerhöhung besteht, auf der anderen jedoch in einer entsprechenden Temperaturverringerung. Der Grund hierfür besteht jedoch einfach im Doppler-Effekt – im klassischen Doppler-Effekt, der nichts mit der Expansion des Raums zu tun hat, sondern schlicht mit der Bewegung der Erde relativ zum Bezugssystem der Rekombination. Dieses Bezugssystem ist aber kein geringeres als das des Urknalls selbst. Mit dem Bezugssystem des Urknalls lässt sich somit, lange nachdem wir diese Vorstellung aufgegeben haben, doch noch eine Art absoluter Raum definieren. Dieser ist allerdings nur begrenzt im Newtonschen Sinne zu verstehen, da sämtliche Gesetze der Relativitätstheorie und die Expansion des Raums natürlich trotzdem gelten. Das eine widerspricht dem anderen nicht. Dieses absolute Bezugssystem lässt sich wieder gut mit den Rosinen im aufgehenden Hefeteig vergleichen. Durch seine Expansion führt der Hefeteig die Rosinen mit sich. Die Rosinen sind die Objekte, welche sich in diesem Bezugssystem in Ruhe befinden – im realen Universum entsprächen ihnen am ehesten die Supercluster, nicht aber die einzelnen Galaxien und erst recht nicht die in ihnen enthaltenen Sterne, Planeten etc., welche sich eben relativ zum CMB bewegen, welche gleichsam durch den aufgehenden Hefeteig mit ihrer jeweiligen Pekuliargeschwindigkeit »sickern«, je nachdem, wie sie von der Gravitation weit entfernter Himmelskörper im Lauf der letzten Milliarden Jahre angetrieben wurden. Die Geschwindigkeit unseres Sonnensystems relativ zum mehr oder weniger absoluten Bezugssystem beträgt etwa 370 *km/s*, also eine auf intergalaktischen Skalen nicht ungewöhnliche Geschwindigkeit.

Mit den Ergebnissen von WMAP konnte berechnet werden, dass – gesetzt den Fall, dass dunkle Materie und dunkle Energie existieren – der Anteil der sichtbaren Materie und Energie am Universum nur 4,6 % betrüge, der der dunklen Materie 23 % und der der dunklen Energie 72 %. Die Folge wäre, dass die Stärke der dunklen Energie die der Gravitation überträfe und die Expansion des Universums vermutlich ewig andauern würde.

Die Temperaturschwankungen des CMB liegen im Bereich weniger Zehntausendstel, sind aufgrund der Größe der beobachteten Gebiete aber dennoch bedeutungsvoll. Die Dichteinhomogenitäten im frühen All hängen mit den Anisotropien des CMB über den *Sachs-Wolfe-Effekt* zusammen. Verlässt ein Photon ein Gravitationspotenzial, muss es hierfür einen Teil seiner Energie abgeben, nicht anders als eine bergauf rollende Bowlingkugel, die mit der Zeit langsamer wird und deren verformte Bahn auf Seite 153 ja als Veranschaulichung eines Gravitationspotenzials herhalten musste.

Weil die Geschwindigkeit dieser Photonen nach wie vor die Lichtgeschwindigkeit bleibt, schlägt sich dieser Energieverlust nicht in einer Verlangsamung nieder, sondern in einer Verringerung der Frequenz, also einer Vergrößerung der Wellenlänge und damit in einer Rotverschiebung. Dieser Umstand ist auch die Ursache für die Rotverschiebung der Strahlung, welche von schwarzen Löchern beziehungsweise in ihrer Nähe befindlichen Objekten ausgeht – um dem Einfluss des schwarzen Lochs zu entkommen, muss viel kinetische Energie in potenzielle Energie umgewandelt werden. Der Sachs-Wolfe-Effekt ist neben dem Doppler-Effekt und der Expansion des Raums somit eine dritte Möglichkeit für die Rotverschiebung von Strahlung im Weltraum.

Zum Zeitpunkt der Rekombination war durch die durchschnittliche Dichte des Alls auch ein durchschnittliches Gravitationspotenzial gegeben. Die Inhomogenitäten sind Abweichungen der Dichte nach oben und unten, die entsprechenden Photonen erreichen uns demzufolge heute rot- oder blauverschoben in Bezug auf den Durchschnittswert.

Es bleibt jedoch nicht nur bei dem *nicht-integrierten* Sachs-Wolfe-Effekt, wie er oben beschrieben wurde. Der *integrierte* Sachs-Wolfe-Effekt berücksichtigt zusätzlich die Auswirkungen, die die im Durchschnitt isotropen, ansonsten jedoch individuellen »Reiserouten« auf die Photonen hatten, auf welchen sie sich bewegten, bis sie endlich bei uns ankamen. Der nicht-integrierte Effekt beschäftigt sich, wie soeben beschrieben, *nur mit den Auswirkungen des Ursprungs* der Photonen, jedoch nicht mit ihren abenteuerlichen Wegen und Abwegen.

Als *CMB Cold Spot* wurde ein Bereich im CMB bekannt, welcher deutlich kälter ist, als es aufgrund statistischer Gesetze zu erwarten wäre. Der integrierte Sachs-Wolfe-Effekt liefert hierfür eine mögliche Erklärung: Während Photonen bei ihrer Reise durch Voids, Superhaufen und Filamente normalerweise immer wieder etwas Energie gewinnen und etwas Energie verlieren, sodass die Auswirkung auf die schlussendliche Rotverschiebung am Ende klein und isotrop bleibt, kann ein besonders großer Supervoid hier einen anderen Effekt haben. Am Anfang eines Voids verliert ein Photon an Energie, weil es die Gravitation von den Galaxien hinter sich überwinden muss, ohne »Unterstützung« durch die vor ihm liegenden zu erhalten, da diese noch zu weit weg sind. Ist der Void besonders groß, expandiert der Raum während der Durchquerung und verringert die Photonenenergie zusätzlich. Hat es den Void schließlich durchquert, erhält es von den vor ihm liegenden Galaxien schließlich wieder Energie, jedoch nicht mehr so viel, wie es am Anfang des Voids abgeben musste.

Das lässt sich anschaulich nicht mehr mit einer Bowlingkugel verstehen, ansatzweise aber mit einer großen Schneekugel, die an einem lauen Frühlingstag über einen Hügel rollt. Wir nehmen einmal an, dass die Kugel dabei unrealistisch schnell sei und außerdem keinerlei Reibung durch Luft und Untergrund erfahre. Rollt unsere Schneekugel bergauf (Eintritt in den Void), hat sie eine bestimmte Masse, wie ja jeder physikalische Festkörper zu jedem Zeitpunkt irgendeine bestimmte Masse hat. Überquert sie den Berg und rollt schließlich bergab (Austritt aus dem Void), wird die beim Erklimmen des Bergs erlangte potenzielle Energie wieder in kinetische Energie umgewandelt und die Kugel ist wieder genau so schnell wie am Anfang. Ihre kinetische Energie ist aber trotzdem geringer als vor dem Anstieg, da sie durch die klimatischen Bedingungen teilweise geschmolzen ist und auf diese Weise Masse verloren hat (Expansion des Raums) – denn kinetische Energie hängt nicht nur von der Geschwindigkeit, sondern auch von der Masse ab. Da die Kugel leichter geworden ist, erhält sie bei der Abfahrt weniger Energie zurück als sie beim Anstieg verloren hat.

Licht schmilzt natürlich nicht und besitzt auch keine Masse. Es besitzt dennoch kinetische Energie, welche durch die Expansion des Raums verloren geht, analog zum Schmelzen des Schnees in der Sonne. Seine Geschwindigkeit bleibt dabei stets die Lichtgeschwindigkeit, aber seine Schwingungsfrequenz verringert sich. Der Supervoid, der als Ursache des CMB Cold Spot vermutet wird, heißt *Eridanus Supervoid* und ist bis zu einer Milliarde Lichtjahre groß.

Durchläuft ein Photon zwischen zwei Voids einen Superhaufen, von denen wir ja bereits wissen, dass auch diese einige hundert Millionen Lichtjahre groß werden können, bewirkt der integrierte Sachs-Wolfe-Effekt im Gegensatz zum vorherigen Fall eine Blauverschiebung. Das Photon erhält beim Eintreten in den Superhaufen dann mehr Energie als es am Ende aufwenden muss, um wieder herauszukommen. Die Schneekugel rollt in diesem Fall nicht über einen Hügel, sondern durch ein Tal, wird in der Zwischenzeit aber nach wie vor leichter (wieder durchs Schmelzen in der Sonne) und verliert beim Anstieg am Ende deswegen weniger Energie, als sie bei der Abfahrt gewonnen hat. Vor diesem Hintergrund kann die Expansion der Raumzeit auch mit dem Gravitationspotenzial verknüpft werden. Kosmologisch kann die dunkle Energie insofern aufgefasst werden als eine Art Anti-Gravitation.

Kommen wir nun zu etwas Anderem und stellen uns eine ebene Fläche vor, zum Beispiel ein Blatt Papier. Daneben positionieren wir – schon wieder – eine Kugel. Auf beiden zunächst alltäglichen, unspektakulären Körpern markieren wir mit einem Stift drei Punkte. Anschließend zeichnen wir Linien, welche diese drei Punkte jeweils miteinander verbinden. Auf dem Blatt Papier entsteht dabei natürlich ein gewöhnliches Dreieck mit geraden Kanten. Allgemein gilt, dass die Winkelsumme in einem Dreieck stets 180 Grad beträgt, was sich geometrisch leicht zeigen lässt. Dieses Dreieck bildet hiervon keine Ausnahme. Mit der Kugel ist es aber komplizierter. Was wir sehen, sieht zunächst auch aus wie ein Dreieck – es hat zumindest drei Ecken. Allerdings sind die Verbindungslinien zwischen den Ecken gekrümmt, da die Oberfläche der Kugel gekrümmt ist. Die Folge ist, dass sich die Winkel etwas öffnen im Vergleich zu dem »echten« Dreieck, welches wir erhalten würden, wenn wir statt der krummen Verbindungslinien gerade Linien durch das Innere der Kugel hindurch zögen, die in der Abbildung gestrichelt dargestellt sind. Infolgedessen ist die Winkelsumme beim Kugel-Dreieck größer als 180 Grad.
Sowohl das Blatt Papier als auch die Kugeloberfläche sind zweidimensional. Die Kugel als Ganzes ist dreidimensional, aber ihre Oberfläche ist nur zweidimensional, wie schon in Kapitel 2 anhand des Globus erläutert wurde. (Längen- und Breitengrad, also *zwei* Größen, reichen aus, um Orte auf ihm zu beschreiben – daher ist die Erdoberfläche zweidimensional.)
Sie, lieber Leser, ahnen vielleicht bereits, dass es hier um eine Krümmung des Raums gehen soll. Dafür müssen wir nun jedoch den

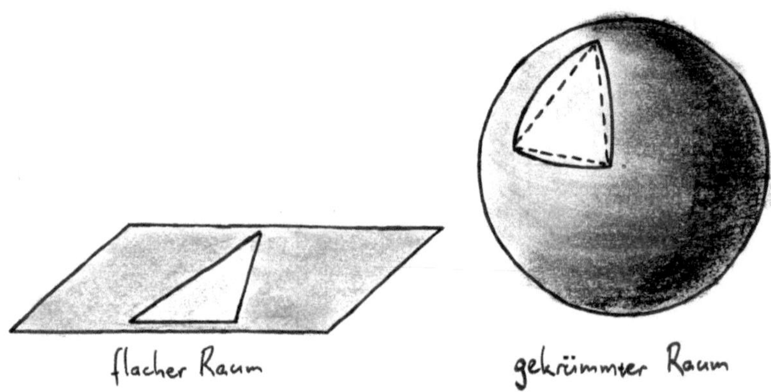

Schritt von der zweiten in die dritte Dimension machen. Anstelle des Blattes Papier denken wir uns dafür einen zunächst leeren dreidimensionalen Raum. Markieren wir in diesem wieder drei Punkte und verbinden diese miteinander, erhalten wir trotz der höheren Dimension wieder ein Dreieck mit einer Winkelsumme von 180 Grad.

Anstelle der dreidimensionalen Kugel mit zweidimensionaler Oberfläche denken wir uns etwas, das wir uns nicht denken können, und das ist eine vierdimensionale Kugel mit dreidimensionaler Oberfläche. Nehmen wir an, dass unser Universum die Form dieser Oberfläche habe, bedeutet das zum einen, dass wir, wenn wir lang genug geradeaus reisten, irgendwann wieder bei unserem Ausgangspunkt ankämen. Das gälte für jede beliebige Richtung, wir dürften sie nur nicht während unserer Reise ändern. Eine Folge davon wäre, dass, sofern das Universum nicht zu groß ist, man in ganz verschiedenen Richtungen die eine oder andere Galaxie eventuell mehrfach sehen könnte! Entsprechende Vergleiche von Himmelsobjekten wurden tatsächlich unternommen, aber sie gestalten sich dadurch schwierig, dass wir die betroffene Galaxie dann mitunter in ganz verschiedenen Entwicklungszuständen, also in ganz unterschiedlichem Alter zu Gesicht bekämen, und noch dazu aus verschiedenen Perspektiven. Die Galaxie könnte somit völlig anders aussehen, sodass wir sie gar nicht wiedererkennen würden.

Eine andere Möglichkeit, zu überprüfen, ob unser Universum kugelförmig ist, bestünde wieder darin, drei Punkte im All zu markieren, zwischen allen die Verbindungslinien zu ziehen und die Winkel zu messen. Ist die Winkelsumme größer als 180 Grad, wissen wir Bescheid. Es klingt unvorstellbar, dass ein scheinbar ganz normales Dreieck im Raum eine Winkelsumme von über 180 Grad haben soll, aber das wäre die Konsequenz eines kugelförmigen Alls, und sie würde auf jedes Dreieck in diesem All zutreffen, auch auf das, welches sie mühelos auf ein zweidimensionales Blatt Papier zeichnen können – denn da sich das Blatt in diesem gekrümmten Raum befände, wäre der Effekt dennoch vorhanden. Er wäre nur außerordentlich gering. Er wäre unmessbar klein. Bemerkbar würde er sich erst auf kosmologischen Skalen machen, und die kennen wir nicht aus unserer Alltagserfahrung. Hier zeigt sich jedoch mal wieder, wie schnell unsere »Trivialintuition« an unsere Grenzen gebracht werden kann, wenn es um Dinge wie Raum und Zeit geht.

Auch in einem gekrümmten Universum wäre übrigens die mathematische Aussage, dass in einem *flachen, euklidischen* Raum die Winkelsumme eines Dreiecks 180 Grad beträgt, nach wie vor wahr. Das ist das Schöne an der Mathematik: Was einmal bewiesen wurde, bleibt. Jedes *physisch manifestierte* Dreieck hätte jedoch eine minimal größere Winkelsumme, da der reale physikalische Raum wie gesagt nicht hundertprozentig flach, sondern gekrümmt wäre.

Es wären auch andere Krümmungsszenarien denkbar. Ein elliptoides Universum wäre möglich. Ein »sattelförmiges« Universum wurde diskutiert. In diesem wäre die Winkelsumme nicht größer, sondern kleiner als 180 Grad, was uns nicht weniger ungewohnt erscheinen muss. Auch ein Torus, also ein »donutförmiger« Raum wurde in Erwägung gezogen.[318] Noch kuriosere Möglichkeiten stellen ein gewölbter Trichter sowie eine aus Fünfecken zusammengesetzte kugelähnliche Gestalt dar, also eine Art Fußball[319] (wobei ein Fußball streng genommen auch Sechsecke enthält, aber dieses Detail wollen wir einmal außen vor lassen). In all diesen Fällen darf nicht vergessen werden, dass es sich hier um die vierdimensionalen Objekte handelt, zu denen wir nur die dreidimensionalen Pendants kennen und von denen unser wirklicher Raum jeweils nur die dreidimensionale Oberfläche darstellt.

Mathematiker können solche vierdimensionalen Objekte berechnen, indem sie ihre Eigenschaften mathematisch abstrahieren. Eine Kugel beispielsweise ist eine Menge, deren Elemente alle denselben Abstand von einem gegebenen Punkt besitzen, welcher dann als Mittelpunkt definiert wird. Das gilt im eindimensionalen Raum (es handelt sich dann um zwei gegenüberliegende Punkte), im zweidimensionalen Raum (ein Ring), natürlich im dreidimensionalen Raum (eine gewöhnliche, kugelförmige Kugel) und eben auch im vier- und höherdimensionalen Raum. Bei den genannten Geometrien handelt es sich um grenzenlose, jedoch endliche Universen. »Grenzenlos« sind sie, weil sie im Dreidimensionalen keinen Rand besitzen. »Endlich«

sind sie, weil die in ihnen enthaltene Energie endlich ist. Sowohl der hyperdimensionale Torus, der Trichter als auch der Fußball lassen sich übrigens so beschreiben, dass Dreiecke auf ihrer dreidimensionalen Oberfläche wieder eine Winkelsumme von exakt 180 Grad haben, was bedeutet, dass auch ein flach *wirkender* physikalischer Raum endlich sein könnte.

Für das vertiefte Verständnis des Umstandes, dass unser Universum nicht beim Urknall zu einem schwarzen Loch kollabiert ist, kann es hier noch hilfreich sein, sich zu vergegenwärtigen, dass in einem grenzenlosen Universum die Begriffe »innen« und »außen« keinen Sinn ergeben. Ein Kollaps kann jedoch nur nach innen geschehen. Ein Rand kann höchstens rein mathematisch, aber ohne jegliche physikalische Realität definiert werden – wie zum Beispiel die Zeitzonen auf dem Globus, welche oftmals den Ländergrenzen folgen und somit geografisch-politisch begründet sind, nicht jedoch physikalisch. An diesem Rand wäre man direkt wieder am gegenüberliegenden Rand angelangt, sodass die Gravitation in einem perfekt homogenen Plasma jedes Teilchen in alle Richtungen gleich stark ziehen und sich somit letztendlich neutralisieren würde – es sei denn, die Gravitation zöge nicht nur die Dinge im Raum, sondern den Raum selbst zusammen, was durchaus einen Kollaps zur Folge hätte. Doch bei schwarzen Löchern handelt es sich zwar um einen Kollaps der Materie, nicht jedoch des Raums.

Aus den Analysen der Messungen von WMAP wird unter Vernachlässigung der Messunsicherheit geschlossen, dass das Universum flach ist, was bedeutet, dass die Winkelsumme unseres Dreiecks 180 Grad ergibt. Neben den oben genannten (mitunter abenteuerlichen) Formen, genannt *Topologien*, kommt hierfür auch ein schlichter euklidischer Raum in Frage, ein dreidimensionaler Raum, der in keinen höheren vierdimensionalen eingebettet sein muss. Dieser wäre dann allerdings unendlich. Das Universum wäre demzufolge nicht nur jetzt unendlich, sondern bereits zum Zeitpunkt des Urknalls unendlich groß gewesen. Da »unendlich« keine Zahl ist, sondern die mathematische Beschreibung eines Prozesses, kann auch ein unendlich großes Universum sich noch weiter ausdehnen. Ein unendlich großes Universum kann sogar unendlich mal so groß werden, wie es bereits ist. Es wäre immer noch unendlich groß. Der Urknall hätte dann an *jedem* der unendlich vielen, unendlich weit verteilten Orte in diesem schon damals unendlich großen Universum stattgefunden.

Zur Frage nach dem Rand des Universums lässt sich zusammenfassend sagen, dass dieser nicht vorhanden ist. Das Universum ist unbegrenzt. Die Messungen zur Krümmung besitzen allerdings noch eine relativ große Messunsicherheit, sodass es noch sein könnte, dass das Universum nicht flach, sondern nur außerordentlich schwach gekrümmt und damit außerordentlich groß ist, größer als sein vergleichsweise junges Alter suggerieren würde. Doch auch unter der Annahme, dass der Raum flach ist, wäre die genaue Form des Universums noch nicht bekannt. Es kann auch nicht restlos ausgeschlossen werden, dass das kosmologische Prinzip auf Skalen, die deutlich größer als das beobachtbare Universum sind, ungültig wird – und dass am Ende alles anders, ganz anders ist, als wir meinen. Wir müssen uns mit dem beobachtbaren Universum begnügen, aber da dieses schon genug Rätsel aufwirft, ist das vielleicht sogar besser so. In jedem Fall ist es groß genug.

Zweifelsohne ist unsere Zeitwahrnehmung geknüpft an biologische Faktoren. Unsere Nerven lassen für die Signalübertragung eine typabhängige Geschwindigkeit zu, welche nach oben durch einige hundert Kilometer pro Stunde begrenzt ist, nach unten durch weniger als einen Kilometer pro Stunde. Da die Signale bei kleineren Tieren, wie zum Beispiel Fliegen, einen kürzeren Weg zurücklegen müssen, wird diesen eine im Vergleich zum Menschen erhöhte Reaktionsgeschwindigkeit ermöglicht. Abgesehen von dieser biologischen Komponente spielt vermutlich auch die psychologische Gewöhnung eine Rolle. Ein gestresster Manager, der ständig auf die Uhr schauen muss, empfindet Zeit anders als ein australischer Aborigine, welcher sie am Sonnenstand abliest.

Wenn wir zum Urknall zurückgehen, begegnen wir sehr kurzen Zeitskalen, Sekundenbruchteilen, die jedoch so bedeutungsvoll sind, dass sie in der Kosmologie jeweils als »Ära« bezeichnet werden. Diese extrem kurzen Zeitskalen sind durch die extremen Dichte- und Temperaturänderungen im frühen Kosmos bedingt. Mit ihnen arrangieren kann man sich, indem man sich klar darüber wird, dass es damals keinen Beobachter gegeben haben kann, der ein Gehirn hatte, welches dem unseren ähnlich gewesen wäre. Jeder denkbare intelligente Beobachter – in Wahrheit hat es sicherlich keinen gegeben – hätte den extremen Temperaturen angepasst sein müssen, und seine Zeitwahrnehmung hätte folglich den kurzen Zeitskalen angepasst sein müssen. Definiert man Zeit nun nicht über ihre mathematische Messbarkeit, sondern über ihr subjektives Erleben als nicht bezifferbaren Wandel, könnte man auch behaupten, dass die Zeit selbst damals langsamer vergangen sein müsse. Mit Annäherung an den Urknall verginge sie dann immer langsamer und langsamer, weil aufgrund der steigenden Temperatur auf immer kürzeren Zeitskalen immer mehr Wechselwirkungen geschähen.

Während sich bei der Rückkehr an den Urknall alles zu ändern scheint, bleibt uns mit der Lichtgeschwindigkeit jedoch eine feste Größe erhalten und auf quantenphysikalischer Ebene bleibt die Unschärferelation ebenfalls bestehen, wie alle anderen physikalischen Gesetze auch, sofern sie in der Zukunft nicht durch eine vereinheitlichende Theorie modifiziert werden.

Was sich dennoch sicher sagen lässt, ist, *dass Zeit Raum braucht.* Ohne Raum können keine Veränderungen entstehen, während andererseits ohne Veränderungen keine Zeit möglich ist. Nur dort, wo die Möglichkeit zur Veränderung gegeben ist, kann die Zeit als »großer Änderer« auftreten. Diese *a priori* durchführbare Verknüpfung von Zeit und Raum ähnelt der Verknüpfung, welche wir in der Relativitätstheorie in Form der Raumzeit vorfinden. Sollte der Urknall tatsächlich aus einer Singularität – also nicht bloß aus einem *extrem kleinen*, sondern aus einem *unendlich kleinen* Raum – heraus entstanden sein, würde das bedeuten, dass mit dem Urknall auch die Zeit erst entstanden ist. Die Frage, was »vor« dem Urknall gewesen sei, wäre dann unsinnig, sofern ein zeitliches »vor« gemeint wäre und kein kausales, welches sich als beständiger Impuls auch jenseits der Zeit befinden könnte (sofern in dieser Betrachtungsweise nicht jede Wirkung erst *in der Zeit* auf eine Ursache folgen kann, sodass Zeit dualistische Kausalität erst *ermöglichen* würde).

Allerdings wissen wir nicht, ob es wirklich so gewesen ist, und vor allem macht uns die Quantenphysik einen Strich durch die Rechnung. Durch die Unschärferelation ist eine minimale Länge gegeben, unterhalb derer es fraglich wird, inwiefern man überhaupt noch von »Raum« sprechen kann. Diese heißt »Planck-Länge«. Entsprechend existieren auch die Planck-Zeit, Planck-Energie etc., kurzum die *Planck-Einheiten*, wobei es sich bei allen um unerhört kleine oder große Zahlen handelt, von denen ich hier nur die der Zeit nennen will:

$$0{,}0000000000000000000000000000000000000000000539116 \, s$$

Zwischen dem Komma und der Fünf befinden sich 43 Nullen. Unsere Vorstellungskraft darf hier ruhig ihr Timeout einfordern, die Zahl soll an dieser Stelle ja nur als schockierendes Beispiel gelten. Gleich werden wir zudem ein wenig Schock-Aufarbeitung betreiben, wobei nicht garantiert ist, dass der Schock dadurch besser wird. Meine Empfehlung lautet: Lassen Sie los! Geben Sie die Kontrolle auf und lassen Sie sich durch die Unendlichkeit treiben.

Die Zeitspanne vom Zeitpunkt null bis zur Planck-Zeit wird *Planck-Ära* genannt, und bisher weiß niemand sicher, was sich dort zugetragen hat, aber hier setzen theoretische Spekulationen an, wie zum Beispiel die Möglichkeit einer Entstehung unseres Universums aus einer Vakuumfluktuation. Man geht davon aus, dass es zu diesem Zeitpunkt nur eine Grundkraft gab, nach welcher heute im Rahmen von vereinheitlichenden Theorien gesucht wird. Diese Grundkraft wurde, so die Theorie, mit Abkühlung des Universums differenziert in die Kräfte, wie wir sie heute vorfinden. Eine *spontane Symmetriebrechung* dieser Kräfte sollte am Ende der Planck-Ära die Gravitation von den anderen Kräften getrennt haben.

Wir spulen vor. Wir spulen ganz weit vor. Im Zeitraffer vergeht eine Planck-Zeit nach der anderen, bis Millionen von Planck-Zeiten vergangen sind, bis Milliarden vergangen sind, bis Millionen von Milliarden vergangen sind und noch viele mehr. Wir stellen uns eine Sanduhr vor, in der jedes Sandkorn einer Planck-Zeit entspricht. Durch diese Sanduhr lassen wir den Inhalt eines Sandkastens rieseln, anschließend erhöhen wir unseren Einsatz auf einen ganzen Sandstrand. Damit sind wir aber noch lange nicht fertig: Wir machen noch lange, lange weiter, bis schließlich in einer monumentalen Aktion die gesamte Sahara durch die schmale gläserne Taille unserer bescheidenen Sanduhr gewandert ist.

Irgendwann zerbricht uns das Glas, weil es vom ganzen Sand immer dünner geschliffen wurde. Unsere Hände sind ebenso rau und blutig, unsere Kleidung zerfetzt, unsere gesamte Haut sonnenverbrannt. Wir hören auf mit unserem Wahnsinnsvorhaben. Wo befinden wir uns nun, nachdem so unzählbar viele Planck-Zeiten vergangen sind? Wir befinden uns etwa eine billionstel Sekunde nach dem Urknall. Das ist immer noch sehr kurz, aber immerhin handelt es sich um eine Zahl, die wir noch halbwegs vernünftig in Worte fassen können. Der Physiker spricht auch von einer »Femtosekunde«. Um uns herrschen Temperaturen von über einer Billiarde Grad. Eine solche Umgebung konnte zwar in noch keinem Teilchenbeschleuniger reproduziert werden, auch nicht für sehr kleine Volumina und ebenfalls sehr kurze Zeiten, weshalb wir noch nicht viel über sie wissen. Dennoch ist sie Gegenstand aktueller Forschung.

Eine lange millionstel Sekunde nach dem Urknall – das sind nämlich eine Million »billionstel Sekunden«, also wieder das Millionenfache des vorherigen Zeitraums – war es mit einer Temperatur von rund einer Billion Grad Celsius endlich kalt genug, dass sich aus den umher-

schwirrenden Quarks und Gluonen die Nukleonen bilden konnten, also
Protonen und Neutronen. Man spricht von der primordialen *Nukleosynthese*. Lassen wir auch diese im Vergleich zur Planck-Ära endlose
Zeitspanne eine Million mal ablaufen, landen wir bei einer gefühlten
Ewigkeit, nämlich bei einer vollen Sekunde. Unsere Armbanduhr gibt
nach dieser Zeitspanne ein leises »tick« von sich, doch dieses Ge-
räusch dröhnt markerschütternd in unseren Ohren wie ein kosmischer
Gong, der unser Gebein erzittern lässt, mächtig und betäubend, als
wäre soeben ein Weltenalter vergangen: ein Gong an der Schwelle
der Äonen. Nach zehn dieser gewaltigen Äonen-Sekunden betrug die
Temperatur nur noch einige frostige Milliarden Grad Celsius, und
aus den Nukleonen bildeten sich leichte Atomkerne, welche allesamt
entweder schwerem Wasserstoff, Helium oder Lithium zuzuordnen
sind. Einzelne Protonen als Kerne des gewöhnlichen Wasserstoffs
waren natürlich schon seit der Nukleosynthese vorhanden.

Nach 380 000 Jahren, das sind in etwa zehn Billionen der endlos
langen Sekunden, kam es wie oben beschrieben zur Rekombination,
welche wir heute noch in Form des CMB bestaunen können. Die
ersten Sterne und Galaxien entstanden nach etwa hundert Millionen
Jahren. Diese Zeitspanne lassen wir noch rund 140 mal ablaufen und
gelangen so in die Gegenwart. Die Temperatur des sonst leeren Raums
entspricht der Temperatur des CMB und beträgt heute weniger als
drei Kelvin – was aber nicht bedeutet, dass man im Weltall nicht
ordentlich verstrahlt werden könnte.[320]

Während die Zeitskalen des Alls immer länger zu werden scheinen,
werden die der Menschheit scheinbar immer kürzer. Die Evolution
hat Milliarden von Jahren gebraucht, um uns zu dem zu formen, was
wir sind – diese Zeitspanne stellt tatsächlich einen beträchtlichen
Anteil am Alter des Universums dar.

Erst vor 60 Millionen Jahren verschwanden die Dinosaurier von der
Bildfläche. Der Beginn der Steinzeit wird vor 2,6 Millionen Jahren
angesetzt, weniger als ein Tausendstel des Alters der Erde. Von Afrika
ausgehend breitete sich der Mensch, damals noch aus verschiedenen
Untergattungen des *Homo* bestehend, über den Globus aus. Erst
vor 30 000 Jahren starb der Neandertaler aus und erst vor wenigen
Tausend Jahren bildeten sich die Vorläufer der heutigen Kulturen
heraus. Erst vor 500 Jahren endete das Mittelalter, erst 100 Jahre
sind seit dem ersten Weltkrieg vergangen und erst vor rund 20 Jahren
begann man, nach und nach das Internet zu etablieren. Die Zeitskalen
werden scheinbar immer kürzer.

Wir wollen uns diesbezüglich nicht in Spekulationen verlieren. Der Eindruck mag auch täuschen – zu leicht ist es, hier selektiv einzelne Phänomene zu beleuchten und andere zu vernachlässigen. Stattdessen betreiben wir lieber ein wenig »Eschatologie« und spekulieren über das Ende des Universums, welches in jedem Fall noch weit, unvorstellbar weit entfernt liegt. Wenn die Menschheit die Zeit bis dahin überleben sollte, hat sie garantiert einen Weg gefunden, mit der Vergänglichkeit ihres Fleisches und damit auch mit der Vergänglichkeit des gesamten Kosmos zurecht zu kommen. Die Evolution wird dafür sorgen, dass die Menschen dann andere Leiber haben werden, sich völlig anders gebärden werden, und sofern sie sich noch an uns erinnern, werden sie auf uns zurückblicken als eine Manifestation jenes »Schwellenübertritts«, nämlich des zum Bewusstsein seiner selbst gelangten Geistes, der mit der durch diesen Akt befreiten Energie noch gehörig zu ringen hatte, um sie unter Kontrolle zu bringen. Deswegen wäre es möglicherweise *nicht nur verschwendete Energie, sondern ein Irrtum, wegen der Endlichkeit des Alls zu verzweifeln.* Natürlich werden uns noch andere Hindernisse, Gefahren und Prüfungen begegnen, wie zum Beispiel die ständige Bedrohung durch Asteroiden und die Entwicklung der Sonne. Erstere ließe sich in der Zukunft vielleicht durch Früherkennungs- und Abwehrtechnologie lindern. (Je früher in die Flugbahn des Asteroiden eingegriffen werden kann, desto weniger Energie muss für eine hinreichende Ablenkung aufgewandt werden.) Letztere lässt uns gemessen an zivilisatorischen Zeitskalen aber ebenfalls noch unvorstellbar viel Zeit, wie an anderer Stelle bereits diskutiert wurde. Somit kann man auf dieser simplen Grundlage gar nicht sagen, was der Mensch oder das terrestrische Leben dann sein wird, erst recht nicht mit Hinblick auf die beschleunigte Entwicklung unserer Spezies.

Nach dieser Mahnung zur Gelassenheit ist zunächst einmal festzustellen, dass die Entropie weiter zunehmen wird. Konkret wird dies vor allem durch die Gravitation geschehen, die auf kosmologischen Skalen die anderen Kräfte ja dominiert, und durch die Expansion des Raums. Sollte die Expansion nicht zu schnell geschehen und dem Ganzen bereits vorher ein jähes Ende bereiten, werden sich nach und nach immer mehr »Sternleichen« bilden – weiße beziehungsweise schwarze Zwerge, Neutronensterne und schwarze Löcher – während die interstellare Materie zur Bildung neuer Sterne langsam zur Neige gehen wird. Das wird in diesem Szenario in rund hundert Billionen Jahren geschehen, das Universum hat also erst ein Zehntausendstel seiner Blütezeit hinter sich und kann, an menschlichen Maßstäben gemessen, zur Zeit als ein wenige Tage altes Neugeborenes betrachtet werden.

Unbedingt muss hier eingeworfen werden, dass das erkenntnistheoretische Problem mit der Unmessbarkeit des Ganzen im Hier und Jetzt noch um ein Vielfaches stärker ausgeprägt ist als beim Urknall. Es handelt sich schlicht um eine massive Extrapolation mathematischer Gleichungen, die sich jederzeit – und wenn schon nicht »jederzeit«, so doch wenigstens in der Zukunft – als großer Irrtum entpuppen könnte. Es ist erstmal eine mathematische Spielerei – mehr nicht.

Auf metaphysischer Ebene lässt sich fragen, inwiefern der immaterielle Geist dieses materielle Geschehen transzendieren wird. Mit dieser Frage hat sich der sonst so naturwissenschaftlich-nüchterne Isaac Asimov in seiner Kurzgeschichte *Wenn die Sterne verlöschen* (1959, Originaltitel: *The Last Question*) vorzüglich auseinandergesetzt – an dieser Stelle ein kurzweiliger Literaturtipp.

Mit dem Aussterben der Sterne würde nach dieser »lebendigen« Phase des Kosmos ein Licht nach dem anderen ausgehen. Die Hawking-Strahlung könnte zwar noch ein schwaches Glimmen der schwarzen Löcher bewirken und bei kleinen Exemplaren auch schwerere Teilchen zurück ins All befördern, aber die Zerstrahlung der schwarzen Löcher würde viel zu langsam geschehen, als dass sie ihrer Bildung entgegenwirken könnte. Die Zeit, die bis zur Zerstrahlung der schwarzen Löcher vergangen sein wird, verhält sich zum jetzigen Alter des Universums in etwa so wie das jetzige Alter zur Planck-Zeit; das heißt es ist erst ein kosmisches Sandkorn durch die Sanduhr gewandert, während die Sahara noch folgen wird.

Auf noch viel längeren Zeitskalen (bei der Anzahl an Jahren handelt es sich um eine Zehn mit immerhin 1 500 Nullen) wird der quantenmechanische Tunneleffekt zur Folge haben, dass sämtliche Elemente zu Eisen fusionieren, da dieses, wie oben erwähnt, den stabilsten Atomkern besitzt. Dieses Ereignis ist im Einzelnen sehr unwahrscheinlich, wird – wie jedes unwahrscheinliche, jedoch mögliche Ereignis – auf hinreichend langen Zeitskalen aber bedeutsam, weshalb es nicht überraschend ist, dass »hinreichend lang« hier als »völlig unvorstellbar, überdimensional, abartig lang« ausfällt. Auf die gleiche Weise werden diese Sternreste – in einer nun unaussprechlichen Anzahl von Jahren – zu schwarzen Löchern kollabieren, die, auf diesen Zeitskalen gesehen, sofort wieder zerfallen.

Das alles würde jedoch deutlich schneller gehen, sollte, wie mancherorts vermutet wird, das Proton instabil sein und irgendwann in seine Bestandteile zerfallen. Durch die Expansion des Raums wird das Universum immer leerer werden, bis sich in der Weite des Alls nur noch in allergrößter Seltenheit zwei Elementarteilchen begegnen können.

Abstrakt lässt sich die Zunahme der Entropie auch ohne schwarze Löcher formulieren: Im großen Ganzen ist das Universum ein irreversibler Prozess. Es relaxiert in Richtung thermisches Gleichgewicht, welches durch ein Maximum der Entropie gekennzeichnet ist. Ist das Maximum der Entropie einmal erreicht, bleibt der Zustand erhalten; ohne Energieaufwand von außen wird sich nichts mehr ändern. Alle Energie ist dann in Wärme umgewandelt, weshalb dieser Vorgang in der Thermodynamik als *Wärmetod* bezeichnet wird, im kosmologischen Rahmen dann als *Big Freeze*. Weiter oben wurde in Bezug auf den Urknall darauf hingewiesen, dass die Möglichkeit zur Veränderung gewissermaßen eine Vorbedingung für die Existenz von Zeit darstellt. Manche Kosmologen argumentieren daher, dass im thermischen Gleichgewicht auch die Zeit aufhören wird, zu sein. Hier darf allerdings nicht vergessen werden, dass es noch immer zu statistischen (vor allem Quanten-)Fluktuationen kommen kann. Von den Eigenschaften des Vakuums ist es abhängig, ob in hinreichend langer Zeit ein neuer Urknall aus einer solchen Fluktuation ein neues Universum entstehen lassen könnte. Grundsätzlich kann in einer unendlich langen Zeit *jedes* Ereignis passieren, sofern es nicht qualitativ unmöglich, sondern nur quantitativ unwahrscheinlich ist. Dabei müsste für ein hypothetisches Wesen so, wie seine gefühlte Zeit in Richtung Urknall immer langsamer vergehen müsste, sie in Zukunft immer schneller vergehen.

Ohne dunkle Energie würde das beobachtbare Universum mit der Zeit nur langsam größer werden. Wir könnten immer bis zum CMB zurückschauen, obwohl er sich immer weiter entfernen würde. Alles zwischen uns und dem CMB würden wir natürlich ebenso erblicken. Was heute noch der CMB ist, würde sich dabei langsam zu Galaxien formen. Unter der Annahme, dass der Raum durch die dunkle Energie beschleunigt expandiert, wird sich der CMB jedoch irgendwann mit Überlichtgeschwindigkeit von uns entfernen. Diese Tendenz wird sich schließlich auf immer weiter innen liegende Gebiete des beobachtbaren Universums ausweiten, sodass irgendwann auch jetzt noch sichtbare Galaxien hinter dem Ereignishorizont des beobachtbaren Universums verschwinden werden. Interessant wird es dann werden, sobald diejenigen Strukturen von der Expansion betroffen sind, welche durch Gravitation zusammengehalten werden. Beschleunigt die Expansion immer weiter, wird es irgendwann zum schon oben erwähnten *Big Rip* kommen, bei welchem nach und nach eine Struktur nach der anderen »zerrissen« wird, angefangen bei den großräumigen Filamenten bis hin zu den unfassbar kleinen Nukleonen. Der Big Rip würde dabei deutlich früher geschehen als der Big Freeze. Während letzterer sich in einer unvorstellbar fernen Zukunft abspielen würde, fände ersterer immerhin in 22 Milliarden Jahren statt, womit das Universum heute also schon mehr als ein Drittel seines Lebens hinter sich hätte.[321] Für zivilisatorische Maßstäbe ist das aber immer noch eine unvorstellbar lange Zeit. Erweitert man die Zeitskala auf die Evolution des Lebens, nach Wunsch auch auf die des Alls, stellt der Big Rip allerdings ein Szenario dar, in welchem sogar eine quantitativ motivierte Teleologie nicht gänzlich unangebracht erscheint. Man könnte hier erwägen, ob es von vornherein so bestimmt gewesen sei, dass wir nun etwa die Hälfte der kosmischen Evolution hinter uns hätten. Der horrende Zustand des Universums, welches sich im menschlichen Drama selbst erlebt – ein Drama, das hoffentlich nicht zur Tragödie wird – könnte unter Umständen dann als eine Art »Midlifecrisis« gedeutet werden, um es salopp zu formulieren. Es dürfte zum jetzigen Zeitpunkt jedoch schwer sein, in dieser Hinsicht über den Status einer dunklen, kaum aussprechbaren Ahnung hinauszukommen.

Was die Größenordnungen betrifft, so werden ungefähr 60 Millionen Jahre vor dem Big Rip die Galaxien desintegriert werden, drei Monate vorher die Sternsysteme, erst 30 Minuten vorher die Planeten und nur winzige Sekundenbruchteile vorher die Atome. Was für ein Finale! Was für ein kosmischer Paukenschlag! Was danach passieren würde, ist nicht abzusehen; man gelangt hier mathematisch zu den gleichen Schwierigkeiten wie unmittelbar nach dem Urknall, vor der Planck-Zeit. Der Zeitpunkt des Big Rip stellt eine Art Singularität dar, da die Expansionsrate des Universums gegen unendlich geht. Möglicherweise könnte es auch hier zu einem neuen Urknall kommen.

An dieser Stelle sollen noch kurz der *Big Crunch* und der *Big Bounce* angesprochen werden. Beide Modelle haben gemeinsam, dass in ihnen das Universum nicht ewig expandiert, sondern irgendwann wieder kontrahiert. Diese Theorien gelten weitgehend jedoch als obsolet. Wird die Expansion das Alls mit der Zeit immer langsamer, übernimmt irgendwann die Gravitation das Steuer und zieht es wieder zusammen. Dabei bleibt kein den Kosmos umgebender Raum zurück, da nach wie vor gilt, dass hier aufgrund der Grenzenlosigkeit des Universums die Begriffe »außen« und »innen« keinen Sinn ergeben.

Für ein besseres Verständnis dieses Umstands können wir hier wieder eine Dimension »herunterschalten«. Wir reduzieren den dreidimensionalen Raum gedanklich auf zwei Dimensionen und erinnern uns daran, dass eine mögliche Form des Universums die Kugeloberfläche war. Wir nehmen einen Luftballon, der in aufgeblasenem Zustand ja Ähnlichkeit mit einer Kugel hat, und malen ein paar Galaxien auf ihn. Blasen wir ihn auf, entfernen sich die Galaxien voneinander, wie es uns mittlerweile ja schon vertraut ist (dass die Galaxien sich hierbei mit ausdehnen entspricht nicht der wirklichen Situation, was wir an dieser Stelle aber ignorieren dürfen). Wie können wir die Galaxien aber wieder einander annähern? Man könnte sie auf der Luftballonoberfläche an einer bevorzugten Stelle anordnen, sie also im Raum verschieben. Das wird in unserem Universum jedoch nicht passieren, und zwar aufgrund des kosmologischen Prinzips: Durch die Homogenität des Alls gibt es eine solche bevorzugte Stelle nicht; die Gravitation hält die Galaxien, obwohl sie ausschließlich anziehend wirkt, miteinander im Gleichgewicht. Eine Annäherung der Galaxien wird auf diese Weise unmöglich. Die einzige Lösung besteht darin, dass wieder Luft aus dem Ballon gelassen wird. Lässt man die Luft wieder heraus, kommen sich sämtliche Galaxien mühelos wie von selbst wieder näher. Hieran erkennt man, dass der durchschnittliche Abstand der Galaxien und die Größe des Raums untrennbar miteinander verknüpft sind. Die Verknüpfung besteht im kosmologischen Prinzip.

Im Fall des Big Crunch zieht sich das Universum also wieder zusammen. Dabei fusionieren Galaxien miteinander, alle Zwischenräume schrumpfen. Der CMB heizt sich auf, und zwar so sehr, dass er heißer wird als die Oberfläche von Sternen. Auch die schwarzen Löcher rücken näher zusammen. Immer mehr Materie fällt ihnen zum Opfer, während ihr Radius wächst. Natürlich fusionieren auch die schwarzen Löcher miteinander. Irgendwann wird alles in einem schwarzen Loch verschwunden sein. Der Big Bounce prophezeit, dass nach dem Big Crunch ein neuer Big Bang, ein neuer Urknall geschieht. Der Vorteil an dieser Theorie ist, dass eine Singularität vermieden wird, da als Ausgangspunkt die Überreste vom Big Crunch in einem endlichen (das heißt in diesem Fall: »sehr kleinen, aber nicht unendlich kleinen«) Volumen angenommen werden können. Im Big Bounce-Modell wechseln sich Big Bang und Big Crunch in einem ewigen Zyklus ab, welcher dem der hinduistischen Kosmologie – Erschaffung und Zerstörung, Werden und Vergehen – ähnlich sieht. Wie gesagt geht man heute jedoch eher vom Big Freeze oder Big Rip aus.

Eine Vielzahl von Universen

Es gibt verschiedene physikalische Theorien und Hypothesen, mit welchen sich über die Existenz von »Paralleluniversen« spekulieren lässt oder die diese sogar voraussetzen. Hierbei ist vieles möglich. Im einfachsten Fall handelt es sich um Raumregionen, zu denen wir aufgrund der überlichtschnellen Expansion des Raums prinzipiell keinen Zugang haben. Im nächsten Fall – im Fall mancher Varianten der Stringtheorie – ist unser Universum nur eines von vielen in einem weiteren Raum, welcher dann als *Multiversum* bezeichnet wird und in welchem die Universen herumschweben wie Seifenblasen in der Badewanne. Die dortigen Universen bauen zwar prinzipiell auf den gleichen Naturgesetzen auf, allerdings können die Naturkonstanten, die in unseren physikalischen Formeln unumstößlichen Parameter, andere Werte annehmen. Die radikalste Folge davon wäre, dass die Universen mitunter eine andere Anzahl von räumlichen Dimensionen haben können als das unsere. Die nächste Ebene liefert die Viele-Welten-Interpretation der Quantenphysik, wo die Naturgesetze immer noch gelten, aber wo in einem abstrakten Konfigurationsraum alle unzählbar vielen Quantenzustände realisiert werden, welche sich von unserem Universum unterscheiden. (Der Kürze wegen werde ich von dieser Interpretation im Folgenden nur noch als »Viele-Welten-Theorie« sprechen.) Auf einer noch höheren Ebene lassen wir für die Universen alles zu, was mathematisch überhaupt möglich erscheint.

Diese vier Fälle sind in den spekulativeren Gefilden der physikalischen Kosmologie anzutreffen. Wo wir schon dabei sind, könnten wir aus Spaß an der Freude auch noch eine fünfte Ebene von Paralleluniversen postulieren, die über die Grenzen der Mathematik und der Logik noch hinausgehen – dann wäre auch irgendwo ein Universum realisiert, dessen Weltgeschehen exakt dem von *Alice im Wunderland* entspräche, oder dem von *Star Wars*, oder dem Traum, den meine Großmutter vorletzte Nacht um drei Uhr morgens hatte. Hier ist die einzige Grenze unsere Fantasie – und spätestens hier werden die Spekulationen über Multiversen als müßige Spekulationen entlarvt. Sind die Spekulationen über Paralleluniversen ein Ausdruck »postmoderner Beliebigkeit«, eine sinnvolle Extrapolation der kopernikanischen Wende oder gar ein logischer Schluss, welcher sich auf Beobachtungen stützt? Oder sind sie eine Manifestation des geheimen Wunsches nach »Welt-Aufhebung« durch die Weltformel, wie Jochen Kirchhoff pointiert schreibt[322], des Versuchs, mathematisch die Natur zu erobern und sich ihrer auf diese Weise zu entledigen?

Paralleluniversen empirisch nachzuweisen, ist nicht möglich, sofern man voraussetzt, dass es prinzipiell keinerlei physikalische Wechselwirkung zwischen ihnen geben könne, nicht einmal Quantenverschränkung. In irgendeiner Weise Kontakt mit einem solchen Universum aufzunehmen, würde eventuell noch mittels paranormaler Phänomene funktionieren, von denen wir aber nicht wissen, ob sie überhaupt existieren, und die innerhalb der Denkgebäude jener, die sich derartigen Spekulationen hingeben, ohnehin keinen Platz hätten, obwohl hier die Frage zu stellen wäre, wer sich hier als der wildere Spekulant verantworten muss.

Andererseits hat auch den Urknall niemand miterlebt, und man muss sogar zugeben, dass niemand wirklich eine andere Galaxie besucht hat, um zu schauen, ob es sich wirklich um eine andere Galaxie handelt. Erst recht hat niemand die Milchstraße von außen gesehen. Doch für die gleich folgende Argumentation brauchen wir uns nicht einmal ins All begeben, sondern können direkt von den Atomen vor unserer Nase sprechen: Wir erleben Atome nicht unmittelbar; auch Atome sind letztendlich Entitäten im Rahmen einer Theorie.

Unsere Sinneserfahrung ist selten so unmittelbar, wie wir sie gerne hätten. Spätestens durch die Verarbeitung in unserem Gehirn wird sie mittelbar. Wie ich in Kapitel 10 erläutert habe, kann die objektiv ausgerichtete Wissenschaft, die eben ausschließlich Objekte untersucht, niemals ganz unmittelbar sein, da nur das Subjekt, das eigene Bewusstsein, wirklich unmittelbar ist.

Ob es vernünftig ist, eine Theorie über mittelbar erfahrbare Sachverhalte zu akzeptieren, scheint somit eher eine quantitative Frage zu sein als eine qualitative. Sicher muss die Theorie falsifizierbar sein. Doch aus »wissenschaftspolitischer« Sicht kann es vielleicht schon reichen, wenn sie an wesentlichen Stellen falsifizierbar ist, *ohne dass das für sämtliche von ihr vorhergesagten Einzelphänomene gelten müsste.*

Worauf ich hinaus will ist folgendes: Sollte beispielsweise die Stringtheorie irgendwann wirklich eindrucksvolle, erfolgreiche Vorhersagen für durchführbare Experimente in unserem Universum machen, aber gleichzeitig die Existenz von Paralleluniversen als *unabdingbare* Konsequenz mit sich bringen, würde man eventuell dazu übergehen, sie zu akzeptieren – wenigstens bis auf Weiteres. Schwarze Löcher, Neutrinos und das Higgs-Boson wurden auch erst theoretisch postuliert und dann entdeckt. Früher hätte man auch nie geahnt, dass unser Sternenhimmel im Wesentlichen das Innere einer Galaxie darstellt und dass es von diesen Galaxien noch viele weitere gibt mit all den unüberbrückbaren intergalaktischen Räumen, die wir zwischen ihnen finden, den Voids und Supervoids.

Bereits ein »einfaches«, bloß durch räumliche Erstreckung realisiertes unendliches Universum brächte die erstaunliche Konsequenz mit sich, dass darin alles realisiert würde, was physikalisch möglich ist, und zwar unendlich oft. Da wir wissen, dass das Leben möglich ist, *muss* es dort auch andere Planeten mit Leben geben. Dabei bleibt es aber nicht. Unendlich ist nicht nur enorm groß, sondern eben unendlich, und da es uns gibt, *muss* es in endloser Ferne auch einen Planeten geben, der dem unseren ähnlich sieht. Es *muss* sogar unendlich viele dieser Planeten geben und daher auch solche, in welchen überzeugende Kopien unserer selbst auftreten, Doppelgänger also.

Hierauf weisen manche Physiker gerne hin. Es sei ihnen vergönnt. Bei diesen Spekulationen wird jedoch schnell übersehen, dass zwischen uns und unseren Doppelgängern Myriaden fremdartiger belebter Welten liegen würden, welche für uns doch eigentlich viel interessanter sein müssten, wollten wir eine umfassende Perspektive erlangen. Uns gibt es doch schon. Wir erleben uns jeden Tag. Hätte man die Wahl, gäbe es in einem unendlichen Universum doch nichts Langweiligeres, als sich ausgerechnet den eigenen Doppelgänger herauszupicken. Das ähnelt doch dem Bauern, der nichts isst, was er nicht schon kennt, und während solche Parallelwelten eine neue Ebene der kopernikanischen Wende darstellen würden, käme es geradezu einem Rückfall in den angeprangerten »Anthropozentrismus« gleich. Die Vorstellung, dass alles, was physikalisch möglich ist, auch realisiert werde, funktioniert auch nur unter der Voraussetzung, dass der Geist das Weltgeschehen *in keiner einzigen, und sei sie noch so gering ausgeprägten Weise* richtet, was ich ab Seite 248 widerlegt zu haben meine. Sonst würde sich die mathematische Wahrscheinlichkeit vom tatsächlichen Geschehen unterscheiden – und absolutistische Aussagen müssten noch deutlich skeptischer beäugt werden.

Freilich ist es schwer, sich fremdartiges Leben überhaupt vorzustellen, aber wie zahlreiche Science-Fiction-Autoren beweisen – unter ihnen Stapledon mit seinem herausragenden *Star Maker* – ist es durchaus möglich. Auch auf die Gefahr hin, als Spaßverderber aufzutreten, möchte ich hier meinen Verdacht aussprechen, dass hinter dieser ausschließlichen Fokussierung auf den eigenen Doppelgänger eine Art Narzissmus stecken könnte. Derjenige, der sich dieser noch immer äußerst spekulativen Idee hingibt und ständig von seinem Doppelgänger fantasiert, ähnelt dem Narziss, der sich in sein eigenes Spiegelbild verliebte. Möglicherweise steckt dahinter auch ein Wunsch, sich selbst endlich als das zu erblicken, als was man sich aufgrund psychologischer Konditionierung empfinden möchte: als robustes Objekt, welches sich stets von außen begutachten lässt und jeder empirisch-analytischen Prüfung standhält, nicht als undurchsichtiges, unverständliches, verwirrendes und von seinem Dasein in dieser Welt selbst verwirrtes Subjekt.

An anderer Stelle zitierte ich C. G. Jung zwar mit den Worten, dass das individuierte Ich sich als Objekt eines übergeordneten Subjekts empfinde. Diese Empfindung unterscheidet sich von der eben genannten jedoch dahingehend, dass in jener das »übergeordnete Subjekt« als störend empfunden und verdrängt wird. Das »Sub-jekt« ist nach seiner lateinischen Wurzel *subiectus* zwar das (den Mächten der Welt) »Unter-worfene«, aber dadurch auch das (den Mächten der Welt) »Zugrunde-liegende«, welches das Sein selbst erst ermöglicht.

Etwas näher als unserem entfernten Spiegelbild dünken wir uns unseren Doppelgängern im Rahmen der Viele-Welten-Theorie. Hier verzweigt sich unsere Welt in jedem Moment, mit jedem Verstreichen einer Planck-Zeit, zu einer Vielzahl von Welten. In diesem Moment sind wir noch ein Ich, im nächsten schon wieder aufgespalten in unvorstellbar viele Weltzweige, von denen wir in unserem Bewusstsein jedoch nur diesen einen erfahren.

Die Viele-Welten-Theorie funktioniert nur, solange das nicht-physische Bewusstsein auf das physische Nervensystem reduziert wird. Die Unhaltbarkeit dieser Vorstellung, welche im obigen Satz bereits impliziert ist, hatten wir schon in Kapitel 10 festgestellt. Die Viele-Welten-Theorie mag eleganter sein als die Kopenhagener Deutung, aber die Antwort auf die Frage, warum wir mit unserem Bewusstsein, *welches nicht unser Nervensystem ist*, nur diese eine Welt erleben und nach welchen Kriterien diese Welt ausgewählt wird, bleibt die Theorie uns ebenso schuldig – und sofern man nicht einen gewaltigen Schritt in Richtung Metaphysik macht und dort nicht spekulativ und hilflos, sondern souverän und überzeugend argumentiert, wird das auch so bleiben.

Bedenklich erscheint es spätestens dann, wenn dennoch munter weiter spekuliert wird, allerdings nicht mehr auf physikalischer, sondern auf philosophischer, genauer gesagt auf ethischer Ebene. In einem sich ständig verzweigenden Universum sei nämlich alles möglich, und nicht nur das, es geschehe auch tatsächlich. Irgendwo werde es ohnehin realisiert, weshalb unsere Motivation, das Eine oder Andere zu tun, entweder verloren gehe oder komplett durchdrehe. In einem populärwissenschaftlichen Buch über Paralleluniversen von Tobias Hürter und Max Rauner heißt es:

> »Warum sollte ich dem Gesetz gehorchen, wenn ich weiß, dass ich mit jedem Verbrechen in irgendeinem Universum ungestraft davonkomme?«, fragt Michio Kaku – und bleibt die Antwort schuldig. Vielleicht wäre es am klügsten, einfach im Bett zu bleiben.
> Auch die Schriftstellerin und Juristin Juli Zeh sieht im Multiversum alle Maßstäbe unseres Handelns verschwimmen: »Wozu sollte man noch irgendeine Entscheidung treffen, wenn alles, was physikalisch möglich ist, ohnehin passiert? Warum sollte ein Mörder sein Opfer nicht umbringen, wenn er die Tat ohnehin in irgendeiner Weise begeht? Die Menschen wären aus jeglicher Verantwortung für ihr Tun entlassen. Wenn die Viele-Welten-Deutung der Quantenmechanik sich als richtig erweist, würden sicher nicht sofort alle Rechtssysteme geändert. Aber eine neue ethische Debatte müsste beginnen.«[323]

Ich erlaube mir hier, einen Beitrag zu dieser ethischen Debatte zu leisten. Es mag arrogant klingen, aber dennoch möchte ich sagen, dass es einfach zu offensichtlich ist, wie das Bewusstsein und alles Subjektive hier übersehen werden. Die Gedankengänge der im Zitat genannten Personen sind ein Inbegriff sowohl der postmodernen Beliebigkeit als auch von Ken Wilbers »Flachland«, in welchem – wie an anderer Stelle bereits zitiert – »lauter gleich flache und unendlich fade Oberflächen... in objektiven Systemen umherhuschen, von denen keines mehr etwas von Wert, Tiefe, Qualität, Güte, Schönheit und Würde weiß«[324].

Befremdlich erscheint auch, dass Michio Kaku anscheinend nur aus dem Grund kein Verbrechen begeht, dass er Angst vor der Bestrafung hat – und nicht etwa, weil er es aus seinem Inneren heraus als falsch empfände. Er scheint zudem, wenigstens anhand dieses Zitats zu urteilen, eine lustvolle Genugtuung an diesen Gedankengängen zu empfinden; es ist scheinbar die selbe sich heimlich ergötzende Geilheit, mit der gewisse Sensationsmedien gerne über die schrecklichen, ja, widerwärtigen Terroranschläge in unserer Mitte urteilen. Dabei bleibt es jedoch nicht einmal; Kaku vergisst auch, dass er in den meisten Welten vermutlich eiskalt erwischt würde und die Strafe aussitzen müsste. Die geheime, verschmitzte Freude darüber, in irgendeiner Welt ungestraft davongekommen zu sein, versiegt sicher schnell, wenn man selbst nur erlebt, dass man Jahre seines Lebens im Knast verliert und als sozial Stigmatisierter zurückkehrt, wenn überhaupt.

Wir sollten uns für eine realistischere Einschätzung der Fragestellungen noch einmal mit der Viele-Welten-Theorie auf physikalischer Ebene befassen. Zunächst einmal ist sie prinzipiell nicht verifizierbar (und somit erst recht nicht falsifizierbar), was sich dadurch zeigt, *dass sie für die Messergebnisse keine anderen Vorhersagen macht als die Kopenhagener Deutung*. Als Konsequenz kann man allgemein und ausnahmslos festhalten, dass es auch immer die undurchschaubaren Mechanismen der Kopenhagener Deutung gewesen sein könnten, welche das jeweilige Messergebnis verursacht haben, oder etwas ganz anderes, was wir noch nicht kennen. Etwaige Irrtümer seien hier vorbehalten, doch bisher konnten noch keine Ausnahmen gefunden werden.

Der sogenannte »Quantenselbstmord« ist ein theoretischer Versuchsaufbau, mit welchem Befürworter der Viele-Welten-Theorie behaupten, sie – würde man ihn tatsächlich durchführen – verifizieren beziehungsweise falsifizieren zu können, weshalb wir ihn hier noch kurz im Detail betrachten wollen. Wie bei Schrödingers Katze handelt es sich um eine eher makabre Angelegenheit, und wie bei ihr geht es um Leben und Tod, wie der Name ja schon suggeriert.

Anstelle des Atomkern-Zählrohr-Giftphiole-Apparats sei eine Schusswaffe gesetzt, die mittels einer magnetischen Messvorrichtung den Spin eines Teilchens misst. Fällt dieser antiparallel zum Magnetfeld der Vorrichtung aus, feuert die Waffe; fällt er parallel aus, gibt sie nur ein harmloses »klick« von sich. Der Zeitabstand zwischen Messung des Spins und Abfeuern oder Klicken der Waffe sei deutlich kürzer als die Vorgänge der menschlichen Wahrnehmung und sei zu diesem Zweck auf 0,01 Sekunden kalibriert, was technisch ohne Weiteres machbar ist. Die Waffe werde von einem Assistenten des eigentlichen Experimentators bedient.

Nun feuert der Assistent die Waffe ein paar Mal auf ein neutrales Ziel ab, etwa einen Sandsack. Der Experimentator bekommt dabei den lauten Knall und das leise Klicken in ausgeglichener Häufigkeit zu hören, da die Wahrscheinlichkeit für parallelen und antiparallelen Spin fast gleich ist.

Im Anschluss an diesen Teil des Experiments, der nur die Funktionsweise der Waffe demonstrieren sollte, wird es ernst: Nun begibt sich der Experimentator vor den Lauf der Waffe, sodass er augenblicklich getötet wird, wenn diese abgefeuert wird. Der Assistent betätigt den Abzug wieder einige Male. Die Argumentation der Befürworter lautet nun: Mit dem Betätigen des Abzugs spaltet die Welt sich auf in einen Weltzweig mit einem Experimentator, der, weil er überlebt hat, etwas erlebt und einen anderen mit einem toten Experimentator, der auch nichts mehr erlebt und außerdem nicht erlebt hat, wie er gestorben ist, weil es zu schnell ging. Demzufolge wird der Experimentator immer nur erleben, wie die Waffe harmlos klickt. Der Assistent wird in fast allen Weltzweigen früher oder später erleben, wie er seinen Chef umbringt, aber das Bewusstsein des Experimentators selbst wird sich dann nicht mehr in diesen aufhalten.[325]

Hierbei übersehen die Befürworter allerdings, dass der Experimentator in den Weltzweigen, in denen er stirbt, verbleibt. Mit dem Tod schwindet sein Bewusstsein; es wandert nicht einfach in einen anderen Weltzweig über, sondern löst sich in dem Weltzweig, in dem er sich befindet, irreversibel auf. Der Experimentator ist und bleibt dann tot, einfach nur tot, und von den Weltzweigen, in welchen er noch lebt, weiß er genau so wenig wie wir von Weltzweigen, in welchen nicht Menschen, sondern rosa Einhörner die Erde bevölkern. Es stimmt, dass es Weltzweige gibt, in denen der Experimentator überlebt, aber das heißt nicht, dass er diese Weltzweige auch erlebt. Für den Experimentator gibt es also keine Garantie auf ein Gelingen des Experiments; tatsächlich ist das subjektiv erlebte Gelingen aus seiner Sicht ebenso unwahrscheinlich, wie es wäre, wenn es nur diese eine Welt gäbe. Mit großer Wahrscheinlichkeit begeht er einen »ganz gewöhnlichen« Selbstmord. Denn alles andere würde wieder eine Verknüpfung zwischen Weltgeschehen und personalem Bewusstsein bedeuten, die mit der Viele-Welten-Theorie ja gerade überwunden werden sollte.

Der Zeitabstand zwischen Messung des Spins und Abfeuern der Waffe (der in der Beschreibung des Experiments ja betont wird) dürfte der Theorie zufolge eigentlich auch nichts mit dem Bewusstsein des Beobachters zu tun haben, sodass man anstelle des schnellen Tods durch die Waffe auch einen langsameren Tod wählen könnte, wie zum Beispiel den natürlichen Tod. Mit diesen Gedanken im Hinterkopf würde das dann bedeuten, dass jeder Mensch zwar für andere Menschen aus dem Leben scheidet, sobald seine Zeit gekommen ist, dass jedoch kein Mensch jemals seinen eigenen Tod erleben wird, dass also jeder letztendlich ewig lebt – denn es wird immer einen Weltzweig geben, in welchem er zufällig noch etwas länger überdauert. Doch wie gesagt wird das ohnehin nicht passieren, da die Argumentation fehlerhaft ist.

Somit beweist der Quantenselbstmord gar nichts, weder in der Theorie noch in der Praxis. Lebt der Experimentator in der Apparatur auch nach Stunden noch, hat er einfach nur Glück gehabt, viel Glück, und für dieses bloße Glück braucht es keine Viele-Welten-Theorie, dafür könnten genauso gut die Mechanismen der Kopenhagener Deutung verantwortlich sein, auch unter Inklusion der Dekohärenz, oder die einer anderen Deutung der Quantenphysik.

Wenden wir uns nun den ethischen Fragen zu, welche die Viele-Welten-Theorie angeblich aufwerfen soll. Zunächst ist zu untersuchen, woher unsere ethischen Maßstäbe überhaupt kommen. Vor tausend Jahren meinte man, dass sie von Gott oder aus der Bibel kämen. Vor über zweitausend Jahren gab es noch keine Bibel, ethische Maßstäbe waren aber trotzdem vorhanden. Platon zum Beispiel sinnierte schon Jahrhunderte vor Christus über das Wahre, Schöne und Gute.

Heute gibt es einen einfachen und schlichten Humanismus, welcher es nicht für nötig hält, sich dogmatisch auf irgendjemanden zu berufen. Ethische Maßstäbe kommen nämlich nicht von außen, sondern von innen. Das widerspricht nicht der Evolutionstheorie; auch vor diesem Hintergrund wäre es denkbar, dass es sich bei ihnen größtenteils um Triebe zur Selbst- und zur Arterhaltung handelt, welche in unserer DNS festgeschrieben sind und welche durch unsere Psyche mehr oder weniger individuell kanalisiert werden. Fairerweise muss man hier anmerken, dass die Auswirkungen unserer heutigen Welt auf unsere evolutionär bedingten Triebe nicht immer einfach abzusehen oder gar zu analysieren sind. Unser Umgang mit Sexualität beispielsweise erfährt erst seit einigen Jahrzehnten eine Revolution und niemand weiß, wo das hinführen wird. Außerdem ist in den letzten Jahrhunderten die Bevölkerungsdichte rapide gestiegen. Wir verändern unsere Welt momentan sicherlich schneller, als die Evolution uns verändern kann. Einerseits könnte man nun behaupten, dass gerade aus diesem Grund ein »stabiler Rahmen« notwendig sei, welcher uns ein gesundes Moralgefühl diktiert. Andererseits könnte dieser für etliche Nebenwirkungen sorgen und leicht in einem gut gemeinten, letzten Endes jedoch gescheiterten Versuch enden. Die bessere Antwort auf eine sich rasant wandelnde Welt besteht sicherlich in der Besinnung auf uns selbst.

Die Konsequenz von Darwins Evolutionstheorie, Freuds Entdeckung des Unbewussten und der kopernikanischen Wende – welche in den Spekulationen über das Multiversum ja ihren Höhepunkt erreicht – besteht wie schon angemerkt nur zur Hälfte darin, dass wir nun die materiellen Ursachen unseres Seins sowie die Beschränktheit unserer Sinne und unserer Gedanken kennen. Zur anderen Hälfte besteht sie darin, dass wir unsere Wahrnehmung als solche schätzen können, weil wir sie gerade in ihrer in Bezug auf das Objektive vorhandenen Beschränktheit besser als solche erkennen, wie beispielsweise die moderne Physik mit ihrem neuen Verständnis und Unverständnis von Raum und Zeit eindrucksvoll bewiesen hat.

Erst in meinem Bewusstsein erfahren Schallwellen, periodische Luftdruckänderungen, eine wundersame Metamorphose zu Klang. Erst in meinem Bewusstsein erscheint die Welt bunt; vorher besteht sie nur aus Photonen unterschiedlicher Wellenlängen; und tatsächlich berufe ich mich mit jeder inneren Vorstellung von Schallwellen und elektromagnetischen Wellen wieder auf meine vertrauten Sinneseindrücke, und sei die Vorstellung noch so abstrakt und schematisch: es würde nichts daran ändern. Erst in meinem Bewusstsein wird eine Ausschüttung von Hormonen und Neurotransmittern in einem komplexen Zusammenspiel mit meinen Synapsen zu einem Willen, welcher sich für mich frei oder unfrei anfühlt, je nach meiner individuellen Befindlichkeit. Erst, indem ich liebe, entsteht die Liebe, denn sonst würde es sich auch hier nur um objektive Hormonausschüttungen ohne emotionale Qualität handeln. Erst, indem ich leide, entsteht der Schmerz. Die Würde des Menschen schließlich wird erst dadurch unantastbar, dass wir sie als solche empfinden, was sich auf sämtliches moralisches Empfinden erweitern lässt. Die Natur an sich kennt keine Moral. Dieses Subjektive ist dabei alles andere als »bloß« subjektiv, als ob es dem vermeintlich Objektiven stets unterlegen wäre. Der Grund des Bewusstseins – das Bewusstsein an und für sich – ist der eine ruhige Punkt, den wir in uns tragen, der Atman, und in einer Welt, in der alles andere in Bewegung ist, stellt dieser eine Art metaphysische Singularität dar. Die bewusste, subjektive Wahrnehmung ist somit unsere Verbindung mit dem Unendlichen, in welchem die Trennung zwischen Subjekt und Objekt schließlich gar nicht mehr vorhanden ist, und damit ist sie über jedes objektive »Wissen« erhaben. Mit einem Zitat von Kirchhoff wollen wir uns nochmal einen Abstecher in den Weltraum erlauben:

> Ein wirklicher und authentischer und lebendiger Blick auf die Erde im übrigen, auf Pflanze und Tier etwa, erschließt mehr an Kosmos, im eigentlichen Wortsinn, als der Blick durch gewaltige Teleskope und als die theoretischen Konstrukte der modernen Kosmologie. Im letzten gilt unverrückbar: Der Kosmos ist hier, nicht »da draußen«. Wer den Kosmos im Draußen sucht, hat ihn schon verloren, ist schon abgespalten von ihm, ist schon halb »im Orbit«… Die Suche nach der »Unendlichkeit außen« blockiert die Suche nach der »Unendlichkeit innen«. / Unendlichkeit, die wir zugleich ersehnen und fürchten,

> ist nicht bloße Erstreckung (diese Erstreckung verschluckt jedes
> Denken, jedes menschliche Sein), sondern der absolute Grund
> von Existenz überhaupt, das Immer-schon-Angekommensein,
> das »hinter« allem Suchen und allen Fluchten steht.[326]

Spätestens seit Kant mit seinem kategorischen Imperativ die goldene
Regel salonfähig machte, sieht der westliche Mensch sich genötigt,
sein Handeln stets auf vermeintlich objektiv-vernünftige Maßstäbe
zu gründen (eine Nötigung, welcher niemand gerecht werden kann).
*Damit setzt er aber voraus, dass ich bei jeder meiner Handlungen
genau wüsste, was für alle Menschen das Beste sei* – denn ohne dieses
Wissen ist es nicht möglich, eine sinnvolle allgemeine Gesetzgebung
(oder auch nur ihre Grundlage) zu verfassen. Woher jedoch soll ich
das wissen? Mit welcher Begründung kann ich mir anmaßen, es zu
wissen?

Durch den kategorischen Imperativ werden die Anderen zum Maßstab für das eigene Handeln; das eigene Ich wird unterdrückt oder gar
verdrängt. Er macht die Menschen gleich, indem er sie normiert. Insofern fordert er indirekt dazu auf, sich an die Gesellschaft anzupassen
und nicht zu sehr von der Norm abzuweichen. Damit erreichte Kant
genau das Gegenteil von dem, was er als Aufklärer eigentlich wollte.
Seine Blindheit gegenüber diesem Umstand liegt wohl begründet
in seinem Glauben an die Absolutheit seiner Vernunft sowie an ein
allgemein gültiges moralisches Gefühl im Menschen. Dieser Glaube ist
es, welcher den Blick auf die eigentlichen Ursachen, auf die eigentliche
Quelle der eigenen Gedanken und Gefühle versperrt.

Das heißt nicht, dass man unvernünftig, opportunistisch oder gar he-
donistisch handeln sollte – nein, es heißt bloß, dass Objektivität eben
nicht garantiert werden kann, weshalb ich mich auch davor scheue,
eine Alternative zum kategorischen Imperativ – dem, übersetzt man
ihn wörtlich, »keinen Widerspruch duldenden Befehl« – vorzulegen.
Stattdessen ist es wohl sinnvoller, die Dinge auf einer »Skala« der
Subjektivität einzuordnen, also zwischen »mehr subjektiven« und
»weniger subjektiven« Ansichten zu unterscheiden.

In einem abgelegenen Dschungel mag es ein Volk von Kannibalen
geben. Was uns abscheulich erscheint, ist für sie normal, und es gibt
keinen »objektiven« Grund, der gegen das Essen von Menschen spräche. Trotzdem erscheint es in unseren Breiten undenkbar; Menschen
sind eben unterschiedlich. Sie sollten gleiche (Grund-)Rechte bekommen, aber man kann ihnen nicht ausnahmslos die gleichen Pflichten
oktroyieren und – abgesehen von ein paar elementaren Grundbedürf-
nissen – schon gar nicht die gleichen Bedürfnisse unterstellen, was

neben einer von vorn bis hinten durchregulierten Gesellschaft eine Grundangst fördert vor allem, was fremd erscheint.

Die »natürliche Auslese« aus der Evolutionstheorie wurde mit den Nazis zur Chimäre des Sozialdarwinismus. Das geschah zum einen, indem »*survival of the fittest*« mit dem »Überleben des Stärksten« übersetzt wurde, während »fit« eigentlich »angepasst« und damit auch »anpassungsfähig« bedeutet. Zum anderen bestand der deutlich schwerwiegendere Fehler darin, die intentionslosen Vorgänge der Natur, wie sie sich in den Mechanismen der Evolution zeigen, auf das intentionsbehaftete Handeln der Menschen zu übertragen, womit man eher von einer »unnatürlichen« als von einer natürlichen Auslese hätte sprechen müssen. Das passte vorn und hinten nicht.
Diese Fehlinterpretation lag aber sicher weniger in der Evolutionstheorie begründet als in dem herrschenden Zeitgeist, in der Psychologie der Massen, von der die Ideologie und auch Philosophie wohl eher ein Ausdruck ist als ihre Ursache. Denn auch, wenn die Philosophie *gegen* den herrschenden Zeitgeist arbeitet, bleibt, wie Nietzsche wusste, jeder Philosoph ein Kind seiner Zeit; das liegt einfach in der Natur der Sache und soll hier keine Abwertung der Philosophie darstellen. Auch diese vermag selbst ewige Wahrheiten, wenn sie zu solchen gelangen sollte, nur in der Sprache ihrer Kultur auszudrücken.
So ziemlich jede Theorie, ob natur- oder geisteswissenschaftlich, lässt sich entstellen, indem man nur einseitig, pseudowissenschaftlich und ideologisch verblendet ihre Teilaspekte betrachtet. Mit Nietzsche und seinem »Übermenschen« machten die Nazis das Gleiche. Die Theorien als weltanschaulicher Überbau waren dann eher Mittel zum Zweck als eigentliche Ursache der Handlungen. Den Holocaust hätte es vermutlich auch ohne Nietzsche und Evolutionstheorie gegeben; es ist davon auszugehen, dass man sich dann irgendetwas anderes ausgedacht hätte, um zugunsten der unpersönlichen Theorien das eigene Gewissen abzutöten. Aus der Evolutionstheorie lässt sich schließlich auch die Frage ableiten, inwiefern sich Tierrechte von Menschenrechten noch unterscheiden dürfen, ist doch alles Leben das Ergebnis eines Jahrmilliarde währenden Prozesses. Sie kann ebenso in die Frage münden, ob nicht das Leben selbst der größte Schatz des Planeten sei, was sämtliche Rassenideologien direkt *ad absurdum* führen würde.
Sämtliche »ernsthaften« ethischen Konsequenzen, die aus der Viele-Welten-Theorie gezogen werden, müssen die hohe Hürde vom intentionslosen Wesen der Natur zum intentionsbehafteten Verhalten des

Menschen meistern können. Während sich an Naturgesetzen erfahrungsgemäß nicht rütteln lässt, lassen sich menschengemachte Gesetze theoretisch jederzeit ändern, umgehen oder ignorieren. In stumpfster, oberflächlichster und teilweise bereits fehlerhafter Auslegung besagt die Viele-Welten-Theorie, dass unser Universum »nur eines« von unendlich vielen Paralleluniversen sei und somit alles, was physikalisch möglich ist, auch irgendwie geschehe. Will man diesen Umstand ausnutzen, um kriminelle Handlungen zu rechtfertigen, muss man zudem voraussetzen, dass, wie weiter oben bei Michio Kaku schon angedeutet, Menschen dem Gesetz nur deswegen folgen, weil sie Angst vor Bestrafung haben. Zudem muss man vergessen, dass es stets nur eines von jenen unendlich vielen Universen ist, welches man tatsächlich erlebt, da man schließlich auch in den »vielen Welten« mit der gleichen Wahrscheinlichkeit eine Bestrafung erführe, mit der man in der »einen Welt« bestraft würde. Das Gleiche gälte natürlich, wenn es nicht um Kriminalität geht, sondern um umfassendere Begriffe wie konstruktives Handeln im Vergleich zu destruktivem Handeln. (Diese seien mal ohne Definition in den Raum gestellt.) Hier könnte man mit gleichem Recht einerseits fragen: »Wenn alle Menschen sich irgendwo destruktiv verhalten, warum soll ich mich dann noch anstrengen, ein guter Mensch zu sein?« und andererseits: »Entspreche ich gerade der bestmöglichen Version, die es von mir gibt?« Beide Fragen ließen sich, gegebenenfalls mit leichten Änderungen, jedoch auch ohne Viele-Welten-Theorie stellen. Will man die Theorie verwenden, um seine ethischen Maßstäbe neu zu definieren, *ist somit stets zu überprüfen, ob man nicht nur Inhalte der eigenen Psyche auf die Theorie projiziert, was natürlich für sämtliche Theorien gilt.*

Was haben unsere Doppelgänger in den Paralleluniversen jetzt noch mit uns zu schaffen? Sie haben gar nichts mit uns zu schaffen, weil wir trotzdem die bleiben, die wir sind – egal, mit was für Theorien die Wissenschaft aufwartet, egal, in welchem Zeitalter wir uns zufällig gerade befinden. Derartige Erkenntnisse, so interessant sie auch sein mögen, befinden sich schlicht auf einer Ebene, welche uns höchstens peripher betrifft. Die ethische Diskussion soll somit an dieser Stelle vorbei sein.

Es geht jedoch noch weiter; manchen stürzt das Multiversum scheinbar in eine akute Identitätskrise, die mitunter fast pubertär erscheint. Ich zitiere wieder aus dem Buch von Hürter und Rauner:

> »Wer bin ich? Und wenn ja, wie viele?« – diese Frage stellt sich im Multiversum drängender denn je. Welche Kopien und Varianten eines Menschen gehören noch zu diesem Menschen,

welche sind zu unterschiedlich? »Es ist verstörend«, bekennt der Physiker Anthony Aguirre von der University of California in Santa Cruz. »Was bedeutet das, ›ich‹ zu sein? Ich ringe mit dieser Frage.«[327]

Dieser Satz des Physikers wirkt so doch recht heuchlerisch. Seine unterschwellige Bedeutung scheint eher zu sein: »Ich genieße es, nicht zu wissen, wer ich bin. Ich stehe drauf. Ich will es gar nicht wissen, ja, ich verweigere mich diesem Wissen, weil ich nicht *sein* will.« Weiter heißt es:

> In einer sich verzweigenden Welt habe unser Identitätsproblem überhaupt keine sinnvolle Lösung mehr, befürchten manche Philosophen. Eine gespaltene Persönlichkeit sei keine Persönlichkeit mehr, glaubt etwa Derek Parfit vom All Souls College in Oxford. Denn wesentlich für eine Persönlichkeit sei eine ununterbrochene Abfolge mentaler Zustände von der Wiege bis ins Grab. Aber zwischen zwei Zuständen eines Menschen in zwei Welten gibt es keine Kontinuität. Andere Philosophen sehen es weniger düster. Sicher ist aber, dass wir uns im Multiversum neu definieren müssen: Was meinen wir, wenn wir »ich« sagen? Eine einzelne Version von uns, alle miteinander oder nur die hinreichend ähnlichen Kopien?[328]

Die letzten Fragen sind berechtigt, wir haben sie aber schon längst beantwortet: »Ich« ist nur das Original. Das Original ist das, was ich durch mein Bewusstsein erfahre, und zwar *jetzt*. Der Umstand, dass ich meine Kopien nicht mehr durch mein Bewusstsein erfahre, sorgt dafür, dass sie für mich gestorben sind, jedenfalls als meine »Ichs«. Sie existieren nur noch auf der zweidimensionalen Ebene der abstrakten Gedanken. Was die Frage nach der Persönlichkeit angeht, haben wir zuvor gesehen, dass diese ein wandelbares Gebilde ist, welchem sich zudem keine eindeutigen Grenzen zuweisen lassen. Es stimmt schon, dass eine Persönlichkeit »eine ununterbrochene Abfolge mentaler Zustände« ist in dem Sinn, dass sie fließend von dem gegenwärtigen Zustand in den nächsten übergeht. Nur ist es bereits ausreichend, wenn das in *dieser* Welt realisiert wird. Mit der Aufspaltung zu zwei neuen Weltzweigen teilt sich meine Persönlichkeit wie ein Einzeller. Anschließend handelt es sich um zwei verschiedene Persönlichkeiten, die nichts mehr miteinander zu tun haben. Fließen die Weltzweige später wieder ineinander oder beeinflussen sich gegenseitig in Form von Wahrscheinlichkeiten, ändert sich meine Persönlichkeit entsprechend mit. Trotzdem bleibt *meine* Persönlichkeit immer nur die, die ich mit meinem Ich auch erfahre, denn sonst wäre sie nicht meine, sondern die eines Anderen. Somit kann diese Auffassung unserer Persönlichkeit der Viele-Welten-Theorie standhalten. (Zugegebenermaßen ist sie weder für Gedanken an Doppelgänger noch für den alltäglichen Sprachgebrauch sonderlich geeignet, weshalb wir im Folgenden wieder auf gewöhnlichere, das heißt abstraktere Weise von »Ich« sprechen werden.)

Wäre unser Leben anders verlaufen, hätten wir uns vielleicht anders entwickelt. Vielleicht hätten wir Seiten an uns entdeckt, die wir in dieser Welt nicht kennen. Um sich über solche Dinge Gedanken zu machen, braucht man aber keine Viele-Welten-Theorie. Sie hilft vielleicht bei Gedanken über das, was hätte sein können und wirkt insofern motivierend, ohne Sentimentalität zu erzeugen (da für die Erzeugung von Sentimentalität wohl passende Erinnerungen notwendig wären). Um nachhaltig motivieren zu können, besitzt sie jedoch zu sehr den Charakter eines Luftschlosses. Es spielt sich mal wieder alles auf der traumartigen Ebene der Gedanken ab, die unser Luftschloss aus Gedankenwolken formen, gestalten, verformen und bei Kontakt mit der Realität schließlich verpuffen lassen.

Die Viele-Welten-Theorie spricht von Weltzweigen, von Verzweigungen, welche aus verschiedenen Trajektorien (also »zurückgelegten Raumpfaden«) in einem abstrakten Konfigurationsraum bestehen. Dieser Raum hat so viele Dimensionen, wie es Variablen im Universum gibt – also mehr Dimensionen als es Teilchen im All gibt – aber daran zu denken verursacht nur Kopfschmerzen. Wir können ihn uns zur Vereinfachung dreidimensional vorstellen, wobei eine Dimension der Zeit vorbehalten bleibt. Eine weitere Vereinfachung besteht darin, sich für Weltkonfigurationen, die sich sehr ähnlich sind, nicht mehrere Zweige zu denken, sondern einen »Ast« mit einer bestimmten Dicke. (Die Stelle, wo der Ast sich schließlich auf*zweigt*, wird dann allerdings willkürlich gewählt.)

Die Trajektorien, in welchen ich nachmittags um drei nach vier – motiviert von einem bestimmten Quantenzustand in meinem Hirn – einen Kamillentee trinke, unterscheiden sich wahrscheinlich noch nicht sehr von denen, in welchen ich zur selben Uhrzeit einen Pfefferminztee trinke. Sollte ich später am Tag stolpern und mir die Nase brechen, käme es jedoch definitiv zu einer Aufzweigung gegenüber den Trajektorien, in denen mir dieses Missgeschick nicht passiert.

Wenn ich den Fokus von meinem täglichen Auf und Ab loslöse und die Dinge in einem größeren Zusammenhang betrachte, dann sehe ich vielleicht all jene Konfigurationen als »Weltenast«, in welchen ich eine zu diesem Zweig vergleichbare Persönlichkeit habe. Unter der

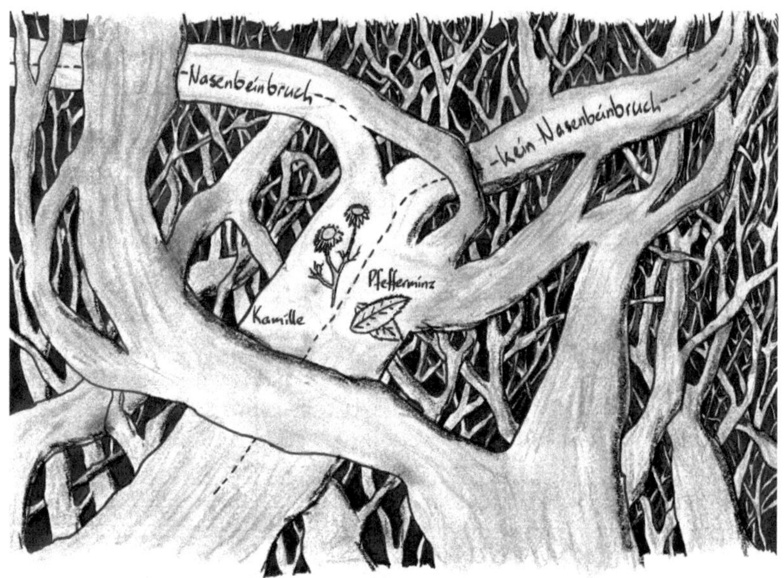

Annahme, dass für die wesentlichen Aspekte meiner Persönlichkeit meine frühkindlichen Erfahrungen entscheidend sind, gehören somit jene Trajektorien zu diesem Weltenast, in welchen diese Erfahrungen vergleichbar waren. Ob ich heute die eine oder andere Entscheidung mache, spielt dann schon keine große Rolle mehr, da aus dieser Entfernung von meinem Alltag ohnehin keine Verzweigung mehr erkennbar ist. Auch mein Nasenbeinbruch verliert an Bedeutung, sofern er keine bedeutenden Situationen erschafft oder mich solche verpassen lässt – na, Sie wissen schon...

Wir bewegen uns weiter abwärts am »Weltenbaum«. Immer mehr Zweige wachsen zusammen, immer mehr Äste ebenfalls. Es ist, als würden wir stromaufwärts ein Flussdelta befahren, wobei sich die vielen kleinen Nebenflüsse nach und nach vereinen. In der Chronik »meines« Lebens geschieht eine große Vereinigung dort, wo unter vielen Spermien jenes eine die Eizelle erreicht hat, aus der ich entstanden bin. Die Gestalt, die ich von nun an, also nach der Passage dieser Vereinigung habe, ist unter Umständen schon nicht mehr wiederzuerkennen, da es auch ein anderes Spermium hätte sein können, mit anderem Erbgut. Ich könnte mit großer Wahrscheinlichkeit das andere Geschlecht besitzen, einen völlig anderen Körper also. Von diesen anderen Ichs mit anderer DNS kann ich nun aber wirklich nicht mehr als »ich« sprechen; hier handelt es sich nicht mehr um meine Doppelgänger, sondern höchstens noch um meine lieben »Geschwister«.

Wir können weiter zurückgehen und kommen an den Punkt, an welchem meine Mutter meinen Vater kennengelernt hat. Hier waren die beiden zur richtigen Zeit am richtigen Ort, aber was ist mit all jenen Trajektorien, in denen das nicht der Fall war? Möchte ich auch diese in mein Blickfeld integrieren, wird der Weltenast, welcher mich und meine ganzen Brüder und Schwestern mit anderer DNS enthält, winzig klein. Meine Eltern könnten beide stattdessen jemand anderen kennenlernen und lauter Nachkommen hinterlassen, die für mich auch keine Geschwister mehr wären, sondern eher meine Halbgeschwister, trügen sie doch nur das Erbgut eines Elternteils in sich.

Wir können noch viel weiter zurückgehen bis an den Punkt, wo nach dem Urknall diejenige Quantenfluktuation geschah, welche – in Wechselwirkung mit zahlreichen anderen Fluktuationen – dafür gesorgt hat, dass im kosmischen Kaleidoskop nach langer Zeit endlich unsere Erde entstanden ist. Der Weltenbaum ist hierbei längst zu einem Monstrum von Fraktal geworden, und er tröstet uns über gar nichts mehr hinweg, sondern lässt uns die selbe kosmische Einsamkeit empfinden wie die Weite des Alls. Was wir für einen dicken, sicheren Stamm hielten, ist aus dieser Sicht nur noch ein brüchiger Zweig, der so dünn ist, dass wir ihn nicht einmal sehen können. Unsere Existenz verblasst in den unendlichen Möglichkeiten der Parallelwelten wie zuvor in den unendlichen Räumen des Alls. Den Ursprung des Weltenbaums kennen wir außerdem nicht.

Unsere Verbindung zur Unendlichkeit besteht eben weder in der Weite des Alls noch in der eines ebenso wahnwitzigen Konfigurationsraums, sondern in unserem eigenen Bewusstsein – in der Welt der Erscheinungen, nicht in der Welt der Fakten. Suchen kann der Mensch sich überall, doch finden kann er sich nur hier und jetzt.

Diese menschliche Art von Unendlichkeit bringt auch ihr gängiges Symbol zum Ausdruck, die Lemniskate, die liegende Acht. Sie weist eine große Ähnlichkeit mit dem Taijitu auf, dem Yin-Yang-Symbol: Während im Fall von Yin und Yang die beiden Pole im Kern den jeweils anderen enthalten, kreist die Lemniskate auf eine Weise in sich, durch die sie bei jeder Rückkehr wieder sich selbst schneidet und auf diese Weise gleichsam negiert und umstülpt. Doch gleich nach diesem Schnitt folgt die Kehrtwende; in einem großzügigen Bogen schwingt das Pendel zurück wie bei Yin und Yang, wenn sie miteinander tanzen. Mehr noch, als es bei einem bloß geschlossenen Kreis der Fall wäre (oder auch bei Ouroboros, der sich selbst nährenden Schlange), suggeriert dieses Durchkreuzen ihrer selbst eine dialektische Bewegung, bei welcher mit jedem Schnitt eine höhere Ebene erschlossen wird. Diese Unendlichkeit ist eine rhythmisch-zyklische, welche vor allem buchstäblich verstanden werden muss: als Grenzenlosigkeit und dadurch auch als *Unermesslichkeit*, als *Nicht-Messbarkeit*. Es scheint vor diesem Hintergrund erstaunlich, dass die Lemniskate sich in der stets messenden Mathematik überhaupt durchgesetzt hat.

Denken wir nicht mehr an unsere Doppelgänger. Beschäftigen wir uns dafür noch ein wenig mit den zahllosen anderen Paralleluniversen, welche oft ihre eigenen Naturgesetze haben und so vollkommen verschieden sind von allem, was wir zu kennen vermeinen. Über diese Universen wissen wir im Grunde nur, dass wir prinzipiell von ihnen getrennt sind, dass wir keine Möglichkeit besitzen, irgendwie zu ihnen zu gelangen, einen Einblick in sie zu bekommen. Ebenso sind wir nicht imstande, uns den (Meta-)Raum, in welchem diese existieren sollen, adäquat vorzustellen. Klingt das unbefriedigend? Nun, eine passende Analogie könnte hier wieder aushelfen. Nehmen wir also einmal an, dass Paralleluniversen auf die genannte Weise irgendwie existieren.

Bei der Analogie spielt mal wieder – schon wieder – das Bewusstsein eine wesentliche Rolle. Dass es diese Rolle so oft spielt, macht es keineswegs zu einem *deus ex machina*, zu meiner trivialen Lösung für alle Probleme. Das wäre nur in einem spiritualistischen Ansatz der Fall, der die Seinsebenen verwechselt und behauptet, dass die *Inhalte* unseres Bewusstseins die Welt ausnahmslos auf eine allmächtige Weise beeinflussen würden. Nein, es ist schlicht der singuläre Charakter des Bewusstseins, der ihm diese erstaunlichen Eigenschaften verleiht. Wenn ich von »Bewusstsein« spreche, meine ich im Folgenden zunächst wieder das personale, das gewöhnliche, menschliche Bewusstsein nach der im heutigen Alltag gängigen Auffassung. Ich gehe also zunächst wieder davon aus, dass jeder Mensch sein Bewusstsein irgendwie »in sich« trägt (egal, ob das »in seinem Körper« bedeutet oder irgendwo anders) und von anderen Menschen diesbezüglich restlos isoliert ist.

Die Art, wie unser Universum von Paralleluniversen abgeschnitten ist, lässt sich gerade mit der Art vergleichen, wie unser Bewusstsein von dem Bewusstsein anderer Menschen abgeschnitten ist. So kann ich streng genommen nicht beweisen, dass es außer mir noch andere Menschen mit Bewusstsein gibt. Sogar der physikalische Raum ähnelt als Raum, in welchem alle »Parallelbewusstseine« existieren, dem (Meta-)Raum, in welchem die Paralleluniversen existieren, unser eigenes Bewusstsein beziehungsweise Universum natürlich eingeschlossen. Diese Ähnlichkeit besteht nicht nur darin, dass dieser Raum eben den übergeordneten Raum für die jeweiligen in ihm enthaltenen Instanzen (also »Exemplare« von Parallelbewusstseinen oder -universen) darstellt, sondern erstens auch darin, dass wir von diesen Instanzen nur eine – nämlich die unsere – erfahren können und zweitens darin, dass uns der übergeordnete Raum als solcher nur über Abstraktion zugänglich ist.

Das Letztere ist für den unvorstellbaren Meta-Raum der Paralleluniversen klar. Wir befinden uns in unserem Universum und können dieses nur von innen beobachten. Wollten wir den Meta-Raum erblicken, müssten wir unser Universum irgendwie »verlassen«, was nach heutigem Kenntnisstand nicht möglich ist. Weniger klar ist es für den physikalischen Raum, von dem wir meinen, dass wir seine grundlegenden Eigenschaften kennen würden, aber hier hat die moderne Physik ja eindrucksvoll gezeigt, dass wir mit dieser Annahme falsch liegen. Wir kennen nur unsere Erfahrung des Raums, nicht jedoch sein eigentliches (fundamentales, innerstes) Wesen. Das sind zwei verschiedene Dinge.

Bewusstsein ist eine Erfahrung, die an meinen Körper gebunden ist. In Beziehungen zu anderen Menschen habe ich, materialistisch gesehen, *nur das Gefühl, mich in sie hineinzufühlen* oder mit ihnen verbunden zu sein. In Wahrheit erfahre ich andauernd ja doch nur mein eigenes Bewusstsein. Ich kenne nichts anderes. Jegliche Annahmen über eine tiefere Verbundenheit zwischen Menschen und anderen Menschen, Tieren oder Dingen setzen die Existenz einer geistigen Domäne voraus, welche unabhängig vom physikalischen Raum existiert, eine Voraussetzung, die wir an dieser Stelle wie schon gesagt nicht machen wollen.

So lässt sich auch der Mikrokosmos Mensch als ein eigenes Universum auffassen. Ich kann nicht beweisen, dass es außer mir selbst noch andere Menschen gibt, die sich selbst als sich selbst erleben, so, wie

ich es tue. Es ist das gleiche Dilemma wie mit den Paralleluniversen. Trotzdem nehme ich – wie so ziemlich jeder Mensch es bewusst oder unbewusst macht – einmal an, dass Sie, lieber Leser, selbst auch eine bewusste Wahrnehmung Ihres Seins haben. (Übrigens gratuliere ich Ihnen hierzu, denn dieser Umstand ist doch fantastisch, oder nicht?) Beweist das für Sie nun, dass es außer Ihnen noch andere Menschen mit Bewusstsein gibt, wie zum Beispiel mich? Das tut es keineswegs, denn dass ich mich hier über die Natur des Bewusstseins äußere, dürfen Sie nicht verwechseln mit *Ihrer* tatsächlichen, direkten Erfahrung *meines* Bewusstseins, welche Sie mit allergrößter Wahrscheinlichkeit niemals haben werden. Sie erleben sich nicht so, wie ich mich erlebe, und *dass Sie sich als mich erleben* – mit »mich« ist wieder der Autor dieses Buchs gemeint –, das geschieht erst recht nicht. Wenn Sie wirklich nur das glauben, was Sie mit ihren fünf Sinnen erfahren haben, dann können Sie mein Bewusstsein nicht beweisen, weil Sie es nicht erfahren können. So müsste es Ihnen nur plausibel erscheinen, wenn ich statt meiner Ausführungen über das Bewusstsein schlicht behauptete: *Reingefallen, es gibt mich gar nicht! Ich bin nur eine Illusion in Ihrem Kopf! In Wahrheit halten Sie nur Papier in der Hand, bekleckst mit Tinte, die an sich bedeutungslos ist – Sie sind es ja auch, die diese Tinte erst als Buchstaben interpretieren und auf die irrwitzige Idee kommen, sie auf eine seltsam-verinnerlichte Weise als Sprache in Ihrem Kopf zu hören! Hören Sie etwa Stimmen?*
Auf diese Weise sind wir, lieber Leser, auf eine ähnliche Weise voneinander getrennt wie zwei Paralleluniversen. Unsere Mikrokosmen haben beide ihre eigenen physikalischen Gesetze in Form unserer Persönlichkeiten und unserer individuellen Gedankenmuster. Jeder andere Mensch existiert nur in Ihrem Kopf, und Sie sind ein Gefangener dieses Ihres eigenen Kopfes. In Ihrer von ihren grauen Zellen gebildeten Einzelzelle gibt es nicht einmal Fenster, die Ihnen ein echtes Abbild der äußeren Realität liefern würden, sondern nur einen Bildschirm, auf welchem sie – analog zu unseren Augen – Bilder von einer Überwachungskamera vor dem Eingang sehen können, die erst digital verarbeitet werden müssten – analog zu der Interpretation optischer Signale in unserem Gehirn. Alles, was Sie als wirklich empfinden, sind letzten Endes nur elektrische Signale in ihrem Kopf. Alles, was sie als Realität oder sonstige Außenwelt empfinden, sind nur Schattenwürfe an den Innenwänden jener schädelförmigen Zelle, welche Ihr Gehirn in sich trägt. Und Sie müssen sich eingestehen: Farben, Klänge, Freude, Schönheit und Schmerz; oder mehr noch: Raum, Zeit, Materie und Energie; oder mehr noch: Idee, Information,

Sein, Logik, Form – sie sind allesamt nur Illusionen in Ihrem Kopf, welche Ihnen Ihr Bewusstsein vorgaukelt, während in einer anderen Ecke desselben der Teufel hämisch kichert. Der Glaube daran, dass dem wirklich so ist, lässt sich nur durch den gleichzeitigen Glauben daran ertragen, dass man die *rein* äußere Realität in irgendeiner Weise kennen würde.

Wenn das verstörend klingt, dann ermuntere ich Sie, sich mit der möglichen Existenz einer geistigen Ebene des Universum auseinanderzusetzen, in welcher erstens ein auf einem subpersonalen Bewusstsein aufbauendes kontinuierliches Bewusstsein von einzelnen Menschen nur subjektiv erfahren wird, zweitens der immaterielle (und somit nicht auf das Gehirn beschränkte, sondern allenfalls *durch es wirkende*) Geist mit der Materie interagiert und drittens möglicherweise auch eine immaterielle, aber metaphysisch-gestalthafte Seele als Kern Ihrer Gestalt auf Erden existiert. (Hier geben wir unsere vorherige Annahme des personalen Bewusstseins wieder auf.) In den Lebewesen differenziert sich das Bewusstsein aus wie der Stamm eines Baums in einer Vielzahl von Ästen und Zweigen, sodass das Bewusstsein der Menschen letzten Endes einer gemeinsamen Quelle entspringt, dem subpersonalen Bewusstsein, welches auch alle noch so tote Materie enthält. Auf diese Weise – also über den Vergleich von Parallelbewusstseinen mit Paralleluniversen – gelangen wir vom Weltenbaum der Viele-Welten-Theorie schließlich zum »Lebensbaum« des Bewusstseins, in welchem die Trajektorien nicht mehr Quantenzustände des gesamten Kosmos darstellen, sondern die bewusste Erfahrung des Einzelnen. Und viertens haben wir in der obigen Argumentation auch mal wieder rücksichtslos ausgeblendet, welch großen Raum Sprache, die wir ja nur durch andere Menschen erlernen konnten, in unserem Bewusstsein einnimmt.

16.

Rückkehr von den Sternen

Ich war ein Suchender und bin es noch, aber ich suche nicht mehr auf den Sternen und in den Büchern, ich beginne die Lehren zu hören, die mein Blut mir rauscht.

~ Hermann HESSE: *Demian*[329]

Bis zur Formulierung der allgemeinen Relativitätstheorie, also bis vor gut hundert Jahren, war Kosmologie auch auf physikalischer Ebene noch eher Gegenstand philosophischen Denkens als Gegenstand empirischer Forschung. Um die Grenzen des Alls empirisch zu erkunden, fehlten sowohl die technischen Möglichkeiten als auch das theoretische Wissen. Verbesserte Teleskope und die Urknalltheorie erweiterten unseren Horizont. Heute können wir mit der kosmischen Hintergrundstrahlung immerhin den Rand des beobachtbaren Universums erblicken. Zudem erlangen Elementarteilchenbeschleuniger wie der LHC, welche uns befähigen, den Mikrokosmos zu erforschen, in der Kosmologie eine verstärkte Rolle.

Heute ist, wie von vielen Seiten bemängelt wird, wieder eine Tendenz zum eher philosophischen Diskurs vorhanden, der sich schlechterdings als Physik verkleidet. Plötzlich stolpert man nicht mehr über einfache Fakten, sondern über Meinungen, über Ideen, über irgendwelche persönlichen Ansichten und Vorlieben. Eine gewisse Identifikation eines Forschers mit seiner Idee ist wohl nötig, um diesem die nötige Motivation zu geben, Blut, Schweiß und Forschungsgelder in ihre Ausarbeitung zu investieren. Das ist zunächst völlig in Ordnung, aber etwas faul scheint die Sache doch zu sein, wenn Physiker sich untereinander auch dauerhaft nicht einig werden können, wenn verschiedene Theorien beziehungsweise Hypothesen das Gebäude der Kosmologie umranken, während doch eigentlich jede eine bestimmte Vorhersage machen müsste, mit welcher man sie kurzerhand falsifizieren oder wenigstens verifizieren könnte. (Eine Theorie lässt sich zwar nie endgültig verifizieren. Das ist hier – wie in der Physik gängig – jedoch nur gemeint in dem Sinn, dass eine *bestimmte, von der Theorie gemachte Vorhersage* eines neuen Phänomens sich als richtig erweist. Als Beispiel kann hier der CMB gelten, welcher als Vorhersage aus der Urknalltheorie verifiziert werden konnte.) Solange das nicht der Fall ist, ist der Fortschritt in der Physik höchstens von einer »virtuellen« Art wie die virtuellen Teilchen der Quantenphysik. Damit er materialisiert werden kann, müssen handfeste Messergebnisse her. Leider ist auch ein besonders aufwändig konstruiertes Luftschloss immer noch ein Luftschloss. Substanz kann es nur erlangen, indem es auf den festen Grund der empirischen Erfahrung gelangt. Auch die besondere Schönheit dieses Luftschlosses ändert daran nichts – das kann vor allem mit Blick auf die Stringtheorie gesagt werden. Gerade Luftschlösser erscheinen oft unendlich schön, heil, vollkommen und rufen uns zu sich wie Sirenen.

Letzten Endes können die Physiker nicht viel dafür. Sie würden sich ja nichts sehnlicher wünschen, als anhand von empirischen Befunden ihre Thesen nicht nur zu untermauern, sondern auch weiterentwickeln zu können. Das grundlegende Problem ist wohl, dass der Ausgangspunkt des Diskurses eher von theoretischen Diskrepanzen zwischen ART und Quantenphysik gebildet wird als von »konkreten« unerklärbaren Phänomenen, für die man verhältnismäßig leicht eine hübsche neue Theorie basteln könnte. Das einzige unerklärbare Phänomen ist die Struktur des Kosmos selbst. Einige Ausnahmen gibt es natürlich, wie zum Beispiel die Rotationskurve und der verstärkte Gravitationslinseneffekt von Galaxien, aus welchen das Postulat der dunklen Materie abgeleitet wurde.

Immerhin haben wir die Urknalltheorie beziehungsweise das *Standardmodell der Kosmologie*, welches Urknall, dunkle Materie und dunkle Energie berücksichtigt, wobei auch hier noch die Klärung der Natur von dunkler Materie und dunkler Energie aussteht. Das Problem mit der Urknalltheorie ist, dass sie zunächst zwar ein logischer Schluss der Beobachtungen zu sein scheint und als solcher schnell behauptet ist. Doch bei der Feinjustierung der Parameter erweist sich ihre Handhabung als deutlich schwieriger.

Was wäre denn, wenn wir nie in der Lage sein werden, die »Weltformel« zu finden? Die Frage mag zum heutigen Zeitpunkt verfrüht erscheinen, doch je länger die Kosmologie hier im Dunkeln tappt, desto mehr wird sie sich aufdrängen. Die Schwierigkeit oder Unmöglichkeit, eine solche Theorie letztgültig zu verifizieren – das heißt jetzt: *kategorisch* ausschließen zu können, dass es noch unbekannte Phänomene jenseits dieser Theorie gibt – muss gar nicht der entscheidende Punkt sein. Es muss auch in Betracht gezogen werden, dass beispielsweise die Stringtheorie bereits die Weltformel sein könnte, aber dass wir schlichtweg nie imstande sein werden, sie empirisch nachzuweisen.

Selbst für den Fall, dass die wissenschaftliche Methode sich weiterhin als allmächtig in der Erforschung des Weltalls erweisen sollte, stellt die Technologie einen ganz anderen Faktor dar; Technologie kann nicht allmächtig sein, denn sie braucht Ressourcen, und die sind begrenzt, erst recht auf unserem kleinen Planeten inmitten eines leeren Chaos. Bräuchte man für die Stringtheorie einen Teilchenbeschleuniger von der Größe einer Galaxie, dann könnte man diesen vermutlich nie bauen.

Wie an anderer Stelle diskutiert, könnten ähnliche Beschränkungen auch für den Kontakt mit außerirdischen Zivilisationen gelten. Während etliche von ihnen über unseren Köpfen schwirrten, könnte es sein, dass wir nie von ihnen erfahren würden – und es könnte sein, dass es ihnen genauso ginge. Die Erde ist endlich. Alles im All erscheint endlich und vergänglich. Doch die Unendlichkeit tragen wir in uns, wie ich hoffentlich zur Genüge nahegelegt habe. Sie ist der Urgrund, aus dem unser Sein erwächst.

Was wäre, wenn es gar keine Weltformel gäbe? Wenn sie nur ein Wunschtraum jener Generationen von Menschen wäre, die an die Allmacht der Logik beziehungsweise kausalen Zusammenhänge glauben? Auch das könnten wir freilich nie mit endgültiger Sicherheit wissen, aber nach Jahrhunderten oder gar Jahrtausenden ertragloser Forschung könnten die Kosmologen zu dem Schluss kommen, dass ihre Arbeit vergebliche Liebesmüh sei – und schließlich aufgeben, wie ein alternder Sportler, der versucht, den Weltmeistertitel zu erlangen, dem jedoch der entscheidende Funke fehlt, um seinen Traum tatsächlich zu verwirklichen.

Das sind alles nur hypothetische Fragen. Wenn wir uns anschauen, was in den letzten tausend oder auch dreitausend Jahren alles entdeckt wurde, erübrigen sie sich zunächst, erscheinen fast unangemessen, geringschätzig, beleidigend. Aus menschlicher Perspektive rückt die Kosmologie jedoch schon jetzt immer ferner. Spätestens, seitdem die Physiker über sie hergefallen sind, stellt sie eine Manifestation der kopernikanischen Wende hoch drei dar. Die »Nichtdinge«, die wir dort oben erblicken, erscheinen uns immer fremdartiger, immer abstrakter, immer unwirklicher. Den Höhepunkt dieser Entwicklung stellt meines Erachtens die großräumige Filamentstruktur des Kosmos dar, welche durch ihre Netzartigkeit eine Art »Negativ«, eine Antithese zu den nur vereinzelt glimmenden Punkten unseres vertrauten Sternenhimmels zu sein scheint. Dazu kommt der Umstand, dass wir, je tiefer wir ins All blicken, immer weiter in die Vergangenheit schauen – nicht ganz bis dorthin, wo alles begann, aber immerhin doch bis kurz davor, bis zur Rekombination, als das All für Strahlung durchlässig wurde. Der Urknall umgibt uns in etwas mehr als 46 Milliarden Lichtjahren als äußere Hülle, er ist gleichsam aufgebläht. Wir sind *im* Urknall, könnte man sagen, gibt es ja ohnehin kein räumliches »Außerhalb« des Urknalls und keine eindeutige zeitliche Grenze.

Ähnlich fremd kann uns auch die mikroskopische Welt erscheinen. Auch hier offenbart sich eine Struktur nach der anderen. Die Atome, welche einst für unteilbar gehalten wurden, bestehen aus Nukleonen und Elektronen, die Nukleonen wiederum aus Quarks, die vielleicht endgültige, also wirklich elementare »Elementarteilchen« sind. Trotzdem gibt es einen ganzen »Teilchenzoo«, und was die Quantenphysik im Übrigen mit unserem Verständnis der physischen Wirklichkeit macht, das ist noch einmal eine ganz andere Hausnummer. Dennoch tragen wir die Elementarteilchen immerhin in unserem Körper, er ist aus ihnen zusammengesetzt, während das über Galaxien, Voids und vor allem die klaffenden Klüfte zwischen den strahlenden Sternen nicht behauptet werden kann. Atome sind zwar auch »leer wie das Weltall«, aber diese Leere können wir nicht wahrnehmen – die unseres Himmels dagegen schon, mindestens in Form seiner nächtlichen Dunkelheit.

Die scheinbare Unwirklichkeit des uns umgebenden Kosmos wird umso stärker, je weiter wir aus den Größenordnungen unserer Lebenswelt herauszoomen. Der Kosmos scheint hier fast eine Botschaft an uns zu enthalten. Eine innere Stimme in uns meldet sich zu Wort. Sie sagt: *Kehr' um. Du sollst hier nicht sein. Das ist kein Ort für dich, sondern für die Götter. Nimm stattdessen das, was du hast. Sehne dich nicht danach, das zu begreifen, was du nicht begreifen kannst.*

Das mag zunächst nach religiösem Dogma klingen, aber es gewinnt an Substanz, wenn wir uns vergegenwärtigen, was der »Welttraum« mit uns macht. Zuvor wurde der Begriff eingeführt als all das, was sich jenseits der Größenordnungen befindet, welche wir mittels unserer an das Alltägliche gewöhnten Sinne, unserer »Trivialintuition«, noch erfassen können.

Der Weltraum (mit einem »t«) ist der Raum, welcher die astronomischen Objekte enthält. Doch wir können noch ergänzen: Der Welttraum (mit zwei »t«) ist jener, in dem sich uns die Erscheinungen zeigen, welche wir »Nichtdinge« genannt haben. Beide Sätze scheinen hinsichtlich ihrer Aussage zunächst identisch zu sein; ihr Unterschied besteht in den verschiedenen Perspektiven, aus welchen heraus sie formuliert werden. Von »astronomischen Objekten« kann man nur aus der nüchtern-naturwissenschaftlichen Sicht sprechen, welche den

Weltraum anhand abstrakter Gedankengänge erfasst. Aus emotionaler Sicht treffen wir auf Dinge, die wir nicht erfassen können, auf Nichtdinge eben, die für uns allenthalben wie Manifestationen der Unendlichkeit erscheinen; wie ein Strudel, dessen unergründlichen Sog wir spüren.

Wenn wir uns angesichts des Weltalls klein fühlen, dann tun wir das natürlich aufgrund der Gedanken, die wir über die Größe des Weltalls beziehungsweise die Kleinheit unserer Erde haben. Gedanken sind jedoch trügerisch. Weiter oben zitierte ich Kirchhoff mit den Worten, dass man bei der Suche nach der »Unendlichkeit außen« schon »halb im Orbit« sei, folglich den Boden unter den Füßen verloren habe. Das Im-Orbit-Sein unterscheidet sich in diesem Zusammenhang nicht groß von dem, was der Volksmund mit »in Gedanken sein« beschreibt. Dieser Ausdruck wiederum beschreibt aber keinen anderen Zustand als den der Tagträumerei. Genau solche Tagträumereien sind die schrecklichen Visionen unserer Kleinheit gegenüber der Erstreckung des Alls, aber auch der ewige Konjunktiv der »Was-wäre-gewesen-wenn«-Paralleluniversen. Auch C. G. Jung verglich Gedanken mit Träumen:

> Wir sind... derart daran gewöhnt, uns mit den Gedanken zu identifizieren, dass wir stets annehmen, wir hätten sie gemacht... Wenn man sich mehr bewusst wäre, welch strengen universalen Gesetzen selbst die wildeste und willkürlichste Phantasie unterworfen ist, so wäre man vielleicht eher imstande, gerade solche Gedanken als objektive Geschehnisse zu betrachten, genauso wie Träume, von denen man doch auch nicht annimmt, dass sie absichtliche und willkürliche Erfindungen seien.[330]

Das heißt nicht, dass man nicht mehr denken sollte. Es heißt auch nicht, dass Gedanken bedeutungslos wären. Nein, gerade Träume besitzen ja eine unendlich tiefe Bedeutung, und Gedanken tun es ebenso. Der Punkt ist eben, dass hinter den paar Dingen, die unsere Gedanken über die Welt aussagen, verborgene Dinge liegen, die unsere Gedanken über uns selbst aussagen, eben wie bei Traumsymbolen, die vordergründig aus alltäglichen Bildern bestehen, unter Umständen aber existenzielle Bedeutung besitzen. Insofern lässt sich der »Traum« in »Welttraum« nicht nur auffassen als das All, wie es sich uns jenseits unserer Vorstellungskraft offenbart, sondern auch als die kosmische Einsamkeit, welche wir infolgedessen empfinden. Sie ist eine Projektion unserer eigentlich inneren Verlorenheit in die äußeren Räume des Alls.

Sowohl unsere Verlorenheit als auch die Projektionen ebendieser entwickelten sich möglicherweise durch eine mit einem kollektiven Trauma einhergehende Trennung von Himmel und Erde. Wie schon mehrfach gesagt, ermöglichen in Sprache formulierte Gedanken es uns, Dinge als endlich zu erkennen – die Grundvoraussetzung für die Fähigkeit zur Abstraktion. Die Erkenntnis der Erde als »klein« gegenüber dem Himmel könnte eine verstärkte Abgrenzung des Ich zur Außenwelt zur Folge gehabt haben (oder wenigstens den Prozess dieser Abgrenzung katalysiert haben) mit all den Konsequenzen, welche wir heute erleben und sogar als »Ungleichgewicht«, als kognitive Dissonanz in uns selbst empfinden. In Bezug zum Weltraum würde sie dann lediglich ihre archetypische Intensität erlangen, als »Unendlichkeit, die wir zugleich ersehnen und fürchten«, wie ich Kirchhoff zitierte. »Ersehnen« tun wir die Vereinigung mit ihr, wie wir sie in der unendlichen Tiefe der Nichtdinge erahnen; »fürchten« tun wir die Abspaltung von ihr, die wir in der räumlichen und vor allem zeitlichen Endlichkeit unseres Fleisches erleben. Unser Fleisch ist tatsächlich endlich, weshalb wir uns auf der Ebene unseres Fleisches – die nicht nur die biologische, sondern die gesamte physikalische Ebene darstellt – niemals mit der Unendlichkeit vereinigen werden. Doch das Bewusstsein, mit welchem wir gesegnet sind, ist unsere Brücke zu jener Unendlichkeit, zur Nicht-Messbarkeit, die in uns liegt und die nur darauf wartet, erkannt zu werden.

Die Naturwissenschaft enthüllt uns die Struktur der physikalischen Realität. Unter der Annahme, dass diese äußere Struktur des Kosmos seine innere in irgendeiner Weise widerspiegelt, kann sie auch Dinge über die innere implizieren. Im Welttraum entfernen wir uns so weit von uns selbst, dass wir irgendwann nichts mehr wiedererkennen können, was uns irgendwie noch an unser einfaches, irdisch-menschliches Sein, an unsere heile, vor allem aber lebendige Welt erinnern würde, unsere Welt mit ihren Pflanzen, Tieren, Menschen, mit all ihrer geruhsam plätschernden Schönheit. Selbst wenn Kriege toben, ist es hier immer noch besser als draußen im All, wo kein Leben sein kann. Das All, die unendliche Kluft, ist wohl weniger Kosmos als Chaos. Der irdische Kosmos geht aus dem außerirdischen Chaos hervor. Kosmologie müsste vor diesem Hintergrund eigentlich »Chaologie« heißen – allerdings bestünde dann Verwechslungsgefahr mit der Chaosforschung beziehungsweise den chaotischen Systemen, bei welchen »Chaos« allein im modernen Sinn von »Unordnung« zu verstehen ist.

So bläht sich der Welttraum in unserem Kopf immer weiter auf und zerplatzt schließlich wie eine Seifenblase. Da bleibt uns gar nichts anderes übrig, als den Wert unseres Bewusstseins zu erkennen – sofern das dauernde Fantasieren von unseren »Doppelgängern« keine lebbare Option darstellt. Was bleibt, ist das Hier und Jetzt vor unseren Augen, die Welt, wie wir sie hören, erblicken, fühlen, riechen und schmecken – und damit sind hier nur die klassischen fünf Sinne genannt, welche uns Informationen über das liefern, was außerhalb unseres Körpers liegt, die aber unsere gesamte Tiefensensibilität, außerdem unsere Intuitionen und Ahnungen, vernachlässigen.

Trotzdem besitzt der physikalische Kosmos wenigstens ein Stück von der Schönheit des geistigen. Der Mathematiker Paul Erdös sagte, dass Zahlen wunderschön seien. »Wenn sie es nicht sind, meinte Erdös, dann ist nichts schön.«[331] Wir müssen ihm Recht geben. Zahlen sind wunderschön, und das Thema Proportionalität spielt für unser Schönheitsempfinden zweifelsohne eine wesentliche Rolle. Während die Physik auf die Erscheinungen des Universums beschränkt ist, ist die Mathematik bereits reiner Geist. In der Mathematik steckt der Geist, welcher dem Weltall seine Gestalt verleiht. Doch auch in den physikalischen Naturgesetzen steckt ein solcher Geist. In manchen Nächten hängt wohl der Mond am Himmel, geht auf, nicht weit über dem Horizont, und man hat das Gefühl, diese tiefe Verbundenheit, die der Gravitation, zu spüren. Das Meer folgt ihren Gesetzen und man kann dankbar sein für das Wissen, dass man hier Zeuge eines kosmischen Tanzes wird, bei welchem sich Mond und Erde im gemeinsamen Spiel gegenseitig umkreisen. Die ganze Harmonie dieses Tanzes wird uns erst durch die Physik bewusst.

Dass das Weltall so leer ist, ist übrigens auch unser Glück, denn bereits in Richtung Zentrum unserer Galaxis hätten wir mit der Strahlung explodierender Sterne und heißen Nebeln ganz schön zu kämpfen. So ist die Leere des Alls – ähnlich den schwarzen Löchern – also auch eine Bedingung dafür, dass sich empfindliches Leben erst entwickeln kann. Die Erde, beziehungsweise das, was auf ihrer Oberfläche geschieht, erscheint so gesehen wie ein fragiler Kristall in einer Höhle, der nur in seiner Isolation wachsen und seine filigranen Formen ausbilden kann. Als ein solches Juwel sollten wir sie behandeln.

Ein Physiker kann auch mit den enormen Größenskalen des Alls gut zurechtkommen, denn er vergleicht nicht Meter mit Kilometern, Sekunden mit Stunden, sondern denkt direkt *in Größenordnungen*. Mathematisch gesprochen denkt er nicht linear, sondern logarithmisch. In bestimmten Bereichen von Größenordnungen finden wir dabei eben bestimmte Phänomene vor wie Planeten, Sterne, Sternsysteme, Galaxien und so weiter – Zellen, Zellorganellen, große Moleküle, kleine Moleküle, Atome, Elementarteilchen etc. auf der anderen Seite. Durch den Aufbau des Universums und die Verhältnisse auf unserem Planeten hat es sich eben ergeben, dass wir so groß sind, wie wir sind. Im Übrigen besteht der menschliche Körper aus etwa tausend mal so vielen Zellen, wie es Sterne in der Milchstraße gibt. Die Natur organisiert sich hier in Form einer hierarchischen Schachtelung, bei der die aus Einzelteilen zusammengesetzten Systeme wieder die Bestandteile höherer Systeme darstellen: Elementarteilchen bilden Atome, Atome bilden Sterne, Sterne bilden Galaxien und so weiter.

Der Glaube bezieht sich immer auf etwas, das ich nicht unmittelbar erfahren kann – sonst wäre es kein Glaube, sondern Erfahrung. Dasselbe gilt jedoch auch für das »Wissen«, da das Wissen immer nur eine nachträgliche Deutung bereits vergangener Erfahrung darstellt, welche zudem auf einen endlichen Zeitraum begrenzt ist. Alles, was ich in der Gegenwart unmittelbar erfahre, ist zunächst jedoch der Umstand, dass etwas *ist*. Das Sein ist real.

Wenn es statt »etwas« nur »nichts« gäbe, nur ein großes Nichts, nicht einmal Raum, nicht einmal Zeit, vor allem kein Vakuum und keine Quantenfluktuationen, sondern einfach nur ein unvorstellbares »Gar-Nichts«, dann wäre das Sein vermutlich die größte Ungeheuerlichkeit, die es überhaupt geben könnte. Es würde jegliche Vorstellungskraft des nicht vorhandenen Bewusstseins des Nichts unendlich weit übersteigen, so sehr, dass Platons berühmtes Höhlengleichnis im Vergleich wie ein Kindergeburtstag wirken würde. Dennoch können wir sagen: »Esse«. Sein. Ein Satz, der aus einem einzigen substantivierten Verb besteht, weil Subjekt und Objekt in ihm keine Bedeutung besitzen. In der unmittelbaren Erfahrung lösen sie sich auf.

Dieses Sein ist ein Wunder. Allem normalen, natürlichen, kausalen, liegt diese unglaubliche, wundersame, paranormale Erscheinung zugrunde, die wir »Sein« nennen. Da erst im Sein Wunder überhaupt auftreten können (damit irgendwo ein Wunder geschehen kann, muss es ein »Irgendwo« und somit auch ein Sein bereits geben), stellt es nicht nur irgendein Wunder wie jedes andere dar, sondern unbezweifelbar *das größte aller möglichen Wunder*. Das ist doch, nun ja, wundervoll. Das ist ein Umstand, an dem sich nicht rütteln lässt, nicht, solange wir am Leben sind und diese Erfahrung besitzen. Was mit uns passiert, wenn wir tot sind, weiß niemand sicher, aber es ist anzunehmen, dass es dann auch egal ist. Bis dahin jedenfalls werden wir beständig dieses Wunder erleben, ob wir wollen oder nicht.

Besinnen wir uns nun wieder auf die Welt, wie sie sich uns zeigt, wie wir sie im sonnendurchfluteten Geäst eines Baums erblicken können, in der frischen Luft, wenn sie in unseren Rachen strömt und natürlich in den Gesichtern unserer Mitmenschen. Hierin finden wir bereits sämtliche ihrer Mysterien. Und wenn sich unser Blick doch einmal gen Himmel wendet und unser Geist sich in die unendliche Leere zu ergießen beginnt, und wenn es nicht reichen sollte, innerlich zu verstummen und mit weit geöffneten Augen diese Eindrücke in die Seele sinken zu lassen, dann können wir diesen Raum vielleicht als unsere ursprüngliche Heimat erkennen, als Quelle, aus der wir hervorgegangen, als Kluft, aus der wir emporgestiegen sind und noch immer emporsteigen, denn natürlich bestehen auch wir aus Sternenstaub, und die Evolution ist noch nicht vorbei. Der Blick an den Himmel wird so zu einem Zurückschauen, das in dem Moment sehnsuchtsvoll sein mag, uns letzten Endes wieder aber auf uns selbst und auf unsere Gegenwart auf diesem außergewöhnlichen Planeten ausrichtet. Unter allen möglichen Projektionen ist diese wohl die harmonischste, und vielleicht ist sie ja mehr als eine Projektion: nämlich eine echte Erinnerung an unseren Ursprung, und in Form dieser Erinnerung auch eine gewisse Rückbindung, allerdings eine Rückbindung an das Chaos, nicht an den Kosmos.

Und wenn wir uns bemühen, einmal alles zu vergessen, was wir zu wissen vermeinen, dann scheinen die funkelnden Sterne am Himmel gar nicht mehr so fern. Die zahlenmäßige Ferne, die wir ja dennoch nicht leugnen können, scheint in ihrer Unüberbrückbarkeit mitunter etwas Gewolltes zu haben, als ob wir eben bestimmt wären, hier zu sein und nirgendwo anders – als ob die Erde jene unsere Heimat wäre, die sie ja auch ist. Entgegen aller Ich-auflösenden Unendlichkeit, die wohl zeitweise bewusstseinserweiternd wirken kann, auf Dauer uns, die wir nicht – oder noch nicht – bereit dafür sind, wahnsinnig macht, bietet sie uns per Gravitation einen festen Boden unter unseren Füßen und mit ihrer Atmosphäre ein Dach über unseren Köpfen. Sollte es dort oben am Firmament noch jemanden geben – und davon ist zunächst einmal auszugehen – dann werden wir diesen Jemand vielleicht nie durch den physikalischen Raum erreichen können. Zum Schluss wage ich es aber noch einmal, darauf hinzuweisen, *dass sich das Bewusstsein nicht im physikalischen Raum »befindet«*, und vielleicht wird es ja irgendwann doch möglich sein, einen telepathischen Kontakt herzustellen. Das klingt natürlich nach Science Fiction und nach sinnloser Träumerei. Sei's drum. Im hier schon öfters zitierten Roman (mitunter fast Prosa-Gedicht) *Star Maker* eint sich auf diese

Weise schließlich das Bewusstsein aller Lebewesen zu einem einzigen kosmischen Bewusstsein – einmal abgesehen davon, dass Olaf Stapledon bei aller Grandiosität seines Werks von Anfang bis Ende den Fehler macht, sich den Sternenschöpfer noch außerhalb dieses sonst geeinten Bewusstseins zu denken.

Was die Zukunft bringen wird, wissen wir nicht, aber vor allem wissen wir nicht, wer wir, also die Menschheit, dann sein werden, vor allem in soziokultureller Hinsicht. In einer Welt, die von Evolution geprägt ist, kann die Geschichte sich nicht immer nur wiederholen. Die einzige Konstante bleibt der Wandel, und es wäre fatal, den Menschen von heute als eine Art fertiges Produkt Gottes, aber auch der Evolution anzusehen – er ist und bleibt eine Form im Wandel.

Referenzen

1   zit. n. [22, S. 57]
2   [88, S. 326]
3   [18, S. 375]
4   zit. n. [99, S. 324]
5   [105, S. 265]
6   zit. n. [81, S. 93]
7   [26, S. 229]
8   [37]
9   [52, S. 301]
10 [75, S. 218]
11 Gen 3, 6-24
12 [72, S. 25]
13 [72, S. 18 f.]
14 [87, S. 53]
15 [68]
16 [62, S. 6]
17 [72, S. 24]
18 [62, S. 7]
19 [72, S. 16 f.]
20 [62, S. 7]
21 [62, S. 9]
22 [62, S. 13]
23 [62, S. 14]
24 [62, S. 16]
25 [100]
26 [14, S. 14]
27 [9, S. 14]
28 Gen 12, 8
29 [62, S. 16 f.]
30 [113]
31 [62, S. 17 f.]
32 [82, S. xvi]
33 [62, S. 28 ff.]
34 [62, S. 37]
35 [83, S. 1 f.]
36 [11, S. 24 f.]
37 [11, S. 25 f.]
38 [73, S. 25 ff.]
39 [15, S. 145]
40 [107, S. 124]
41 [41, S. 13 f.]
42 [61, S. 775]
43 [61, S. 775]
44 [58, S. 45 f.]
45 [33]
46 [41, S. 13]
47 [49, S. 31]
48 [41, S. 8]
49 [82, S. 209 f.]
50 [41, S. 18 f.]
51 [19, S. 5]
52 [61, S. 776 f.]
53 [110, S. 137]
54 [61, S. 774]
55 [110, S. 145]
56 [82, S. 145 f.]
57 [101, S. 4]
58 [10]
59 [16, S. 34 f.]
60 [79, S. 33 f.]
61 [79, S. 29]
62 [38, S. 123]
63 [38, S. 114 f.]
64 [38, S. 117]
65 [38, S. 116]
66 [64, S. 101]
67 [38, S. 114]
68 [38, S. 113 f.]
69 [38, S. 129]
70 [38, S. 110 f.]
71 [38, S. 114]
72 [38, S. 117]
73 [38, S. 126]
74 [38, S. 121 f.]
75 [38, S. 124 f.]
76 [79, S. 331]
77 [56, S. 68 ff.]
78 [116, S. 1194]
79 [38, S. 110 f.]
80 [102, S. 161]
81 [64, S. 102]
82 [30, S. 172]
83 [73, S. 64]
84 [73, S. 28]
85 [73, S. 43]
86 [73, S. 49]
87 [34, S. 76]
88 [107, S. 125]
89 [34, S. 93]
90 [54, S. 127]
91 [53, S. 4 f.]
92 [53, S. 5]
93 [12, S. 29 f.]
94 [84]
95 [24, S. 65]
96 [67, S. 41]
97   [67, S. 41]
98   [67, S. 134]
99   [67, S. 44]
100 [122, S. 72]
101 [24, S. 17]
102 [67, S. 49]
103 [122, S. 197 f.]
104 [122, S. 115 f.]
105 [122, S. 81 ff.]
106 [24, S. 56]
107 [67, S. 45]
108 [24, S. 63]
109 [122, S. 70 f.]
110 [122, S. 140]
111 [67, S. 42]
112 [122, S. 44 f.]
113 [67, S. 69]
114 [8, S. 64 ff.]
115 [80, S. 24]
116 [8, S. 70]
117 [122, S. 53]
118 [122, S. 54 ff.]
119 [122, S. 46]
120 [67, S. 146]
121 [55, S. 148]
122 zit. n. [60, S. 51]
123 [91, S. 26]
124 [124, S. 29]
125 [72, S. 95]
126 [108, S. 11]
127 [108, S. 11]
128 [108, S. 11]
129 [108, S. 12]
130 [86, S. 72 f.]
131 [98, S. 25]
132 [73, S. 57]
133 [98, S. 16]
134 [98, S. 17 f.]
135 [98, S. 32]
136 [98, S. 37]
137 [72, S. 97]
138 [98, S. 37]
139 [15, S. 137]
140 zit. n. [98, S. 40]
141 [65, S. 46]
142 [98, S. 45]
143 [15, S. 148]
144 [15, S. 149]

145 [15, S. 145 ff.]
146 [74, S. 53]
147 [15, S. 152]
148 zit. n. [74, S. 47]
149 [15, S. 154]
150 [57, S. 22]
151 [15, S. 154 f.]
152 [15, S. 155 f.]
153 [72, S. 98 f.]
154 [13, S. 382]
155 zit. n. [13]
156 [13, S. 382]
157 [120, S. 81 f.]
158 [120, S. 82 ff.]
159 [120, S. 85]
160 [120, S. 88]
161 zit. n. [72, S. 99]
162 [120, S. 91]
163 zit. n. [120, S. 94]
164 [120, S. 95]
165 [120, S. 90]
166 zit. n.[50, S. 41]
167 zit. n. [120, S. 92]
168 [7, S. 30 ff.]
169 [50, S. 21]
170 [120, S. 92]
171 zit. n. [50, S- 65]
172 [106, S. 119]
173 [89, S. 14]
174 [99, S. 55]
175 [32, S. 16]
176 [99, S. 84 ff.]
177 [99, S. 88 f.]
178 [72, S. 106 f.]
179 [44, S. 38]
180 [27, S. 74]
181 [111, S. 28]
182 [124, S. 161]
183 [31, NT, S. 95]
184 [124, S. 132]
185 [34, S. 30]
186 [71, S. 82]
187 [124, S. 58 ff.]
188 zit. n. [35, S. 46]
189 Gen 1, 26
190 [99, S. 317 ff.]
191 [127]
192 [32, S. 2 ff.]
193 [99, S. 320]
194 [127]
195 [117, S. 245]
196 [32, S. 5 f.]

197 [32, S. 3]
198 [99, S. 106 f.]
199 [99, S. 116]
200 [89, S. 20 f.]
201 [104, S. 97]
202 [32, S. 29]
203 [103, S. 41]
204 [22, S. 19]
205 [22, S. 20]
206 [129]
207 [23, S. 187 ff.]
208 [23, S. 190 ff.]
209 [91, S. 24]
210 [66]
211 [121]
212 [27, S. 73]
213 [69, S. 123]
214 [104, S. 97 ff.]
215 [96]
216 [85]
217 zit. n. [27, S. 77]
218 zit. n. [6, S. 62]
219 [6, S. 68]
220 [6, S. 65]
221 [36, S. 131]
222 [1, TC: 0:08:36 - 0:09:28]
223 [115, S. 163]
224 [27, S. 76, 81]
225 [40, Kap. Lost in Cyberspace]
226 [57, S. 106 f.]
227 [11, S. 20 f.]
228 zit. n. [99, S. 14]
229 [11, S. 250]
230 [11, S. 250]
231 zit. n. [11, S. 211]
232 [39, S. 97]
233 [32, S. 24]
234 [11, S. 399]
235 [3]
236 zit. n. [7, S. 119.]
237 [12, S. 93]
238 [130, S. 5]
239 [114]
240 [130, S. 5 ff.]
241 [12, S. 97 ff.]
242 [12, S. 107]
243 [77]
244 [39, S. 141]
245 [11, S. 536]
246 [29, S. 27]

247 [25]
248 [12, S. 91 ff.]
249 [70]
250 zit. n. [99, S. 106]
251 [39, S. 145 f.]
252 [95]
253 [29, S. 150]
254 [29, S. 165 f.]
255 [39, S. 203]
256 [29, S. 172 f.]
257 [29, S. 177 f.]
258 zit. n. [39, S. 250]
259 [122, S. 75]
260 [125, S. 310 ff.]
261 [88, S. 323]
262 [125, S. 317]
263 [67, S. 137]
264 [63, S. 60]
265 [43, 11, 36 f.]
266 [107, S. 103]
267 [118]
268 [112, S. 118]
269 [112, S. 118]
270 [72, S. 13]
271 [60, S. 373]
272 [60, S. 338]
273 [60, S. 338]
274 [51, 8.11.1826]
275 [93, S. 27 ff.]
276 [90, S. 8 f.]
277 [67, S. 51]
278 [78, S. 183]
279 [11, S. 305 f.]
280 [46]
281 [11, S. 316 ff.]
282 [11, S. 330 f.]
283 [11, S. 339 ff.]
284 [11, S. 344 ff.]
285 [45, S. 57]
286 [11, S. 407 ff.]
287 [126]
288 [11, S. 365]
289 [11, S. 387]
290 [59]
291 [43, 11, 23 f.]
292 [29, S. 1]
293 [2, TC: 1:59:43 - 2:00:27]
294 [123]
295 [76]
296 [21]

297 [128]
298 [100]
299 [11, S. 459]
300 [97]
301 [29, S. 22]
302 [109]
303 [92, S. 120]
304 [119]
305 [20]
306 [1, TC: 0:25:29 - 0:27:17]
307 [32, S. 27]
308 [42]
309 [5]
310 [11, S. 239]
311 [94]
312 [11, S. 420]
313 [17]
314 [99, S. 329 f.]
315 [47]
316 [11, S. 539 f.]
317 [29, S. 26 f.]
318 [4]
319 [28]
320 [29, S. 20]
321 [17]
322 [60, S. 382]
323 [117, S. 228]
324 [125, S. 317]
325 [114]
326 [60, S. 273 f.]
327 [117, S. 227]
328 [117, S. 227]
329 [48, S. 8]
330 [55, S. 102]
331 [99, S. 88]

Literaturverzeichnis

[1] *Story*. Reg. RANGA, Dana. Good Idea Films. DE 2003

[2] *Contact*. Reg. ZEMECKIS, Robert. Warner Bros. US 1997

[3] ABBOTT, B.P. ET AL.: Observation of gravitational waves from a binary black hole merger. In: *Phys. Rev. Lett.* 116 (2016). – DOI: 10.1103/PhysRevLett.116.061102

[4] ADAMS, C.C.; SHAPIRO, J.: The shape of the universe: ten possibilities. In: *Am. Sci.* 89 (2001)

[5] ALMHEIRI, A.; MAROLF, D.; POLCHINSKI, J.; SULLY, S.: Black holes: complementarity or firewalls? In: *J. High Energy Phys.* 62 (2013). – DOI: 10.1007/JHEP02(2013)062

[6] BAUER, Gisa: Weltall im real existierenden Sozialismus. Die Bedeutung des Jugendweihebegleitbuchs *Weltall – Erde – Mensch* in den 1950er Jahren. In: SCHENKEL, Elmar (Hrsg.); VOIGT, Kati (Hrsg.): *Sonne, Mond und Ferne: Der Weltraum in Philosophie, Politik und Literatur*. Peter Lang Internationaler Verlag der Wissenschaften, 2013, S. 59–72

[7] BERENDT, Joachim E.: *Nada Brahma: Die Welt ist Klang*. 4. Aufl. suhrkamp taschenbuch, 2014

[8] BERG, Christian: Die Stellung der Menschen in der Schöpfung – Würde und Verantwortung. In: BERG, Christian (Hrsg.); CHARBONNIER, Ralph (Hrsg.); GRÄB-SCHMIDT, Elisabeth (Hrsg.); WENDE, Sven (Hrsg.): *Der Mensch als homo faber: Technikentwicklung zwischen Faszination und Verantwortung*. LIT Verlag, 2001, S. 64–73

[9] BEVAN, Alex; LAETER, John D.: *Meteorites: A journey through space and time*. UNSW Press, 2002

[10] BHATHAL, Ragbir: Astronomy in Aboriginal culture. In: *Astron. Geophys.* 47 (2006), S. 5.27–5.30

[11] BOBLEST, Sebastian; MÜLLER, Thomas; WUNNER, Günter: *Spezielle und allgemeine Relativitätstheorie: Grundlagen, Anwendungen in Astrophysik und Kosmologie sowie relativistische Visualisierung*. Springer-Verlag Berlin Heidelberg, 2016

[12] BOHM, David: *Wholeness and the Implicate Order*. Routledge Classics, 2002

[13] BRÖCKER, Walter: Heraklit zitiert Anaximander. In: *Hermes-Z. Klass. Philo.* 84 (1956), S. 382–384

[14] BÜHLER, Rolf W.: *Meteorite: Urmaterie aus dem interplanetaren Raum*. Springer-Verlag Basel, 1988

[15] BURCH, George B.: Anaximander, the first metaphysician. In: *Rev. Metaphys.* 3 (1949), S. 137–160

[16] BUSS, Johanna: *Hinduismus für Dummies*. John Wiley & Sons, 2009

[17] CALDWELL, R.R.; KAMIONKOWSKI, M.; WEINBERG, N.N.: Phantom energy and cosmic doomsday. In: *Phys. Rev. Lett.* 91 (2003). – DOI: 10.1103/PhysRevLett.91.071301

[18] CAMPBELL, Robert J.: *Campbell's Psychiatric Dictionary*. 9. Oxford University Press, 2009

[19] CHARLESWORTH, Max: Introduction. In: CHARLESWORTH, Max (Hrsg.); MORPHY, Howard (Hrsg.); BELL, Diane (Hrsg.); MADDOCK, Kenneth (Hrsg.): *Religion in Aboriginal Australia: An anthology*. University of Queensland Press, 1986, S. 1–20

[20] CHON, G.; BÖHRINGER, H.; ZAROUBI, S.: On the definition of superclusters.

In: *Astron. Astrophys.* 575 (2015). – DOI: 10.1051/0004-6361/201425591

[21] CHURCHWELL, E.; BABLER, B.L.; MEADE, M.R.; WHITNEY, B.A.; BENJAMIN, R.; INDEBETOUW, R.; CYGANOWSKI, C.; ROBITAILLE, T.P.; POVICH, M.; WATSON, C.; BRACKER, S.: The *Spitzer*/GLIMPSE surveys: A new view of the Milky Way. In: *Publ. Astron. Soc. Pac.* 121 (2009), S. 213–230

[22] CLEGG, Brian: *Eine kleine Geschichte der Unendlichkeit*. Rowohlt Taschenbuch Verlag, 2015

[23] DEAN, G.; KELLY, I.W.: Is astrology relevant to consciousness and Psi? In: *J. Consciouness Stud.* 10 (2003), S. 175–198

[24] DSCHUANG DSI; WILHELM, R. (Übers.): *Das wahre Buch vom südlichen Blütenland*. Heinrich Hugendubel, 2008

[25] EINSTEIN, A.; PODOLSKY, B.; ROSEN, N.: Can quantum mechanical description of physical reality be considered complete? In: *Phys. Rev.* 47 (1935), S. 777–780

[26] EINSTEIN, Albert: Elementary Derivation of the Equivalence of Mass and Energy. In: *Bull. Amer. Math. Soc.* 41 (1935), S. 223–230

[27] EISFELD, Rainer: Expansion in den Kosmos – Heilserwartungen aus dem Kosmos. Das Weltall als Projektionsfläche für Hoffnungen und Ängste. In: SCHENKEL, Elmar (Hrsg.); VOIGT, Kati (Hrsg.): *Sonne, Mond und Ferne: Der Weltraum in Philosophie, Politik und Literatur*. Peter Lang Internationaler Verlag der Wissenschaften, 2013, S. 73–82

[28] ELLIS, George F.: The shape of the universe. In: *Nature* 425 (2003), S. 566–567

[29] ELLWANGER, Ulrich: *Vom Universum zu den Elementarteilchen: Eine erste Einführung in die Kosmologie und die fundamentalen Wechselwirkungen*. 3. Aufl. Springer-Verlag Berlin Heidelberg, 2015

[30] ENDE, Michael: *Momo*. Wilhelm Heyne Verlag München, 1996

[31] Evangelische Kirche in Deutschland (Hrsg.): *Lutherbibel Standardausgabe*. Deutsche Bibelgesellschaft, 2006

[32] FISCHER, Ernst P.: Der Blick an den Himmel. Die wissenschaftliche Eroberung des Kosmos. In: SCHENKEL, Elmar (Hrsg.); VOIGT, Kati (Hrsg.): *Sonne, Mond und Ferne: Der Weltraum in Philosophie, Politik und Literatur*. Peter Lang Internationaler Verlag der Wissenschaften, 2013, S. 1–30

[33] FOLEY, L.E.; GEGEAR, R.J.; REPPERT, S.M.: Quantum interference of large organic molecules. In: *Nat. Comm.* 2 (2011). – DOI: 10.1038/ncomms1364

[34] FRITSCH, Bernd H.; GOVINANDA, S.P. (Übers.): *Das Kleinod des Shankara: neu gefasst von Bernd Helge Fritsch*. 2. Aufl. Books on Demand, 2015

[35] FROEBE, Dieter: *Biblische Schöpfungserzählungen und biologische Evolutionsforschung: Missverständnisse, Konfliktlinien, Dialogperspektiven*. LIT Verlag, 2007

[36] GEBSER, Jean: *Ursprung und Gegenwart, 1. Teil: Die Fundamente der aperspektivischen Welt. Beitrag zu einer Geschichte der Bewußtwerdung*. 3. Aufl. dtv, 1988

[37] GERLICH, S.; EIBENBERGER, S.; TOMANDL, M.; NIMMRICHTER, S.; HORNBERGER, K.; FAGAN, P.J.; TÜXEN, J.; MAYER, M.; ARNDT, M.: Quantum interference of large organic molecules. In: *Nat. Comm.* 2 (2011). – DOI: 10.1038/ncomms1263

[38] GOMBRUCH, Richard: Ancient Indian cosmology. In: BLACKER, Carmen (Hrsg.); LOEWE, Michael (Hrsg.): *Ancient cosmologies*. George Allen & Unwin, 1975, S. 110–142

[39] GREENE, Brian: *Das elegante Universum: Superstrings, verborgene Dimen-

sionen und die Suche nach der Weltformel. 3. Aufl. Goldmann Verlag, 2006

[40] HABERER, Johanna: *Digitale Theologie: Gott und die Medienrevolution der Gegenwart*. Kösel-Verlag, 2015. – pdf-Version

[41] HAGEMANN, Albrecht: *Kleine Geschichte Australiens*. C.H. Beck, 2004

[42] HAWKING, Stephen W.: Particle creation by black holes. In: *Commun. Math. Phys.* 43 (1975), S. 199–220

[43] HAWLEY, Jack (Hrsg.): *Bhagavad Gita: Der Gesang Gottes. Eine zeitgemäße Version für westliche Leser*. 4. Aufl. Goldmann Verlag, 2002

[44] HEINLEIN, Robert A.: *Tunnel in the sky*. Simon & Schuster, 2005

[45] HELDMAIER, Gerhard; RÖSSLER, Wolfgang: *Vergleichende Tierphysiologie*. 2. Aufl. Springer Spektrum, 2013

[46] HENNING, T.; KLEY, W.: Planetenentstehung in Akkretionsscheiben. In: *Phys. Bl.* 55 (1999), S. 47–50

[47] HERRANEN, M.; MARKKANDEN, T.; NURMI, S.; RAJANTIE, A.: Spacetime curvature and the higgs stability during inflation. In: *Phys. Rev. Lett.* 113 (2014). – DOI: 10.1103/PhysRevLett.113.211102

[48] HESSE, Hermann: *Demian: Die Geschichte von Emil Sinclairs Jugend*. suhrkamp taschenbuch, 1974

[49] HIATT, Lester R.: Swallowing and regurgigation in Australian myth and rite. In: CHARLESWORTH, Max (Hrsg.); MORPHY, Howard (Hrsg.); BELL, Diane (Hrsg.); MADDOCK, Kenneth (Hrsg.): *Religion in Aboriginal Australia: An anthology*. University of Queensland Press, 1986, S. 31–56

[50] HUBER, Martina S.: *Heraklit: der Werdegang des Weisen*. John Benjamins Publishing, 1996

[51] HUMBOLDT, Wilhelm von: *Briefe an eine Freundin (Vollständige Ausgabe)*. Jazzybee Verlag, 2012

[52] HUPPELBERG, Jens; WALTER, Kerstin: *Kurzlehrbuch Physiologie*. 3. überarb. Georg Thieme Verlag, 2009

[53] INDICH, William M.: *Consciousness in Advaita Vedanta*. Motilal Banarsidass Publishers, 1995

[54] JUNG, C.G.: *Archetypen*. 11. Aufl. dtv, 2004

[55] JUNG, C.G.: *Die Beziehungen zwischen dem Ich und dem Unbewussten*. 2. Aufl. dtv, 2015

[56] KAK, Subhash: *The wishing tree: Presence and promise in India*. iUniverse, 2008

[57] KANT, Immanuel; KRAFFT, Fritz (Hrsg.): *Allgemeine Naturgeschichte und Theorie des Himmels*. Kindler Verlag GmbH, 1971

[58] KERWIN, Dale: *Aboriginal dreaming paths and trading routes: The colonisation of the Australian economic landscape*. Sussex Academic Press, 2011

[59] KIEFER, Claus: Kosmologische Grundlagen der Irreversibilität. In: *Phys. Bl.* 49 (1993), S. 1027–1029

[60] KIRCHHOFF, Jochen: *Was die Erde will: Mensch, Kosmos, Tiefenökologie*. Gustav Lübbe, 1998

[61] KMENT, Martin: Auf den Spuren der Traumzeit: Die Lebensordnung der Ureinwohner Australiens. In: *RabelsZ* 70 (2006), S. 771–792

[62] KÖPPEN, Theo: *Baetyl: Eine kurze Geschichte der Astronomie in der Steinzeit*. 2. Aufl. Ernst Fuhrmann-Institut, 2008

[63] KOZLJANIČ, Robert J.: *Freundschaft mit der Natur: Naturphilosophische Praxis und Tiefenökologie*. DrachenVerlag GmbH, 2008

[64] KRAMRISCH, Stella: Space in Indian cosmogony and in architecture. In: VAT-

SYAYAN, Kapila (Hrsg.): *Concepts of space, ancient and modern*. Abhinav Publications, 1991, S. 101–104

[65] KÜGLER, Peter: *Übernatürlich und unbegreifbar: Religiöse Transzendenz aus philosophischer Sicht*. LIT Verlag, 2006

[66] LAL, Ashwini K.: Origin of life. In: *Astrophys. Space Sci.* 317 (2008), S. 267–278

[67] LAOTSE; WILHELM, R. (Übers.): *Tao Te King*. Heinrich Hugendubel, 2008

[68] LEONARD, W.; ROBERTSON, M.L.; SNODGRASS, J.J.; KUZAWA, C.W.: Metabolic correlates of hominid brain evolution. In: *Comp. Biochem. Phys. A* 136 (2003), S. 5–15

[69] LEWIS, James R.: *Legitimating new religions*. Rutgers University Press, 2003

[70] LÖNNIG, Wolf-Ekkehard: Max Planck zum Thema Gott und Naturwissenschaft. `http://www.weloennig.de/MaxPlanck.html`. – [Online; Zugriff am 03.12.2016]

[71] LÜKE, Ulrich: *Mensch – Natur – Gott: naturwissenschaftliche Beiträge und theologische Erträge*. LIT Verlag, 2002

[72] MAIER, Ursula: *Der Mensch in Raum und Zeit: Rückschau und Ausblick*. Pro Business, 2015

[73] MALL, Ram A.: *Indische Philosophie – Vom Denkweg zum Lebensweg: Eine interkulturelle Perspektive*. 2. Aufl. Karl Alber, 2015

[74] MARCIANO, Laura G.: *Die Vorsokratiker: Band 1. Griechisch-lateinisch-deutsch*. Artemis & Winkler, 2007

[75] MARTEL, Yann: *Schiffbruch mit Tiger*. 19. Aufl. FISCHER Taschenbuch, 2013

[76] McCLURE-GRIFFITHS, N.M.; DICKEY, J.M.; GAENSLER, B.M.; GREEN, A.J.: A distant extended spiral arm in the fourth quadrant of the Milky Way. In: *Astrophys. J.* 607 (2004), S. L127–L130

[77] MERMIN, N. D.: Could Feynman have said this? In: *Phys. Today* 10 (2004). – DOI: 10.1063/1.1768652

[78] MESSNER, Reinhold: *Über Leben*. 5. Aufl. Piper Verlag GmbH, 2014

[79] MICHAELS, Alex: *Der Hinduismus: Geschichte und Gegenwart*. C.H. Beck, 2006

[80] MOLTMANN, Jürgen: Was ist der Mensch?: Von der anthropozentrischen zur kosmischen Anthropologie. In: *International Journal of Orthodox Theology* 2 (2011), S. 21–51

[81] MOMMSEN, Hans (Hrsg.): *Archäometrie: Neuere wissenschaftliche Methoden und Erfolge in der Archäologie*. Teubner Stuttgart, 1986

[82] MONTZKA, Harold W.: *The separation of heaven and earth: The advent of social hierarchy and its implications*. Trafford Publishing, 2010

[83] MÜLLER, Rolf: *Der Himmel über dem Menschen der Steinzeit: Astronomie und Mathematik in den Bauten der Megalithkulturen*. Springer-Verlag Berlin Heidelberg, 1970

[84] NELSON, Lance E.: The dualism of nondualism: Advaita Vedānta and the irrelevance of nature. In: NELSON, Lance E. (Hrsg.): *Purifying the earthly body of god: Religion and ecology in Hindu India*. State University of New York Press, 1998, S. 61–88

[85] NEWCOMB, Alyssa: SpaceX CEO Elon Musk wants to send humans to Mars by 2025, years ahead of NASA. In: *abc News* (02.06.2016). `http://abcnews.go.com/Technology/spacex-ceo-elon-musk-send-humans-mars-2025/story?id=39554210`. – [Online; Zugriff am 30.08.2016]

[86] NIETZSCHE, Friedrich: *Friedrich Nietzsche: Gesammelte Werke.* Anaconda Verlag, 2012

[87] NITYAGOPAL, A.: Oriental philosophy and unitary principles: Certain parables with modern science. In: VATSYAYAN, Kapila (Hrsg.): *Concepts of space, ancient and modern.* Abhinav Publications, 1991, S. 51–54

[88] NOVALIS: Vermischte Bemerkungen: Urfassung von "Blütenstaub". In: SCHULZ, Gerhard (Hrsg.): *Novalis Werke.* C.H. Beck, 2001, S. 323–352

[89] NUSSBAUMER, Harry; SCHMID, Hans M.: *Astronomie.* 8. Aufl. vdf Hochschulverlag, 2003

[90] PAÁL, Gábor: *Was ist schön?: Ästhetik und Erkenntnis.* Königshausen & Neumann, 2003

[91] PANIKKAR, Raimundo: There is no outer without inner space. In: VATSYAYAN, Kapila (Hrsg.): *Concepts of space, ancient and modern.* Abhinav Publications, 1991, S. 7–38

[92] PASCAL, Blaise; GUTH, Karl-Maria (Hrsg.): *Gedanken über die Religion.* 2. Aufl. Contumax, 2016

[93] PLATON; HEITSCH, Ernst (Hrsg.): *Grösserer Hippias: Übersetzung und Kommentar.* Vandenhoeck & Ruprecht, 2011

[94] PÖSSEL, Markus: Rollentausch von Raum und Zeit. In: *Einstein Online* 4 (2010)

[95] RANDERSON, James: Father of the 'god particle'. In: *The Guardian* (30.06.2008). `https://www.theguardian.com/science/2008/jun/30/higgs.boson.cern`. – [Online; Zugriff am 07.12.2016]

[96] RAUNER, Max: Kunst im Orbit. In: *Die Zeit* (10.08.2006). `http://http://www.zeit.de/2006/33/Raumfahrt-Kunst/komplettansicht`. – [Online; Zugriff am 30.08.2016]

[97] REFSDAL, Sjur: The gravitational lens effect. In: *Mon. Not. R Astron. Soc.* 128 (1964), S. 295–306

[98] RÖD, Wolfgang; RÖD, Wolfgang (Hrsg.): *Geschichte der Philosophie Bd. I: Die Philosophie der Antike 1. Von Thales bis Demokrit.* 3., überarb. und aktual. Aufl. C.H. Beck, 2009

[99] RÖSSLER, Wolfgang: *Eine kleine Nachtphysik: Große Ideen und ihre Entdecker.* Rowohlt Taschenbuch Verlag, 2009

[100] RUBIN, A.E.; GROSSMANN, J.N.: Meteorite and meteoroid: New comprehensive definitions. In: *Meteorit. Planet. Sci.* 45 (2010), S. 114–122

[101] RUGGLES, Clive L.: *Ancient astronomy: An encyclopedia of cosmologies and myth.* ABC-CLIO, 2005

[102] RUMP, Kabita; RUMP, Kabita (Hrsg.); ANTES, Peter (Hrsg.): *Upanishaden, Band 3: Chandogya-upanishad.* LIT Verlag, 2007

[103] SAPPHO; RUPÉ, Hans (Hrsg.): *Sappho: Griechisch und deutsch.* 2. Aufl. Walter de Gruyter, 1945

[104] SCHENKEL, Elmar: Wie der Mensch ein Außerirdischer wurde. Aliens in der frühen Science Fiction 1880-1940. In: SCHENKEL, Elmar (Hrsg.); VOIGT, Kati (Hrsg.): *Sonne, Mond und Ferne: Der Weltraum in Philosophie, Politik und Literatur.* Peter Lang Internationaler Verlag der Wissenschaften, 2013, S. 97–115

[105] SCHIRRMACHER, Arne: *Philipp Lenard: Erinnerungen eines Naturforschers.* Springer-Verlag Berlin Heidelberg, 2010

[106] SCHMIDT, Jochen: *Goethes Faust, erster und zweiter Teil: Grundlagen – Werk – Wirkung.* 2. Aufl. C.H. Beck, 2001

[107] SCHRÖDINGER, Erwin: *Was ist Leben? Die lebende Zelle mit den Augen des Physikers betrachtet.* 3. Aufl. Piper Verlag, 1989

[108] SCHWAB, Gustav: *Sagen des klassischen Altertums*. Weltbild, 2009

[109] SPRINGEL, V.; HERNQUIST, L.: Formation of a spiral galaxy in a major merger. In: *Astrophys. J.* 622 (2005), S. L9–L12

[110] STANNER, W.E.H.: Religion, totemism and symbolism. In: CHARLESWORTH, Max (Hrsg.); MORPHY, Howard (Hrsg.); BELL, Diane (Hrsg.); MADDOCK, Kenneth (Hrsg.): *Religion in Aboriginal Australia: An anthology*. University of Queensland Press, 1986, S. 137–172

[111] STAPLEDON, Olaf: *Odd John & Sirius: Two science-fiction novels*. Dover Publications, 1972

[112] STAPLEDON, Olaf: *Star Maker*. Orion Publishing Group, 1999

[113] STINER, Mary C.: Thirty years on the "Broad Spectrum Revolution" and paleolithic demography. In: *P. Natl. Acad. Sci. USA* 98 (2001), S. 6993–6996

[114] TEGMARK, Max: The interpretation of quantum mechanics: Many worlds or many words? (1997). https://arxiv.org/pdf/quant-ph/9709032v1.pdf. – [Online; Zugriff am 26.12.2016]

[115] TINO DALLMANN, Kati V.: Der Blick an den Himmel. Die wissenschaftliche Eroberung des Kosmos. In: SCHENKEL, Elmar (Hrsg.); VOIGT, Kati (Hrsg.): *Sigmund Jähn im Gespräch*. Peter Lang Internationaler Verlag der Wissenschaften, 2013, S. 157–163

[116] TIPLER, Paul A.; MOSCA, Gene: *Physik: Für Wissenschaftler und Ingenieure*. 6. deutsche Aufl. Spektrum Akademischer Verlag Heidelberg, 2009

[117] TOBIAS HÜRTER, Max R.: *Die verrückte Welt der Paralleluniversen: Wie oft gibt es uns wirklich*. Piper Verlag GmbH, 2009

[118] TONKINSON, Robert: Semen versus spirit-child in a western desert culture. In: CHARLESWORTH, Max (Hrsg.); MORPHY, Howard (Hrsg.); BELL, Diane (Hrsg.); MADDOCK, Kenneth (Hrsg.): *Religion in Aboriginal Australia: An anthology*. University of Queensland Press, 1986, S. 107–123

[119] TULLY, R.B.; COURTOIS, H.; HOFFMAN, Y.; POMARÈDE, D.: The Laniakea supercluster of galaxies. In: *Nature* 513 (2014), S. 71–73

[120] VERDENIUS, W.J.: Der Logosbegriff bei Heraklit und Parmenides. In: *Phronesis* 11 (1966), S. 81–98

[121] WALLENHORST, Steven G.: The Drake equation re-examined. In: *Q. Jl. R. Astr. Soc.* 22 (1981), S. 380–387

[122] WATTS, Alan: *Der Lauf des Wassers: Eine Einführung in den Taoismus*. Fischer Taschenbuch Verlag, 2009

[123] WEINBERG, Martin D.: Detection of a large-scale stellar bar in the Milky Way. In: *Astrophys. J.* 384 (1992), S. 81–94

[124] WICHMANN, Jörg: *Rückkehr von den fremden Göttern: Wiederbegegnung mit meinen ungeliebten christlichen Wurzeln*. Kreuz Verlag, 1992

[125] WILBER, Ken: *Eine kurze Geschichte des Kosmos*. 7. Aufl. Fischer Taschenbuch Verlag, 2004

[126] WINKLER, P.F.; GUPTA, G.; LONG, K.S.: The SN 1006 remnant: Optical proper motions, deep imaging, distance, and brightness at maximum. In: *Astrophys. J.* 585 (2003), S. 324–335

[127] WOLFF, Philip: Mittelalter und Moderne: Wie die Erde zur Scheibe wurde. In: *Der Spiegel* (02.11.2005). http://www.spiegel.de/wissenschaft/weltall/mittelalter-und-moderne-wie-die-erde-zur-scheibe-wurde-a-381627.html. – [Online; Zugriff am 22.08.2016]

[128] XU, Y.; NEWBERG, H.J.; CARLIN, J.L.; LIU, C.; DENG, L.; LI, J.; SCHÖNRICH, R.; YANNY, B.: Rings and radial waves in the disk of the Milky Way. In: *Astrophys. J.* 801 (2015). – DOI: 10.1088/0004-637X/801/2/105

[129] ZIMECKI, Michał: The lunar cycle: effects on human and animal behavior

and physiology. In: *Postępy Hig. Med. Dosw.* (2006). – eISSN: 1732-2693 [Online; Zugriff am 27.08.2016]

[130] ZUREK, Wojciech H.: Decoherence and the transition from quantum to classical – revisited. In: *Los Alamos Science* 27 (2002)

Index